彩图1　紫花苜蓿

彩图2　红豆草

彩图3　沙打旺

彩图4　小冠花

彩图5　白三叶

彩图6　毛苕子

彩图7　百脉根

彩图8　草木樨

彩图9　饲用玉米

彩图10　饲用高粱

彩图11　苏丹草

彩图12　老芒麦

彩图13　燕麦

彩图14　无芒雀麦

彩图15　黑麦草

彩图16　紫羊茅

彩图17　饲用甜菜

彩图18　杂类牧草木地肤

彩图19　红豆草与无芒雀麦混播

彩图20　白三叶与黑麦草混播

彩图21　苜蓿圆草捆

彩图22　苜蓿方草捆

彩图23　苜蓿草块

彩图24　苜蓿草颗粒

彩图25　窖青贮

彩图26　袋装青贮

彩图27　玉米青贮打捆作业

彩图28　玉米裹包青贮作业

彩图29　大型牧草收割机械

彩图30　小型人工牧草收割机械

彩图31　带压扁装置圆盘式割草机

彩图32　翼旋9QZ-5指盘式搂草机

彩图33　麦赛弗格森2270方捆机

彩图34　库恩圆捆机

彩图35　移动式打捆包膜一体机

彩图36　甘肃荟荣草业公司饲用燕麦生产基地

彩图37　甘肃荟荣草业公司紫花苜蓿生产基地

彩图38　甘肃荟荣草业公司机械收割苜蓿

彩图39　甘肃荟荣草业公司裹包青贮玉米产品

庆阳市饲草产业带

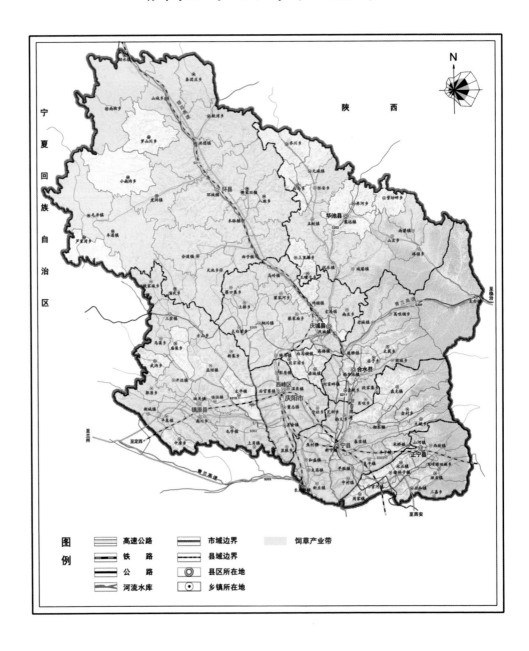

图例

高速公路　　市域边界　　饲草产业带
铁路　　县域边界
公路　　县区所在地
河流水库　　乡镇所在地

甘肃省一级重点学科作物学资助
陇东学院教材学术著作基金资助

陇东旱地饲草高效实用生产技术

主　编：曹　宏

副主编：吴恩平　耿智广

西北农林科技大学出版社

图书在版编目(CIP)数据

陇东旱地饲草高效实用生产技术 / 曹宏主编. —杨凌：西北农林科技大学出版社，2020.5

ISBN 978-7-5683-0827-4

Ⅰ．①陇… Ⅱ．①曹… Ⅲ．①旱地－牧草－栽培技术 Ⅳ．①S54

中国版本图书馆 CIP 数据核字(2020)第 073172 号

陇东旱地饲草高效实用生产技术

曹宏　主编

出版发行	西北农林科技大学出版社
地　　址	陕西杨凌杨武路 3 号　　邮　编 712100
电　　话	总编室:029-87093195　发行部:029-87093302
电子邮箱	press0809@163.com
印　　刷	西安浩轩印务有限公司
版　　次	2020 年 5 月第 1 版
印　　次	2020 年 5 月第 1 次印刷
开　　本	787mm×1092mm　1/16
印　　张	21.5
字　　数	420 千字

ISBN 978-7-5683-0827-4

定价:32.00 元

本书如有印装质量问题,请与本社联系

《陇东旱地饲草高效实用生产技术》
编委会成员

主　　编：曹　宏

副主编：吴恩平　　耿智广

参　　编：（按姓氏笔画排名）

　　　　　朱正生　庆阳市农业科学研究院

　　　　　李　茜　陇东学院农林科技学院

　　　　　杨海磊　甘肃荟荣草业有限公司

　　　　　吴恩平　甘肃荟荣草业有限公司

　　　　　张述强　陇东学院农林科技学院

　　　　　耿智广　庆阳市农业科学研究院

　　　　　曹　宏　陇东学院农林科技学院

序　一

　　畜牧业是衡量一个国家农业发达程度的重要标志,发达国家畜牧业占农业的比重高达 60%～80%,而我国目前仅为 35%～40%。随着我国社会经济的快速增长,人们对肉、蛋、奶等畜产品的需求量越来越大,我国畜牧业的发展潜力巨大。草食畜牧业是现代畜牧业的最重要的组成部分,更是甘肃的传统优势产业和富民产业。大力发展草食畜牧业,有利于甘肃粮经饲统筹、农林牧结合、种养加一体的一二三产业的融合发展,对于推动我省决胜脱贫攻坚进程、实施乡村振兴战略和农业绿色可持续发展具有重要的现实意义。

　　庆阳市位于甘肃省东部,习称陇东地区,属黄河中上游黄土丘陵沟壑区,是我国传统的农牧交错地区,其独特的气候条件、地理位置和资源条件孕育了早胜牛、庆阳驴、环县滩羊、陇东黑山羊、陇东白绒山羊、陇东紫花苜蓿等优良草畜种质资源,且有种草养畜的优良传统。近年来,庆阳市委、市政府立足当地市情农情,提出了以创建现代畜牧业强市为目标,以发展现代畜牧业全产业链建设为方向,做大做强现代肉羊业、饲草业等优势特色产业。经过多年努力,草畜产业呈现出发展速度加快、生产规模扩大、产业效益提升的良好态势,取得了显著的经济社会效益。今年初又启动了《庆阳市发展现代丝路寒旱农业三年行动计划(2020－2022 年)》及《庆阳市 2020 年羊产业、牛产业、草产业发展实施方案》。

　　为了适应陇东地区畜牧业快速发展的需要,陇东学院农林科技学院曹宏教授主持编写了《陇东旱地饲草高效实用生产技术》《陇东主要家畜高效养殖技术》草畜产业丛书。该丛书结合作者多年的教学科研成果、企业管理经验和科技特派员工作的实践，重点介绍了适合当地的主要饲草及家畜的生物学特性、品种资源、高效生产技术、现代生产机械、产业化经营案例及技术标准。丛书内容丰富、层次分明、图文并茂，集系统性、科学性和实践性于一体，可供有关专业科技人员阅读，也可作为相关产业的培训教材。该丛书的出版，对于我省现代畜牧业高效发展必将发挥应有的推动作用，借丛书出版之机，以序为贺！

政协甘肃省委农业和农村工作委员会副主任

甘 肃 农 业 大 学 教 授 、博 士 生 导 师

2020 年 4 月 10 日

序 二

把项目做进牛棚羊圈里，把帮扶工作帮在关键处

伴随着 2020 年新年钟声的余韵，我赴庆阳就任陇东学院院长。省委组织部宣布任命的第二天，我带队赴环县毛井镇开展科技、文化、卫生"三下乡"活动。去的途中，车上的讨论绕不开的话题就是帮扶工作。作为一所高校，帮扶工作如何开展？我们的优势在哪里？怎样帮才能帮到关键处？才能给急需脱贫的群众带来长久的、更大的收益。这些问题萦绕心间，久久不去。

带着这些问题，"三下乡"返回的第二天，我向我的老班长庆阳市委书记贠建民报到，汇报交流学校的帮扶工作。贠书记说，庆阳是中华民族农耕文化的发源地之一，也是我国传统的农牧交错地区。近年来，庆阳市把草畜产业作为最重要的农业支柱产业和富民产业，取得了显著的经济社会效益。目前，庆阳的种植和养殖技术体系有国际队、国家队、地方队，希望陇东学院利用地处庆阳的优势，发挥专家教授的特长，成为地方队的主力，为庆阳特别是环县的帮扶多做贡献。

庆阳这片高天厚土，与我有着不解之缘。群众的脱贫致富，也是我心之所牵。2010—2015 年我曾担任庆阳市副市长，在这里工作 5 年。2019 年底，我又被任命担任陇东学院院长再次来到了庆阳。陇东学院作为庆阳市唯一的一所全日制综合性省属普通本科院校，长期扎根陇东大地，除了必须抓好人才培养工作，为当地经济社会服务，我们责无旁贷。近年来，学校从科技、文化、教育三个方面着手，坚持产学研结合，在服务地方经济发展工作中做出了显著成绩，荣获"全国服务三农金桥奖"。以农林科技学院教师为代表的科技帮扶队伍，坚持"把论文写在大地上，把科研做在田间地头，把项目做进羊圈牛棚里"，充分发挥学科专业特色和科技帮扶优势，推广了一批新技术、新品种，

培训了一批新型农民,将高新技术成果转化为农民"看得见,摸得着,学得懂,用得起"的实用技术,取得了比较明显的成效。

2015年以来,针对庆阳市大力发展草产业、畜产业的需求,特别是学校帮扶的环县群众种草养畜技术需求,学校组织由曹宏教授编写了《草食畜产业实用技术手册》,先后开展技术培训20期,印发技术手册3000本以上,培训群众1500多人次,取得了良好的反响。在此基础上,根据甘肃东部地区畜牧业生产的实际,结合作者多年的教学科研成果、企业管理经验和科技特派员工作的实践,经过一年多的辛勤努力,于近期正式完成了《陇东旱地饲草高效实用生产技术》《陇东主要家畜高效养殖技术》丛书的编写。该丛书用通俗易懂的语言为老百姓量身打造,其内容全面、层次分明、图文并茂,既有科学原理和生产技术,也有产业化经营案例,同时附录了相关的行业标准,做到了科学性、先进性与实用性相结合。

2020年4月26日,省委常委、省委组织部李元平部长出席了在环县召开的脱贫攻坚协调推进会,我在大会上交流汇报了学校利用自身优势,充分做好科技帮扶的工作情况,并向李部长呈送了这两本书的清样。李部长在讲话中对于陇东学院发挥自身优势,针对性开展帮扶工作给予了充分肯定。他说:"环县及陇东地区有发展饲草业、畜牧业的优势,但是老百姓缺乏技术。陇东学院针对这个特点和具体情况,编写了两本书,一本是怎么发展饲草业,一本是怎么发展畜牧业,非常实用,老百姓拿着就可以用。这就是把帮扶工作和自身优势结合起来了,这样帮,就帮到了关键处。"

该丛书马上就要正式出版,曹宏教授约我写序。絮絮数语,以表祝贺!希望该丛书能加快陇东乃至西北地区的畜牧业现代化发展,助推决战决胜脱贫攻坚进程,带动农业提质增效和农民脱贫致富,让人民群众早日过上好日子!

是为序!

辛刚国

陇东学院院长、教授

2020年5月5日

前　言

　　草产业作为一个新兴的知识密集型产业,是现代畜牧业发展的坚实基础,并同现代生态文明建设密切相关。大力发展草产业,有利于提高草食畜生产效率,实现"藏粮于草""藏粮于畜",有利于调整农业产业结构,提升草畜产业发展的综合竞争力,对确保粮食安全、改善生态环境、增加农民收入和实现农业绿色发展,都具有重要的现实意义和历史意义。

　　目前我国正处于传统农业向现代农业发展的转型期,2015年中央一号文件中提出"深入推进农业结构调整,加快发展草牧业,支持青贮玉米和苜蓿等饲草料种植,开展粮改饲和种养结合模式试点,促进粮食、经济作物、饲草料三元种植结构协调发展"。甘肃省2012年就出台了关于加快全省草产业发展的意见和发展规划,明确提出要把庆阳市建成全省重要的草畜转化及草产品生产基地,成为全省草产业核心优势区域。

　　陇东地区历史上是我国主要的传统农牧交错地区,自20世纪80年代初就组织开展大面积的人工种草,至今已经坚持了三十多年。近年来,庆阳市政府提出了草业兴市畜牧强市战略,明确把大力发展草产业、畜产业作为最重要的支柱产业,走粮经饲三元结构的路子。截止到2019年底,全市天然草地面积为1909万亩,紫花苜蓿留存556万亩,种植甜高粱、燕麦等一年生牧草66万亩,推广全株青贮玉米33万亩,年青贮饲草3515万吨,饲料化利用率达45%,补贴购置各类饲草机械1767台(套)。同时涌现出了甘肃荟荣、甘肃民吉、甘肃南梁情、中盛华美饲草等大批草产业的龙头企业,草业生产的产业化规模化已经初步形成。

　　为了适应饲草产业发展需要,满足广大生产者的技术要求,陇东学院组织编写了《陇东旱地饲草高效实用生产技术》一书。全书共九章,内容包括草产业在现代农业中作用,旱地饲草的生产基础,紫花苜蓿、饲用玉米、其他豆科牧草、其他禾本科饲草、牧草的混播等生产技术,现代草产业生产加工机械及经营模式案例,同时附录了相关的行业标准。全书内容丰富、体系自然、层次分明、图文并茂,力求科学性、前瞻性与实用性相结合。期望通过此书的出版,为陇东地区草产业化发展和乡村振兴战略实施尽一份绵薄之力。本书可供草畜专业的技术人员和生产人员参阅,也可作为有关领导干部、企业职工和农民的培训教材。

本书主要编写人员如下:第一章朱正生,第二、九章耿智广,第三、四章及附录曹宏,第五章杨海磊,第六章张述强,第七章李茜,第八章吴恩平。全书由曹宏、吴恩平和耿智广负责统稿和编校。本书编写出版过程中,得到了陇东学院、庆阳市农科院、甘肃荟荣草业有限公司等单位的大力支持,西北农林科技大学出版社的崔婷编辑提出了宝贵的修改意见,承蒙政协甘肃省委农业和农村工作委员会副主任吴建平教授、陇东学院院长辛刚国教授在百忙之中作序,在此一并向各位领导、专家和参编同仁表示衷心感谢! 由于编者水平有限,书中难免有缺点和错误之处,恳请广大读者提出宝贵意见和建议。

编者

2020 年 5 月

目　录

附录 国家和地方有关草业生产技术规程

第一章 草产业在现代农业中的作用及发展前景

草产业作为一个知识密集型绿色产业和新兴产业,已经不再是传统认识的资源性自然再生产业,它同牧业具有同等重要的地位和协同并进的关系,同生态文明建设密切相关。历经三次变革,草产业逐渐形成了集种子繁育、饲草种植、产品加工、贮运销售等各环节相联结的产业链条,构建形成一个具有现代产业思想、产业理论和产业商品的独立产业。合理开发利用饲草资源是遵循自然规律,实现农田、森林和草原生态系统良性循环与自然资产保值增值的内在要求,是深化供给侧结构性改革、满足社会对优质饲草产品需求的重要举措,是推动产业兴旺、精准扶贫的有效途径。

第一节 草产业在现代农业发展中的作用

新时期发展草产业,是促进现代草食畜牧业可持续发展的关键手段,是改善城乡生态环境的重大举措,是优化产业结构、促进农业和农村经济快速发展的重要增长点,是应对气候变化的重要途径,是促进生物能源产业升级发展的有效选择。

一、大力发展草产业,有利于解决我国粮食安全

随着我国人口数量增加和城乡居民生活水平的提高,粮食需求将呈刚性增长,受耕地减少、资源短缺等因素制约,我国粮食供求将长期处于紧平衡状态,保障粮食安全任务艰巨。草原、荒山和冬闲田产出的饲草可以大大减轻畜牧业对粮食的依赖,实现"藏粮于草",扩大人们的食物来源,改善食物营养结构,提高生活质量和水平,对解决我国粮食安全问题起着重要的作用。西方畜牧业发达国家都已完成了农业的二元结构(粮食和经济作物)向三元结构(粮食、经济作物和饲料作物)的转化,其中德国、英国、法国、美国、澳大利亚和俄罗斯等国家的牧草种植面积都已超过粮食种植面积,草产业已成为美国农业中的重要支柱产业,苜蓿是美国第四大作物,直接产值超过 1000 亿美元,还拉动许多相关产业的发展。大力发展现代草业,调整广义农业结构,实施"三元种植"结构,有利于发展健康农业、有机农业、循环农业,改良中低产田和发展节粮型畜牧业。据报道,草产品

在牛羊饲料中可占到 60%,猪饲料中可占到 10%～15%,鸡饲料中占 3%～5%。充分利用牧草、作物秸秆等非粮饲料资源发展节粮型畜牧业,不仅避免了人畜争粮的矛盾,又可为人类提供更多绿色安全的食品,是中国实现食品质量和数量双安全的必然选择,也是保障畜产品有效供给、缓解粮食供求矛盾的重要途径。

二、大力发展草产业,有利于草食畜牧业现代化

草产业是现代畜牧业发展的坚实基础,只有高质量的草产业才可以提升畜牧产品的质量,满足人们对动物蛋白的需求。大力推动草产业发展,通过改善畜牧业饲料结构,大幅度地提高草地畜牧业生产力,有利于增加畜产品的供给。国外发达国家经验表明,畜牧业的迅速发展是以挖掘牧草和其他绿色饲料的潜力,突出提升发展草食畜禽生产能力为前提的,欧美发达国家畜禽产品 60% 以上是由牧草转换来的。在国外成熟的现代农业体系中,苜蓿等牧草种植面积较大的美国、加拿大、欧盟等国家,其畜牧业生产也比较发达。随着我国畜牧业规模化养殖发展,牲畜存栏数量增多,优质饲草料供应问题逐渐凸显。通过粮改饲、发展人工种草、科学调制饲草配方、提升草产品质量和等级等途径,可以丰富草食畜牧业饲料供给,进而有力提高种养效率。据测算,与籽粒和秸秆分开收获与利用相比,每亩全株青贮玉米提供给牛羊的有效能量和有效蛋白均可增加约40%,生产 1 吨牛奶配套的饲料地可以减少 0.1 亩以上,豆粕用量减少 15 千克,精饲料用量减少 25%,秸秆用量增加 23 千克;生产 1 吨牛羊肉配套的饲料地可以减少 3.5 亩以上,豆粕用量减少 210 千克,精饲料用量减少 40%,秸秆用量增加 220 千克。使用全株青贮玉米,还可以使我国奶牛的平均单产从目前的 6000千克提高到 7000 千克,肉牛肉羊的出栏时间明显缩短。总的来看,推广粮改饲发展草产业可实现种养双赢,有利于提高牛羊等草食畜生产效率,带动作物秸秆的资源化利用,同步提高种植和养殖两个产业的质量、效益和竞争力。

三、大力发展草产业,有利于维护生态环境安全

草原是重要的可再生资源,是我国陆地面积最大的生态系统类型,占国土面积的 41.7%,是"绿水青山"的重要基础,是生态文明建设的"先锋"和"主力"。草原具有防风固沙、涵养水源、保持水土、净化空气以及维护生物多样性等重要生态功能,对减少地表水土冲刷和江河泥沙淤积,降低水灾隐患具有重要作用,在维护国家生态安全中具有重要战略地位。研究表明:25～50 平方米的草地可以吸收掉 1 个人 1 天呼出的二氧化碳;当植被覆盖度为 30%～50% 时,近地面风速可降低 50%,地面输沙量仅相当于流沙地段的 1%;在相同条件下,草地土壤含水量较裸地高出 90% 以上,长草的坡地与裸露坡地相比,地表径流量可减

少 47%,冲刷量减少 77%。大力发展草产业,推进天然草原保护、草地改良和人工种草,提高草原生产力,不仅恢复了草原生态环境,而且有利于退化草地植被恢复重建,有利于"退耕还林还草""退牧还草"等几大工程实施,为畜牧业的发展奠定基础,对提升天然牧草的利用价值和生态价值意义重大。草业还在城市环境绿化中扮演着非常重要的角色,通过草地资源合理利用可以增加绿色覆盖面积,在获得观赏价值的同时,能促进城市园林景观和美丽乡村的建设,进而带动草地旅游及附属产业发展。根据卢欣石等粗略统计,整个草产业的经济产品价值大概为一年 45 亿元,生态产品及其生态功能价值 69 亿元,文化服务功能价值约 8.1 亿元,可见,发展草业可产生良好的经济效益和社会效益。

四、大力发展草产业,有利于增加种草农民收入

目前,我国饲草产业初步形成了牧草种植、收获、产品加工和销售为一体的现代饲草产业体系,开始逐渐走向集约化和标准化发展。草产业运用政府、农户、企业的彼此组合与协作模式,以龙头企业为基点,形成产业基地,带来规模效益,可成为当地带动农村经济发展和农民增收的新增长点。与传统种植业经济相比,草业经济在加快地区发展和增加农民收入方面有着先天的优势。首先,我国草地资源大多分布在西部地区,占据全国草地面积的 80% 以上,全国一半的贫困人口分布在草原地区,这些地区经济社会发展对草业的依赖度相当高。农民依托当地独特的自然条件、地理区位和经济条件,将发展牧草种植作为谋求发展的立足点和依靠,促进种养业的有效结合,可进一步拓宽增收渠道。其次,天然草原区还是我国少数民族的主要分布地区,草业及草产品的生产、加工和经营,构建完善的经营体系,有利于增加劳动就业机会,带动边疆社会经济的发展。此外,推广粮改饲,可促进农民种植增收。据统计,2016 年粮改饲试点地区落实粮改饲种植面积 677.9 万亩,其中全株青贮玉米 613 万亩,全株青贮玉米平均亩产 2.9 吨,每吨收购均价 365 元,亩均收入 1058.5;籽粒玉米平均亩产 538 千克,每吨收购均价 1320 元,亩均收入 710.2 元;粮改饲为农民亩均多增收 348.3元,也成为促进农民增收的有效途径。

第二节　全国草产业发展现状及前景分析

我国是一个草原大国,拥有各类天然草原近 4 亿公顷,居世界第二位,约占全球草原面积的 13%,是耕地面积的 3.2 倍、森林面积的 2.5 倍,丰富的草原资源为我国草业提供了巨大的发展空间和发展潜力。改革开放以来,我国草业历经三次具有历史意义的裂变式振兴,草产业迈出了从小农经济附属产业向现代集约化、专业化产业转变的强健步伐,饲草种类和草产品种类由苜蓿单一化产品

向"豆科饲草＋禾本科饲草"多元化转化,草业产区由草原区向半农半牧区和农区扩展,草产业开始参与到农业结构调整和耕作制度创新变革之中,"苜蓿—奶牛"的单产业链条开始向"饲草—草食家畜"复合性产业链转化,草畜一体化发展的产业格局逐步形成。2014年10月26日,汪洋副总理在中南海主持召开了草业发展座谈会,提出了"草牧业"观点,明确了草牧业的重要地位,2017年中央1号文件提出发展青贮玉米、苜蓿等优质牧草,大力培育现代饲草料产业体系,2019年1号文件提出合理调整粮经饲结构,发展青贮玉米、苜蓿等优质饲草料生产。2020年1号文件提出以北方农牧交错带为重点扩大粮改饲规模,推广种养结合模式。"草牧业"和"粮改饲"的提出更新了草产业的传统角色,赋予了草产业以新内涵和新功能,突出了草业与牧业的并行作用,扩展了草业发展空间,极大地增强了草产业的发展动力,开创了中国饲草产业新局面。

一、全国草产业发展现状

1.初步建立起一个完整的产业体系

20世纪90年代中后期,我国草产业迅速崛起,涌现出很多牧草种植和加工企业,并初步形成了牧草种子繁育、牧草种植、产品加工、贮运销售等一个相对完整的产业链条,饲草自主供应能力进一步增强。截止到2018年,全国商品草生产面积达2038万亩,商品草产量815万吨,生产区域主要分布在黑龙江、内蒙古和甘肃。在各类饲草生产中,苜蓿商品草生产势头继续高举不减,生产过程推行良种化、机械化、标准化"三化"生产,做到良种、良法、良机"三良"配套,初步解决了苜蓿单产低、质量差、商品率不高的问题。据抽测,优质苜蓿干草平均单产562千克/亩,粗蛋白平均含量18.1%,达到国家二级苜蓿标准。羊草、青贮玉米、燕麦、狼尾草生产能力分别达到了146万吨、93万吨、13万吨和4.4万吨。天然草原在维持生态系统平衡的前提下,为草原放牧家畜提供了2.5亿吨干草,维持了我国草原生态系统的生产消费循环系统的正常运行。

2.饲草产业区域化布局逐步形成

饲草种植的"两带一区"格局基本形成,即以内蒙古西部、甘肃、宁夏、陕西为核心的苜蓿生产带,辽宁、吉林、内蒙古东部为核心的苜蓿生产带以及河北、山东和山西为核心的苜蓿生产区。在甘肃河西走廊、宁夏黄河灌区、内蒙古科尔沁沙区、鄂尔多斯高原、安徽蚌埠五河、甘宁黄土高原、陕北榆林风沙区等区域形成了多个苜蓿商品草的集群产业基地。这批基地种植面积达到560万亩,每年可以生产300余万吨苜蓿商品草用于市场供应,约占到全国苜蓿商品草的95%以上。在牧草加工方面,目前已基本形成了东北、华北和西北草产品加工优势产业带,青藏高原和南方草产品加工优势区。2015年,甘肃、内蒙古、新疆、宁夏、黑龙江、河北 6 省（区）的优质苜蓿种植面积占全国的 89.8%，形成了甘肃河西走廊、内蒙古科尔沁草地、宁夏河套灌区等一批十万亩以上集中连片的优质苜蓿种植基地。苜蓿种植面积超过 1 万亩的县有 405 个，其中，排名前 100 位的优质苜蓿生产大县产量占到全国的 72.8%，一批苜蓿草业企业快速发展，在一些区域形成了种加销一体化的发展模式。

3. 饲草产业链条进一步延伸

随着退牧还草工程、京津风沙源治理工程、天然草原改良、草原生态保护补助奖励、人工种草等项目的实施，我国饲草产业的规模化、组织化、产业化和市场化发展程度进一步增强，已建成 450 万亩高产优质苜蓿示范基地，2015 年培育草企业达到 700 余家，饲草产业逐步实现了"集约化种植－企业化管理－机械化加工－市场化营销"的产业化转变。在重点饲草加工企业的带动下，部分地区形成了"公司＋基地＋农户"的联结机制，通过开展订单种草、统一收割、统一销售的运作模式，加快了饲草的产业化进程。在干旱半干旱风沙草原区，形成以阿旗草都为代表的高度规模化专业化草产品产业集群，其产业模式关联到内蒙古赤峰、通辽、鄂尔多斯、河西走廊等区域；在亚热带温热农作区，形成以秋实草业为代表的高度草畜一体化的草牧业产业链，其产业模式关联到黄河三角洲、黄河滩区、江淮平原等区域；在黄土高原丘陵沟壑区，形成以甘肃明祥草业为代表的千家农民订单式草产品加工产业集群，其产业模式关联到陕北榆林、六盘山区、甘肃中东部、青海海东等集雨旱作区。商品草基本实现全产业链机械化作业和专业化管理，在全国形成各自品牌。

4. 饲草新品种选育登记数量持续稳定

草种是草产业发展的重要基础，是我国草业可持续发展的重要基石。草新品种审定工作自 1987 年开始，至 2017 年共审定登记 533 个新品种，其中育成品种 196 个、引进品种 163 个、地方品种 58 个、野生栽培品种 116 个。审定通过的品种涉及 17 个科 102 个属 190 个种，其中：禾本科审定登记 280 个品种，占审定登记品种总数的 52.5%；在豆科草中，共审定登记 204 个品种，占审定登记品种总数的 38.3%。这两个科审定登记品种数量占总数的 90.8%。禾草中审定通过的育成品种有 103 个，最多的属为黑麦草属，有 31 个品种；其次为高粱属和玉蜀黍属，通过审定品种分别为 24 个和 20 个。豆科草中通过审定的育成品种有 81 个，苜蓿属最多；其次为三叶草属、柱花草属、野豌豆属，分别为 14 个、13 个和 12 个。

5. 饲草产业标准化建设增强

我国豆科牧草草产品和苜蓿草产品的质量标准已经完全和美国等发达国家标准等齐，通过饲草产业标准化建设，我国草业走上愈加规范的现代化之路。

2018年中国畜牧业协会发布了有关苜蓿干草、苜蓿青贮、燕麦干草、燕麦青贮及玉米青贮产品质量的团体标准,其中《苜蓿－干草质量分级》《苜蓿－青贮质量分级》就是完全满足奶牛用户对苜蓿产品的评价,例如《苜蓿－干草质量分级》把我国市场上流通的所有商品苜蓿干草,不论是国产的还是进口的,统一分为特级、优级、一级、二级、三级五个质量等级,分别与美国苜蓿干草分级五级一一对应。在质量分级的主要指标粗蛋白质(CP)和相对饲用价值(RFV)方面与美国相同,形成了对草产业质量水平的评价依据,推动饲草产业标准化建设上了新台阶。

6. 饲草机械化配套水平明显提升

我国饲草产业的机械化程度逐年提升,2014年统计我国草业机械设备拥有量为610万台(套),尤其是牧草收获机械、打捆机械的设备与技术都达到了发达国家水平。在全面实现机械播种、收获、加工、储运的前提下,打造了一批具有资源利用优势和产业规模经营的集群模式。经过多年的不懈努力,优质苜蓿生产得到有效发展,生产基地实现通水、通电、通路"三通",生产过程推行良种化、机械化、标准化"三化"生产,做到良种、良法、良机"三良"配套,初步解决了苜蓿单产低、质量差、商品率不高的问题。据行业统计,2015年,全国苜蓿年末保留面积7067万亩,产量3217万吨,其中,商品苜蓿种植面积649万亩,比2010年增加324万亩。优质苜蓿种植面积320万亩,比2010年增加270万亩;优质苜蓿产量180万吨,比2010年增长8.2倍。据抽测,优质苜蓿干草平均单产562千克/亩,粗蛋白平均含量18.1%,达到国家二级苜蓿标准。

7. 草业科技合作交流不断加强

兰州大学草地科技学院、中国农科院兰州畜牧和兽药研究所、甘肃农业大学草业学院等科研单位和院校为草业科学和秸秆饲料化利用提供了研发支撑,培养了一批懂草业、爱草业,熟练掌握草业科学专业基础理论、具有草业科学国际前沿视野和科技创新能力,德智体美劳全面发展的草业科学创新人才,为生态文明和美丽中国建设提供强有力支撑。2016年,兰州大学与中国工程院联合建立了中国草业发展战略研究中心,承接草业及相关领域发展战略咨询研究项目,研究国家草业的总体设计、发展路线和阶段性规划,为国家草业重大工程项目实施、促进我国草原生态保护建设提供战略建议和决策依据。2017年,在国家提出"加快发展草牧业"的关键时期,由农业部主导,全国畜牧总站、中国畜牧业协会等25家国家和地方科研及事业单位,26家草业企业共同发起组建了国家草产业科技创新联盟,联盟通过资源共享和创新要素的优化整合,以草产业科技创新和产业转型升级为宗旨,以草产业整合与产品优质高效生产为使命,以推动现代草产业的可持续发展为目标,标志着我国新生草业迈上了新的台阶。中国草业大会、中国苜蓿发展大会和草人牛人论坛,促进产业上游和下游的衔接与交流。在此基础上,科技界还创办了牧草生产技术交流现场会、青贮及牧草保存学术研讨会以及各类牧草企业、学术会议。此外还有优质苜蓿草产品评选、草产品展览交易会等活动,每年有 2000 以上人次参加会议交流,300 人次以上的科技人员下乡服务。

8. 粮改饲助推草牧业的转型升级

农业部 2016 年选择山西、内蒙古、黑龙江、甘肃等十个省区 33 个旗县启动"粮改饲试点",引导玉米籽粒收储利用转变为全株青贮利用,带动秸秆循环利用和转化增值,推进粮食作物种植向饲草料作物种植的方向转变。多样化的优质牧草资源与草产品加工利用方法成为牧草产业新的发展方向。实施粮改饲正好补齐了这块短板。据测算,粮改饲面积达到 2500 万亩,可以保证我国农区奶牛都吃上优质青贮饲料,肉牛和肉羊规模养殖场的饲草料结构也将大幅优化,实现牛奶质量全面达到发达国家水平、牛羊肉增产 160 万吨等目标都有了基本保障。集约化奶牛日粮配方中苜蓿一般占干物质总量的 40% 左右,是最主要的蛋白质营养来源。通过实施振兴奶业苜蓿发展行动,增加了奶牛用优质苜蓿供给量,促进了奶牛单产和生鲜乳质量的提升,推进了奶业转型升级。目前,国产优质苜蓿能满足 120 万头泌乳牛的需求。36 个奶牛养殖场对比试验数据显示,奶牛饲喂优质苜蓿后平均单产提高 1047 千克,生鲜乳乳脂率提高 0.22 个百分点,乳蛋白率提高 0.11 个百分点,奶牛代谢类疾病发病率降低 39.6%,一头泌乳牛年可增收 1289 元。从而构建了种养循环、产加一体、粮饲兼顾、农牧结合的新型农业生产结构。

二、全国草产业存在的主要问题

按照现代草业的标准,我国草产业在产能和质量标准上还有很大距离,草产业产品数量和质量还很不稳定,草产业的理论、技术还需要极大地提升。

1. 饲草产品数量难以满足需求

随着国家政策对奶业及牛羊肉市场不断推动转型,我国草产品市场需求快速增加,而国产优质饲草数量不足且分散,用于饲草生产的土地极其有限,国内草产品供不应求的状况日趋凸显,对进口牧草的依赖度较高,特别是优质苜蓿供需缺口进一步扩大。2017 年,我国优质苜蓿消费量达到 389.78 万吨,同比增长 9.4%,其中,国产 250 万吨、进口 139.8 万吨,自给率仅 64%。2018 年我国进口美国苜蓿 130.7 万吨,占到全部进口苜蓿的 93.5%,占全部苜蓿市场的 34.8%,占规模化养殖场消费苜蓿的 50% 以上,由于关税反制,美国进口苜蓿平均每吨增加 32% 的成本,这导致了每头奶牛饲养成本增加 700 元,每千克牛奶价格提高 0.1~0.2 元。可见,我国饲草产品数量难以满足市场需求。

2. 优质饲草产品品质不够稳定

我国饲草产品品种主要是紫花苜蓿和羊草,其中紫花苜蓿占90%以上,产品结构中,77%为草捆、2%为草块、8%为草颗粒、7%为草粉、6%为其他草产品,80%以上的苜蓿草产品粗蛋白含量14%～16%,这与美国苜蓿干草中一级苜蓿占70%、粗蛋白含量在18%以上相比还是有很大的差距。受收获加工、储存运输、质量检测等设施设备不完善的影响,我国草产品生产加工水平低、饲草产品监管力度不够、产品质量水平低影响草产业发展,与进口草产品相比劣势明显,产品粗蛋白含量较低、相对饲喂价值不高、产品质量不稳定。根据2018年我国苜蓿进口情况分析,美国供应的特优级和优级苜蓿占到46.2%、一级苜蓿50%、二级苜蓿3.8%,而国产特优级苜蓿仅1%、优级5%、一级和二级苜蓿达到84%。从目前苜蓿商品草的生产水平和质量看,本土国产苜蓿以生产一级和二级苜蓿为主,一级以上产品占比不足40%,大中型奶企需要的特优级和优级苜蓿仍然依赖进口。

3. 国产饲草机械影响产品生产

牧草播种、田间管理、收割及打捆等作业机具,草产品加工设备等保有量不足,在很大程度上制约了饲草产业的健康和可持续发展。目前种植牧草的地区大多为经济落后地区,饲草收储大多采用传统手工或半机械化方式,导致饲草收割不及时,未能充分保存其应有的营养价值,霉变、发黄的现象经常发生。小规模分散种植同样制约了牧草收储的机械化作业,目前牧草种植大多分布在西部和华北边远山区,种植分散,一家一户又没有购置收储、加工等机械设备的条件和动力,给牧草机械化作业带来很大影响。国产饲草机械普遍存在技术含量低、产品数量少、适应能力差、各机型之间配套性能差,以及单机可靠性差、作业效率和质量差等问题,大部分农机厂家只能生产割草机、粉碎机等简单机型,不能批量生产刈割压扁机、打捆机等高档机型,许多牧草机械只能依赖进口,但大多进口机械又难适应国内不同地区、分散种植的现实情况,影响了草产品收割贮存和商品化。

4. 草畜配套协调发展机制不健全

优质草产品必须通过草食畜牧业的转化才能实现快速发展,而我国草牧业发展还存在产业结构和区域布局不合理、组织化程度低、市场竞争力不强、抵御风险能力弱等问题。在饲草产业链条构建方面,智能化管理刚刚起步,质量追溯和监管体系尚未健全;在经营主体培育方面,饲草企业竞争力和可持续发展能力弱,据调查,年产值超亿元的仅有16家,占调查企业总数的1/10,一半以上的企业年利润不到500万元。由此,饲草产业如何在产业基础薄弱、供需矛盾凸显的新形势下,切实提升饲草产量与质量,加强与养殖企业的黏性合作,力争在国际市场竞争中占据一席之地,这需要供需双方从实际出发,共同探索合作共赢的思路。

5. 草业科技研发及推广滞后

我国培育的草品种数量仍然偏少,导致草种子产品质量差等问题,市场上销售的品种多以引进为主,自主育种创新能力不强,影响了草产品的国内销售和出口。牧草种植相关技术仍是制约牧草产业发展的主要瓶颈障碍,如北京缺乏优质高产苜蓿品种的筛选与高效节水栽培技术、山东缺乏贮藏技术和草产品加工技术、河南缺乏草产品的精深加工技术等,均成为制约当地牧草产业发展的关键。此外,在苜蓿生产技术研究推广方面,存在着研发集成不够、推广力度小等问题。

三、全国草产业发展前景

近年来,国家对于生态环境保护和草业发展更加重视,先后出台支持草牧业、粮改饲、《全国苜蓿产业发展规划(2016—2020年)》和《关于北方农牧交错带农业结构调整的指导意见》,大力推进农业供给侧结构性改革,推进草牧业转型升级,促进了农牧业发展与生态环境深度融合,有效缓解了草业发展与生态保护的矛盾。"十四五"期间,国家将充分发挥各地的比较优势,大力发展草产业,实行"草牧并重,草业先行",逐步改变传统的单一农业结构和落后的生产方式,加快推进一二三产业融合,努力探索出一条生态优先、绿色发展的现代草业发展道路,提高可持续发展水平。

1. 商品草产品的市场需求仍然旺盛

随着国内消费者对绿色、安全、健康食品的不断追求,对草食畜产品的消费需求更加强劲,以奶牛、肉牛、肉羊等草食畜牧业发展对饲草料需求巨大,国内供给远远不能满足需求。据统计,2018年,我国饲草料缺口达到52 852.5万吨,牧区、半牧区、农区均存在较大的饲草料缺口。因国内饲草数量不足,我国养殖业所需的饲草料大量依赖进口。据中国海关统计:2012—2017年我国草产品进口量持续增加,2017年达到181.8万吨,是2012年的4.5倍,其中苜蓿干草139.8万吨、燕麦干草31万吨、天然草11万吨;2018年,中国进口美国苜蓿占总进口量的83.76%,牛用优质苜蓿缺口130多万吨。巨大的供需缺口,为饲草产业的发展提供了广阔的市场空间,短期内对优质饲草的总体需求仍然十分旺盛。如果考虑近年禁牧休牧、牧区定居工程导致圈养牲畜增加所带来的草产品需求,以及国家振兴奶业发展对草产品的需求,我国草产品缺口更大。

2. 低碳经济观念助推了草产业快速发展

当前,世界经济正在进入绿色低碳经济时代,这不仅是21世纪人类最大规模的环境革命,而且也是一场深刻的经济发展能力变革。草地是面积最大的绿色资源,具有固碳能力大、固碳成本相对低廉、固碳形式比较稳定、地球温度调节器等多重功能,是推动我国低碳经济发展的重要支柱和保障。据测算,以种草、围栏、补播、改良等综合措施,每保护建设1公顷草原,投入约1000元,能固碳5吨,平均每吨碳的成本约为200元;而人工造林每固定1吨碳的成本约为450元,是草原的2.25倍。草原植被所保护的地面,对于减少长波辐射、调控大气温度等,起到了关键性的作用。因此,在全球正推行低碳经济的今天,具有吸碳、固碳优越性的草产业将具有非常有利的发展环境和广阔发展空间。

3. 饲草生产向区域专业化、机械化和信息化推进

随着我国种植业结构的优化调整,饲草种植正在逐步向羊、牛、兔、鹅等草食畜禽优势产区集中,这些地区发展牧草种植时立足发挥当地资源优势,已由零星的一家一户种植逐步向区域化、规模化、集约化方向迈进。饲草加工已逐步形成东北、华北和西北草产品生产加工优势产业带,青藏高原和南方草产品生产加工优势区,形成更加合理、健全、平衡的草产业商品生产区域。未来随着我国节粮型草食畜牧业区域化的进一步发展,饲草产业将继续向区域化、规模化推进,生产水平和质量稳定性将达到世界发达国家水平,草业市场与贸易日臻成熟,草业电子商务平台服务更加完善,未来每一批草产品都可能通过建立可追溯系统确保质量。

4. 草畜一体化协同发展进程进一步加快

随着我国草食畜养殖业布局的不断优化,扭转了过往的"草跟畜走"为"畜跟草走",在优质苜蓿专业生产区形成产业的下端产业,形成苜蓿带和奶牛带的融合。在粮改饲与草牧业试点区逐步形成"饲用玉米—肉牛育肥带"和"饲用玉米—肉羊育肥带",在草原区形成以放牧饲养为主要方式的"人工放牧草地—架子牛、架子羊"生产饲养区。通过国家政策支持和引导,青贮玉米、苜蓿、燕麦、甜高粱等优质饲草种植面积扩大,加强粮食和经济作物加工副产品等饲料化处理和利用,保障了苜蓿等优质饲草的市场供应,扩大了饲草资源来源。在玉米、小麦种植优势带,开展秸秆高效利用示范,支持建设标准化青贮窖,推广青贮、黄贮和微贮等处理技术,提高秸秆饲料利用率。在东北黑土区等粮食主产区和雁北、陕北、甘肃等农牧交错带开展粮改饲、草牧业发展试点,建立资源综合利用的循环发展模式。通过推进草畜配套和产业化,实现了好草产好肉、产好奶,满足消费者对更绿色、更丰富、更优质、更安全的草畜产品需求,增强畜产品竞争力。

5. 草种业科技创新能力将持续提升

草种经营企业建立了自己的研发团队,探索了草产业科企合作一条龙创新联盟,建设了一批专业化、标准化、集约化的优势牧草种子繁育推广基地,形成了以市场为导向、资本为纽带、利益共享、风险共担的产学研相结合草种业技术创新体系和商业化育种机制,加快草种保育扩繁推一体化进程,不断提升牧草良种覆盖率和自育草种市场占有率。科研部门加强了野生牧草种质资源的收集保存,筛选培育一批优良牧草新品种,组织开展牧草品种区域试验,对新品种的适应性、稳定性、抗逆性等进行评定,完善牧草新品种评价测试体系。政府部门加强了草种质量安全监管,规范草种市场秩序,保障草种质量安全。

第三节 甘肃草产业发展现状及今后方向

甘肃是全国唯一跨青藏高原区、西北干旱区和东部季风区三大自然区的省份,地理环境多样,形成了资源和文化的丰富多样性,形成了多民族融合特色明显的草牧业多元文化。甘肃拥有草原类型 14 个,是我国草原类型的缩影,全省草类植物种质资源丰富,有草地资源博物馆之称。据不完全统计,分布在全省的优良牧草多达 2128 种,分属 154 科 706 属,占全国饲用植物的 1/3,其中 84 个属 298 个种是甘肃省特有的种质资源。禾本科 80 属 254 种、菊科 76 属 306 种、蔷薇科 29 属 102 种、豆科 32 属 127 种、莎草科 7 属 71 种、蓼科 7 属 34 种、黎科 19 属 57 种,为甘肃省的草原生态文明建设、草牧业发展以及国土绿化提供了雄厚的物质基础。

一、甘肃饲草产业发展现状

1. 草原生态保护与修复初见成效

甘肃是全国六大牧区之一,有天然草原 2.67 亿亩,占全省面积的 39.4%,草原是省内面积最大的土地类型,草场主要分布在甘南草原、祁连草原、西秦岭、马山、崛山、哈思山、关山等地,这类草场利用面积为 427.5 万公顷,占全省利用草场总面积的 23.84%,是长江、黄河和许多内陆河的发源地,是涵养水源、保持水土和防风固沙的重要生态屏障。"十二五"累计完成草原保护投资 83.2 亿元,草原生态退化的趋势初步得到控制,较 2010 年天然草原超载率下降了 16.4 个百分点,植被盖度提高了 3.4 个百分点,达到 52.1%。近年来,甘肃不断适应新常态,抓住国家生态文明建设、农业结构调整的战略机遇,及时调整完善草业发展思路和对策,依托草原补奖政策和退牧还草、高产苜蓿、草牧业、粮改饲等工程项目的实施,有力促进了全省草原生态保护建设。经过三年的努力,查清了全省草原分布现状与面积,绘制了草原资源分布图,完成了草原类界线初步划分,建立了甘肃省草原资源基础信息数据库,实现了海量数据规范化管理,成为全国草原工作出经验、出典型的省份。据 2016 年样本调查,天水通过人工饲草基地建设,草原放牧得到有效控制,减轻了牛羊对天然草原的依赖,加之受降水量等气候因素的影响,草原生态环境逐步改善。兰州永登县通过种植耐盐性牧草和高产耐盐苜蓿,再生产牧草的同时也改良了盐碱地,改善了当地的生态环境。金昌通过实施退牧还草、高产优质苜蓿示范建设项目、草食畜牧业发展等项目,自落实草原生态补助奖励政策后,草地生物多样性有所提高,草原生态环境得到改善。

2.草产业大省格局基本形成

"十二五"以来,甘肃人工草地留床面积从期初的2269万亩增加到2016年的2410万亩,种草在耕地总面积中超过了1/3。紫花苜蓿留床面积从932万亩增加到1035万亩,期内更新种植面积达到515万亩,商品草面积从171万亩增加到329.15万亩。甘肃商品草优势区域带形成,草产业企业等市场主体快速增长,成为全国重要的饲草储备基地,区域主要集中在河西走廊和河东地区。河西走廊商品苜蓿种植面积80万亩,二级以上苜蓿干草产量约60万吨,商品燕麦种植面积60万亩,B型(高海拔地区,海拔在2200米以上区域生产)和A型(低海拔地区,海拔在1400米上下)燕麦干草各占50%,总产量约30万吨。河东地区商品苜蓿种植150万亩,三级以上苜蓿干草产量约70万吨,根据每年气候变化、降雨量情况以及苜蓿种子市场情况,每年收获1~2茬,商品燕麦草种植50万亩,以收获青贮燕麦为主。

3.人工种草规模和质量水平逐年提升

甘肃有发展草业的土地资源优势,河东地区有100万亩坡耕地可以退耕还草;河西地区在林、沙区有150万亩耕地可用于种草,尚有近1000万亩待开发的土地资源可用于草产业规模化开发。

截至2016年底,全省人工种草保留面积达到2470万亩,位居全国第二,其中苜蓿达到1035万亩,占全省人工种草的41.9%,占全国的1/3,位居全国第一。河西走廊的金昌、张掖、酒泉,中东部地区的定西、庆阳等地形成了较为明显的牧草优势产业区和产业带,以苜蓿、燕麦为主的商品草种植面积达到329万亩,已成为全国产量最大、最集中的商品苜蓿和燕麦产区。形成了覆盖全省的主推技术和主推品种,紫花苜蓿、燕麦等优质牧草规模化面积不断扩大,良种率达到75%。建立了以国家区域试验站为核心、省级区域试验站为补充的草品种区试网络,在全国率先实现区域试验规范化运行,为牧草育种、品种引进和示范推广搭建平台。组织推广"全膜覆土、精量穴播、根瘤菌拌种、病虫害防治、适时收割"等技术,有效提高了草业发展的技术水平。启动了人工草地监测和草产品质量监测,在全省各重点区域建立了人工草地固定监测点,为构建全省草产业质量标准体系奠定了基础。

4. 草业龙头带动能力不断增强

全省草产品加工企业达到 115 家,草产品年加工能力达到 352 万吨。涌现出亚盛田园牧歌、杨柳青牧草、甘肃民祥、三宝农业、西部草王等一批在国内具有很强影响力的草业龙头企业,在生产优质草产品支持全国畜牧业发展的同时,也很好地带动了所在地区农业结构调整和农牧民增产增收,取得了良好的经济效益、社会效益和生态效益。表现在商品草面积迅速扩张,商品草基地稳定形成,规模化程度加快提升,机械化配套能力不断加强,商品草产量增加很快,市场主体持续增加。依托饲草加工龙头企业,带动草产业生产模式由千家万户分散生产逐步向规模化生产转变,建成一批千亩以上连片种植示范区,逐步形成"公司＋农户"的草业生产经营模式,形成产供销一体的饲草产业链,提高饲草加工科技含量,推进了饲草的产业化发展。

5. 饲草机械化装备配套水平提升

2016 年调研,全省各市州拖拉机、播种机、割草机、打捆机等各类机械拥有量达到 31 829 台,其中进口机械 327 台。庆阳、甘南、白银、天水四地机械保有量位居前列,其中,庆阳 14 453 台、甘南 13 824 台、白银 1011 台、天水 1006 台。牧草产品生产加工基本逐步实现机械化。甘肃省草产品目前以青贮草生产加工与销售为主,草颗粒、草粉等深加工产品占比偏少,青贮草生产加工及销售方面,定西总量占据绝对高位,其次是张掖和武威。宁夏、西藏、青海、内蒙古、陕西、四川等省份是甘肃草产品的主要外销地。

6. 作物秸秆饲料化利用率逐年提高

2014 年全省示范推广品质好、产量高的玉米品种 56 个,玉米播种面积达到了 1500 万亩以上,甘肃全省秸秆饲料资源总量 2500 万吨,转化玉米秸秆 1349 万吨,利用率为 53.9%,青贮方式也由秸秆青贮向全株青贮发展。甘肃省发挥秸秆饲料化利用专项资金的引领带动作用,示范推广饲用玉米和甜高粱、微生物菌剂、秸秆收获机械、粉碎揉搓机械、打捆裹包压块机械,扶持秸秆饲料生产加工规模企业和养殖户,利用玉米秸秆开展养畜示范建设,创出"青贮银行,青贮合作社、代贮、揉丝打捆"等秸秆加工利用多种模式。在牛羊产业大县建成 100～500 立方米为主的中小型青贮窖 158 万立方米,其中 50 个牛羊产业大县秸秆饲料利用率达 59% 以上。并且秸秆饲料化利用呈现三个特点,一是开发主体由千家万户向规模大户和企业发展,二是开发秸秆种类由单一玉米秸秆向多品种混贮作物发展,三是利用方式由自给自足向商品化销售发展。通过秸秆饲料利用,延长了产业链,减少了饲料粮使用,逐步改变了传统养畜方式,减轻了草场压力,对草食畜牧业支撑能力进一步提升。

7. 草种资源创新利用工作有序推进

自国家开展草品种审定以来,甘肃省有34个草品种通过国家审定,占全国7％左右。2011年为推动草种质资源创新利用,成立了甘肃省草品种审定委员会,先后召开了两次审定会议,审定登记16个新草品种,其中育成品种6个、引进品种8个、野生栽培品种2个。制定了《甘肃省草品种培育和良种繁育规划(2016－2020年)》,探索开展了"甘肃省草品种推介目录"制度建设路径。2017年,甘肃省草原技术推广总站联合相关科教企单位成立了甘肃省草产业技术创新战略联盟,在草种质资源收集、保护和利用方面进行了不断探索,在相关部门的支持指导下和兰州大学联合推动建成了"甘肃省寒旱区草类植物种质资源库",目前储存有箭筈豌豆、披碱草、老芒麦、紫花苜蓿、白刺、霸王、黄花矶松等牧草及乡土草种质共计200余种,4000余份。完成了临泽国家级草品种种质资源圃建设,建成了覆盖全省不同生态区域的草品种区域试验站体系,通过甘肃省草业标准化技术委员会平台,推动发布了一批草品种相关标准(规范),基本形成了全省草种质资源创新利用的技术平台和体系。

8. 科技对草业发展的支撑作用日益增强

全省草原技术推广、高校及科研院所和生产单位的联系日益紧密,企业对生产技术研发更加重视,科技对草业的促进作用更加突出。特别是作为我国现代草业科学奠基人之一的任继周院士及南志标院士所带领的科研团队,在草业研究和开发方面的卓越建树,为我省草业的发展提供了有力技术支撑和人才保证。甘肃拥有甘肃农业大学草业学院、兰州大学草地农业国家重点实验室、中国科学院寒区旱区研究所等草业相关机构和科研院所,《草业学报》《草业科学》和《中国草食动物》均为中文核心期刊。拥有草业科研、教学、推广人员近2000人,我国第一个草原定位站、草原生态研究所、大学草原系、草坪公司、事业性质的牧草公司均产生于甘肃。在草原生态建设、草牧业试点示范以及草业重大工程实施等方面,兰州大学、甘肃农业大学等与省市县推广体系、协会密切互动,积极参与草牧业政策调研和智力建设,为政府和企业决策发挥了重要作用。为破解省内草业发展社会化组织服务能力及产学研对接等关键问题,甘肃省草原技术推广总站通过整合全省草业科教资源、草业基础优势资源、企业资源、市场优势和政策优势,开展甘肃草业生产标准示范区建设,推动甘肃草业智库建设。2016年9月甘肃省草产业协会快速上线,举办了甘肃省草产业协会第一届代表大会暨联盟(筹)和协会成立大会及草产业高层论坛。"一会一联盟"的面世,标志着我省草业界致力于产业技术交流、技术攻关、技术集成、技术转化,打造行业标准、行业自律、品牌建设、共享资源、联合生产、合作经营、组团发展的新平台正式诞生,有利于更好地加快甘肃草业核心竞争力,推进品牌建设和标准化体系建设。

9.政府对草产业的重视不断加大

甘肃省委、省政府重视草产业发展,充分发挥适宜于发展草产业的自然、资源、区位和技术优势,通过草原补奖、退牧还草、高产优质苜蓿项目的带动,不断加大对发展草产业的政策支持。出台了《关于加快全省草产业发展的意见》,提出了要将甘肃省建成草业大省和草业强省的目标任务。省农牧厅制定发布了《甘肃省草产业发展规划》《甘肃省草原生态保护建设规划》,引导草产业持续发展,并推进农业产业结构调整,增加农牧民收入。草产业逐步实现由数量增长型向质量效益型、由生产需求型向产业经营型转变,为改善生态环境发挥了重要的作用。

二、甘肃草产业存在的主要问题

1.饲草良种繁育体系不健全,种子生产经营标准化、规范化程度较低,草产品品种单一,饲草种子和草产品(草粉、草颗粒、草块、草捆)生产缺少相应标准,牧草种子质量难以保证。种子生产企业竞争力弱,良种化程度不高。

2.草产业发展组织化程度低,草业种植大多是千家万户分散种植,规模型集中种植少,企业与农户之间尚未建立起利益共享、风险共担的合作经营体。饲草产、供、销一体化融合发展不够,存在企业单打独斗和不良竞争现象,品牌建设滞后,竞争力不强。

3.饲草生产环节技术含量低,良种、良法、良管结合不紧密,国产机械加工效率和质量水平有待提升,缺乏适宜不同地理条件的机械装备。产品质量控制体系不完善,效益未实现最大化,产品运输成本高。饲草生产环节的施肥、培土、收割、烘干(晾晒)、贮藏等操作规程不规范,草产品存在杂质多、质量差等问题。

4.基础研究与产业脱节、技术创新不足、成果转化能力低、产学研推机构资源共享不够;院校之间技术融合程度不够、联合不紧密等,各项技术之间集成组装不够,都在一定程度上制约着饲草利用水平。

5.农作物秸秆资源化、商品化程度不高,利用层次低,利用率不高。秸秆饲料化利用一些关键性技术方面还未取得突破,成熟技术集成示范推广力度不够,一些生产环节尚无统一的技术规范;存在秸秆利用信息不通畅、监管跟不上、服务不到位等诸多问题。在秸秆收集贮运和生产加工方面,规模企业不多,产业化经营难。

6.草畜就地转化问题颇多。全省苜蓿草种植和奶牛生产存在着"不对称"的布局,特别是全省苜蓿种植面积最大的庆阳市,种植苜蓿占全省的40%以上,但存栏奶牛仅占全省的5%。而存栏奶牛占全省79%的10个市州,种植苜蓿仅占全省的28%。许多牛羊养殖公司无耕地种植饲草料,许多草业公司只专注于草产品生产销售无养殖基地,草畜结合不够紧密。

三、甘肃草产业今后发展方向

甘肃省所处的区位、地理状况、干旱少雨的生产条件决定了草产业将是今后甘肃省农业结构调整的重点。今后甘肃宜立足省情,加大结构调整力度,紧紧抓住国家加快黄土高原综合治理,发展草牧业、草原生态保护补助奖励政策、耕地轮作休耕试点,开展粮改饲和种养结合模式试点,再建一千万亩草产业基地等政策机遇,用产业化的思维和循环经济的理念谋划草产业,用系列叠加政策促进草产业现代化的发展。按照"合理布局、加大投入、统筹发展、提质增效"的思路,发挥草业基础资源和科技人才优势,不断推进草原生态文明建设和草业高质量发展,把我省建成全国重要的优质苜蓿生产基地、牧草种子生产基地和防灾减灾饲草料储备基地,建成草业大省和草业强省。

为了实现这一目标,甘肃省农牧厅把机制创新作为重要突破口,通过凝聚全省的草业资源和技术力量,发挥政策引导作用,制定完善草产业发展扶持政策,整合相关资源,建立企业、农户、市场、科技、协会相互关联、有序发展的机制。今后将以"四个平台"为支撑,全力推进甘肃草业发展转方式、提效益、上水平。

一是以甘肃省草产业技术创新战略联盟为平台,建设甘肃草业智库。发挥甘肃草业科技优势,凝聚科技力量,共享科技资源,突破技术瓶颈。通过启动一批重点支撑项目,对草牧业全产业链提供技术支撑,并适时提出产业发展的政策建议。

二是以甘肃省草产业协会为平台,提升行业核心竞争力。协会将以企业为主体,争取相关单位配合和支持,进行产业政策宣传、信息服务、投资融资、行业自律、组团发展、创建品牌,切实提高甘肃草业的核心竞争力。

三是以甘肃省草业标准技术委员会为平台,构建甘肃草业标准体系。利用甘肃省草业标准技术委员会组织开展全省草种、草产品、草原建设和生态保护等领域的标准化建设,通过建设已经获批的天祝县草原生态保护与建设标准化示范区和永昌县高产优质苜蓿种植标准化示范区两个省级示范区项目,以及天祝县、夏河县这两个全国基层技术推广示范站的建设、示范,全面提升草业发展水平。

四是以核心示范站创建为平台,提升草业技术服务能力和水平。依托鼠虫害预测预报站、区域试验站、人工草地监测站、草原资源和生态监测站,通过开展生物灾害防控、草品种区域试验、人工草地生产力和草产品质量监测、草原生产力与生态监测、草畜平衡监测等工作,以及天祝县、夏河县这两个全国基层技术推广示范站的建设、示范,推动核心站创建,提升草业发展质量和水平。

同时,甘肃省将以草产业规划的 4 个区域为重点,根据不同区域水热、气候、土地等资源现状和草产业发展特点、经营水平,加快推动草产业向优势区域集中,进一步发挥区域潜力和优势,加快建设陇中、河西灌区,以及高寒二阴地区三大基地,推动形成苜蓿玉米青贮草、高端商品苜蓿草和燕麦草、草种制种、特色牧草产业优势带。4 个区域各自的发展方向为:

1. 陇中黄土高原草畜转化及草产品生产区(白银、定西、兰州、临夏)

该区域气候干旱,地势平坦,地形复杂,垦殖指数高,低产田和坡耕地资源丰富,种草比较效益高,草产业比较优势明显。规划定位以草畜转化、草产品生产为主,今后宜注重种草与养畜的结合,加大草畜转化力度,提高种草养畜的效益。加强优质牧草生产基地建设,重点生产加工以苜蓿、红豆草等为主的优质草产品和以红三叶、猫尾草为主的特色草产品,建设以陇中苜蓿、甘肃红豆草、岷山红三叶、岷山猫尾草等为主的当家牧草种子生产基地。要将该区域建成我省重要的草畜转化、主要牧草种子和草产品生产基地,成为我省草产业核心优势区域。

2. 河西走廊优质草产品生产加工区(酒泉、张掖、武威、金昌、嘉峪关)

该区域干旱少雨,日照充足,热量丰富,地势平坦,灌溉条件较好。草产业起步早,发展基础较好,牧草产量高,草产品质量好,是我省高端草产品生产基地。规划定位以优质草产品生产加工为主,今后宜加快建设标准化、规模化优质牧草生产基地,注重精深加工,重点生产以苜蓿为主的优质高蛋白草产品,打造优质草产品品牌,满足苜蓿等高端草产品的市场需求。要将该区域建成我省重要的商品草产品生产基地和防灾减灾饲草料储备基地。

3. 陇东陇南草畜转化区(庆阳、平凉、天水、陇南)

该区域气候温暖,降水充沛,土地资源丰富,坡耕地面积大,是我省种草的传统区域,种草面积较大,存在的主要问题是种植结构不合理,水土流失严重。规划定位以草畜转化为主,今后宜重点发展以苜蓿、燕麦、箭筈豌豆等为主的牧草生产,提高种草养畜效益。

4. 甘南高原草畜转化及生态草生产区(甘南)

该区域降水充足,高寒阴湿,天然草原面积大,草原畜牧业基础较好,存在的主要问题是草原退化比较严重,饲草料缺乏。规划定位以草畜转化、草原生态保护为主,今后宜重点建设以燕麦、披碱草、老芒麦等禾本科牧草为主的人工饲草料生产基地,引进农区饲草产品,加快草原畜牧业生产方式转变,发展舍饲和半舍饲养殖,促进草原畜牧业提质增效。同时,建设披碱草、老芒麦、燕麦等耐寒草种生产基地,为天然草原改良提供草种,促进草原生态保护。

第四节 陇东饲草产业现状及发展对策

庆阳市地处甘肃东部,习称陇东,拥有天然草地面积为 1920.04 万亩地,分

4个类,6个草场组,17个草场型,分属98科384属、749种。其中干草原草场1657.56万亩,植被主要以长芒草、大针草、白羊草、蒿属、胡枝子、百里香等草种为主;灌木草丛草场189.28万亩,主要以狼牙刺、白羊草、大针草、蒿属、虎榛子、柔毛绣线菊、胡枝子、柠条锦鸡儿、长芒草等草种为主;疏林草场60.56万亩,主要以茵陈蒿、胡枝子、长芒草、蒿属、大针茅等草种为主;荒漠化草原草场1.83万亩,主要以茵陈蒿、胡枝子、长芒草、蒿属、大针茅等草种为主。

一、陇东草产业发展现状

1. 草原治理有序开展

从2009年开始,庆阳市进入全面的封山禁牧、保护生态的发展模式,庆阳的生态环境日益改善,连续五年草地植被综合覆盖度达到70%以上,而且呈逐年上升趋势。从2011至2015年,连续对全市30.29万公顷人工草地实施补助奖励政策,补贴标准为每公顷150元/年,同时实施项目补助,每年发放苜蓿种子360.952吨,并配套化肥40吨、地膜182.1吨,草地补奖政策的实施,庆阳天然草地植被得到恢复,自然生态环境得到明显改善,草地生产力显著提高。在补奖政策实施之前,庆阳市全年约产鲜草285.8万吨,平均每公顷产鲜草1.125吨,载畜量为198.88万羊单位。至2015年庆阳市全年约产鲜草459.5万吨,平均每公顷产鲜草3.259吨,载畜量为500万羊单位以上。

2. 人工种草规模逐年扩大

庆阳市自然条件适宜,耕作层土质肥沃,光热资源丰富,非常适宜种植紫花苜蓿等优质饲草。2000年以来,市政府在农业产业结构调整中提出以草畜产业为突破口,突出发展草食畜,实现草业兴市、畜牧强市战略,走粮经草三元结构的路子。尤其是封山禁牧后,为实现减草不减畜的目的,庆阳市加速发展人工草地,坚持每年更新种植紫花苜蓿100万亩。2018年,全市多年生饲草留存面积为480万亩,其中紫花苜蓿460万亩,年产青干草约149.5万吨,由于山地种植面积较大,可利用的苜蓿干草量仅为79.8万吨。全年种植燕麦、甜高粱、草谷子等一年生饲草29.59万亩地,年产青干草约14.75万吨。

3. 秸秆饲料化利用稳步提升

庆阳市农作物秸秆资源丰富,全市农作物播种面积常年保持在600万亩以上,每年作物秸秆理论产量约为320余万吨(干重),用于饲料化生产的秸秆主要来源于玉米、小麦、糜谷等禾谷类作物。2018年全市青贮(折合干草)、收贮干草等形式开展秸秆饲料化利用166万吨,秸秆资源利用达率达到51%。农户利用作物秸秆喂养家畜的方式主要是铡短或粉碎直接利用(约占50%),其次是制作成青贮或黄贮饲草在冬季饲用(约占40%),其他方式占10%。初步实现秸秆饲料化专业化生产。

4. 饲草加工全面开展

全市现有饲草收获加工机械 2.5 万台套(其中:饲草收割机 1078 台套、青贮裹包机 614 台、其他小型机械 2.3 万台套)。全市培育形成甘肃荟荣、甘肃民吉、宁县中泰、甘肃南梁缘、南梁情草业、西部情草业、绿野草业、华池中盛华美饲草仓储中心等饲草加工企业 10 家,生产的产品多数以青贮草、草捆、草颗粒、草粉为主;全市还成立有饲草加工专业合作社 12 家,加上养殖场(户)窖池青贮,全市饲草加工能力达 300 万吨,可满足当前全市肉牛、肉羊产业发展的饲草需求,部分产品还销往宁夏、陕西等地区。

二、陇东饲草产业存在问题

1. 资源条件方面

一是生态环境脆弱。尽管全市采取了禁牧措施,但是局部草原退化、夜牧偷牧现象突出,草原生态保护形势依然严峻。二是水资源短缺。年平均降水量356.1～684.9 毫米,地面平均蒸发量 520 毫米,地表水资源匮乏,部分地区打井深度已超过 300 米,全市以雨养农业为主,川区自流灌区渠系亟待完善。三是地形受限。庆阳市特殊的地理地貌造成耕地比较零碎,平田整地成本增加,制约了饲草的规模化种植,而且收割、运输困难,雨季损耗大,饲草生产成本较高。

2. 产业体系方面

一是产业结构亟须优化。全市饲草料种植结构不合理,籽粒玉米种植面积大,专用青贮玉米的种植面积小,尚未实现为养而种。二是草畜产业融合不足。饲草加工发展相对滞后,全市草业龙头企业 8 家,年加工饲草能力 50 万吨左右,远不能满足草食畜产业对优质饲草产品的需求,饲草产品商品率低。三是饲草产品质量安全监管体系亟待建立,品牌营销不到位。全市饲草产品形成了"荟荣"等产品品牌,缺少打得响、叫得亮的品牌,"陇草"区域品牌市场效应尚未体现。

3. 生产体系方面

一是标准化生产水平不高。饲草生产田间管理粗放,病虫害防治不足,收割时间和刈割留茬较随意,贮存方法不当,饲草产量和产品质量得不到有效保障。二是草种繁育体系不完善。全市未建成稳定的饲草种子繁育基地,所需草种除陇东紫花苜蓿外多以外调为主。三是草牧业科技创新与推广体系滞后。科研创新转化平台缺失,草畜产业技术推广队伍业务素质和技能跟不上发展需求,技术服务能力不足。四是饲草生产机械化程度低。适合山地条件的牧草收割机械和秸秆收集机械少,牧草收割和秸秆收集只能靠人工,留存苜蓿收割利用率仅为

53%。五是秸秆饲料化利用水平低。农作物秸秆资源利用率仅为41%,且秸秆青贮或氨化量较少,大量秸秆未经加工直接饲喂。

4. 经营体系方面

一是新型经营主体发育滞后。饲草产业龙头企业发展滞后,全市培育形成草业龙头企业带动能力不够强;现有饲草生产专业合作社数82个,但真正发挥作用的少,存在部分"空壳合作社"。二是社会化服务体系不够健全,农机农艺融合不够,饲草储备和物流配送体系不健全。

三、陇东饲草产业发展对策

陇东具备发展牛羊等草食畜的独特区位资源优势,今后在发展策略上需要不断优化产业布局,全面落实《甘肃省发展现代丝路寒旱农业三年行动计划(2020—2022年)》对陇东地区的产业定位,加快饲草产业带建设步伐,满足肉羊、肉牛产业发展饲草需求,实现饲草供给本地化,逐步将陇东建成全省乃至西北重要的饲草种植加工基地。

1. 加大饲草业的政策引导扶持

要不断优化顶层设计,加大草产业组织领导和政策支持,引导扶持全市草产业的高质量发展。要积极争取国家天然草原退牧还草工程项目、粮改饲试点项目、草牧业试验试点等项目支持,落实现代饲草产业发展的扶持政策。要加大财政支持力度,整合各类项目和资金,集中倾向带动能力强、示范效应明显的饲草龙头企业进行扶持,重点加大草种繁育基地建设、饲草种植与草产品加工示范基地建设、饲草种植与加工贮运机械设备购置和实用技术推广等方面的项目支持。各县(区)政府落实草产业发展的主体责任,对饲草种植、加工、储存、销售,青贮窖或贮草库建设、收获加工机械购置环节进行重点支持补贴。积极探索政府与社会资本合作、担保贴息、以奖代补等资金筹措方式,带动金融和社会资本投入现代草产业发展。鼓励肉羊养殖场(企业、合作社)、自养大户积极建立饲草基地,种植紫花苜蓿、饲用玉米、甜高粱、饲用燕麦等高产优质饲草,实现自给自足。

2. 加强天然草原的保护和合理利用

一要加强天然草原治理与修复。认真实施好新一轮草原生态保护补助奖励政策。落实草原禁牧条例,继续实施退耕(牧)还草工程,因地制宜开展围栏封育、免耕补播改良、病虫害和毒杂草防治、黑土滩治理等综合措施,促进天然草原实现有效治理与修复。开展宜垦撂荒草原治理,增加可食优质饲草种类和比例,提高草原生产力水平。二要科学合理利用天然草原。建设市县两级天然草原监测站,构建以"3S"为平台的庆阳市天然草地监测信息系统,对天然草原实施动态监测,针对恢复情况良好、产草量较高的天然草原,鼓励并指导草原经营者采取草种采集、刈割收获等方式进行合理开发。

3. 建立健全饲草良种繁育体系

一要建设饲草良种繁育基地。引进培育育繁推一体化草种企业,加快优质草种的良种繁育步伐,构建布局合理、生产配套、保障有力的良种繁育体系。立足陇东紫花苜蓿等地方草种的开发利用,以甘肃荟荣草业为主体,采用"一圃三田"技术体系(即原种选择圃,一级种田、二级种田、三级种田),在环县曲子、洪德、车道建设 3000 亩以上的苜蓿、燕麦、红豆草等专业化饲草良种繁育基地 4个。加快苜蓿新品种培育,完善苜蓿种子繁育、收获、加工和检测体系。在合水县肖咀建设新型饲草良种繁育基地,重点开展构树、蛋白桑等新型饲草的良种扩繁工作。坚持品种自育与引种筛选相结合的育种技术方法,实现良种繁育基地的规模化、标准化管理。二要完善草品种区域试验体系。依托国家草品种庆阳区域试验站,在宁县和盛建立饲草新品种试验示范基地,开展专用青贮玉米、饲用燕麦等饲草新品种引进试验研究,通过试验和大田生产示范,加快引进适宜旱作区种植的高产优质饲草作物品种,加大优良草种的推广应用力度。

4. 发展规模化饲草种植基地

一要建设多年生饲草种植基地,以陇东苜蓿、甘农 5 号、中苜 3 号、雷达克之星为主推品种,持续推进传统苜蓿基地改造更新。大力开展高产优质苜蓿基地建设,在各县(区)建成一批规模化、标准化优质苜蓿生产基地,进行旱作人工草地建植技术示范,推行地下滴灌等节水灌溉措施,解决苜蓿种植缺水问题,带动全市每年更新种植紫花苜蓿 100 万亩以上,提高苜蓿加工水平和商品利用率。二要建设一年生饲草种植基地,以草用型燕麦为主,主推牧王、环县燕麦等适应性品种,通过开展草田轮作,建立混播型饲草基地,稳步推进一年生饲草种植。三要加大"粮改饲"步伐,调减籽粒玉米种植面积,改种青贮玉米和甜高粱等优质专用饲草,提高专用青贮玉米品种占比,为青贮提供优质原料。四要提高饲草种植的专业化水平。紧紧围绕养羊专业乡镇和专业村,加大饲草种植专业乡镇的培育。在饲草种子、耕种、管护、收割等方面给予一定的政策支持,鼓励乡镇、村组和农户充分利用塬边、川台宜草荒地,种植抗逆性强的白三叶等适喂草种。

5. 规范提升饲草收贮加工能力

一要加强饲草、秸秆离田收储。扶持建立种、收、贮专业化机械服务合作组织,以饲草种植、收获和加工机械补贴为重点,抓好饲草、秸秆离田关键环节,大力推广适合山地收割、捡拾及打捆的中小型机械,做到应收尽收。引导饲草加工及养殖企业建立收储网点,合理布局饲草、秸秆收储站点,构建以企业为龙头、专业合作社为纽带、种植大户为基础的层级收储运体系,抓好离田收集处理、打捆打包、保管运输等环节有机衔接,满足商品饲草对原料的要求。配套饲草及秸秆初级加工设施,提高饲草及秸秆利用效率。二要发挥饲草龙头企业的组织带动作用。坚持培育壮大一批规模大、带动力强的饲草龙头企业,形成以龙头企业为骨干,中小型企业、合作社为补充的饲草生产加工格局。支持大型饲草加工企业建立大型储备库,重点加工和储备高密度草颗粒、草块、草饼、裹包青贮等便于远距离运输的饲草料产品,以青贮玉米、高密度草捆、草颗粒、草粉为主要加工产品,建立饲草配送中心(站)及网络,通过与养殖场(户)签订购销合同,为规模养殖场配送饲草。引导企业走"龙头＋基地＋农户"或"龙头＋合作社(家庭农场)＋基地"的产业化订单经营模式,提高草产品生产加工质量和效益。

6. 加大草业科技研发和推广

一要搭建科技创新平台。以兰州大学、甘肃农业大学、甘肃省农业科学院、甘肃机械科学研究院、陇东学院、庆阳市农科院及相关企业为依托,组建成立庆阳市草产业技术创新战略联盟,搭建科技创新与技术资源公共服务平台。重点围绕黄土高原天然草原改良修复、饲草品种选育、饲草高效栽培、精深加工等关键技术以及山地饲草产业全程机械装备,开展集成创新研究。支持科研单位与企业与合作建立院士工作站、教授工作站、研究基地等平台,共同实施科研项目,促进饲草产业科技成果转化,集成应用新品种、新技术、新装备和新模式,实现饲草产业科技资源共享、科技成果共享,依靠科技进步提高草业开发效益。二要加强科技推广应用。建立庆阳市现代饲草产业体系岗位专家库,重点针对饲草丰产栽培、适时收割、草产品加工贮藏、病虫害防治等关键技术等方面,通过专家坐诊、巡回服务等方式,为饲草产业各类经营主体提供技术咨询和现场指导。推行"岗位专家＋技术推广机构＋社会化服务组织＋新型农牧业经营主体"的"四位一体"推广模式,引导各类经营主体参与技术推广服务。三要加强实用技术人才培养。结合新型职业农民培育工程,以种养大户、家庭农场主、农民合作社骨干等生产经营型职业农民为重点,充分利用各种资源优势,开展多渠道、多途径、不同层次的技术培训,提升饲草生产、经营和管理水平。

7. 强化陇草质量控制和品牌营销

一要构建标准体系,加强草品质量管理。制定饲草种子质量标准和草产品等级标准和管理办法,完善和制定饲草产品质量标准和质检体系,健全质量监督机构,提高检测水平,实现从生产、加工到产品销售的全程质量监控。引导饲草经营主体按标准生产优质饲草产品,提高产品质量。二要积极构建饲草营销平台。构建并完善饲草产品产销信息服务平台,组建或扶持饲草信息服务团队,形成产销批发交易市场,沟通线上线下、反应灵敏、发布及时的专业化饲草产销信息服务网络,构建覆盖甘肃、陕西、宁夏、内蒙古等目标市场的稳定顺畅的销售网络。三要创建"陇草"品牌。以现有"荟荣""民吉""南梁缘"等产品品牌为基础,打造一批区域特色明显、市场竞争力强的饲草产品品牌,力争创建"陇草"区域公用品牌。强化品牌质量管控,实行动态管理,保证品牌"含金量"。鼓励饲草加工企业开展绿色、有机草产品认证,为生产有机畜产品提供条件。积极组织饲草加工龙头企业参加中国国际饲料工业博览会、中国国际草业展览会等展销活动;扶持甘肃中盛农牧公司开展草畜特色小镇建设,举办草畜特色节庆活动,打造陇东黄土高原特色草文化品牌,提升"陇草"区域公用品牌的知名度和美誉度。

参考文献:

[1] 高雅,林慧龙.草业经济在国民经济中的地位、现状及其发展建议[J].草业学报,2015,24(1):141-157.

[2] 卢欣石.中国草产业的发展历程与机遇[J].草地学报,2015,23(1):1-4.

[3] 李宝.浅谈草产业的地位和作用[J].农业技术与装备,2013,275:47-50.

[4] 农业部办公厅.全国节粮型畜牧业发展规划(2011—2020年),2011-12.

[5] 马有祥.推广粮改饲　构建新型种养关系[J].农民日报,2017-01-03.

[6] 卢欣石.中国草产业大势与挑战[J].草原与草业,2013,25(4):3-5.

[7] 卢欣石.15年草业进步、15年草业未来[J].草原与草业,2016,28(3):1-6.

[8] 毛培胜,王明亚.中国草种业的发展现状与趋势分析[J].草学,2018,6:1-6.

[9] 农业农村部.全国首蓿产业发展规划(2016—2020年),2016-12-27.

[10] 阿不满.中国草业可持续发展战略研究取得重要成果[J].甘肃农业,2011,04:64-65.

[11] 卢欣石.首蓿产业十年发展　助推奶业提质升级[J].中国乳业,2019,208:10-12.

[12] 张榕,李德明.甘肃省草种质资源创新利用评价[J].草学,2019,5:77-80.

[13] 张榕,等.甘肃草产业发展概况[J].甘肃农业,2017,11:9-11.

[14] 甘肃省农业农村厅.甘肃省"十三五"草业发展规划(2016—2020年),2017-02-23.

[15] 甘肃省农业农村厅.甘肃省"十三五"秸秆饲料化利用规划(2016—2020年),2018-09-03.

[16] 甘肃省林业草原局.甘肃省草品种培育及良种繁育规划(2016—2020年),2017-07-15.

[17] 庆阳市农业农村局.陇东黄土高原饲草种植加工基地建设项目实施方案(2019—2025年),2018.

第二章　旱地牧草生产基础

第一节　牧草的分类与品种选择

一、牧草的分类

牧草指作为家畜饲草料而栽培的植物,是发展草食家畜生产的基础。牧草中不仅含有家畜必需的各种营养物质,还含有对反刍家畜健康特别重要的粗纤维,是粮食与其他饲料所不能替代的。

栽培牧草的类型可按不同分类方法进行划分,目前生产上利用的牧草大致有以下几种分类方法。

1. 按分类系统划分

依据植物系统分类,通常将牧草分成如下三类:

(1)豆科牧草

由豆科饲用植物组成的牧草类群,又称豆科草类。是栽培牧草中最重要的一类牧草,与根瘤菌共生,能固氮为自身提供氮素营养并提高土壤肥力,常用作绿肥,具有很好的改土效果。其茎、叶蛋白质含量高,适口性好,干物质中粗蛋白质含量20%左右,少数高达25%以上,在农牧业生产中占据重要地位。目前生产上应用最多的豆科牧草有紫花苜蓿(彩图1)、红豆草(彩图2)、沙打旺(彩图3)、小冠花(彩图4)、红三叶、紫云英、白三叶(彩图5)、毛苕子(彩图6)、百脉根(彩图7)、草木樨(彩图8)、紫穗槐、柠条、山黧豆、胡枝子等。

(2)禾本科牧草

禾本科牧草又称禾草,种类繁多,占栽培牧草的70%以上,但栽培历史较短。其特性是耐刈、耐牧,有些是优良的水土保持、防风固沙和庭园绿化植物,在草原生态系统中具有重要作用,也是建立放牧刈草兼用人工草地和改良天然草地的主要牧草。饲用意义较大的有:冰草、羊草、雀麦、鸭茅、披碱草、狐茅、雀稗、早熟禾、狗尾草、针茅等。主要的栽培种有饲用玉米(彩图9)、饲用高粱(彩图10)、苏丹草(彩图11)、黍、粟、谷、老芒麦(彩图12)、燕麦(彩图13)、鸭茅、无芒雀麦(彩图14)、黑麦草(彩图15)等,作为草坪绿化利用的牧草还有草地早熟禾、紫羊茅(彩图16)、硬羊茅、高羊茅、匍匐剪股颖等。

（3）杂类牧草

指不属于豆科和禾本科的牧草，无论种类数量还是栽培面积上，都比不上豆科牧草和禾本科牧草。但有些种在农业生产上仍很重要，如藜科的饲用甜菜（彩图17）、驼绒藜、木地肤（彩图18），伞形科的胡萝卜，十字花科的芜青，菊科的苦荬菜，苋科的千穗谷，紫草科的聚合草，蓼科的酸模，等等。

2. 依据生长年限划分

依据牧草寿命和发育速度的不同可将牧草分成以下三大类：

（1）一年生牧草

在一年内完成整个生活史的牧草。这类草的生长期限只有一个生活周期，一般秋春季播种，夏秋季开花结实，随后枯死。此类草播后生长快，发育迅速，短期内生产大量牧草。如青饲玉米、燕麦、苏丹草、毛苕子、山黧豆、紫云英、苦荬菜等。

（2）二年生牧草

这类草的生长年限需要2年，播种当年仅进行营养生长，以生产牧草为主，且产量较高。第二年返青后迅速生长，并开花结实，随后枯死，以生产种子为主。如甜菜、胡萝卜、草木樨等。

（3）多年生牧草

生命周期在2年以上的牧草。一次播种可多年利用，其显著特点是根量远高于一、二年生牧草，大多数牧草属于此类，是农牧业生产的主体。依据其利用年限还可分为短期多年生牧草和长期多年生牧草。短期多年生牧草寿命4～6年，播后第二、三年可形成高产，第四年之后显著衰退减产。如沙打旺、红三叶、白三叶、红豆草、多年生黑麦草、老芒麦、披碱草、鸭茅、苇状羊茅等。长期多年生牧草寿命多达10年以上，播后第三年进入高产，高产期可维持4～6年。如苜蓿、胡枝子、山野豌豆、草莓三叶草、柠条、无芒雀麦、冰草、看麦娘、碱茅、羊柴等。

3. 依据再生性划分

依据牧草地上枝条生长特点和再生枝发生部位不同，可将牧草分为以下三类：

（1）放牧型牧草

此类牧草地上部茎叶发生于茎基部节上，或者从地下根茎及匍匐茎上发生，且株丛低矮密生，株高一般不超过20厘米，繁殖、耐牧性强，不适宜刈割，仅能放牧利用。如草地早熟禾、碱茅、紫羊茅等。

（2）刈割型牧草

此类牧草地上部的生长是靠枝条顶端的生长点延长实现的，一般是从地上枝条叶腋处的芽新生出再生枝，故而放牧或低刈后因顶端生长点和再生芽被去掉而再生不良，一般不适于放牧或频繁刈割。如草木樨、红豆草、沙打旺、苏丹草等。

（3）牧刈型牧草

此类牧草地上部的生长是依靠每一个枝条节间的伸长实现的，或者是从地下的根茎节、分蘖节、根颈处新生出再生枝，因而此类牧草放牧或低刈后仍能继续再生生长，具有极强的耐牧性和耐刈性。如苜蓿、白三叶、无芒雀麦、老芒麦、羊草、垂穗披碱草等。

4. 依据适生温度划分

依据适生温度通常将牧草分成以下三个类型：

（1）冷季（地）型牧草

此类牧草最适生长温度在 15～24℃ 之间，抗寒性强，主要分布在我国黄河以北地区。但耐高温能力差，在南方炎夏出现休眠现象。如苜蓿、沙打旺、红豆草、白三叶、草木樨、毛苕子、柠条、胡枝子、羊柴、燕麦、草地早熟禾、无芒雀麦、冰草、老芒麦、羊草、披碱草、碱茅、苇状羊茅等。

（2）暖季（地）型牧草

此类牧草最适生长温度在 27～32℃ 之间，耐热性强，主要分布在我国长江以南地区。但抗寒能力差，在北方越冬困难，在南方冬季最低温时出现休眠。这类牧草多数原产于亚热带地区，只有少数种能结实，因而大部分以营养繁殖为主。如狗牙根、假俭草、结缕草、地毯草、野牛草、画眉草、非洲狗尾草、苏丹草、紫云英、红三叶、柱花草、银合欢、大翼豆等。

（3）过渡带型牧草

该类型牧草分布于黄河以南、长江以北地区，温度适应范围较广，包括了冷季型牧草中耐热性强的种类和暖季型牧草中耐寒性强的种类。如多年生苜蓿、白三叶、黑麦草、苇状羊茅及红三叶、苏丹草、结缕草、野牛草等。

另外还有几种分类方法，如依据株丛枝条构成，将牧草分成上繁草、下繁草两大类；依据分蘖分枝特征，将牧草分成密丛型、疏丛型、根茎型、根茎－疏丛型、匍匐茎型、根蘖型、根颈－丛生型、鳞茎型和莲座型九大类；依据株形，将牧草分为直立型、斜生型、缠绕型等。但这些分类方法在生产上的指导意义不大，因此不再详细介绍。

二、牧草的品种选择

牧草品种的选择对种草养畜至关重要，牧草的种类众多，草率引种会导致农户种草失败，使种草养畜积极性受到打击。因此，要发展好草畜产业，首先要选好牧草品种。生产中要选择适应性强、应用效能高的优良草种，基本要求是所选草种草质要好、产量高、可以多季收割、生命力强、对牲畜营养价值高并能提高牲畜的肉质等。另外还要综合考虑畜禽养殖品种、当地气候条件及土壤状况等因素。

一般情况下应根据以下几方面选择牧草的品种：

1. 根据养殖畜禽选择草种

要根据养殖的畜禽品种选择牧草品种，不同畜禽在采食特性、营养需要等方面存在差异。首先，要考虑哪些牧草品种适合养殖品种。一般来说，反刍家畜喜食植株高大、粗纤维含量相对较高的牧草，如饲用玉米、苏丹草、羊草、无芒雀麦、披碱草、串叶松香草等；鸡、鹅等禽类采食量少，需求蛋白质高、纤维素少的饲料，最好种植紫花苜蓿、苦荬菜、菊苣等；猪为杂食性单胃动物，喜食蛋白质含量较高、叶量丰富柔嫩多汁的牧草，如聚合草、白三叶、红三叶等；此外，紫花苜蓿、黑麦草等适用于所有的畜禽。

2. 根据气候选择草种

不同类型牧草生长需要的气候条件和适宜种植的区域范围不同，违反自然规律种植牧草，就会影响牧草的生长、使用年限及产量。在选择草种时，要根据当地的日照长度、平均温度、年均降雨量等气候条件来选择。陇东地区属北方寒冷地区，应选择种植苗期耐低温、种子拱土能力强、耐旱的冷季型牧草，如种植耐寒的紫花苜蓿、聚合草、草木樨、无芒雀麦、沙打旺、籽粒苋、披碱草等；也可种植部分过渡型牧草，如黑麦草、苏丹草、饲用玉米、白三叶、串叶松香草、苦荬菜等。

3. 根据土壤性质选择草种

牧草与其赖以生存的土壤密切相关，草种选择需要充分考虑当地的土壤地质状况，主要考虑土壤的酸碱性及土壤养分、土壤水分等。陇东地区多数土壤属中性偏碱土壤，且为干旱半干旱区，属雨养农业区，因此可考虑引种耐碱耐旱的紫花苜蓿、黑麦草、串叶松香草、沙打旺、草木樨、苏丹草、羊草、无芒雀麦、披碱草等；贫瘠的土壤可引种耐瘠薄的沙打旺、紫花苜蓿、草木樨、无芒雀麦、披碱草等。

4. 根据用途选择草种

牧草的利用方式主要有刈割青饲、放牧、青贮、调制干草、加工草粉等。在生产中，如以收获青绿草料为利用目的，应选择初期生长良好、短期收获量高且对肥效较敏感的品种，如青贮玉米、甜高粱、紫花苜蓿、白三叶、聚合草、鲁梅克斯等。这类牧草的鲜草亩产量一般在 4000～5000 千克，有的可达 10 吨以上，刈割后可用于青饲、青贮或晒制干草。若用于放牧，由于草地利用比较频繁，应在考虑丰产的同时优先考虑再生能力强、耐瘠薄、耐践踏、密度大的品种，如多年生黑麦草、三叶草等。另外根据生产情况，还要考虑抗病性、是否便于刈割等特点。若以轮作方式养地肥田则以选用根系发达的一年生牧草为宜。

5. 不同生长季节的牧草搭配选种

在生产中,为了保证畜禽有稳定持续的饲草供应,实现长期供草,需综合考虑不同草种的搭配种植。季节冷暖决定牧草生长旺枯,是左右饲料来源的关键因素,不同的季节要选择不同的品种。在温暖的春季可选择利用黑麦草、红三叶、白三叶、紫花苜蓿等,在炎热的夏季可选择利用苏丹草、串叶松香草、苦荬菜等,为度过寒冷的冬季,可选择利用有利于生产青贮饲料及干草的草种。

总之,选择牧草品种应牢记:一是以畜定草,按生长需求搭配品种,即按饲养的畜禽及其生长对营养的需求不同种植不同的牧草。二是消除时差,按季节互补搭配品种。夏季是绝大多数牧草的生长旺季,故夏季牧草品种不宜太集中;而冬季枯草期,要选择适当品种青贮或调制干草,以确保越冬青饲料供应,缓解季节矛盾。三是平衡营养,按全面多样搭配品种。即使是最好的牧草,也不宜长期单独喂养动物,要根据动物的营养要求和牧草的营养含量进行科学搭配,确保牧草品种多样,营养全面均衡,促进动物健康成长。

第二节　牧草的生长发育和再生性

牧草的生长发育是一个极其复杂的过程,是在各种物质代谢的基础上,种子发芽、生根、长叶,植物体长大成熟、开花、结果,最后衰老、死亡的过程。通常认为,生长是植物体积的增大,它主要是通过细胞分裂和伸长来完成的;而发育则是在整个生活史中,植物体的构造和机能从简单到复杂的变化过程,它的表现就是细胞、组织和器官的分化。在生产实践中,人们常把牧草的播种出苗、开花结实到种子的成熟收获看作是其一个生命周期。牧草种类不同,生长发育的状况不同,就是同一种牧草品种,在不同阶段中生长发育情况也不一样。如欲通过调节生长发育达到牧草、饲料作物增产及科学利用,就必须对生长发育进行深入细致的了解和分析。

一、牧草生长和发育的基本概念

1. 生长

细胞分生引起植物体积、重量和数量的不可逆增加,使植物体由小变大,最终变为成熟植株的现象叫生长,表现在牧草整体或部分体积增大、重量增加或数量增多。生长是植物体内各种生理过程综合协调、同化外界物质吸收外界能量的过程,是依赖分生组织发生细胞分裂的过程。在牧草的群体、个体、器官的生长过程中,都是以大小、重量、数量及其在时间上的变化为特征。生长是产量形成的基础,控制产量必须控制生长。

2. 发育

细胞分化引起不同部位细胞群发生变化,形成执行各种不同功能的组织和器官,这种植物体的构造和功能从简单到复杂的变化过程就是发育。是植物沿生活史方向在内部生理和外部形态上表现出来的器官功能上的分化,是细胞分化和成熟的结果。特指植物各种功能器官的形成,是植物茎端的分生组织由分化叶原基转为分化花原基的过程,如花的发端、性细胞的出现、受精过程、胚及其他延存器官的形成。生殖器官的发育是决定收籽实牧草产量高低和品质好坏的关键。

3. 生长和发育的关系

在牧草的整体水平上,生长表现为器官和个体体积或重量的增长,在细胞水平上表现为相同分化类型细胞数量的增多和细胞内干物质的积累和体积的增长。发育是新生器官细胞的分生、分化、增大、定型以及旧器官的衰老与死亡,是由种子——植株——种子的新旧交替的过程。生长是量的积累,发育是质的转变,生长为发育奠定基础,发育是生长的必然结果,二者交织重叠,相互促进,互为消长,密不可分。但也不能混为一谈,没有生长,便没有发育,没有发育也不会有进一步的生长,二者交替进行。

4. 影响生长发育的因素

牧草生长所必需的五大要素是阳光、温度、水分、空气、养料,它们是植物的生命线,也是牧草生长发育的主要环境因子。

(1)温度

温度对牧草生长发育的全过程都有着很大的影响,是牧草生命活动最基本的生态因子,牧草只有在一定的温度条件下才能生长发育,达到一定的产量和品质。植物在不同的生长时期和不同的发育阶段,都需要不同的、一定的合适温度。与牧草生长发育关系密切的温度有土温、气温、体温。土壤温度影响牧草播种发芽、根系生育以及越冬,从而影响到地上部分。气温与牧草地上部生长发育有直接关系,也间接影响土温和根系的生长发育。牧草地上部体温一般和气温接近,根温接近土温,并随环境而变化。牧草所需温度有三个概念和范围,即维持生命的温度、保证生长的温度、保证发育的温度。大多数牧草维持生命温度一般在 $-30\sim50\,^\circ\!\text{C}$ 之间,保证生长的温度在 $5\sim40\,^\circ\!\text{C}$ 之间,保证发育的温度在 $10\sim35\,^\circ\!\text{C}$ 之间。一般寒带、温带牧草在此范围内偏低一些。

(2)光照

光是光合作用的能源,在光的作用下,牧草才能进行光合作用和光形态建成,表现出光周期现象,使之能制造有机物,并储存能量,得以正常生长发育。光对植物的生理和分布起着决定性的作用。有些植物只有在强光下才能生长得好,如小麦、玉米等。

光照对牧草生育的影响表现为两个方面:一是通过光合成物质从量的方面影响生育;二是以日照长度为媒介,从质的方面影响生育。光照强度影响牧草同化作用和生长发育,因而必然影响其产量和品质。

(3)水分

水是植物的重要构成部分,牧草的生长发育只有在一定的细胞水分状况下才能进行,细胞的分裂增大都受水分亏缺的抑制。生长特别是细胞增大阶段的生长对水分亏缺最为敏感。降雨是陇东地区牧草获取水分的主要途径,也是牧草所需水分的主要来源。因此,降水量或降水特征既影响牧草生长发育、产量品质而起直接作用,又引起光、热、土壤等生态因子的变化而产生间接作用。久旱无雨,牧草体积增长提早停止,结构分化较快发生,花期缩短,结实率降低,叶小易落,影响光合作用,进而影响营养物质的积累和转化,降低越冬性。降雨多,牧草徒长,组织不充实,持续降雨,水分过剩,会引起涝害,出现下层根系死亡,叶失绿、早落叶,并影响授粉受精,造成落花落果。此外,如空气湿度大,有利于真菌、细菌繁殖,常引起病害的发生而间接影响牧草生长发育。

(4)气体

空气中的氧、氮、二氧化碳、水蒸气对植物生活影响极大,其量的变化和质的改变都能直接影响牧草的生长发育。氧气是牧草地上部分和根系进行呼吸和代谢必不可少的成分,大气中的氧含量相对固定,牧草地上部分通常不会缺氧。但土壤在过分板结或含水太多时,常因不能供应足够的氧气,成为种子、根系和土壤微生物代谢作用的限制因子,影响土壤微生物活动,妨碍牧草根系对水分和养分的吸收,根系无法深入土中生长,甚至坏死。土壤长期缺氧还会形成一些有害物质,从而影响牧草的生长发育。二氧化碳是牧草光合作用最主要的原料,它对光合速率有较大影响,人为提高空气中二氧化碳浓度,常能促进牧草生长。

(5)土壤

牧草需要的养料很多,有碳、氢、氧、氮、磷、钾、钙、硫、镁、铁等10多种元素,而土壤通常是这些元素的来源。牧草生长发育所需的水分和养分,大都通过根系从土壤中吸收。土壤质地、深度、透气性、水分和营养状况对牧草的生育有极大的影响。土壤的营养状况显著影响牧草的生长发育。土壤中丰富的氮可促使牧草生长,分蘖增多,叶色深绿,枝条生长加快。磷有利于根的发生和生长,提高牧草抗寒抗旱能力,也可促进花芽分化,提高牧草种子产量。钾可促进细胞分裂、细胞和果实增大,促进枝条加粗生长、组织充实,提高抗寒抗旱、耐高温和抗病虫害的能力。

二、生育期和生育时期

1. 生育期

（1）生育期概念

以籽实或果实为收获对象的牧草，如牧草种子田，其生育期是指从种子出苗（返青）到新种子成熟所经历的总天数。对于以地上营养体为收获对象的牧草，则是指播种材料出苗到地上部收获适期所持续的总天数。多年生牧草由春季萌发到种子完全成熟时期，叫作牧草的生育期或生育天数。

（2）影响生育期长短的因素

①牧草的遗传性。牧草的种类不同，其生育期长短也不同。同一种牧草生育期长短也会因品种而不同，有早、中、晚熟之分。早熟品种生长发育快，植株低矮，叶片少而小，成熟早，生育期短；晚熟品种生长发育缓慢，主茎节数多，植株高大，叶片多而大，成熟迟，生育期较长；中熟品种在各种性状上介于早熟品种和晚熟品种之间。在相同的栽植条件下各个牧草种、品种的生育期长短是相对稳定的。

②牧草生长的环境条件。牧草生育期长短也受气候条件及地理位置的影响，主要受纬度、经度、高度三方面的影响，从而形成南北差异、东西差异和垂直差异。南北差异指牧草春季的始花期由南向北推迟；东西差异指牧草的春季开花期内陆地区早，近海地区迟，由西向东推迟的日数自春季到夏季的差异逐渐减少；垂直差异指春季牧草的开花期随海拔每升高100米推迟1～2天。

③牧草的栽培技术措施。栽培技术对牧草生育期的影响主要是水肥条件的影响，在土壤肥沃或施氮肥充足土壤上，茎叶常常生长过旺，成熟期推后，生育期延长。如土壤缺少氮素，或遇高温干旱时会引起牧草早衰致使生育期缩短。

（3）生育期与产量

早熟品种与晚熟品种生育期长短的差别主要是在营养生长时期。相同牧草早、晚熟品种自花穗分化到籽粒成熟阶段的天数并无多大差异。一般而言，在相同种植密度下，牧草早熟品种产量低，晚熟品种产量高。因此早熟品种要比晚熟品种种植密度要高些，在生产中要特别注意。

2. 生育时期

牧草饲料作物的生育时期是指一个生长季中外部形态特征上呈现显著变化的若干时期。或者说在牧草饲料作物生育过程中，根据其外部形态特征的变化而划分的几个生育阶段。但各个阶段是一个持续的过程，在田间生产中牧草饲料作物观察记载项目的生育期不是记录这个阶段的持续天数，而是记录某一阶段50%以上的植株出现某一共同特征，称为某某期。如分蘖期只是指草地植株有 50%达到分蘖的日期,而不是整个分蘖时期。有些生育时期划分为"始期"和"盛期",一般以全部植株的 20%出现某个特征的日期为始期,80%为盛期。

禾本科牧草和饲料作物的生育时期分为:出苗期、分蘖期、拔节期、孕穗期、抽穗期、开花期、成熟期、收获期、再生期等几个生育时期。禾草的成熟期又可分为乳熟期、蜡熟期和完熟期。

豆科牧草和饲料作物的生育时期分为:出苗期、分枝期、现蕾期、开花期、结荚期、成熟期和再生期等几个生育时期。

三、牧草的再生性

1. 牧草再生性的概念

指牧草或饲料作物在被刈割、放牧、践踏或辗压后,重新恢复生长的能力。牧草的再生主要靠刈割或放牧刺激分蘖节、根颈或叶脉处休眠芽的生长来实现,未受损伤茎叶的继续生长也起作用。一般同类牧草的再生性和产量成正比,但和抗寒性成反比。

2. 影响牧草再生性的因素

牧草的主要利用方式是刈割和放牧,牧草的再生性也多指刈割(放牧)后牧草再次生长的现象和能力。牧草具有补偿性生长的特性,刈割时不同牧草要有合理的留茬高度和刈割强度,也要把握好刈割时间,以便既获得优质高产牧草,又不影响再生利用。长期的重度刈割对群落的有性繁殖有一定的抑制作用,所以生产中不提倡重度刈割(放牧)利用。由于重度刈割(放牧)牧草残留体过少,影响了植物体的光合作用,养分补充缺乏,从而导致了较差的耐刈性。轻度刈割处理的残留体过多,叶片水分蒸发增加,影响根茎水分状况,同样影响了牧草的再生。而中度刈割处理不仅有适当的叶片残留体进行光合作用,补充养分,同时在一定程度上减少了叶片的水分蒸发,从而促进了牧草的再生。中度刈割有利于牧草获得更多的生物量的同时,也有利于牧草的繁衍生长。

(1)刈割高度对牧草再生性的影响

刈割高度不仅影响牧草产量,还会影响牧草再生速度和强度以及新芽的形成。刈割时尽量保留留茬部位的再生点,以使刈割后植株能迅速再生。每年最后一茬可适当增加留茬高度,以促进营养物质的储存,并为下一年的返青提供能量,因为次年再生草产量由当年营养物质的多少决定。适宜的刈割高度应根据牧草的生物学特性和当地的土壤、气候条件来确定,牧草的生育期不同,留茬高度也不一致。如从分蘖节和根颈处再生形成的再生牧草,刈割留茬高度可低些,内叶腋再生草,刈割留茬应比前者稍高。此外,不同种类的牧草要求留茬高度不同,禾本科牧草新麦草为下繁禾草,最适宜的留茬高度为 2 厘米,紫花苜蓿的留茬高度以 4～5 厘米为宜。

（2）刈割时间对牧草再生性的影响

刈割时间对牧草的再生生长影响极大，牧草返青时消耗大量的碳水化合物和含氮化合物，所以不能在此时利用，以免降低牧草的再生能力。不同类型牧草刈割时间不同，要区别对待。在北方禾本科牧草 6 月份刈割叶片再生速度大于 8 月份。豆科牧草初次刈割时间应在初花期，此时能获得较高的干物质产量，秋季最后一次刈割时间影响第二年春季第一茬苜蓿的产量，最后一次刈割时间应在初霜来临前 1 个月，以便刈割后给牧草以充足的生长时间，贮备足够的越冬营养物质，以保证安全越冬及翌年返青生长的需要，保证次年苜蓿早春再生利用。

（3）刈割频度对牧草再生性的影响

合理的刈割频度能促进牧草的分蘖和再生，从而提高地上部分的生物量和质量，但高频度刈割会抑制牧草地上部分生长。刈割频度过大，地上部分有效光合面积减少，碳水化合物合成缓慢，影响干物质积累。高频刈割不仅影响被刈割植株的能量贮藏，并且严重破坏了植物的氮素水平。对于再生能力强的豆科牧草，在水肥等管理条件下，1 年刈割 2～4 次。每次刈割时间至少间隔 6～7 周，以保证牧草有足够的再生恢复和休养生息的时间。苜蓿全年刈割以 3 次为宜，一般第 1 茬产量占全年总产量的 40%～45%，并且具有较高的经济价值，如果苜蓿刈割频度由 5 次增加到 7 次，全年产量将会下降 1/3，且重度刈割下牧草的再生能力降低。

（4）放牧对牧草再生性的影响

放牧影响牧草再生性的是放牧强度和放牧频率。适度的放牧能够促进牧草再生，有利于牧草可溶性碳水化合物的积累，而可溶性碳水化合物含量又与牧草再生速率密切相关。低放牧强度和高放牧强度下牧草再生速率均较小。牧草的再生与放牧后草地的地上生物存量密切相关，通过适度放牧，使地上生物量维持在一定的水平范围，再生速率较大，同时牧草又能得到及时更新。随着放牧强度和放牧频度的增加，牧草的再生能力降低，而且其叶量、分蘖数、株高、单株干物质及总生物量均下降。缩短放牧间隔，加大放牧频率，牧草不能恢复生长，生物量显著下降。由于放牧强度、频次无法有效控制，为了减轻放牧对当地草地生态的危害，国家出台禁牧政策，提倡舍饲养殖，这也是不得已而为之。

第三节 牧草种子的处理与播种

一、牧草种子的处理

因牧草品类较多，种子差异较大，有些种子直接播种发芽率往往较低，易造成种子浪费,影响单位产草量。为了便于生产,根据不同牧草种子的特性适当地进行播前处理,能提高发芽率、出苗率和抗性,增加单位面积产草量。牧草种子的播前处理主要有如下几个方面:

1. 精选种子

精选的目的就是清除干瘪的种子及杂草种子等杂质,配合发芽试验和活力试验等,选出质量优良的种子。精选种子可用清选机清选或人工筛选。有些牧草种子有荚壳,使种子的出芽率降低;有些有芒或颖片,使种子流动性差,播种不方便。对这类种子在播种前应进行去壳、去芒处理,从而获得籽粒饱满、纯度高、便于播种的种子。

2. 消毒

牧草的很多病虫害是由种子传播的,如豆科牧草的轮纹病、褐斑病、炭疽病等。种子消毒是预防病虫害的一项重要措施。消毒的方法主要有以下几种:

(1)淘洗法

用浓度 10% 的食盐水溶液或浓度为 20% 的磷酸钙淘洗,可除去苜蓿种子的菌核,预防禾本科牧草的麦角病。

(2)药物浸种

用 1‰ 的石灰水浸种可预防豆科牧草叶斑病,禾本科牧草的根腐病、赤霉病等。苜蓿的轮纹病可用 50 倍液的福尔马林浸种进行预防,红豆草的黑瘤病等可用 50℃ 温水泡种 10 分钟。

(3)药物拌种

播种前用粉剂药物与种子拌和,拌后随即播种。通常选用的拌种药物有福双美、萎锈灵等。三叶草的花霉病可用 35% 的菲醌按种子重量的 0.5%～0.8% 用量拌种。

3. 硬实处理

豆科牧草种子普遍存在硬实现象,即种皮有角层,水分不能渗入,种子发芽困难,播前需对种子进行处理,处理方法有以下几种:

(1)擦破种皮

硬实种子可采用机械处理如切割、削破和擦伤种皮等打破其休眠。一般用碾子碾压或用碾压机处理,也可以将豆科牧草种子与一定数量的矿石、沙砾混合后放入搅拌器振荡,直到种子表面粗糙起毛,但不可压坏种子。

(2)变温处理

一般在土壤湿润或灌溉良好的地方可以采用。通常是用热水将种子浸泡一昼夜后捞出,白天在太阳下暴晒,夜间转至凉爽处,并经常加一些水保持种子湿润。当大部分种子膨胀时,就可以根据墒情播种。

（3）酸处理

在种子中加入 3％～5％硫酸或盐酸，并与种子搅拌均匀，当种皮出现裂纹时，将种子放入流水中清洗干净，略加晾晒便可播种。

4. 接种根瘤菌

根瘤菌是与豆科植物共生，形成根瘤并固定空气中的氮供植物利用的一类细菌。豆科牧草能与根瘤菌共生固氮，但根瘤的形成与土壤中的根瘤菌数量密切相关，特别是首次种植豆科牧草，或者在过于干旱而又酸度高的地块上种植豆科牧草，都要拌根瘤菌来增加根瘤数量，以提高豆科牧草的产量和品质。豆科牧草接种根瘤菌时，首先要根据牧草的品种确定根瘤菌的种类，其次要掌握科学的接种方法。主要接种方法有以下几种：

（1）干瘤法

选取盛花期豆科牧草根部，用水冲洗干净，放在避风、阴暗、凉爽、阳光不易照射的地方使其慢慢阴干，在牧草播种前将其磨碎拌种。

（2）鲜瘤法

将根瘤菌或磨碎的干根用少量水稀释后与蒸煮过的泥土混拌，在 20～25℃的条件下培养 3～5 天，用这种菌剂与待播种子混拌。

（3）根瘤菌剂拌种

将瘤菌剂按照说明配成菌液喷洒到种子上，标准比例是 1 千克种子拌 5 克菌剂。在接种时，不得与农药一起拌种，不能在太阳直射下接种，已拌种瘤菌剂的种子不能与生石灰和大量肥料接触，以免杀伤根瘤菌。接种同族根瘤菌有效而不同族相互接种无效。

5. 去芒处理

一些禾本科牧草种子常常有芒、颖片等附属物，这些附属物在收获加工过程中不易除掉。为保证种子的播种质量以及干燥和清选等工作的顺利进行，应对种子进行去芒处理。去芒可以采用去芒机或用环形镇压器压后筛选。

6. 其他科牧草的催芽

无论是蓼科还是菊科牧草在播种前一般都要浸种催芽。方法是将种子浸泡在温水中一段时间，水的温度和浸泡时间长短可根据种子的特点来确定。如串叶松香草种子在播前应用 30℃的水浸泡 12 小时，然后再播种。鲁梅克斯在播前要将种子用布包好放入 40℃的水中浸泡 6～8 小时，捞出后晾晒在 25～28℃的环境中催芽 15～20 小时，有 70％～80％的种子胚胎破壳时再进行播种。

7. 种子包衣

种子包衣指在种子外面包上一层药剂，这层药剂外衣称为种衣剂。药剂外衣随种子入土后，遇水吸胀而几乎不被溶解，在种子周围形成一个屏障，随着种子的萌动、发芽、成苗,有效成分逐步释放,并被根系吸收传导到植物幼苗各部位,使药、肥得到充分利用。种子包衣主要作用是防治病虫害、促进生长发育。此外,种子包衣还有减少农药用量、减轻环境污染、节约种子用量、降低生产成本等作用。种子包衣有以下几个方面需要考虑:

(1)种衣剂选择

种衣剂主要是由复合肥料、杀虫剂、营养元素、微生物、生长调节剂、成膜剂、缓释剂、附着剂和色浆等材料组成。种衣剂按其作用分为防病杀菌种衣剂、杀虫种衣剂、抗旱种衣剂和调节植物生长种衣剂。此外还有复合剂型,将杀虫剂、杀菌剂和微量元素等按一定的比例配合使用,同时起到防病除虫、促进生长的作用。使用时可根据需要选择适宜的种衣剂,一般最好选用复合型种衣剂。

(2)包衣方法

精选种子,去除劣种、杂质后进行包衣。现介绍两种简便易操作的包衣方法:

大锅包衣法:先将圆底大锅固定,把种子放入锅内,再根据种子和种衣剂的类型按比例加入药剂,快速搅拌,待种衣剂在种子表面分布均匀后取出晾晒,干燥后即可播种。

塑料袋包衣法:用结实且不漏水的塑料袋装入适量的种子,根据种子和药剂类型按比例加入种衣剂,扎紧袋后,上下摇动,使药剂在种子表面均匀分布即完成包衣过程。倒出晾晒,干燥后即可播种。

(3)注意事项

种衣剂是种子包衣专用剂型,不能喷雾,使用时不能再加水或其他农药肥料。各种作物都有其专用的种衣剂,剂型不能相互代换。

二、播种

1.播种准备

在播种前科学整地,对牧草获得高产、稳产很关键。通常情况下,先要深翻,深度维持在30~40厘米,打破犁底层。临播前旋耕,去除土壤中的根茬和杂草,使地面平整、土壤细碎,为播种创造良好条件。然后使用石磙将地面压平,压碎大土块,减少土壤中的大空隙,达到保墒的目的。

2.适时播种

牧草的播种期由温度和牧草饲料作物本身的生物学特性确定,一般来说当土温上升到种子发芽所需的最低温度时就可以播种。温带牧草多为秋播品种,热带牧草多为春播品种,如黑麦草是秋播品种就不宜春播,而苏丹草是春播品种就不宜秋播。适时播种不但能够满足种子发芽所需的温度和水分条件,而且还能够保证牧草幼苗出苗后更好地生长发育,避免外界不良因素对牧草生长产生影响。播种日期还要结合本地区的气候条件、土壤水分、种植制度等情况确定。

在庆阳市,牧草通常在春夏秋三季均可播种。其中最适宜播种的是春季,牧草春播一般在 4 月中旬到 5 月末。对于春季易干旱地区,可选择夏季雨季来临播种,土壤温度升高,种子萌发速度快,有利于出全苗,并且能够有效抑制田间杂草生长。夏季牧草播种一般在 6 月中旬到 7 月末进行。秋播牧草必须在 8 月中旬前完成,以便牧草出苗后顺利越冬。对于多年生牧草,在土壤墒情及整地质量良好的情况下,适合春季播种,春播牧草能够充分利用生长季,当年牧草产量能够达到可观效益。但春季播种常常会受到杂草危害,因此,在播种后要注意杂草的清除。

3. 播种方法

根据牧草种类、土壤条件、地形条件及气候条件,可采用如下播种方式:

(1)条播

条播是按一定行距 1 行或多行同时开沟、播种、覆土,一次完成的方式。有行距无株距,设定行距应以获取最佳种植密度、便于田间管理和获得优质高产为前提。收草田和种子田的行距不同,一般收草为 15～30 厘米,灌木型牧草可达 100 厘米。收籽为 45～60 厘米。对于有灌溉条件的种植地,可以适当减小播种行距,干旱地区播种行距可以适当宽一些。条播的优点是草籽分布均匀,覆土深度较一致,出苗整齐,通风透光条件好,可集中施肥,做到经济用肥,并利于田间管理等。

(2)撒播

撒播是把种子尽可能均匀地撒在土表并轻耙覆土的播种方法。该种播种方式适合大面积播种使用。其优点是单位面积内的草种容纳量大,土地利用率较高,省工和抢时播种。缺点是种子分布不匀,深浅不一,出苗率低,幼苗生长不整齐,杂草较多,田间管理不便。所以撒播要求精细整地,并用镇压器压实,保证种床坚实,以提高播种质量和控制播种深度。撒播适于在降水量充足的地区进行,但播前须清除杂草。撒播有人力手工撒播、撒播机撒播和飞机撒播等。

(3)穴播

穴播是按一定的株行距开穴播种,种子播在穴内,深浅一致,出苗整齐。其优点是出苗容易、节省种子、集中用肥、田间管理方便,缺点是费时费工,主要用于种子田或稀有珍贵草种繁殖。对于种子颗粒较大的牧草,通常情况下适合穴播,这种播种方式省种,出苗后间苗方便。

(4)精量播种

精量播种是在穴播的基础上发展起来的一种精确量化用种的播法,是将单粒(或确定粒数)的种子,按一定的株行距和深度,准确地播入土内,获得均匀一致的发芽条件,促进每粒种子发芽,达到苗齐、苗全、苗壮的目的。精量播种需要精细整地、精选草种、防治苗期病虫害和性能良好的播种机,才可保证良好的播种质量和全苗,一般适用于籽粒较大的牧草。

4.播种量

播种量大小要由种子的大小和质量来确定。种子粒大播种量大,反之则小些;种子质量好的播种量小,质量差则播种量大。一般栽培牧草都有规定的播种量,这个播种量是指种子纯净度和发芽率均为100%而言,实际播种量还要以其真实的纯净度和发芽率进行校正。如某种牧草规定的播种量为每亩1千克,供播种的种子纯度为90%,发芽率为85%,则实际播种量=1千克/(0.9×0.85)=1.3千克。

5.播种深度

牧草播种过深过浅都不适宜,过深幼芽无力顶出地面,过浅则因表层水分不足,种子不易萌发。即使萌发,幼苗也扎根不牢易旱死。一般来讲牧草因种子小都要求浅播,豆科牧草播深2～3厘米,禾本科牧草播深3～4厘米。春天雨水多可浅播,秋天干旱宜深播。不管豆科牧草还是禾本科牧草,实际播种时还应看种子大小和土壤墒情确定播种深度。播种后应覆土,一般要求浅覆土0.5～1.0厘米。

第四节　牧草的中耕与科学施肥

一、常见中耕措施

1.破除土壤板结

播种后、出苗前,土壤表层时常形成板结层,妨碍种子顶土出苗,如不采取处理措施,易造成缺苗。土表板结的形成大致有四种:一是播种后遇到大雨,而后连续晴天,土表蒸发失水后形成板结;二是地势低洼地段,土表蒸发失水后形成板结;三是土壤潮湿,播后镇压,土表蒸发失水形成板结;四是播后灌溉,而后连续晴天,土表蒸发失水后形成板结。土表板结的处理措施用具有短齿的圆形镇压器轻度镇压,或用短齿耙轻度耙地。有灌溉条件的可用小水清灌,也能帮助幼苗出土。

2.浅锄深耕

牧草苗期最好进行中耕浅锄,既可以清除杂草,在疏松的过程中也可降低土壤的导热率,增加吸收率,使得土温白天增加、夜晚降低,从而加大了土壤日温差。深耕同样具有增温作用,但其增温效果持续时间长,可体现在全年各个时期,而且这种作用随耕深的下延而增大。

3. 镇压

镇压的作用是使土壤结构紧密,从而改变土壤的导热率和吸热率,使得土壤温度状况发生变化,影响可达到 10 厘米。高温时段镇压能降低温度,低温时段镇压能提高温度,对夏季防热、冬季御寒有着积极作用。另外,由于土壤紧实可使毛细管作用加强,能提升下层水分,使上层毛细管持水量增加,上层土壤温度增大。

4. 消灭杂草

消灭杂草是牧草田间管理工作的关键。应抓住杂草危害比较关键的两个时期:一是幼苗期,此时牧草生长缓慢,杂草易抑制其生长,还会对以后的牧草生长产生不良影响,此期应进行 2~3 次除草,有效消除杂草危害。二是夏季高温多雨,杂草生长迅猛,影响牧草的生长及产草量。此时,结合中耕进行除草是最经济有效的措施,中耕除草多在出苗到封垄期间、返青前后和刈割之后进行。杂草的防除不是消灭杂草,而是在一定范围内控制杂草。防除杂草还可以用除草剂。例如,消灭禾本科草地上的双子叶杂草,可用 2,4-D,2,4-D-丁酯,用药 5~7 克/亩,加水 5~10 升,喷洒在叶面上;消灭豆科牧草中的禾本科牧草,可用茅草枯,用药 5~10 克/亩,加水 10 升喷施。

5. 水分管理

夏季干旱时,有条件的地块可引水灌溉,缓解旱情。特别是每次刈割后要及时灌溉,促其再发,提高产量,改善品质。牧草灌溉用水,须选用清洁的水源,灌溉水的各种指标要符合国家灌溉水标准(GB 5084-92)。当土壤含水量高于田间最大持水量的 80% 时,须及时开沟排水;反之,当其低于 50% 时,要及时灌溉。禾本科牧草从分蘖到开花以前、豆科牧草从孕蕾到开花这段时间里需要大量水分,这是牧草灌溉的重要时期。此外,在每次刈割之后必须进行灌溉,这对盐碱土壤尤为重要。因为在刈割之后土壤水分蒸发量陡然增加,盐分随即带到土壤上层,对牧草生长发育危害很大。

6. 防霜

霜冻是指植物表面温度因周围气温下降而迅速降低到使其受害的现象。防霜简单易用的方法有下面三种:一是熏烟,利用柴草、烟幕剂和烟幕弹制造烟雾,可截留自地面向空气的热辐射,增加近地面气温,使水汽在烟粒上凝结释放出潜热,增温防霜减轻霜冻的危害;二是燃烧,利用燃料燃烧给低层空气补充热量,加热对流引起空气混合,同时也放出烟粒,从而降低有效辐射,达到增温防霜的作用,一般因燃料成本高多用于果园或其他高收益作物;三是覆盖,利用黑色塑料、作物秸秆等材料在霜冻发生前覆盖地面,借以隔离与外界空气交换,使土壤吸收的热量得以保存从而达到保温防霜的效果。

7. 松耙、补种和翻耕

牧草的生长发育受土壤、气候等多种因素的影响,若某一因素无法满足生长需要,就会造成牧草衰老,使草皮坚硬、板结、株丛稀疏、产量下降,特别是根茎类的禾本科牧草更为突出。出现这种情况,要及时松耙和补种。松耙最好用重型缺口耙反复耙,然后补种。补种的种类最好与原来的牧草相同,补种结合浇水追肥效果会更好。补种要特别注意苗期的田间管理,要及时清除杂草,清除老龄植株。如果松耙、补种效果不大,就应全部翻耕,重新种植其他牧草。多年生草地的翻耕,主要由两个因素决定,就是产草量高低和改良土壤的效果。

在大田轮作中,多年生牧草多数是在利用的第二、三年翻耕。在饲料轮作中,多年生牧草的翻耕是在产量显著下降时进行,一般在利用 6～8 年以后翻耕,翻耕时间最好在温度高、雨水多的夏秋季节,有利于牧草根系及残余物的分解。一般牧草地用普通犁进行翻耕。但对于根茎类禾本科牧草如羊草、无芒雀麦以及根系粗大的多年生豆科牧草如苜蓿,要在耕翻前或耕翻后,用重型缺口耙交叉耙地,切碎草根,加速腐烂,为来年播种创造良好条件。

二、科学施肥

根据研究,植物必需的营养元素有 17 种:碳、氢、氧、氮、磷、钾、钙、镁、硫、铁、钼、硼、锌、铜、锰、氯和镍。其中氮、磷、钾属大量元素,植物生长过程中需求量较大,其他的为中、微量元素。各种营养元素在植物有机体内的生理功能是同等重要的,它们之间不可替代。

1. 科学施肥的基本要求

(1)各种肥料配合施用

生产中要根据不同牧草品类,氮、磷、钾三大元素合理配方,配合施用,方能使牧草生长旺盛,获得优质高产。

(2)化肥要与有机肥混合使用

有机肥不但含有牧草必需的氮、磷、钾,还含有大量的中微量元素,养分全面,肥效长,牧草易吸收利用。有机肥和化肥混合使用,既可提高有机肥的肥效,又能减少化肥的损失。

(3)测土配方施肥

不同土壤类型、不同田块的养分含量有较大的差异。因此,在施肥前最好对土壤的营养状况进行测定,再根据不同牧草的需肥特点,适量施肥。在土壤养分较高的田块,要严格控制氮的施用量。在磷钾肥比较缺的田块,增加磷钾肥的投入,才能达到高产出低投入的目的。

2. 牧草缺素症状表现

牧草生长需充足的"肥料三元素"氮、磷、钾营养元素。牧草缺氮时，植株浅绿，基部老叶变黄，干燥时呈褐色，茎短而细，分枝或分蘖少，出现早衰现象。牧草缺磷时，幼芽和根系生长受阻，植株矮小，生长缓慢，叶片狭窄、暗绿，严重时变紫红色，籽实产量低，品质差。牧草缺钾时，老叶沿叶缘首先黄化，严重时叶缘呈灼烧状。双子叶植物叶脉间失绿，叶片卷曲、皱褶；禾本科牧草茎秆柔软易倒伏，分蘖少，抽穗不整齐。

3. 肥料的施用方法

（1）基肥

在牧草生产中一般提倡施足基肥、减少化肥追施的原则，基肥充足时种肥和追肥可少施或不施，但每次刈割后都必须追肥，不论禾本科或豆科牧草，都应尽可能多施有机肥。基肥以有机肥为主，应深施、分层施、多种混合施，最好在秋耕时施入，以促进土壤微生物活动和繁殖，减少肥料中碳素、氮素的损失。基肥用量因牧草种类、肥料性质、施肥方法不同而异，一般每亩用充分腐熟的人畜粪1500～3000千克，在整地前先将其均匀撒入地表，耕地时翻入耕作层做底肥。

（2）种肥

播种时与种子同时施入土壤，以满足牧草幼苗生长的需要，种肥可施在播种沟内，盖在种子上或用于浸种拌种。牧草类型不同，所需肥料及用量也不同，一般来说选择速效氮肥和磷肥，如果选择腐熟有机肥效果更好。如以氮磷复合肥做种肥施入，既方便效果又好，常用磷酸二铵，每亩用量为10千克左右。

（3）追肥

追肥以速效肥为主，如氮肥可用尿素、碳铵，禁施硝态氮，可以撒施、条施、穴施、结合灌溉及叶面喷施等。追肥时间，豆科牧草在分枝后期至现蕾期，以及每次刈割后；禾本科牧草在拔节后至抽穗期，以及每次刈割后。禾本科牧草每次刈割后，及时追施氮素可提高产量及质量，一般每亩用硫酸铵10～20千克或尿素5～10千克。豆科牧草的追肥，一般以磷、钾为主，亩施2.5～6千克（有效成分）；多年生豆科牧草，在播种当年的苗期，还要配合一定量的氮肥，以后每年追施磷钾肥，在春季分1～2次施用，每亩过磷酸钙10～20千克或硫酸钾5～8千克。

混合牧草地的追肥以磷、钾为主，这是为了防止禾本科牧草对豆科牧草的抑制，肥料施用量根据混播牧草类型确定。过磷酸钙、尿素、微量元素如镁、铁、硼、锰、铜、锌、钼等都可以用于叶面喷施，喷施液的浓度：尿素为1.2%～2%；过磷酸钙0.5%～2%；微量元素用量很低，每亩只需100～300克，并且只有在对土壤和牧草进行正确分析，判断是否缺乏微量元素后方可施用，其施用量需严格掌握,以免过量中毒。

第五节　牧草的病虫鼠害及防治

牧草和饲料作物常因受病虫害的危害而导致减产,严重时死亡。牧草病虫害防治坚持"预防为主,综合防治"的原则。牧草病株检疫、选育合适的品种是牧草抗病虫害的首选。其次是通过对土壤消毒,合理轮作进行预防。一旦出现大规模病虫害时,必须迅速处理,最好采用生物制剂、植物源农药、物理防控和生态治理等手段进行控制。为保畜产品安全,用药以"低毒、低残留"为原则,一定要限定农药品种及用药量,严格执行农药安全使用标准,在残留期过后才能刈割或放牧利用。

一、牧草病虫害基本知识

1. 病虫害的类型

（1）牧草病害

牧草病害有侵染性病害和生理性病害两种。侵染性病害包括细菌病害、真菌病害、病毒病害。细菌病害如苜蓿枯萎病、细菌性叶斑病、细菌性茎疫病,真菌病害如草木樨、沙打旺的白粉病,病毒病害如冰草花叶病、苜蓿花叶病。生理性病害有寄生植物和线虫害,如菟丝子、线虫等引起的病害;有因水分、养料不足或过多,温度过低或过高,阳光过强或过弱等外界不良环境引起的病害,如由于缺磷而导致植株矮小、叶片呈现紫红色、水分不足或过多而发生凋萎、低温霜冻而引起叶色褪绿等。

（2）牧草虫害

牧草虫害的种类极多,按口器可分为两类:咀嚼式口器类和刺吸式口器类。前者如蝗虫、金龟子、蝼蛄、黏虫、蛴螬等,后者如蚜虫类、红蜘蛛、飞虱类和蝽象等。

2. 病虫害的传播媒介

病虫害的传播媒介指病虫生存扩散、转移的环境条件或中间媒介,其对病虫的越冬、越夏、再侵染、繁殖、传播和流行发生等起着重要作用。在牧草生产中,主要有以下几种病虫害传播媒介:

（1）种子和其他播种材料

许多病虫潜伏在牧草种子和其他播种材料里,随播种进行侵染和传播。牧草种子是病虫害传播的一个重要媒介。

（2）土壤

土壤是病虫越冬、越夏和繁殖传播最为重要的场所。深耕、轮作、合理灌溉和土壤消毒等,对消灭病害有很大的作用。

（3）肥料

主要指没有充分腐熟的农家粪肥和用已遭受病虫危害的牧草残株制成的堆肥,尤其是被害的病株不仅是病虫的寄生体,又是病虫休眠的场所和繁殖传播病虫的基地。

（4）杂草

很多杂草带有病虫,是病虫害的来源。

（5）中间寄主

一种病虫的不同世代可在不同植株上越冬或生长繁殖。如蚜虫在野生植物上以无翅蚜越冬,来年繁殖成有翅蚜后,又飞到牧草和作物上为害。

3. 病虫害的防治方法

防治牧草及饲料作物的病虫害具体方法有植物检疫、农业防治、生物防治、化学防治和物理防治等。在实际工作中,必须因地制宜地采取多种方法进行综合防治,才能收到良好的效果。

（1）植物检疫

植物检疫分为对内检疫和对外检疫两类,指由专门的植物检疫站对种子、种苗及其他播种材料等的引进调运进行检疫,以防病虫害的传播和蔓延。

（2）农业防治

农业防治主要包含科学施肥、选育抗病虫品种、合理轮作、土壤改良、改进田间管理、合理排灌、合理清洁和合理利用、及时或适时早割等措施预防和消灭病虫害,主要目的是提高牧草抵抗病害的能力,抑制病原物存活、繁殖和传播。

（3）生物防治

主要是利用生物相互间的抗生作用、交互保护、寄生和竞争等作用来达到防治虫害的目的,是利用有益的生物消灭有害的生物。利用害虫天敌消灭害虫,如用七星瓢虫、食蚜虻、草蛉虫等防治蚜虫,利用杀螟杆菌和青虫菌消灭菜青虫、斜纹夜蛾幼虫等。

（4）化学防治

利用化学农药预防或直接杀灭病虫。施用的方法有喷雾、喷粉、熏蒸、拌种、土壤处理、涂抹和制作毒饵等。不同性质的化学农药对病虫害具有一定的选择性,所以要有针对性地选择药剂。用药时要注意药品的毒性、对草产品的安全性、对人畜及土壤的毒害,以及受气候条件的影响等。要选用高效低毒、无污染、有选择性、残留期短的药品。

（5）物理防治

利用物理原理和物理器械消灭病虫害。如灯光诱杀,曝晒、温烫种子,草把诱杀等。

二、牧草常见的病虫害及防治

1. 牧草常见病害及防治

在陇东地区,牧草常见、多发且危害严重的病害主要有霜霉病、锈病、叶斑病、菌核病等,其病症及简单防治方法介绍如下:

(1)霜霉病

霜霉病从牧草幼苗到收获各阶段均可发生,以成株受害较重。主要危害牧草的叶部,由基部逐渐向上发展。发病初期叶片出现一些多角形水浸状斑点,进一步病斑渐变为黄色,形成浅黄色近圆形至多角形病斑,开始时一般边缘不明显,以后往往受到叶脉的限制成为多角形,空气潮湿时叶背产生霜状霉层,有时可蔓延到叶面。得病株叶子顶部萎黄,病叶向背方卷曲,叶背面生出淡紫色的霉层,后期病斑枯死连片,呈黄褐色,严重时全部外叶枯黄死亡(见图 2-1)。防治方法:种植抗病的牧草品种。牧草抗霜霉病的能力存在很大的差异,可以因地制宜选用高抗品种,以降低病害的发生。尽早对牧草进行刈割,减少菌源,尤其注意早春铲除发病的植株。有灌溉条件的地块一定要合理灌溉,防止草地过湿。化学防治方法有:播前用 20% 的萎锈灵乳油或者 95% 的敌克松可溶性粉剂拌种,或者用 50% 的多菌灵可湿性粉剂按照种子总量的 0.4%~0.5% 拌种;针对早春发病初期的牧草可以向发病中心的病株喷洒杀菌剂,常用种类有 50% 的福美双可湿性粉剂 500~800 倍液、65% 的代森锰锌可湿性粉剂 400~600 倍液、乙膦铝可湿性粉剂 300~400 倍液等,将上述化学药剂在牧草发病期间 7~10 天喷洒 1 次。

图 2-1　苜蓿霜霉病

(2)锈病

该病侵染叶片后,在叶上形成锈状斑点,使其光合作用下降。由于表皮多处破裂,水分蒸腾强度上升,干热时容易发生萎蔫(见图2-2)。锈病使叶片褪绿、皱缩并提前落叶,严重者可减产50%以上。带锈病的植株含有毒素,不仅影响适口性,而且会导致畜禽食后中毒。防治方法:消灭寄主植物,搞好田间管理,消灭病株残体。在发病初期可以应用敌锈钠200～250倍液,每隔7～10天喷洒1次,也可用20%的萎锈灵乳油配置成200～400倍液喷雾或用15%粉锈宁1000倍液喷雾,每隔10～15天喷1次,喷2～3次即可。需注意的是,在用化学药剂防治锈病时,须避免同硫酸亚铁、硫酸铜和生石灰等混用,以防止形成不溶性盐,从而影响防治效果。

图2-2　牧草锈病

图2-3　苜蓿褐斑病

(3)褐斑病

该病发生时常在牧草的叶、茎及荚果上出现褐色的病斑(见图2-3)。在气温10～15℃、空气湿度达到55%～60%时,病害会大量发生,严重时落叶率达50%左右,产草量下降15%以上,种子产量减少25%～60%。褐斑病侵染菌的主要来源是种子、土壤以及寄生寄主。防治方法:进行种子的清洗和消毒,合理施肥,保持氮磷钾肥的最佳比例,提高植株的抗病能力。当大面积发病时,可以喷洒波尔多液与石灰硫黄合剂进行防治。使用这种方法进行防治时,应避免与铜、汞制剂混用。另外,在夏季高温、早春低温时,使用这种方法效果不佳。苜蓿褐斑病各地都有发生,发病后病斑在叶片上,褐色近圆形小点状,常引起叶片脱落,苜蓿干草减产11%～29%。高湿度是该病的诱因,一般6～7月份雨水较多的时候也是本病的高发期。药物防治选用70%代森锰600倍液、75%百菌清600～800倍液或50%多菌灵可湿性粉剂1000～1500倍液喷雾。

(4)白粉病

发病主要在牧草植株的叶片、茎秆、荚果上,病草的叶片、茎及花萼处出现白粉层,开始金黄色,随后变成球形小黑点(见图2-4)。感染的后期,在这些部位会出现黑褐色,在昼夜温差大、湿度大的情况下发病严重。发病牧草生长发育不良,干草产量低,品质差。该病可造成产草量下降50%左右、种子产量下降30%以上。防治方法:选抗病品种,及时清理田间病株,避免草层过密或倒状,及时刈割利用。化学防治:可用1000倍稀释的甲基托布津或多菌灵10%的可湿性粉剂进行田间喷雾。

图2-4 苜蓿白粉病

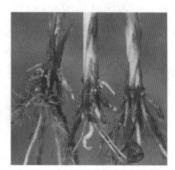
图2-5 玉米菌核病

（5）菌核病

该病侵害的主要部位是根茎与根系,造成根茎与根系变褐色,水渍状并腐烂死亡(见图2-5)。该病常造成牧草缺苗断垄或成片死亡。防治方法:深翻准备种植牧草的地块,以防止菌核的萌发;牧草种子在播前用10%的盐水洗种,来清除种子内混杂的菌核,然后再播种牧草。种植后的牧草,在夏秋季节,可喷洒多菌灵等内吸杀菌剂2～3次,用药间隔以15天为宜,防治菌核病发生。对发病严重的地块应进行倒茬轮作。可以在春秋菌核抽生子囊盘时,喷洒40%的菌核灵可湿性粉剂1000～1500倍液,或70%的甲基托布津可湿性粉剂加水稀释至500～1500倍液,或50%的氯硝胺可湿性粉剂200倍液,也可用50%的腐霉利可湿性粉剂2000倍液。

2. 牧草常见的虫害及防治

（1）蚜虫

蚜虫在陇东地区是常见害虫,常聚集在牧草嫩茎、幼芽、顶端心叶和嫩叶、花蕊上,以刺状吸器吸取汁液,被害牧草由于缺营养,植株矮小,叶子卷缩、变黄,严重时导致叶片脱落枯死,从而影响牧草的光合作用,抑制牧草的生长,降低牧草的产量。蚜虫几乎对所有科属的牧草都有危害(见图2-6)。防治方法:使用40%的乐果乳剂加水进行1000～1500倍稀释、50%杀螟松乳油、25%亚胺硫磷乳油1000倍液或50%西维因可湿性粉剂400倍液。为提高药效,喷药时应选择无风雨天气。牧草喷洒药液后7天内禁止饲喂家畜。

（2）蓟马

蓟马是一种专门喜欢吃植物的小虫子。蓟马具有趋嫩性,主要危害植物的叶子、茎、花和果子,吸取里面的汁液,被蓟马吃了之后的植物就会凋谢,对牧草产量造成严重的影响(见图 2-7)。防治方法:播时用草木灰和少量农药拌种,注意保护螵虫、草蛉、食蚜蝇等蓟马天敌。蓟马怕光,有昼伏夜出的习性,白天蓟马都躲在花中或者土壤的缝隙内,不危害牧草,到了晚上没有光的时候再出来活动,危害植株,因此打药时间选择在傍晚天黑之后,打药效果好,药剂可用 25%吡虫啉 1000 倍液或 25%噻虫嗪 3000～5000 倍液喷施。

图 2-6　蚜虫

图 2-7　蓟马

(3)潜叶蝇

潜叶蝇以幼虫为害植物叶片,幼虫往往钻入叶片组织中,潜食叶肉组织,造成叶片呈现不规则白色条斑,使叶片逐渐枯黄,造成叶片内叶绿素分解,叶片中糖分降低,危害严重时被害植株叶黄脱落,甚至死苗,降低牧草的光合作用,造成减产(图见 2-8)。防治方法:适时灌溉;清除杂草;消灭越冬、越夏虫源,降低虫口基数;还可以使用黄板诱杀、灯光诱杀等物理方法;或者利用天敌如寄生蜂来防治。化学药剂可选用 10%氯氰菊酯 EC2000 倍液加 1.8%阿维菌素 WP3000倍液,或 50%辛硫磷 EC800 倍液喷雾,间隔 7～10 天防治 1 次,连续 2～3 次。

图 2-8　潜叶蝇

图 2-9　黏虫

(4)黏虫

黏虫主要吞食牧草的叶片,如防治不及时,在几天内便可以将牧草的叶片吃光,给牧草生产带来很大的危害(见图 2-9)。多发生在高温高湿的夏季。防治方法:对黏虫的防治可采用人工扑杀和药物防治两种方法。人工扑杀就是根据黏虫的成虫即蛾子在白天会钻进草堆的特点,在牧草地里用麦秸扎成小草把插在地里,每天将草把取下,用火焚烧蛾子或将蛾子踩死,通过这种消灭成虫的方法可达到消灭黏虫的目的。用菊酯类药剂进行喷洒。为提高药效可早用药,尽可能把其消灭在幼虫期,防止成虫的大量繁殖。牧草黏虫的防治尽量选择在幼虫 3 龄之前,常见药物有 50% 的敌百虫 1000~5000 倍液、50% 辛硫磷乳油 4000~5000 倍液、5% 的马拉硫磷粉剂 30~37.5 千克/亩,或者 50% 的西维因可湿性粉剂 200~300 倍液。值得注意的是,在防治黏虫时应该充分结合合理放牧、刈割和化学药剂进行综合防治,从而提高防治效果,减少黏虫对牧草的危害。

(5)苜蓿叶象甲

苜蓿叶象甲主要危害苜蓿等豆科牧草。成虫体长 4.5~6.5 厘米,全身被覆黄褐色鳞片,头部黑色,喙细而长,触角膝状(见图 2-10)。前胸背板有两条较宽的褐色条纹,其间夹有一条细的灰线。鞘翅上有三段等长的深褐色纵行条纹。幼虫初孵化呈淡黄色,逐渐变为绿色,头部为黑色,背线和侧线为白色。苜蓿叶象甲成虫主要危害叶片,幼虫主要危害小叶和生长点、叶肉,造成减产。从茎秆中孵出的幼虫部分钻入嫩枝、叶芽和花芽中为害,多数在茎内蛀食为害,使茎内形成黑色隧道。3 龄以上幼虫在叶上暴露取食,食去叶肉,仅剩叶脉,造成子房干枯,花蕾脱落,严重影响苜蓿干草和种子的产量。防治方法:一是利用天敌,如苜蓿姬蜂、姬小蜂、七星瓢虫等。药剂防治可用 50% 马拉硫磷 1200~2000 倍液喷雾,80% 西维因可湿粉剂每亩 100 克喷雾,可用 4.5% 高效氯氰菊酯乳油 1500~2000 倍液、21% 全能 2000 倍液或 12% 毒死蜱+高效氯氟氰菊酯杀虫乳油 1500~2000 液喷雾防治。

图 2-10　苜蓿叶象甲

图 2-11　蛴螬

(6)蛴螬

成虫称金龟子,一般雄大雌小,体壳坚硬,表面光滑,多有金属光泽。前翅坚硬,后翅膜质,多在夜间活动,有趋光性。夏季交配产卵,卵多产在树根旁土壤中。幼虫统称蛴螬,俗称土蚕、地蚕、地狗子,长 3~4 厘米,乳白色,头黄棕色,口坚硬,身体常弯曲成马蹄状,背上多横皱纹,尾部有刺毛,生活于土中(见图 2-11)。成虫为害植物的叶、花、芽及果实等地上部分。咬食叶片成网状孔洞和缺刻,严重时仅剩主脉,群集为害时更为严重。幼虫啮食植物根和块茎或幼苗等地下部分,为主要的地下害虫。防治方法:精耕细作,深耕细耙,机械杀虫;合理施肥,使用腐熟的有机肥;适时浇水,土壤含水处于饱和状态时,影响卵孵化和低龄幼虫成活;清除杂草,随犁田捡拾幼虫。化学防治:播种前采用药剂处理土壤和药剂拌种;种植前用 10% 的杀地虎 500 克/亩和 15～30 千克的细土混合均匀后撒在草地上,也可以用 40% 的毒钉、2.5% 的敌百虫粉剂 2～2.5 千克拌适当的细土施用。针对蛴螬发生严重的草地,可以用 80% 敌百虫可湿性粉剂 800 倍液、50% 辛硫磷乳油 1000 倍液或 40% 毒钉等灌溉牧草根部,杀死根部附近的幼虫。

三、常见鼠害及防治

陇东地区常见、多发、对牧草危害严重的鼠害有中华鼢鼠、达乌尔鼠兔、黄鼠等。中华鼢鼠俗名瞎老鼠、瞎瞎,是陇东旱塬区较为普遍的农田鼠害,遍布陇东旱塬区,其分布广、密度较大、繁殖能力强、食性杂,以啃食林、草根系为生。食量大,所食植物种类多,达 18 科 50 余种,对农业生产危害严重。在此重点介绍中华鼢鼠的特征及防治方法。

1.特征特性

(1)形态特征

中华鼢鼠体形粗壮,头宽扁,头骨粗大,头骨后面宽大于高,棱角明显。嘴短,1 对门齿较大、外露,齿孔小,臼齿无根,咀嚼面形成左右交错三角形,听泡低平,鼻端平钝,耳壳退化。背部带有明显的锈红色,毛基灰褐色,在绒毛下仅留皮褶。其嗅觉和听觉极为灵敏,寻找和识别食物、求偶、自卫、避敌等主要依靠嗅觉和听觉;鼢鼠视觉退化,不能远视,眼极小,眼圈呆板,怕风、怕光;前足发达,两爪短而粗壮如镰刀形外弯,适于挖掘;后足较小,适于扒土。夏毛一般浅灰色,嘴上方呈浅色斑,额中有一白斑,腹毛灰黑,足灰白色。

(2)生活习性与繁殖情况

中华鼢鼠喜栖于土层深厚、结构均匀、可塑性强、土壤质地疏松,生长着各种粮食、蔬菜、牧草的农田里或荒山缓坡、阶地及乔木林下缘的疏林灌丛。常年在土中生活,善于掘土打洞。不冬眠,昼夜活动,以植物地下茎和块根等为食。中华鼢鼠在陇东旱塬区 1 年繁殖 2 次,第 1 次在 3 月初至 5 月底,第 2 次在 7～9月间。一般每胎产仔 1～8 只,但以 2～3 只最普遍。开春活动就有求偶、交配行为,孕期 45 天左右,5 月下旬产仔,大量幼鼠独立生活在 7 月。

（3）发生规律及危害特征

中华鼢鼠全年活动危害约9个月，3月上旬土壤解冻后，由地层深处的越冬穴上升到耕作层刨食种子、求偶交配、繁殖，在地表活动6～7个月。它们咬断作物根部，破坏植物根系，干扰植物正常生长，致使植物枯死。或者把整株的作物拖入洞穴，造成大片作物缺苗断垄。10月中旬至11月上旬，开始向地下活动，修补洞穴，大量盗运贮粮，1～2月潜入150～280厘米的地下越冬穴越冬。鼢鼠不仅有向土壤和植被条件较好的地方做永久性搬迁的能力，还有适应气候变化而做季节性迁移的情形，冬季由阴坡转向阳坡，夏季由阳坡转向阴坡。由于鼢鼠的咬食拉贮，严重减少作物收获量。在牧区，破坏牧草，挖洞堆土，减少草场面积。造成地下洞道纵横交错，表土流失，促进草地退化。

（4）食性及危害程度

中华鼢鼠属植食、杂食性鼠类，取食甚广，主要取食植物的根系、茎叶及果实。据多年观察，其1年有2次危害高峰，早春播种后4～5月主要刨食春播作物的种子和越冬作物的幼苗根系，9～10月主要为害秋作物的果实和种子。其取食次数因季节、天气变化而不同，春季每天取食2次，夏季每天取食3次，秋季整天活动。夏季阴山地区活动最盛，小雨、阴天全天活动，大风、大雨不活动，尤其久旱遇小雨是活动的高峰。据调查1只鼢鼠年进食量可达23千克，如果其进食量的1/2按成熟农作物的籽粒计算，其平均直接吃掉的粮食就达6.2千克/亩。其啃食农作物根系、种子所带来的损失更是非常巨大。

2. 防治方法

（1）要重视鼠类天敌的保护

陇东地区鼠类天敌很多，主要有猫头鹰、苍鹰、赤狐、黄鼬、艾鼬、野狸子、蛇等，要禁止对这些动物进行滥捕乱杀，对其加以保护利用。

（2）铲击法

根据鼢鼠怕光、怕风而有堵洞的习性，可先切开它的洞口，并把洞道上面的表土铲薄，然后用铁锹对准洞道在洞口后方静候，当它来洞口试探或堵洞时，立即猛力切下；也可用脚猛踩洞道以切断回路，即可捕获。

（3）水灌法

在水源丰富地块，切开鼠洞口，用水浇灌，可淹死大量鼢鼠。

（4）弓箭法

这是陇东地区普遍使用的一种方法。可采用改良的丁字形弓箭捕杀，其体积小，重量轻，省材料，造价低，一人可携带多张，工效高。

（5）踩铗捕打法

找到洞道，切开洞口，用小铁锹挖一略低于洞道但大小和踩铗相似的小坑，然后置放踩铗，并在踏板上撒上少量松土，用草皮将洞口封盖，并用潮湿的松土撒在草皮上轻轻压紧即可。

（6）磷化锌毒杀法

可采用磷化锌＋大葱、磷化锌＋土豆块及鼢鼠灵毒饵投入鼠洞诱杀。

第六节　牧草的收获与加工利用

一、牧草的收获

1. 牧草的收割期

要获得优质高产牧草,确定适宜的收获期非常关键。确定牧草的最佳收割期,需要考虑多方面的因素,如牧草种类、牧草的生长发育规律、外界环境条件、再生草的生长、对越冬的影响、饲喂畜禽的种类和市场需要的变化等,只有各方面综合考虑,因地制宜,灵活处理才能确定出最佳收割期。确定最适收割时期有两项基本指标:一是产草量,二是可消化营养物质的含量。获得较高的生物产量和质量,取得最大和长期经济效益的收割时期,即为牧草的最佳收割期。

2. 影响牧草收割期的因素

（1）牧草的产量和品质

牧草在幼苗及营养生长初期,营养价值最高,但此时植株尚未生长完全,生物产量较低。当牧草生物产量达到最高值时,蛋白质、粗脂肪等营养物质降低,纤维素、木质素含量升高,营养价值下降。在牧草的一个生长周期内,只有生物产量和营养成分的综合价值达到最佳时,才是最适收割期。

（2）牧草种类

牧草和饲料作物的种类不同,最适收割时期也不尽相同。豆科牧草的最适收割期为现蕾后期－开花盛期,而饲料作物(青贮玉米)的最适收割期则多在籽实成熟中期(蜡熟期)。不同种类的牧草由于其生长发育规律的不同,其收割期也不同,比如豆科牧草,往往在初花期－盛花期产量和品质最佳,而大部分禾本科牧草的生产指标最高时期是在抽穗－开花期。最适收割期牧草单位面积内的营养物质总量或总消化养分应该最高。

（3）外界环境条件

在陇东地区影响牧草收割时期的环境条件主要是降雨,它直接影响到牧草能否按期收割、合理调制和安全贮藏。对干草调制的影响更大,如果在收割后至打捆前一旦遇到雨淋,牧草就会很快叶片脱落、发黑变质,发生霉变、失去饲用价值。降雨对青贮过程的影响也很大,一方面增加了青贮原料的含水量,装填入窖和压实后,原料汁液外溢,造成营养损失;另一方面如果青贮窖进水,被水浸泡的青贮原料很难进行乳酸菌发酵,长期浸泡后营养物质将大量流失,最后变质。收获避开雨淋最常见的做法是根据当地的气象变化规律和天气预报的结果来确定具体的牧草收割日期。

(4)牧草的再生和越冬

对于可再生牧草,收割期直接影响到再生草的再生速度和产量。一般认为从拔节期至结实期收割,有利于再生草的生长,而在苗期和结实后期收割则不利于再生草的生长。此外,多年生牧草末茬草的收割时期对越冬率有直接的影响,末茬收割期应在停止生长的一个月以前进行,确保收割之后牧草有一个月以上的生长期,以积累足够的营养物质,保证牧草的安全越冬。牧草最适收获期要有利于多年生或越年生(二年)牧草的安全越冬和返青,并对翌年的产量和牧草寿命无影响。

(5)饲养动物的种类

不同的家畜对牧草中纤维素的消化能力不同,反刍动物需要较高的粗纤维,粗纤维不足往往会影响这些动物的生长和生产。而单胃动物对粗纤维的消化率较低,日粮中随粗纤维含量的增加,有机物的消化率会逐渐降低。因此用于饲养反刍家畜时牧草的收割期可适当晚些,而用于饲养单胃动物时牧草的收割期则要适当提前,使之纤维含量不至于过高。

(6)牧草的加工利用目的

根据牧草不同的利用目的确定刈割期,如用苜蓿生产蛋白质、维生素含量高的干草粉、草块、草颗粒,则应在苜蓿孕蕾期进行刈割。虽然产量低一些,但可以从优质草粉的经济效益和商品价值上得以补偿。

3. 不同草地类型及不同牧草种类的收割期

(1)天然草地的适宜收割期

确定天然割草地适宜收割期考虑的因素有两方面,当年的牧草产量和营养价值及不对下年草地产量产生影响。天然草地植被刈割利用时,一般把植被中优势牧草的最适收割期确定为草地的最适收割期。对大部分一年收割一茬的割草地,其适宜刈割时期应在草地植被中优势牧草的开花期。

(2)人工栽培牧草的收割期

豆科牧草最适收割期。陇东地区豆科牧草的最适收割期应为现蕾盛期—初花期。豆科牧草最后一茬的收割期,要在当年早霜来临一个月以前收割,以保证其一定的生长时间,使根部积累足够的养分,保证安全越冬。在早春收割幼嫩的豆科牧草对生长是有害的,会大幅度降低根系中养分的含量,不利于牧草再生的生长;同时由于根冠和根部在越冬过程中受到损伤,过早收割不利于其很好恢复生长,从而影响牧草的产量。

禾本科牧草的最佳收获期。陇东地区一年生禾本科牧草在孕穗初期收割,既可获得较高的生物产量，又可获得较高的营养价值。多年生禾本科牧草收割时期要兼顾产量、再生性以及下一年的生产力等因素，大多数多年生禾本科牧草在用于调制干草或青贮时，应在抽穗－开花期刈割。秋季在停止生产以前30天刈割。

饲料作物的最佳收获期。专用青贮玉米即全株青贮玉米，最适宜收割期在乳熟末期至蜡熟中期。粮饲兼用玉米，多选用在籽粒成熟时其茎秆和叶片大部分仍然呈绿色，即在蜡熟末期采摘果穗后，及时抢收茎秆进行青贮或青饲。禾本科一年生饲料作物，多为一次性收获。如果有两次或多次刈割，一般根据草层高度来确定，即50厘米左右时就可刈割。

4. 牧草收获方式

（1）人工收获

牧草或饲料作物作为青饲料或青干草使用时，其割草、搂草、晒草的过程不便使用机械的情况下，多用人工劳力进行作业。常用割草工具有镰刀、钐刀等。人工割草一般适用于小面积割草场或者地势不平的草场使用。

（2）机械收获

分为分段收获和联合收获，分段收获是指将成熟期的牧草或饲料作物的收割、晾晒、捡拾、脱粒、包装分段用不同的机械进行。联合收获是指用联合收获机一次完成收获和切段打捆等作业。牧草收获从割草、翻晒、捡拾压捆，均由机器完成。机械收获是牧草产业发展的主要方向，主要收获机械后面章节有专门介绍。

二、牧草的加工利用

1. 干草的调制与加工

调制干草在陇东地区是牧草利用的主要方式。调制方法是在青草或栽培青饲料未结实前，刈割经日晒或人工干燥而制成的干燥饲草。优质的干草仍保留一定的青绿颜色，所以也称为青干草。干草调制的目的主要是为了保存牧草的营养成分，便于随时取用。

从饲养的角度要求，优良的干草应当是，含有家畜所必需的各种营养物质和较高的消化率与适口性。优质干草应当有以下的特点：第一，天然草地调制优质干草其草群在品质上要求属于中上等，在数量上要求有较多的禾本科和适量的豆科牧草；第二，调制优质干草必须适期刈割，这样才能获得高的可消化营养物质和产量，做到产量品质兼顾；第三，优质干草应当叶量丰富并具有较多的花序与嫩枝；第四，优质干草应保持颜色深绿，具有芳香气味。

干草调制常用的方法主要有以下几种：

（1）田间晒制法

田间晒制法是将收获后的牧草平铺、暴晒，使其自行干燥，水分逐渐降低，达到 50％之后将其收起堆垛，堆垛的高度要控制在 1 米左右，之后让牧草自然风干。在晾晒过程中根据天气操作，若天气较好，则清晨晾晒，傍晚即可收集成垛；若是天气状况不好，那么在晾晒过程中，在草垛外面覆上塑料布，防止雨水冲刷，天气转晴之后，将其拉开晾晒，使其干燥。

（2）草架干燥法

牧草晾晒前先搭建好相应的晾草架，草架搭建成由横梁连接的人字形，其中留些空间，保证空气流通，使牧草在最短时间内散失水分，提升牧草干燥速度，降低营养物质的损失。收获牧草先在田间晾晒，水分达到 50％左右时将牧草上架，为了保证牧草的干燥效果，要将牧草捆扎成束，成圆锥或屋顶的形状分层次堆放。

（3）发酵干燥法

在天气较为恶劣的情况下使用此法干燥。主要原理是将地面铺晒的牧草在水分散失到 50％左右时，将其进行堆积，高度为 4～6 米，在草堆上进行发酵，时间为 8 周。发酵之后牧草的颜色主要为棕色，为了能避免在发酵过程中出现问题，在堆积时，给每层牧草上面撒上食盐。

2. 草产品的加工

（1）草粉生产

草粉生产主要利用紫花苜蓿、三叶草以及红豆草等牧草来制作草粉。收割时间要选在最高蛋白质以及最高产量的时期。牧草收割后，经数小时自然晾晒，使其水分降到 70％左右，后用铡草机铡成 15～25 毫米碎段，除去杂质后进入螺旋给料器，后进入高温热风炉使草段水分从 70％降到 10％左右，冷却进入粉碎机粉碎。粉碎后的草粉在下腔负压的作用下过筛后进入离心卸料器、自动称量器称量入袋，然后经自动封包机封口出售。

（2）草颗粒生产

用制粒机来压制草粉，形成颗粒状的饲料。草颗粒的加工中要保证颗粒的大小均匀形状一致，不能出现破裂状况，草颗粒的表面要光洁，其直径要符合相关标准。草颗粒加工中草粉是主要原料，其成粒的效果直接受到草粉中含水量的影响。草粉含水率要按照 10％的标准进行控制，这样会有效加强原料的可塑性。

（3）草块生产

相比较于草颗粒，草块在进行压块前，不需要进行干草的粉碎处理，直接用草段进行压制。在压块时利用压块机器来进行田间作业，将干草的捡拾到成块一次性成型，提升工作的效率。利用干草块喂养家畜，能提升其安全卫生性。

3. 牧草的青贮技术

青贮加工技术主要是将收获的青绿饲料铡短装入青贮窖(青贮塔或青贮袋),压实排除空气(切短、混匀、压实、密封),在酵母菌的作用下产生酸性条件,使青绿牧草得以长期安全贮存。目前,在生产中应用的牧草青贮类型主要有两种,一种是高水分青贮(含水量70%以上),一种是低水分青贮(含水量40%～65%)。青贮要注意选择好原料,乳酸菌发酵需要一定的糖分,一般原料中的含糖量不宜少于1%～1.5%,否则乳酸菌不能正常繁殖,青贮饲料的品质就不能保证;选择好时机,利用农作物秸秆青贮,如果过早,会影响粮食产量,而过晚就会影响青贮品质;掌握好水分,乳酸菌繁殖的最适含水量为70%;要创造适宜的温度,青贮饲料的温度应控制在20～30℃的范围内;压实、密封排除空气,尽可能创造出理想的无氧环境,乳酸菌是厌氧菌,只有在隔绝空气的条件下才能生长繁殖,不排除空气,霉菌、腐败菌会乘机滋生,从而导致青贮失败。青贮方法有窖贮、拉伸膜青贮、灌装青贮、塔式青贮等技术。

(1)窖贮

选址:一般要在地势较高、地下水位较低、远离水源和污染源、背风向阳、土质坚实、离饲舍较近、制作和取用青贮饲料方便的地方。

窖形:窖的形状一般为长方形,窖的深浅、宽窄和长度可根据养殖数量、饲喂期的长短和需要储存的饲草数量进行设计。青贮窖高度不宜超过4米,宽度不少于6米为宜,满足机械作业要求长度40～100米为宜;日取料厚度不少于30厘米。可根据实际需求量建造数个连体青贮窖或将青贮窖进行分隔处理。窖底部从一端到另一端须有一定的坡度,坡比为1：0.02～0.05,贮窖墙体呈梯形,高度每增加1米,上口向外倾斜5～7厘米,窖的纵剖面呈倒梯形。在坡底设计渗出液收集池,以便排除多余的汁液。一般每立方米窖可青贮全株玉米650～750千克。

装填及封窖:应"边收、边切、边装",避免暴晒,从切碎到装窖要小于4小时,力求缩短植物呼吸过程。装原料时要层层铺平、压实,尤其要注意周边部位。在逐层装入时,注意每层厚度在15～20厘米,直到装满青贮窖。原料应与窖口齐平,中间略高,然后盖上塑料膜,膜上压30～50厘米厚的湿土。在封窖后,要随时注意观察,发现有裂缝或下降现象要立即修补,以防止透气或漏入雨水。

取用:青贮料一般在40～50天后完成发酵过程,开窖取用时,要做到连续取用,随取随用,每次取完后随时覆盖表面,尽量减少与空气接触,防止变质。每次取用厚度应大于10厘米,对于少量变质的饲料及时取除抛弃。

(2)袋装青贮

材料准备:袋装青贮适宜于养牛5头以下、养羊10只以下的散养农户。塑料袋选用厚度为0.1～0.15毫米,周长为4米的圆筒状棚膜,把它裁成3米长的袋子,一端用电熨斗封口。将玉米秸秆切至 2～3 厘米(饲喂牛)或揉搓成丝(饲喂羊)。含水量应在 65%～75%,用手握紧切碎的玉米秸秆,指缝有液体渗出而不滴下为宜。玉米秸秆含水量不足时,可在切碎的玉米秸秆中喷洒适量的尿素液或食盐液,若 3/4 的叶片干枯,青贮时每 100 千克需加液 5～10 千克。尿素的添加量为玉米秸秆总量的 0.3%～0.5%,食盐的添加量为玉米秸秆总量的 0.10%～0.15%。

装填:装填时选择干燥、避风、向阳的空地,根据塑料袋的直径大小和底端形状,在地面上挖下 50 厘米深的坑,将塑料袋撑圆放入,然后将切碎的玉米秸秆边装边踩实,装满后用塑料胶带封口。在装填过程中,要注意袋子不能装斜,不能弄破。根据自家秸秆的多少,可多装几袋,袋子不满也行,踩实、封严、不留空气即可。

保存:装袋后上面用石块等重物压住,青贮袋尽量挤放在一起,周围用秸秆或破单子覆盖,以免猫、狗、鸡、老鼠和小孩等弄破塑料袋。并随时进行观察,发现塑料袋有破口时,要及时用塑料胶带封住。

取用:封口贮存 45 天后即可启封使用。袋装青贮要及早使用,不宜长期贮存。开封后要连续使用,切忌取取停停,以防霉变。取后要及时封口,防止曝晒、雨淋、结冰及混入泥土。

(3)裹包青贮

裹包青贮又称拉伸膜青贮,是用具有切碎、揉丝及高压力打捆功能的收割机将牧草制成圆柱形草捆,然后采用专用裹包机和青贮专用的高强度塑料拉伸膜将草捆紧紧裹起来,形成厌氧发酵环境,20～30 天即可完成乳酸菌发酵过程。裹包青贮的优点是便于运输、贮存和利用,不用建设青贮窖或青贮塔,青贮质量好,适宜规模化机械作业。其主要技术要求有:

青贮原料:适用于牧草、苜蓿、玉米秸秆等各种青绿色作物。要求含水率在 50% 左右,不得超过 60%,也不得低于 40%。若水分高于 60%,需稍做晾晒。

加工设备:牧草收割、打捆机和裹包机,机型有大小之分,草捆多为圆形。小捆(52 厘米×55 厘米)重达 40～50 千克,适宜养畜专业户用;大捆(120 厘米×120 厘米)重达 500～700 千克,适宜大型养殖场使用。

注意事项:严格掌握牧草(秸秆)的含水率;必须使用高密打捆机,在含水率为 50% 时,密度不得低于每立方厘米 0.4 克;必须使用青贮专用拉伸膜,不得使用普通塑料膜;在保存期内尽量避免膜被戳破,若戳破应立即粘贴补洞。

(4)灌装袋式青贮

灌装袋式青贮即大型塑料袋青贮,是将切碎的青贮料用特制的袋式灌装机压入大型青贮袋。核心设备是灌装机,每小时灌装 60～90 吨,1 个 33 米长的青贮袋可装 60～90 吨青贮料,大袋可装 150 吨。大型塑料袋青贮技术适宜在大型养牛场推广。

一般中小型袋装青贮装填机,带有滚刀式切碎机,将原料切碎至 2 厘米左右,自动压入金属桶内,在桶口套上相匹配的塑料袋,原料通过金属桶紧实地压入塑料袋内,每袋装料约 50 千克。此种小塑料袋青贮适宜养殖专业户使用。

(5)塔式青贮

青贮塔分为普通型和气密型,用混凝土浇筑或镀锌钢板建成,一般要求有很好的防酸、耐腐蚀性。塔高一般为 8～10 米,多为圆柱形,直径 3～6 米不等,适于城市和城市郊区应用。填装青贮原料一般都从塔顶部装入,取青贮料可从顶部或底部两处取用。窖顶必须镇压,用塑料布盖封并加顶盖,以防雨水。窖顶需设避雷针,以免雷击。这种方法使用耐久,长期使用时比较经济,非常适用养奶畜较多的地区。

参考文献:

[1]　陈宝书. 牧草饲料作物栽培学[M]. 北京:中国农业出版社,2001.

[2]　徐彬. 大力发展种草养畜重视牧草品种选择[J]. 中国畜牧兽医文摘,2012,28(4):189-189.

[3]　邓爱莉,张安福. 浅谈草食畜禽和牧草品种的选择[J]. 湖南畜牧兽医,2004,4:19-20.

[4]　刘斌. 牧草栽培及其加工利用技术[J]. 江西畜牧兽医杂志,2003,1:38-41.

[5]　王克明,王姜飞. 牧草种子播前的处理方法[J]. 花草药,2004,3:17.

[6]　孙跃春,徐彤玉,等. 豆科牧草种子播前处理[J]. 种草种树,2004,60(10):39.

[7]　王彩凤. 牧草常见病虫害及其防治策略[J]. 牧草与饲料,2018,12(40):47-48.

[8]　于海洋,金环,何志军. 宁夏固原市牧草病虫害对人工草地生产力的影响及防治对策. 2017,12:216-108.

[9]　张少华,等. 陇东干旱草地鼠害及其防治[J]. 草业科学,1998,3(15):32-37.

[10]　吴晓民,等. 黄土高原退耕还林(草)区的鼠害治理问题[J]. 陕西师范大学学报(自然科学版),2007,35:134-137.

[11]　许永红. 陇东旱塬地区中华鼢鼠的特征特性及防治技术[J]. 现代农业科技,2013,11:23.

[12]　王春华. 我国牧草加工与利用的思考[J]. 江西饲料,2017,(1):21-22.

第三章　苜蓿优质高效生产技术

第一节　苜蓿在现代农业中的地位

一、苜蓿在牧草和饲料生产中的地位

紫花苜蓿(*Medicao Sativa* L.)也叫紫苜蓿、苜蓿。原产于小亚细亚、伊朗、外高加索和土库曼一带,是当今世界上广泛种植的优良牧草。我国栽培已有2000年的历史,现广泛分布于西北、华北、东北地区,江淮流域也有种植,是我国栽培面积最大的牧草。苜蓿是多年生的豆科牧草,具有产草量高、营养丰富、适口性好等显著特点,在家畜饲养及放牧草地建植中占据着重要位置,素有"牧草之王"的美誉,是饲料作物中的首选作物。

1. 苜蓿的栽培面积最大

苜蓿是世界各地栽培面积最大的牧草。全世界苜蓿栽培面积3300多万公顷,占牧草总面积的90%以上,其中美国苜蓿种植面积约1100万公顷,是该国仅次于玉米、大豆、小麦之后的第四大农作物,占全球种植面积的1/3。其次是阿根廷(约700万公顷)、中国(470万公顷)、加拿大(约200万公顷)和俄罗斯。我国苜蓿草地面积在150万公顷左右,占到人工草地的40%～70%,占饲料作物面积的1/4左右。2014年,我国人工种植苜蓿保留面积333.33万公顷,其中甘肃种植面积最大,达66.27万公顷,其次为内蒙古(59.2万公顷)、陕西(52.8万公顷)、宁夏(40.1万公顷)、新疆(38.9万公顷)等省区。

2. 苜蓿营养丰富,品质好,适口性极佳

苜蓿是富含蛋白质优质饲料,初花期优质干草含粗蛋白质20%左右(表3-1),其鲜草中粗蛋白质含量为4%,苜蓿叶蛋白质含量可达70%以上。苜蓿蛋白质氨基酸种类全、平衡性好,其中赖氨酸含量为1.06%～1.38%,高出玉米4～5倍,同时富含钙、磷等矿物质和各种维生素。无论是青饲、青贮、调制干草,饲喂马、牛、羊等草食家畜,还是利用干草粉制成猪、鱼及各种禽类的配合饲料,均具有极高的饲用价值。

表 3-1　紫花苜蓿的营养成分(％)

生育期	水分	占风干物质				
		粗蛋白质	粗脂肪	粗纤维	无氮浸出物	粗灰分
现蕾期	9.98	19.67	5.13	28.22	28.52	8.42
20％开花	7.64	21.01	2.47	23.27	37.83	7.74
50％开花	8.11	16.62	2.73	27.12	37.26	8.17
盛花期	73.80	3.80	0.30	9.40	10.7	2.00
头茬草	6.60	17.90	2.30	32.20	33.6	7.40
再生草	6.70	17.80	3.00	26.90	39.6	6.00

自:《中国饲用植物志》第一卷,农业出版社。

3. 苜蓿利用年限长,产草量高

苜蓿的重要性还体现在它具有良好的持久性和较高产量方面。苜蓿一般利用年限可达 8～10 年,甚至高达 20 年,一般第 3～4 年生长最旺盛。根据孟昭仪于 1984－1992 年试验观察,公农 1 号苜蓿在不灌水不施肥的一般栽培条件下,年收割 4 茬,9 年平均干草产量 14.7 吨/公顷,第三年(17.2 吨/公顷)、第四年(17.4 吨/公顷)产量达到最高峰,第九年仍保持 14.3 吨/公顷的高产水平。1998 年,美国在旱作条件下,苜蓿干草产量为 22 吨/公顷;灌溉条件下,干草产量为 64.8 吨/公顷。我国过去由于受到认识水平、品种及生产水平的限制,苜蓿干草产量一般为 4.5～7.5 吨/公顷。进入新世纪以来,随着新技术在苜蓿生产中的应用,苜蓿产量也在不断提高。在河北省南皮、东光两地已有 28.5 吨/公顷的高产纪录。在内蒙古河套地区、甘肃河西地区,有灌溉条件下苜蓿干草产量可达 15 吨/公顷以上。

二、苜蓿在农业生产中的地位

苜蓿是多年生的深根系豆科牧草,是农业生产中重要的绿色蛋白作物和轮作养地作物。苜蓿的根系发达、花期长,因此也是重要的水土保持作物和蜜源作物。

1. 苜蓿是重要的绿色蛋白作物

目前我国蛋白质饲料短缺达 3000 万吨,已成为制约我国畜牧业发展和提高效率的关键因素。苜蓿干草营养价值高,其蛋白质的利用率可达 36％,是玉米等禾本科饲料的 2～6 倍。据国外研究,苜蓿的能量替代率为 1.6:1,即 1.6 千克苜蓿干草相当于 1 千克粮食能量。由于苜蓿富含蛋白质,如按能量和蛋白质综合效能计算,苜蓿的代粮率可达 1.2:1。因此,用苜蓿饲喂家畜可以代替粮食。

据试验表明,用苜蓿鲜草喂猪可替代 30％～40％的精饲料,喂牛、羊、兔可替代 100％精饲料。苜蓿是一种富含蛋白质的优质饲料,用脱水紫花苜蓿适量搭配尿素,可完全取代奶牛、肉牛、肉羊、鹿等高水平生产情况需求的全部蛋白质饲料。如果国内饲料生产中仅添加 5％的紫花苜蓿草粉,每年就需 200 万吨,可直接节约 200 多万吨的饲料。

2. 苜蓿是重要的轮作养地作物

苜蓿根瘤菌的固氮能力很强。据测算,苜蓿地每年可固定纯氮 220～670 千克/公顷,相当于 470～1450 千克的尿素。种植 5～10 年的苜蓿地,要比小麦连作且施肥的土地其耕作层全氮增加 15.4％～47.0％,有机质增加 12.9％～19.8％。种植苜蓿相当于建立了"天然生物氮肥厂"。同时,苜蓿是深根系作物,其入土深达 2～6 米,强大的根系及其分泌物能有利于土壤形成团粒结构,使土壤疏松,通透性好。种植 5 年的苜蓿,可使耕层有机质含量提高 0.1％～0.3％,相当于 563 千克的尿素含量。

苜蓿还是中等耐盐植物,种植苜蓿可降低土壤含盐量,防止西北灌区土壤的次生盐碱化。同时,苜蓿可与多种作物实行草粮轮作,培肥地力,减轻作物病虫草害,减少化肥农药和除草剂的使用量,增加苜蓿后茬作物的产量和品质。苜蓿种植 3 年后,其后茬小麦、玉米等粮食作物可增产 20％～30％,甜菜、大豆、向日葵等经济作物可增产 48％～110％,苜蓿茬种小麦,其第一、第二年粗蛋白质含量分别比连作小麦增加 4.64％和 2.58％。

3. 苜蓿具有强大的保持水土功能

苜蓿具有发达的根系,播种当年其主根入土可深达 2 米,5～7 年后可达 7 米以上。苜蓿的侧根主要分布在浅层土壤中,可以吸收土壤深层水分和养分,可以有效地固定土壤。同时,苜蓿地上部分分枝多、叶量大。由于苜蓿根深叶茂,一方面能控制雨水冲刷,防止水土流失;另一方面还能蓄养土壤水分,控制地表蒸发,有效防止土壤的次生盐碱化。苜蓿夏季枝叶繁茂,可以阻挡雨水对地面冲刷和减少地面径流,秋冬季地面覆盖度高,减少了大风对土壤的侵蚀和空气中的含沙量,保护了环境。此外,苜蓿草地还具有净化空气、减弱噪音等作用。

4. 苜蓿是主要的蜜源植物

苜蓿的花期长、花量大、花色鲜艳,其花粉中含有各种氨基酸和微量元素,是优良的蜜源作物。苜蓿开花一般集中在 7～9 时,并开始流蜜,12～16 时流蜜最多,这期间也是蜜蜂最活跃的时间,16 时后流蜜减少并逐渐停止。苜蓿多连片种植,紫色花能吸引昆虫特别是蜜蜂来采蜜。一般来讲,第 1～4 年的苜蓿产蜜量最多,生长旺盛的苜蓿草地,每群蜂可产蜜 20～25 千克,而且蜂蜜质量高、色美味香,属于高档蜂蜜,为市场紧俏商品。同时,苜蓿种子生产基地经过蜜蜂的传粉后,还可以使苜蓿种子产量提高 5％～10％。因此种植苜蓿养蜂采蜜也是一种经济效益很高的产业。

5. 苜蓿也是很好的保健食品

苜蓿幼芽不但营养丰富、热量低，而且清爽可口、风味独特。苜蓿幼芽蛋白质含量高于其他豆类，比玉米、小麦高 1.5 倍，且含有丰富的钙、磷、铁、钠、钾、镁等矿物质及多种维生素、氨基酸、酶等。我国西北地区农民有在春季采摘苜蓿芽做蔬菜的历史习惯。目前在新疆、甘肃、陕西等地，已在塑料大棚或露地进行苜蓿芽蔬菜专业生产。同时，苜蓿含有较高的纤维、异黄酮类物质，能有效防治高血压、高血脂等疾病，具有保健和美容作用，也可将青嫩苜蓿速冻，做成细粉，是理想的保健减肥食品。苜蓿提取的叶蛋白广泛应用于各种食品，可制成苜蓿蛋白、苜蓿饮料和苜蓿饼干等，是无任何毒害的绿色食品，是中老年人和幼儿非常喜欢的绿色食品。

三、苜蓿在我国农业产业化中的作用

苜蓿的栽培种植是产业化的基础，苜蓿产业是畜牧业、奶业的基础产业。苜蓿产业在提供物质产品的同时，还提供了相应的生态效能和商品经济下游产业的市场。发展苜蓿产业在我国农业产业化中具有容量大、门槛低的重要作用。

1. 有利于"粮食－经济－饲料作物"三元结构的调整

我国传统种植结构主要是"粮食作物－经济作物"的二元结构。2000 年以来，我国主要农产品的人均占有量、单位面积产量和化肥施用量已超过或接近世界水平，生产成本居高不下，粮食生产开始出现"增产不增收"的发展困境。由于苜蓿在初级产业中的独特地位，因此，苜蓿在我国产业结构调整中具有重要的桥梁和纽带作用。2015 年中央一号文件明确提出"深入推进农业结构调整。加快发展草牧业，支持青贮玉米和苜蓿等饲草料种植，开展粮改饲和种养结合模式试点，促进粮食、经济作物、饲草料三元种植结构协调发展"。2019 年中央一号文件进一步指出："合理调整粮经饲结构，发展青贮玉米、苜蓿等优质饲草料生产。"

2. 有利于畜牧业的结构调整和优化

草食畜牧业的发展是我国现阶段畜牧业发展的主要方向。随着人口的增长和生活水平的提高，对牛、羊等优质肉类的需求也在增加，相应需要大量的优质饲草源。通过建立优良人工苜蓿草地，发展苜蓿草产业，可以有效缓解草地压力，保证肉牛、肉羊生产规模的扩大所需要的大量的优质饲草，有利于调整国内传统的以养猪业为主的耗粮型畜牧业结构，使动物性食品的生产比例搭配趋于合理化，将促使我国畜牧业进入良性发展。据统计，2014 年，全国饲草生产面积达 3827 万亩，生产加工量 936.7 万吨，市场商品流通量 442.4 万吨，其中苜蓿商品草 185 万吨，占全部流通草产品的 42%，超过 2008 年的 18.5 倍。

3.有利于奶业的提质增效

利用牛奶和乳制品来增强国民的身体素质,在营养医学界称之为"白色革命"。发达的奶业要求有发达的草业和优质草饲料。2008年我国发生三鹿奶粉事件之后,优质奶源和饲草产业的建设得到了全社会和各级政府的高度重视。2012年国家启动了"振兴奶业苜蓿发展行动"等政策。2014—2015年农业部实施了"高产苜蓿示范区建设""草牧业试点"和"粮改饲试点"等项目。实践证明,用苜蓿饲喂奶牛,是植物蛋白转化为动物蛋白最理想的技术途径。按科学标准,用苜蓿干草饲喂奶牛,可以保证原料奶的乳蛋白率达到3.0以上,乳汁率达到3.5%以上,这个指标基本与国际标准接轨。同时,还可以减少奶牛的代谢病,使奶牛淘汰率下降5%以上,产奶量增加20%以上。

4.可以改造农业中低产田

据测算,苜蓿田年产纯氮220~670千克/公顷,按2020年我国苜蓿面积计划达到665万公顷计算,年总产氮可达150~440万吨,以目前化肥使用效率30%计算,则相当于我国工业氮肥年产量的18%~54%,这对目前中低产田改造,推广农药化肥减施增效技术,大力发展绿色农业,无疑是一个巨大的贡献。据统计,我国目前有6000万公顷中低产田,其中大部分完全可以进行粮草轮作,这样既改善了土壤肥力,又提高了粮食的产量和质量,形成动态的粮食、饲草比例,达到"藏粮于地""藏粮于畜"的目的。

5.发展苜蓿产业是生态建设的重要组成部分

据甘肃天水水保站试验,坡地种植紫花苜蓿,每年流失水量是粮食作物的1/16,土壤冲刷量是种植粮食作物的1/9。中科院西北水土保持研究所测定,在降雨350毫米的年份,坡度为20°的苜蓿地比同坡度的耕地减少径流88%,减少冲刷量97.45%,增加降雨入渗量50%。随着我国各类生态建设工程发展,苜蓿已成为退耕还林还草、风沙治理、休牧还草、天然草原保护等工程中的先锋作物和首选牧草。在黄土高原实行苜蓿与作物间作,可有效地防止水土流失,减少源面污染。苜蓿也是主要的绿色通道作物,在高速公路、国道两旁和城郊绿化中,种植苜蓿也可以缓解视角疲劳、减少噪音、净化空气,达到调节小气候、固土保路、美化环境的目的。

第二节　苜蓿的形态特征与生态习性

一、苜蓿的植物学特征

苜蓿是豆科苜蓿属(*Medicago* L.)多年生草本植物,苜蓿属的种类很多。

我国苜蓿属的植物约有 12 个种,3 个变种、6 个变型,它们大多数是野生草本植物,其中有少数引入栽培。分布最广、利用价值最高的是紫花苜蓿。此外,黄花苜蓿、天蓝苜蓿、金花菜等也有少量栽培。

1. 根和根瘤

苜蓿根为直根系,主根入土深度可达 2～6 米,根系非常发达,主要分布在 0～30 厘米耕层内,由主根、侧根和根颈组成,有的品种还有根蘖。根部上端近地表与茎交接处略膨大,称为根颈,它是苜蓿再生芽和越冬芽着生的地方,并随生长年限的增加,不断加粗下陷,其入土深度也是抗寒性的标志之一。侧根上结有根瘤。

根瘤是由根瘤菌(*Rhizobium meliloti*)侵入根毛后产生的瘤状物,一般直径 2～5 毫米,具有共生固氮作用,能固定空气中的氮素,同时还可以促进苜蓿植株的生长。根瘤一般着生在侧根和根毛上,二年生以上的植株主根很难看到根瘤。有效的根瘤形状大而长,中心呈粉红色。

根蘖型苜蓿地上生长呈匍匐状,主根不明显,具有较多的与地面平行的水平根,根上有距离不等的膨大根蘖部位,能长出不定芽,形成地上枝条,表现出根蘖生长习性。根蘖型苜蓿耐旱性、耐牧性和竞争性强,具有良好的水土保持作用,适合于干旱地区和放牧地利用。

2. 茎

苜蓿茎多为草质,少数坚硬似木质,一般外形近圆形,上部稍带有棱角,光滑或被白色茸毛,茎内有髓或中空。茎的颜色多为绿色,有的品种为淡紫色或基部呈紫色。苜蓿的茎有主茎和分枝,主茎高 50～120 厘米,有的高达 150 厘米,茎粗 2～5 毫米,分枝达 3 级以上。一般为 15～25 个,多的达 40 个。

苜蓿的株形有直立型、半直立型和匍匐型三种,多数品种为直立型或半直立型,根蘖型苜蓿品种为匍匐型。茎的高度和数量直接影响苜蓿的产量和品质。一般地,植株高度与干草产量呈极显著正相关,而与叶量呈显著负相关。

3. 叶

苜蓿的叶片包括子叶、真叶和复叶 3 种类型。子叶是苜蓿出苗时长出的一对无柄、无托叶的长卵形单叶,刚出土时略呈八字形状,见光后颜色变绿,通常子叶几乎靠近地面。真叶是子叶上部长出一片桃形单叶,具有叶柄和披针形托叶,叶柄较长,托叶先端尖锐,下部与叶柄合生。真叶表面有长茸毛。

复叶是真叶之后长出来的叶子,多为三出羽状复叶,中间一个略大,两侧稍小。小叶长椭圆形、倒卵形或披针形,基部较狭,先端较阔而有锯齿,左右全缘。叶片呈绿色,两面被有白色茸毛。托叶贴生在叶柄基部,有保护腋芽的作用。

苜蓿叶量较多,叶片长 1.0～4.5 厘米、宽 0.3～2 厘米。返青期和越冬前叶片较大,第一茬的叶片比第二、第三茬的叶片大。苜蓿也有多于3片小叶组成的复叶,称多叶型叶,多出现在现蕾期分枝上部。

4. 花

苜蓿的花为总状花序,花梗长4～5厘米,自叶腋生长,每个花序的小花数变化很大,一般8～20朵,多的达40朵以上。每朵小花由苞片、花萼、花冠、雄蕊和雌蕊组成。苞片细长而尖,花萼钟状绿色,上面生有白色茸毛。花冠蝶形,花瓣5片,雄蕊10个,9合1离,雌蕊1个。

苜蓿开花前期小花数多,后期少。花色紫色或蓝紫色。苜蓿为异花授粉植物,虫媒为主。苜蓿需借助昆虫采蜜时把龙骨瓣解离,才有利于异花授粉,提高种子产量。

5. 种子

苜蓿荚果呈2～4圈的螺旋形,呈黄褐色或黑褐色,表面具有脉纹和茸毛。荚壳由两片组成。苜蓿种子着生在腹缝线,成熟时背缝线可以开裂。苜蓿每荚果含种子2～8粒。

苜蓿种子多呈肾脏形,黄褐色,表面有光泽。陈种子颜色加深变暗。种子千粒重1.5～2.3克。苜蓿种子寿命较长,一般4～5年仍可发芽。

二、苜蓿的生物学特性

1. 苜蓿的生育时期

苜蓿从出苗或返青到种子成熟需要100～120天,按照苜蓿的生长发育顺序,主要分以下几个生育时期:

(1)出苗期(返青期)

在水热条件适宜时,苜蓿播后6～7天开始出苗,当田间约有80%的幼苗出土时称为出苗期。苜蓿播种后第二年随着春季气温的回升,植株开始出芽生长称为返青期。在甘肃陇东一般在3月下旬至4月上旬开始返青。

(2)分枝期

苜蓿在出苗或返青后,经过一段时间的生长,根颈部开始长出新的枝条,这个时期为苜蓿的分枝期。在甘肃陇东一般在出苗或返青后30天左右进入分枝期。

(3)现蕾期

当苜蓿80%以上的枝条出现花蕾时,称为现蕾期。从分枝到现蕾经24天左右的时间。

(4)开花期

苜蓿是无限开花习性,花期较长,达40～60天,又分为初花期和盛花期。田间有 20％的小花开花时称为初花期，有 80％的小花开放时称为盛花期，苜蓿开花在一天内则以上午开的花最多。

（5）成熟期

当田间约 80％的荚果变为褐色时，称为苜蓿的成熟期，这个时候是苜蓿种子收获的最佳时期。苜蓿从开花到种子成熟需 40 多天，从播种到种子成熟约经过 110 天的时间。在我国北方大部分地区，苜蓿可在 8～9 月份达到种子成熟期。

2. 苜蓿的种子萌发与出苗

苜蓿种子在温度、水分、氧气等适宜的条件下，首先吸水膨胀，然后胚根先突破种皮向下生长，而后胚芽生长，子叶出土。苜蓿种子发芽后，胚根向下生长形成初生根，胚芽通过下胚轴的收缩生长在土壤表层形成根颈。苜蓿根颈上能形成大量的芽和地上部枝条，它与苜蓿的越冬能力和再生能力有关。

苜蓿种子萌发时，需要吸收种子干重 85％～95％的水分。萌发时最适温度为 25℃，2～3 日即可萌发。出苗的时间因气候、品种和播期不同而有明显差异。据试验，在庆阳地区夏播（5 月上旬至 8 月中旬）时，因雨水多墒情好，只需 4～6 天即可出苗。如果春播（3 月中旬至 4 月下旬）时，因气温低、土壤干旱，出苗时间长达 11～23 天。

苜蓿种子具有较长的寿命。据试验，苜蓿种子在室温下保存 16 年后，发芽率平均为 47％。新的苜蓿种子具有硬实现象，实际上是一种休眠，会影响种子的发芽出苗。一般地，苜蓿种子的硬实率随贮藏年限的增加而下降。可通过物理和化学处理方法，降低苜蓿种子的硬实率，解除休眠，提高种子的发芽率。

3. 苜蓿的生长发育

（1）营养生长

苜蓿子叶展开后，紧接着先后长出第一片真叶和复叶。苜蓿幼苗生长较为缓慢，出苗 20 天后地上幼苗生长高度仅 3～6 厘米，但其根系长已达 20 厘米以上，主侧根上已形成根瘤。出苗 25～30 天，由根颈上形成分枝。出苗 35 天可以长出 2～3 个分枝，幼苗生长基本完成。

出苗 40 天后或返青 15 天后，即进入分枝生长旺盛期。此期苜蓿的叶量为全株重量的 48％～54％。出苗 50 天后进入现蕾期，此期苜蓿植株生长最快，每天株高增长 1～2 厘米，此时是水肥供应的关键时期。

苜蓿茎的高度和分枝数直接影响苜蓿的产量和质量。苜蓿叶片中蛋白质含量远高于茎，加之适口性好，因而多叶型苜蓿对于提高苜蓿饲草品质具有重要意义。

（2）生殖生长

苜蓿是无限开花习性，花期达 40～60 天。苜蓿从出苗到开花的日数，需 59

~67天,两年以上的苜蓿从返青至开花需46~53天。开花时自下向上部花序开放。苜蓿雌雄同花,但属典型的异花授粉植物。

苜蓿花的开放时间与气候有密切关系。据对陇东地区的观察,以早晨7时到下午2时开花最多,下午6时以后小花不再开放。苜蓿小花从开放至凋萎需2~5天。苜蓿的落花率较高,一个花序平均落花率可达50%以上。

苜蓿花授粉20小时完成受精作用,授粉后5天即可形成荚果。由于苜蓿花具有特殊的弹开机制,使得能够传粉的昆虫类型减少,切叶蜂是苜蓿最主要的传粉昆虫之一。

4.苜蓿的再生性

苜蓿再生性是指苜蓿茎叶被刈割或采食后,新的枝条可从根颈或留在茎节处的叶腋中长出的特性。苜蓿的再生性主要包括再生速度、再生次数和再生草产量等方面,其强弱直接影响产草量和生长利用年限。

苜蓿的再生能力很强,一般因品种、土壤肥力和栽培管理水平等不同而又有很大差异。同一品种的再生性,主要取决于刈割时根颈的健康程度、刈割次数、刈割时期、刈割后的温度和水分等条件。

一般,我国北方在苜蓿生长期内每年可刈割2~4次,南方可刈割3~7次。研究表明,陇东地区一年刈割3茬,其中第一茬草生长较快,产量最高,占到年总产量的45.9%;随着刈割次数的增加,再生草的生长速度降低,草产量降低,第二和第三茬产量分别占年总产量的32.8%和22.1%。

在相同刈割次数和刈割时期条件下,齐地刈割后再生速度慢,再生枝条数量多;留茬5厘米时,再生速度快,再生枝条数量相对少。因此,人工收获留茬一般在3~6厘米,机械收获一般在10~15厘米。但在西北地区最后一茬刈割,为了保护苜蓿安全越冬,不管人工收获还是机械收割,其留茬高度一般都应在10厘米以上。

5.苜蓿的秋眠性

(1)苜蓿秋眠性与越冬和产量的关系

苜蓿的秋眠性是指在秋季北纬地区由于光照减少和气温下降,导致苜蓿在形态生长和生理功能上发生休眠的一种遗传特性。苜蓿的秋眠性是以秋季短日照、低气温条件下刈割后的再生性来反映的。不同秋眠性的品种秋季再生株高有很大差异,休眠品种植株矮小,不休眠品种植株高大,半休眠品种处于两者之间。

苜蓿的秋眠性与产量及其越冬性关系极为密切。美国农业部颁发的《苜蓿栽培品种抗病虫特性鉴定标准》中首先将鉴定苜蓿分为秋眠、半秋眠、非秋眠三大类型共9级秋眠习性。其中1~3为秋眠基因型、4~6为半秋眠基因型、7~9

级为非秋眠基因型。其中,秋眠级为 1 的品种秋眠性最强,表明其抗寒能力也最强;秋眠级 9 的品种,无休眠性,冬季生长活跃,抗寒能力也最差。

苜蓿的秋眠级和其再生性、生产力也有高度的相关性。秋眠级越低的品种,因其春季返青晚,刈割后的再生速度也慢,生产潜能也就低;而秋眠级高的品种,因其春季返青早,刈割后的再生速度快,生产潜能要明显高于秋眠级低的品种。

北京林业大学卢欣石于 1991—1994 年,对中国 94 个苜蓿地方品种(包括 23 个国家审定品种)的秋眠性进行了评定。结果发现,中国苜蓿地方品种和人工培育品种基本上属于极秋眠类型或秋眠类型(秋眠等级为 1~3),其中庆阳苜蓿(即陇东苜蓿)、甘农 1 号苜蓿秋眠级为 1 级,而新疆大叶苜蓿属于半秋眠类型(秋眠等级 4~5)。

(2)苜蓿秋眠性在农业生产上的应用

苜蓿秋眠性在我国育种和生产实际中已经得到广泛的应用,它是苜蓿引种、生态区划及选择最佳种植期的理论依据,对提高苜蓿产量和专业化生产发挥了积极作用。

①生态区划 我国苜蓿品种多数秋眠级为 1~3,少数品种秋眠级别为 4~5。通常在我国华北平原地区,非常适合种植秋眠级数为 4~5 的苜蓿;在内蒙古高原区、东北北部和新疆北部地区以种植 1~3 级秋眠品种为主;黄土高原温暖半干旱区和黄淮地区以及东北南部和新疆南部以 4~5 级秋眠品种为主;长江中下游和西南山区以 7~8 级的苜蓿为主;在华南地区一般不适宜大面积种植苜蓿。

②科学引种 苜蓿秋眠性是预测推广引进品种适宜生长区的简便而有效的手段之一。如果在温暖地区引进秋眠性强的品种,会因为光能利用不充分而减少产量;而在寒冷地区引进的非秋眠品种,会导致死亡或降低草丛持久力。在光照不足而温度却仍适宜苜蓿生长,注重引进秋眠性较弱的品种就可能提高苜蓿的年产量。一般休眠和半休眠品种都适合北纬 40°左右的北方地区种植。

③确定适宜的播种时期 对于秋眠品种而言,苜蓿最佳播种期为 6 月中旬至 7 月底。鉴于低温可以减少叶茎的生长,促进根系发育,则秋播比春播和夏播更加有利,且可以减少田间杂草的危害。对于半秋眠品种而言,最佳播种期应在 4 月中旬至 5 月中旬。对于非秋眠性品种而言,最佳播种期应在春季 3 月初至 4 月中旬,或秋季的 10 月上旬至 10 月下旬。

三、苜蓿对环境条件的要求

1. 温度

苜蓿为温带植物,一生喜冷凉温暖的气候。苜蓿种子在 5~6℃ 即能发芽,以 25℃ 为最适发芽气温。但随着温度的升高,种子发芽所需天数缩短,例如,气温 10℃时种子发芽需 10～12 天、气温 15℃时种子发芽需 7 天,气温 25℃时仅需 3～4 天。植株日生长有利气温平均为 15～21℃,其中白天适宜气温为 15～25℃、夜晚为 10～20℃。在此温度下,干物质积累和叶面积增长最快,所以,苜蓿在春季生长最快。根在 15℃时生长最适宜,茎和叶在 25℃生长最好。

苜蓿开花最适宜气温为 22～27℃。我国西北的甘肃、新疆等地区,气候温和,日照充足,雨水较多或有灌溉条件,对苜蓿的开花结籽十分有利。陇东的北部地区,年平均温度 8～10℃,夏季平均最高温度为 28℃,年日照 2300～2700 小时,苜蓿开花结籽良好,具有种子生产的优越温度条件。

苜蓿不耐高温,当气温高于 30℃时,生长发育停止,尤其夜间高温危害较大。试验表明,在夏季高温超过 35℃的地区,苜蓿越夏就有植株死亡的现象。在夏季高温多雨季节,苜蓿生长不良。

苜蓿一般在春季气温升到 5℃时开始返青,在秋季气温为 5℃时,开始停止生长,逐渐进入休眠。苜蓿的休眠与其抗寒性有直接关系,因此,5℃一般被认为是苜蓿生长发育的最低温度。

苜蓿的耐寒性很强,冬季气温在 -15～-10℃时,大多数品种能安全越冬。虽然苜蓿的耐寒性强,但在返青期遇到急剧降温常会造成冻害。春季倒春寒给苜蓿生产造成危害,气温降到 -5℃时,常会造成苜蓿死亡。

2. 水分

苜蓿一生喜水抗旱又怕涝。苜蓿喜水性表现在,苜蓿由于茎叶繁茂,生长迅速,是需水较多的植物,需水量一般为 800 毫米左右。苜蓿不同发育阶段的耗水量也不同,苗期耗水量仅占全生育期耗水量的 5.1%,分枝到现蕾期需水量最多,占总耗水量的 36.9%,开花结荚期需水量次之,占总耗水量的 32.2%。苜蓿的不同生态型、不同品种对水分要求有明显的差异。对苜蓿种子生产来说,开花结荚期水分亏缺或太多都会影响种子产量,始花期到盛花期,土壤湿度应在最大田间持水量的 50%～60%。

苜蓿虽然需水较多,但由于根系发达,入土深,其抗旱能力也很强。苜蓿在年降水量 400～800 毫米的地区均能自然生长,不足 300 毫米的地区需要灌溉,在温暖干燥有灌溉条件的地方生长极好。一般原产于我国西北的地方品种如陇东苜蓿等品种,其抗旱性都很强。

苜蓿生长虽然需要充足的水分,但水分过多,也会导致遭受涝害。如苜蓿生长期间 24～48 小时水淹会造成大量死亡,尤其在苗期,受涝严重会造成幼苗全部死亡。因此,在年降雨量 800 毫米的南方地区,只有排水条件良好,苜蓿才能生长良好。年降雨量超过 1000 毫米的华南地区不适合苜蓿栽培。在西北干旱半干旱地区,夏季多雨湿热也对苜蓿生长极为不利。

3. 光照

苜蓿是长日照植物,喜光、不耐荫蔽。苜蓿生育期须要 2200 小时左右的日照时数。在苜蓿的营养生长阶段,适宜光照能够促进苜蓿幼苗根系的发育,强的光照有助于苜蓿的茎和叶片生长。如果光照强度减弱,幼苗生长缓慢,根部生长不良甚至死亡。

苜蓿在现蕾开花期,必须有足够的长日照,才能开花多、授粉好、结籽量多而饱满。否则,苜蓿不结实或结实量很少。在林下或农作物套种等荫蔽条件下,阳光不足会严重影响苜蓿的结实性。我国西北和华北大部分地区温度适宜、光照充足、日照长,苜蓿种子的产量也较高。

光照和温度对苜蓿生长有一个协同互补作用。适温下的日照越长,干物质产量或种子产量越高,一般高的光照强度和低温有利于苜蓿高产,在高海拔地区苜蓿产量较高,就是这个道理。同时,光照还通过影响农田小气候因素的改变,间接地对苜蓿发生作用。

4. 土壤

苜蓿的适应性很强,对土壤的要求不严格,但以排水良好、土层深厚、富含钙质的土壤中生长最好,黑钙土、栗钙土、灰钙土、生草灰化土都适合苜蓿生长。苜蓿生长最忌积水,故苜蓿地必须排水良好,地下水位至少在 1 米以下。

苜蓿较耐碱,但不耐酸,pH 值在 6 以下根瘤不能形成,pH 值在 5 以下苜蓿会因缺钙不能生长。在土壤偏酸的地区,种植苜蓿应施加石灰或过磷酸钙。

苜蓿为中等耐盐植物,可以在轻度盐渍化土壤中生长。当土壤中盐分含量达到 0.3% 时,苜蓿生长就会受到抑制。苜蓿生长过程中,不同发育阶段对土壤盐分的反应不同,以幼苗期最敏感,以后随株龄增长耐盐性逐渐提高。苜蓿不仅能适应一定盐分的土壤,而且种植几年后还有促进土壤脱盐的作用,起到改良土壤的作用。

5. 养分

苜蓿对土壤养分的利用能力很强。据测定,每生产 1000 千克苜蓿干草,需氮 12.5 千克、磷 3.5 千克、氯化钾 12.5 千克。由于苜蓿根部具有根瘤菌,开花后固氮能力强,因此,在种植当年的苗期可以少施氮肥,以后年份可以不施氮素。

苜蓿特别需要磷肥,施用磷肥可以增加叶片和茎枝数目,促进根系发育,也有助于种子成熟。但磷肥为迟效肥料,最好在播种前和返青前施用,以充分发挥肥效。据报道,施用磷矿粉后,苜蓿第二年干草产量增加 40.0%～53.9%,种子增产 61.3%～108.0%,增产效果十分显著,因此苜蓿生产应该多施磷肥。

我国北方土壤钾的含量较高,一般能满足苜蓿生长需要。但在瘠薄的壤土和沙壤土中,其钾肥往往不能满足苜蓿生长的需求,应在秋季播种或返青期适量施用。另外,根外追施钙、铁、锰、锌、钼等元素,对苜蓿特别是种子产量增产效果十分明显。

研究表明,苜蓿与禾草混播,氮和钾肥料不足时,苜蓿的竞争力下降,草地被禾草挤占。在混播田中施氮肥不当,可能抑制苜蓿的再生力和竞争力,导致混播草地中苜蓿比例减少。因此,只有在某些特殊条件下,如高寒地区,施用氮肥才能有明显的作用。

第三节　苜蓿种植区划及品种选择

一、我国的苜蓿种植区划与品种选择

科学的牧草区划,可以为草地改良、人工草地建设及农业三元结构中的饲草饲料作物选择适当的草种,从而避免盲目引种造成不必要的损失。根据不同的生态环境、农业经济技术条件及畜牧业对牧草的需求而选择适宜的苜蓿品种,是苜蓿种植的关键。选择正确的苜蓿品种,可以避免盲目引种造成不必要的损失。

苜蓿区划是根据生态环境、农业经济技术条件及畜牧业对牧草的需求而进行的牧草区域规划。根据我国气候、土壤情况和主要苜蓿分布区域,依据"中国多年生栽培牧草区划"和"中国多年生草种栽培技术",我国紫花苜蓿可划分为9个栽培区:

1. 东北区苜蓿品种的选择

本区包括黑龙江、吉林、辽宁三省及内蒙古东部。主要特点是冬季寒冷、春季干旱多风,东部湿润,西部干旱,北部、西北部气温低,无霜期短。适宜本区的苜蓿品种有肇东苜蓿、图牧2号、龙牧801、龙牧806、公农1号、公农2号和公农3号等。

2. 内蒙古高原区苜蓿品种的选择

本区地处内蒙古高原,包括河北坝上地区。主要特点是无霜期短,热量明显不足,冬季严寒有暴风雪,春季有大风沙为害,干旱少雨,全年降水量50～450毫米,但水热同期,全年70%左右降水量集中在7～9三个月。适宜本区的苜蓿品种有敖汉苜蓿、准格尔苜蓿、蔚县苜蓿、草原1号、草原2号、图牧2号、甘农1号、甘农3号和赛迪5等。

3. 黄淮海平原区苜蓿品种的选择

本区包括北京、天津、河北、山东、苏北、豫东和皖北。本区是由黄淮海三大水系冲积而成的华北平原,北部、西部有燕山、太行山隆起。平原地势平坦,水土条件优越,属暖温带,无霜期达140～220天,年降水量达500～850毫米,但季节分配不均匀,春季雨少,夏季雨水集中,形成春旱夏涝,对生产不利。沿海地区多盐碱地,适宜开发草业。适宜本区种植的苜蓿品种有无棣苜蓿、保定苜蓿、沧州苜蓿、中苜1号、三得利、德宝、德福、赛特、赛迪5、赛迪7等。

4. 黄土高原苜蓿品种的选择

本区包括山西、河南西部、陕西中北部、甘肃中东部、宁夏南部和青海东部海拔1000~1500米,土层厚达几十米至几百米,水土流失十分严重,地貌支离破碎。气候温和干燥,降水量在350~700毫米,但地区间分布不均匀。适宜品种有蔚县苜蓿、晋南苜蓿、沧州苜蓿、陇东苜蓿、陇中苜蓿、甘农1号、三得利、赛迪5、赛迪7、德宝、德福、赛特等。

5. 长江中下游区苜蓿品种的选择

本区包括江西、浙江、上海及湖南、湖北、江苏、安徽4省的大部及河南小部。本区位于中亚热带和北亚热带,气候温暖湿润,冬冷夏热,四季分明,水热资源丰富,气候具有明显的过渡性质,温带牧草不容易过夏,热带牧草又不容易越冬,土壤为黄棕壤、红壤和黄壤,多是酸性,pH4~6.5,缺磷少钾,土壤肥力较低。适宜本地区的紫花苜蓿品种较少,只有游客、赛迪7和赛迪10等进口品种在这一地区表现良好。

6. 华南区苜蓿品种的选择

本区包括海南、广东、广西、福建及云南南部。本区是我国水热资源最充足的地区,北回归线穿越大部分地区,光照强烈,海洋性季风使得雨量充沛,绝大部分地区呈现长夏无冬、温热多雨的热带、南亚热带气候。土壤为山地红壤、赤红壤、砖红壤,pH多在4.5~5.5,氮含量低,磷普遍缺乏。气候特点决定了本区最适宜栽培热带牧草,传统的紫花苜蓿品种很难适应这种气候和土壤条件。只有百绿公司从欧洲和澳大利亚引进的高秋眠级紫花苜蓿和赛迪10等品种在这一地区生长良好。

7. 西南区苜蓿品种的选择

本区包括陕西南部、甘肃东南部、四川、云南大部、贵州全部、湖北、湖南西部,地处亚热带,全区95%的面积是丘陵山地和高原。气候为亚热带湿润气候,冬季气候温和,生长期较长,雨量充沛,年降水量1000毫米以上,冬无严寒,夏无酷暑。适宜本区种植的苜蓿品种有甘农3号、中苜1号、三得利、德宝、德福、赛特、游客、赛迪5、赛迪7、赛迪10等。

8. 青藏区苜蓿品种的选择

本区包括西藏全部、青海大部、甘肃的甘南、四川的西部、云南西北部,是我国面积最大、地势最高、气候最冷的高原,号称世界屋脊,为大陆性高原气候,冬寒夏凉,日照长,雨水少,太阳辐射强。整个气候寒冷干燥,无霜期短,生态环境严酷。适宜本区种植的苜蓿品种有新疆大叶苜蓿、新牧3号、甘农3号、中苜1号、皇后、三得利、赛迪5、赛迪7、德宝、德福、赛特等。

9. 新疆区苜蓿品种的选择

新疆位于我国西北部,地处欧亚大陆,远距海洋,四周高山环绕,天山横列中部,将全疆分为南疆和北疆自然条件有明显差异的两部分,气候干燥而温暖,全疆年均降水量150毫米,北疆各地150～200毫米,南疆只有20毫米,山区、迎风坡降水量较多。新疆是我国第二大牧区,畜牧业发达,有农牧结合和实行季节轮牧的传统。利用水源较好的地方发展著名的绿洲农业。农区种植苜蓿有良好的基础,不仅增加牲畜饲草,并可肥田养土。适宜品种有新疆大叶苜蓿、北疆苜蓿、新牧1号、新牧2号、阿勒泰、三得利、赛迪5、赛迪7、赛特、德宝、德福和皇后等。

二、苜蓿品种引种时应注意的事项

苜蓿引种时首先应考虑在同纬度或纬度相近的区域内进行,同时结合有关品种介绍、引种试验等进行,这些是选择苜蓿品种的重要依据。此外还应考虑以下几个方面的问题。

1. 要有明确的种植目的

苜蓿种植有多种用途,有的以生产商品性干草为主,有的以生产种子为主,有的以放牧为主,有的以生态建设为主。不同的种植目的,需要不同的基础条件和管理技术,也需要具有不同特征特性的苜蓿种子。因此,应尽量选择适合自己种植目的和生产条件的苜蓿种子。

2. 要了解当地的气候与土壤条件

有些苜蓿品种具有非常高的表现潜力,但这些潜力的表现和发挥是需要一定的环境条件的,再好的品种如果气候与土壤条件不适合,该品种的潜力也同样得不到很好的表现。我们在选择品种时一般应尽可能地选择来源于相同或者相似气候与土壤条件地区的品种。如果选择进口的苜蓿品种,在我国北方应选择来自美国中西部、美国中北部以及加拿大西南部的品种为主,而在我国的黄河中下游地区则可考虑引进一些来自西欧和澳洲的苜蓿品种。

3. 要了解当地的管理水平

苜蓿生产管理水平一般包括土壤结构、肥力及盐碱状况、根瘤菌活力、杂草的控制、灌溉条件、病虫害防治、播种与收获时间等多个方面。每一个品种都有自己的特性,也应该都有相应的品种介绍与说明,这些都可清楚地告诉我们满足这些特性所需的条件。有些品种是需要在一定的管理水平之下才能获得高产优质,有些品种对管理水平要求是非常严格的,而有些品种则对环境及管理水平的要求不太严格。

4. 要了解是否经过了植物检疫

当年苜蓿引种时必须经过种子检疫,否则会因种子传播病虫害,给引种地区的苜蓿生产、其他动植物造成无法预料的危害,甚至是毁灭性的打击。我国目前对进口苜蓿的主要检疫对象有苜蓿黄萎病、线虫、籽蜂以及菟丝子等。

5. 要了解所购买种子的质量、价格与技术服务

一般我们所说的良种包括两个方面:一方面是指该品种所具有的产量高、抗性强、适应性广、品质好等性状和特点;另一方面是指这个良种的种子质量,通常包括种子的纯净度、发芽率等。还应了解种子价格,购买的种子是否已做过包衣处理、带有哪些肥料和杀菌剂、是否接种了根瘤菌。同时,还要考虑种子公司的信誉及提供的售后技术服务。购买自己不熟悉公司的苜蓿种子要慎重,虽然同一个苜蓿品种价格可能一样,但是可能在种子质量、技术服务方面存在较大差别。这些对我们种植苜蓿获得成功都是非常重要的。

三、苜蓿品种的选择技术

选择合适的品种是苜蓿地成功建植的关键。目前,我国苜蓿已有上百个地方品种和育成品种,世界上已培育出上千个苜蓿品种。我国引进的苜蓿品种也是名目繁多,尽管大多数苜蓿品种在营养价值、产草量、综合抗性、适口性等多方面也表现非常突出,但这并不意味着在任何地区、选用任何苜蓿品种都可获得成功。

因此,在我国西北选择苜蓿品种时,除前边应注意的原则外,可重点考虑苜蓿品种的产量、抗寒性、抗旱性、抗病性、耐牧性、再生性以及品质等。

1. 按照苜蓿品种的产量选择

追求高产是所有苜蓿生产者选择品种时首要考虑的指标。目前我国苜蓿品种产量数据多来自品种申报者自己的试验,今后也可根据全国牧草品种区域试验数据选择。一般可选参加地试验表现比较好的苜蓿品种组合进行生产,这样可以规避种植单一品种所带来的风险。

由于苜蓿是多年生的牧草,种植一次一般利用多年。有些品种当年产量可能不高,但第二年和以后的产量可能很高;有些品种当年产量很高,但 3 年以后产量就可能很低。因此,大面积种植时,新引进的品种一定要经引种试验才能降低种植的风险,一般要经过 3 年或 3 年以上的产量试验,仅凭 1 年的数据很难做出正确选择。因此产量数据至少要看 3 年或 3 年以上的结果来选择。对于国外的苜蓿品种,种植者要特别注意,要仔细查看其在中国的适应性评价资料,不要仅凭种子销售人员的讲解购买种子,以免造成损失。

同时也要参考苜蓿品种生长季节上的差异。有些品种第一茬春季产量较高,而在夏季产量较少;有些品种恰好相反,第一茬春季产量较少,而在夏季产量较高。一般来说,秋眠品种比非秋眠品种的春季产量高,因此种植户除了要考虑苜蓿品种全年的产量性能外,也要从当地的气候、生产习惯、市场等方面考虑种植哪些苜蓿品种,以保证有最大的收获。

高产苜蓿要有良好的丰产性能。目前国内市场上,甘农3号、甘农4号、新牧2号、金皇后、维克多、德宝、赛特、WL232HQ、维多利亚、皇冠、牧歌401＋Z、WL323ML、游客、驯鹿等苜蓿品种,都是产量表现不错的紫花苜蓿品种,适合土壤肥力较好、有灌水条件的地方栽培。

2. 按照苜蓿品种的抗寒性选择

我国北方冬季最主要的特征是寒冷,但由于东部和西部在经纬度、海拔及距海洋远近等方面的不同,造成了东部和西部冬季各具特点。就种植苜蓿而言,在纬度低于北纬40°的北方广大地区,只要选择合适的品种基本上都能够安全越冬,但北纬40°以上的地区则不一定能安全越冬。因此,我们这里所讨论的苜蓿越冬问题主要是指后一种情况。

由于杂花苜蓿具有较强的抗寒性,因此可以首选种植杂花苜蓿品种,如草原1号、草原2号、草原3号、图牧1号、新牧1号、新牧3号、甘农1号、阿勒泰、赤草1号、龙牧801、龙牧803、龙牧806等杂花苜蓿品种。此外,紫花苜蓿品种,如肇东苜蓿、敖汉苜蓿、图牧2号、公农1号、公农2号等品种,以及黄花苜蓿品种如呼伦贝尔黄花苜蓿、秋柳黄花苜蓿等品种,也具有较强抗寒性,可选择种植。

在我国的西北部,由于这些地区冬季的气温不像东部区的气温那样低,所以在选择苜蓿品种时,选择其他性状指标比选择抗寒特性更有意义。因为在这些地区可正常越冬的苜蓿品种比较多,除可选用适合东北部种植的苜蓿品种之外,还可选择内蒙古准格尔苜蓿、陇东苜蓿、晋南苜蓿、新牧1号杂花苜蓿、甘农1号杂花苜蓿、中兰1号紫花苜蓿、中首1号紫花苜蓿、新疆大叶苜蓿、关中苜蓿、北疆苜蓿以及引进的苜蓿王、三得利、金皇后、润布勒苜蓿、WL系列的苜蓿、朝阳(Jacklin)苜蓿、德宝苜蓿、美国杂交熊一号苜蓿、WL323紫花苜蓿等品种。

3. 按照苜蓿品种的抗旱性选择

我国西北地区,属典型的大陆性气候,早春干旱多风,一直到初夏降雨都很少,这种气候对苜蓿正常的生长发育不利。但对抗旱的苜蓿品种来讲,在这段时期里,在没有灌溉条件下不但能够成活,而且能够表现出比其他品种更好的生产性能和更优的质量性状,这对当地的生态环境和畜牧业发展都是非常重要的。

一般地,产于我国西北地区的许多紫花苜蓿地方品种多具有较强的抗旱性,如新疆大叶苜蓿、关中苜蓿、北疆苜蓿、准格尔苜蓿、陇东苜蓿、晋南苜蓿等。同时,绝大部分育成的杂花苜蓿品种都比较抗旱,如草原 2 号、新牧 1 号、甘农 1 号等杂花苜蓿以及中兰 1 号紫花苜蓿。此外,一些引进的苜蓿品种,不但抗旱性强,而且产草量以及其他性状也都相当好,如苜蓿王、润布勒、牧歌、阿尔冈金、苜蓿皇后、费纳尔、赛特、朝阳、德宝等品种也比较适合在我国西北地区推广种植。

苜蓿由于苗期生长较长,容易受到干旱胁迫,因此可采用反复干旱处理测定幼苗成活率以测定其抗旱性能,可将苜蓿进行分级。康俊梅(2003)利用反复干旱方法将 41 个国内外苜蓿品种分为 3 类,她认为强抗旱苜蓿品种均分布在干旱少雨、水热条件差的地区,经过长期自然选择已适应该地区的生产。中抗旱苜蓿品种分布的地区气候相对湿润,水热条件明显好转。而国外的苜蓿品种大多属于弱抗旱品种,对水分的要求较为严格,在干旱条件下成活率明显下降,需要雨水充沛、良好的灌溉条件才能保证高产(表 3-2)。

表 3-2　41 个苜蓿品种抗旱性分级聚类结果

强抗旱	中抗旱	弱抗旱
新疆大叶、宁夏、陇东、敖汉及内蒙古准格尔、爱维兰改革者＋Z、牧歌 401、爱菲尼特＋Z	超级阿波罗、肇东苜蓿、费纳尔、美标、公农 1 号、CW1351、中首 1 号、巨人 201、全能＋Z、牧野、射手、RS、CW400、WL324、WL323、胜利者、WL232、卫士 302＋Z	射手 2 号、爱林、CW300、85、54、4RR753、爱菲尼特、农宝、德福、竞争者、赛特、德宝、三得利、皇后

4. 按照苜蓿品种的抗病性选择

我国北方地区苜蓿主要病害有苜蓿菌核病、根腐病、褐斑病、霜霉病、锈病及白粉病等。这些病菌一般在不同的时期和不同的地点对苜蓿产生危害。尤其是在大面积种植苜蓿的情况下,当环境条件适宜时有些病菌会迅速传播并造成危害,有些病菌只会轻微地影响苜蓿正常的生长发育,有些病菌则会造成苜蓿草和种子减产,而有些病菌的发生有时会是毁灭性的,可以造成苜蓿大面积死亡。

这里所推荐的抗病品种也只是相对于一般品种而言的,这些品种一般也只是抗 1~2 种病菌,因为到目前为止,还没有哪一个苜蓿品种能同时对多种病害具有很强的抗性。所以从防治苜蓿病虫害的角度上来讲,选用合适的抗病品种还必须与科学的管理与防治措施结合起来,才能取得更好的效果。

与抗旱性相似,就苜蓿的抗病性来讲,一般也是黄花苜蓿的抗病性强于杂花苜蓿,而杂花苜蓿的抗病性又强于紫花苜蓿。所以在选择抗病苜蓿品种时可以选一些杂花苜蓿,如草原 1 号、草原 2 号、新牧 1 号、甘农 1 号杂花苜蓿等。

在紫花苜蓿品种中也有许多对某些病菌高抗的品种可供选择,如中兰 1 号苜蓿、公农 1 号苜蓿、公农 2 号苜蓿、北疆苜蓿等。另外,近年来我国也从国外引进了一些具有较强抗病性的品种,如阿尔冈金苜蓿、费纳尔苜蓿、WL323苜蓿、WL232HQ紫花苜蓿、赛特苜蓿、润布勒苜蓿、朝阳苜蓿、德宝苜蓿等。

5. 按照苜蓿品种的放牧性和耐盐性选择

对于以放牧或以生态建设为主要目的种植者来讲,在考虑产量的同时,应该重点考虑耐牧性和耐盐性。一般地,根蘖型苜蓿品种,具有大量水平根,根蘖株率可达20%～30%,表现出较强的耐牧性,这种品种由于根系强大、扩展性强,可与禾本科混播建植放牧场利用。我国的润布勒苜蓿、甘农2号杂花苜蓿、公农3号苜蓿都是不错的放牧型苜蓿品种。

在轻度盐碱地上种植苜蓿,对进一步开发利用盐碱地发展畜牧业有重要意义。中苜1号苜蓿、中苜3号紫花苜蓿是较耐盐的苜蓿新品种,在含盐量0.3%的盐碱地上比一般栽培品种增收10%以上。

6. 按照苜蓿品种的品质和秋眠性选择

一般地,高品质的苜蓿品种,其产量较低,因此种植者要统筹考虑。特别对于以收获商品草为主要目的的生产者来讲,其品种的选择,应该是保证苜蓿在满足水肥条件下,刈割次数最少达到两次以上,干草产量应在7.5吨/公顷以上,同时,其干草粗蛋白质含量应在18%以上,低于上述指标的品种不宜采用。

秋眠性影响苜蓿的适应性、产量、持久性和品质。一般来说,秋眠级数高的苜蓿品种产量较高,但是品质和持久性较低。在美国加州Davis发现苜蓿秋眠级每增加1个单位,将会降低酸性洗涤纤维(ADF)、中性洗涤纤维(NDF)0.6%,增加粗蛋白0.66%。但是秋眠级数越低的苜蓿,其产量越低,平均每个秋眠级减产1.5吨/公顷。在寒冷的地方,应选择秋眠到半秋眠的苜蓿品种。

总之,品种选择的正确与否非常重要,要根据具体情况,科学合理地选择所用的品种,不能不考虑自身的条件盲目引种,特别是引进国外苜蓿品种一定要在试验成功的基础上再进行大面积推广。

第四节　苜蓿优良品种介绍

在长期的生产、育种实践和近二十多年的苜蓿产业化中,我国形成了上百个苜蓿地方品种、育成品种和引进品种。下面就适合在我国西北地区种植的主要苜蓿品种进行介绍。

一、地方品种

1. 陇东苜蓿

品种来源:1991年登记的国内著名地方品种,主要分布在甘肃庆阳、平凉等地,已有 2000 多年的栽培历史,是我国栽培面积最大的地方品种。

特征特性:株高 1 米左右,株形半直立,轴根型,扎根很深。单株分枝多,茎细而密,叶片小而厚,叶色浓绿,花深紫色,花序紧凑;荚果暗褐色,螺旋形,2～3 圈;种子肾形,黄色,千粒重 1.8 克左右。抗旱性强,抗寒性中等,开花比关中苜蓿晚 7～10 天,比新疆大叶苜蓿早 10 天左右。陇东苜蓿产草量高,尤其是第一茬草产量最高,一般第一茬占总产量的 55%、第二茬占总产量的 31%、第三茬占总产量的 14% 左右。一般旱地鲜草产量 10～20 吨/公顷,水浇地鲜草产量可达 25 吨/公顷以上。由于含水分少,干草产量高,草地持久性强,长寿。缺点是收割后再生速度较慢。

栽培要点:因甘肃各地气候不同,可分为三种情况:春播,春季土地解冻后,与春播作物同时播种,春播苜蓿当年发育好、产量高,种子田宜春播;夏播,干旱地区春季干旱,土壤墒情差时,可在夏季雨后抢墒播种;秋播不能迟于 8 月下旬,否则会降低幼苗越冬率。播种深度视土壤墒情和质地而定,墒差宜深,墒饱则浅,壤土宜深、黏土则浅,一般 1～2.5 厘米。

适应区域:陇东苜蓿是旱作条件下的高产品种,适宜在西北同类旱作地区推广。

2. 新疆大叶苜蓿

品种来源:国内著名的地方品种,主要分布在新疆塔里木和准噶尔盆地的绿洲种植。

特征特性:株高 72～87.5 厘米,株形直立,茎秆粗大而质地柔嫩,节间长,基部分枝少。叶片圆大,刈割后再生迅速。花紫色为主,荚果螺旋形 1.5～2.5 圈,褐色。种子肾形,黄色,千粒重 1.7～2.0 克。生育期 95～103 天,茎叶比为 1.24～1.44:1,鲜干比为 4.16～4.68:1,干草产量一般为 15.7～18.1 吨/公顷。该品种晚熟,抗旱、抗寒性强,持久性好,产量高。缺点是易染苜蓿霜霉病、苜蓿病毒病和苜蓿黑叶斑病。

适应区域:新疆大叶苜蓿适宜在南疆、甘肃河西灌区、陇东地区及宁夏灌区等地种植。

3. 北疆苜蓿

品种来源:国内著名的地方品种,主要分布在新疆北部准噶尔盆地及天山北麓农区、伊犁河谷及东疆。

特征特性:株高一般为 61.2～86.2 厘米,苗期株形斜生,茎中部节间中空。叶片比新疆大叶苜蓿偏小,属中叶类型,叶片密度大,刈割后再生稍缓慢。花以紫色为主,兼有少许深紫色和淡紫色。果荚螺旋形,1.5～2.5 圈,褐色,种子肾形黄色,千粒重 1.6～1.8 克。生育期 93～100 天,鲜干比为 4.41～5.18:1,茎叶比为 1.28～1.69∶1,晚熟,产量高,干草产量为 10.5～11.6 吨/公顷。其特点是抗旱、抗寒性强,产草量高,缺点是感染苜蓿霜霉病、苜蓿病毒病、苜蓿叶黑斑病。

适应区域:在国内北方多个省、自治区种植均表现良好。

4. 陇中苜蓿

品种来源:国内历史悠久的地方品种,主要分布在黄土高原西部丘陵沟壑区,包括甘肃定西、临夏、兰州郊县,宁夏中卫、固原,青海海东等地。

特征特性:株形半直立,株高比陇东苜蓿稍低,茎分枝数比陇东苜蓿稍少。叶片小而浓绿。花紫色及深紫色,开花期较陇东苜蓿迟 5～7 天。荚果螺旋状 2～3 圈。在旱作条件下产量与陇东苜蓿相近或稍低。本品种抗旱性强,耐瘠薄,抗寒性中上等水平,亦具有持久性强、长寿等特点,缺点是再生能力较差。

适应区域:适宜在甘肃、宁夏、青海等整个黄土高原北部中西部地区种植。

5. 河西苜蓿

品种来源:主要分布在甘肃河西走廊,武威、张掖、酒泉、嘉峪关、金昌等市,多种植在水浇地和盐碱稍大的地块。

特征特性:根系发达,株高 86.2 厘米,株形半直立。茎分枝较多而细,盛花期叶小。花紫色或浅紫色,花序长 2.2 厘米。荚果螺旋形,晚熟,生育期 135 天。其特点是再生能力差,生长势和产草量较低,但耐寒性和耐旱性较强。缺点是易感白粉病。

适应区域:适宜在黄土高原西部、北部及西北有灌水条件的干旱地区种植。

6. 关中苜蓿

品种来源:主要分布在陕西关中及渭北旱塬等地,其栽培历史达 2000 多年。

特征特性:主根深,侧根少,有根瘤。茎直立,株高 70～100 厘米,茎枝柔嫩。叶片较小、狭长。花紫色或浅紫,每个花序有小花 19 朵。荚果螺旋形,3～5 圈。种子肾形,黄色,千粒重 1.5～2.0 克。茎叶比 1.75∶1,鲜干比为 4.49∶1。其特点是返青早,早熟,生长速度快,再生能力强,叶片偏小,较适应温热湿润气候,平均干草产量 9～15 吨/公顷。缺点是抗寒、抗旱性一般,产量居中。

适宜范围:适宜在陕西的渭北旱塬、山西、河北的华北平原以及甘肃泾渭河流域种植。

7. 陕北苜蓿

品种来源:国内著名地方品种,主要分布在陕西榆林和延安地区。该品种栽培历史悠久,其栽培面积仅次于陇东苜蓿。

特征特性:主根入土深达 2 米以上,根颈入土深度 7～8 厘米。株高 100 厘米左右,茎直立柔嫩。茎分枝少而细,节间短。叶小近似卵形,花紫色或浅紫色,每花序有小花 19 朵。荚果螺旋形。种子肾形,黄色。鲜干比 3.87:1,旱作条件下干草产量为 6~9 吨/公顷。其特点是叶小而近卵圆形,晚熟,病虫害较少,抗旱性强。缺点是生长速度慢,返青晚,枯黄早,晚熟,比关中苜蓿产量低。

适应区域:适宜在毛乌素沙漠边缘地区以及黄土高原北部、长城沿线风沙地区种植。

8. 晋南苜蓿

品种来源:主要分布在山西省南部等地方,栽培历史悠久,栽培面积较大。

特征特性:主根呈圆锥形,粗大,株形直立或斜生,株高 1 米左右,茎圆形、光滑、绿色。叶小,椭圆形、窄长,叶量多。花紫色,较整齐。荚果螺旋形,2~3 圈,每荚含 7~8 粒种子。种子肾形,黄色,千粒重 2.0~2.4 克。茎叶比为 0.96~1.17:1,生育期为 110 天。干草产量为 8.48~8.84 吨/公顷。其特点是叶量多,返青早,早熟,收割后再生快,性喜温暖半干旱气候,籽实丰产性好,千粒重大。缺点是叶小,产量、抗寒性、抗病性、抗旱性等居于中等水平。

适应区域:该品种适宜在山西、陕西中南部以及华北平原中南部地区种植。

9. 蔚县苜蓿

品种来源:主要分布在河北省蔚县北部和阳原南部低山丘陵区的干旱地区。

特征特性:主根发达,根系入土深达 3 米,根颈粗。株高 81.6~84.2 厘米,茎圆形。叶片较小,长椭圆形或倒卵形,叶色深绿。花深紫色,种子较大,肾形,黄色,千粒重 1.89~2.63 克。生育期 95~113 天,茎叶比 1:1.04,鲜干比 4.06:1,干草产量为 10.4 吨/公顷左右。其特点是叶小,再生性中等,抗旱、耐寒,适应性强,在贫瘠条件下产量较高。缺点是受蚜虫危害,温度高、湿度大时易感白粉病。

适应区域:适宜在河北省北部以及黄土高原、华北平原及长城沿线等地带种植。

10. 肇东苜蓿

品种来源:主要分布于黑龙江的肇东地区,迄今有 50 多年的栽培历史。

特征特性:株形直立,茎光滑、绿色。花紫色或红紫色。叶片长圆、窄椭圆和卵圆形等,叶片较大,叶色有灰绿、豆绿或绿色。种子肾形、黄色或黄褐色,千粒重 1.7~2.2 克。干草产量平均为 6.8 吨/公顷,种子产量为 150~180 千克/公顷。其特点是越冬率高,抗寒性强,抗旱、耐高温、抗病虫,适应区域广,丰产性好。缺点是品种内花色叶片等不甚整齐。

适应区域:适宜在东北大部分地区、内蒙古东部种植,近年来在甘肃、新疆等地区种植表现良好。

11. 敖汉苜蓿

品种来源:主要分布在内蒙古赤峰市敖汉旗地区。

特征特性:主根粗而明显,入土深达 3~3.5 米,侧根发达。株形直立,后期稍斜生,株高 90~125 厘米。茎绿色,分枝数多,单株产量高。叶狭倒卵形,托叶较大。每个花序有小花 16~33 朵,花淡紫色。种子肾形,黄色,千粒重 2.2~2.3 克。生育期 100~110 天。旱地每年割两次,鲜草产量为 20.25~26.25 吨/公顷,水浇地鲜草产量高达 52.5 吨/公顷。其特点是叶小,株形整齐一致,茎叶疏生白色柔毛,耐旱、耐寒、耐风沙,亦耐瘠薄,产草量较高。

适应区域:适宜在内蒙古赤峰地区以及干旱半干旱的黄土丘陵区、沿河平川及风蚀沙化地区种植。

12. 准格尔苜蓿

品种来源:1991 年登记的地方品种,主要分布在内蒙古准格尔旗。

特征特性:主侧发达,根颈入土深。株形直立,茎较细,分枝较多。叶片小,花紫色或淡紫色,每个花序平均有小花 24 朵。荚果螺旋形,1~3 圈,每荚种子有 2~7 粒,千粒重 2.5 克。本品种早熟、抗旱、耐瘠薄、耐粗放经营,产量中等,适宜于旱作栽培。

适应区域:该品种适宜在内蒙古中、西部地区及陕北等地区种植。

13. 偏关苜蓿

品种来源:1993 年,分布于晋西北高原丘陵区,海拔 1500 米左右,包括忻州、偏关、五寨、右玉、阳高等县。

特征特性:直根系,主根直径 2~3.2 厘米,侧根也很发达,根茎入土 5~7 厘米。茎直立,株高 100~140 厘米。叶多而小,叶长 2.2 厘米,叶宽 0.74 厘米。花序长 3.6 厘米,小花数 14~28 朵,花紫色。茎叶比 1.26∶1。日平均生长速度 2.1 厘米,生育期 142 天。荚果螺旋形,2~3 圈。种子肾形,黄褐色,千粒重 2~2.4 克。干草产量为 8.4 吨/公顷,种子产量 135 千克/公顷。与晋南苜蓿相比,返青晚半个月,成熟期晚 20 多天,为晚熟种。抗寒、抗旱性好。

适应区域:适应我国黄土高原寒冷丘陵区。

二、育成的苜蓿品种

1. 甘农 1 号

品种来源:甘肃农业大学选育的杂花苜蓿品种。

特征特性:中早熟品种,生育期 90~100 天,主根入土深达 120 厘米,侧根较多,具有根蘖,株形半直立,花浅紫色或杂色,荚果 0.5~1.5 圈,松螺旋形或镰刀形。其特点是抗寒性、抗旱性强,越冬率 95% 左右,适应性强,产草量高,在一般管理条件下,干草产量为 9～12 吨/公顷。缺点是种子产量低,再生能力稍差。

适应区域:在黄土高原西部、北部,青藏高原边缘海拔 2700 米以下,平均气温 2℃以上地区均可种植。

2. 甘农 2 号

品种来源:甘肃农业大学选育的根蘖型苜蓿品种。

特征特性:根系具有发达的水平根,根上有根蘖膨大部位,可形成新芽出土成为枝条。株形半匍匐或半直立。花多浅紫色和少量杂色,荚果松散螺旋形。开花传粉后代的根蘖株率在 20％以上,有水平根株率在 70％以上,扦插并隔离繁殖后代的根蘖株率在 50％～80％,水平根株率在 95％左右,越冬性好,产量一般,在温暖地区比普通苜蓿品种产草量稍低。其特点是具有根蘖性状,可做放牧型苜蓿品种。

适应区域:适宜在黄土高原地区、西北荒漠沙质壤土地区和青藏高原北部边缘地区种植,可作为混播放牧、刈割兼用品种,更适宜于水土保持、防风固沙、护坡固土品种。

3. 甘农 3 号

品种来源:甘肃农业大学选育的杂花苜蓿品种。

特征特性:株形紧凑直立,茎枝多,高度整齐,叶片中等大小,叶色浓绿,花紫色,荚果螺旋形,种子肾形,千粒重 2.2 克。其特点是春季返青早,初期生长快,在灌溉条件下鲜草产量高,干草产量为 12～15 吨/公顷,为灌区丰产性产草品种。

适应区域:适宜于西北内陆灌溉农业区和黄土高原地区种植。

4. 甘农 4 号

品种来源:甘肃农业大学从 6 个欧洲苜蓿品种选出。

特征特性:主根明显,株形紧凑直立,茎枝多。叶色嫩绿。总状花序,长 5～8 厘米,花紫色。荚果为螺旋状,2～4 圈,黄褐色和黑褐色,荚果有种子 6～9 粒。种子肾形,黄色,千粒重 2.2 克。节间长,生长速度快,草层较整齐。在灌溉条件下产草量高。表现为抗寒性和抗旱性中等,春季返青早,生长速度较快,适宜灌区高产栽培。初花期干物质含粗蛋白质 19.79％、粗脂肪 2.79％、粗纤维 30.26％、无氮浸出物 39.38％、粗灰分 7.78％。在甘肃河西走廊灌溉条件下,年可刈割 3～4 次,干草产量达 15 吨/公顷。

适应区域:西北内陆灌溉农业区和黄土高原地区均可种植。

5. 甘农 5 号

品种来源:甘肃农业大学育成品种。

特征特性:根系发达,主侧根明显;植株直立,茎上着生有稀疏的茸毛,多为绿色,少数为紫红色,具有非常明显的四条侧棱;三出羽状复叶,表面有柔毛,叶色深绿;荚果多为螺旋形,少数为镰刀形,大多数为 2~3.5 圈,最多达到 6 圈;种子肾形,千粒重 1.76~2.32 克。高抗蚜虫、兼抗蓟马,产草量较高。

适宜范围:适宜在我国北方大部分地区种植。

6. 新牧 1 号

品种来源:新疆农业大学选育。

特征特性:花杂色,以紫色为主,叶片中等大小,与北疆苜蓿类似,再生速度快,又与新疆大叶苜蓿相近,抗寒性强,越冬良好,种子产量高,具有根茎、根蘖特性。比新疆大叶苜蓿和北疆苜蓿早熟 8~11 天,为中熟品种。

适应区域:适宜在新疆北部准噶尔盆地、伊犁、哈密地区,以及新疆大叶苜蓿、北疆苜蓿适宜栽培的地区等地种植。

7. 新牧 2 号

品种来源:新疆农业大学选育。

特征特性:株形直立,属大叶型,小叶片形状多样,花紫色,荚果螺旋形,2.0~2.5 圈,种子黄色肾形,千粒重 1.8~2.0 克。生育期 108 天,具再生快、早熟、高产、耐寒、抗旱、耐盐、感染霜霉病轻等特性。与新疆大叶苜蓿相比早熟 3~5 天,增产 12.19%,干草产量为 9~15 吨/公顷。

适应区域:凡新疆大叶苜蓿、北疆苜蓿能种植的省(区)均可种植该品种。

8. 新牧 3 号

品种来源:新疆农业大学选育。

特征特性:花以紫色为主,极少为黄花。叶片中等大小。再生速度快。荚果螺旋形,1.5~2.5 圈。抗寒性强,在新疆阿勒泰极端气温 −43℃ 的条件下能安全越冬。丰产性强,乌鲁木齐 3 年平均干草产量为 11.25 吨/公顷,鲜、干草超过北疆苜蓿 30% 以上。耐盐性、抗旱性及抗病性较强。播种当年生育期为 105~115 天,2 年生为 90~94 天。

适应区域:该品种是冬季严寒地区的优良品种,适宜甘肃、宁夏、青海等西部地区种植。

9. 中兰 1 号

品种来源:中国农业科学院兰州畜牧与兽药研究所选育。

特征特性:茎粗直立,主茎分枝多,叶片大,椭圆形,叶色嫩绿有光泽。花多为淡紫色,花序和单株总荚数多。高抗霜霉病,无病枝率达 95%~100%,中抗褐斑病和锈病,生长后期轻感白粉病。植株生长快,在营养期平均每天长高 1.3~2.0 厘米,生长旺盛期,每 10~13 天生长一片新叶。再生能力强,全年产草量较高,播种当年干草产量达 25.5 吨/公顷左右,比陇中苜蓿增产 22.4%~

39.9%。

适应区域：适宜在降水量 400 毫米左右、年平均气温 6～7℃、海拔 990～2300 米的黄土高原半干旱地区种植。

10. 中牧 1 号

品种来源：中国农业科学院畜牧研究所选育，于 1997 年登记。

主要特征：主根明显，侧根较多，根系发达。植株多为直立型，株高 80～100 厘米。叶色深绿，花紫色和浅紫色，总状花序，荚果螺旋形，2～3 圈。该品种最大的特点是耐盐性强，在含盐量为 0.3% 的盐碱地上比一般的苜蓿品种增产 10% 以上。其抗旱性较强，耐瘠薄，刈割后再生快、长势好，产草量高，干草产量为 8.5～15 吨/公顷。

适应区域：适宜在黄淮海平原、华北、西北等区域的盐碱地种植。

11. 草原 3 号

品种来源：内蒙古农业大学选育的杂花苜蓿。

特征特性：株形直立或半直立，株高 110 厘米左右，平均分枝数 46.5 个。三出复叶，小叶长 2.85 厘米、宽 1.34 厘米。总状花序，花色有深紫色、淡紫色、杂色、浅黄色、深黄色等，以杂色为主，杂花率为 71.9%。荚果多螺旋形，平均每荚含种子 4.5 粒。种子千粒重 1.99 克。干草和种子产量高，在内蒙古中西部地区种植生长良好，年均干草产量为 12 330 千克/公顷，种子产量 510 千克/公顷，生育期约 120 天，抗旱、抗寒性强。饲草品质好，初花期干物质中含粗蛋白 20.42%、粗脂肪 3.61%、粗纤维 25.00%、无氮浸出物 40.52%、粗灰分 10.45%。适口性好，各种家畜喜食。

适应区域：我国北方寒冷干旱、半干旱地区。在内蒙古东部及黑龙江省的寒冷地区均可安全越冬。

12. 图牧 2 号

品种来源：内蒙古图吉草地研究所选育而成。

特征特性：株形半直立，株高 932～997 厘米，多分枝；茎呈近圆柱形，直根系，主根粗而明显。羽状三出叶，叶呈倒卵形，叶量大。短总状花序，花紫色或蓝紫色。荚果多呈螺旋形，每荚含种子 7～11 粒，种子呈肾形、黄褐色；千粒重 2.1～2.4 克，生育天数 170 天，生长天数 215 天，比一般栽培品种要长 10～15 天。抗旱耐瘠薄，对水肥要求不严。抗寒能力强，在 −48℃ 仍可安全越冬，越冬率达 98% 以上。在西北高寒地区（甘肃庆阳基点海拔高 2200 米以上）仍可越冬，产量亦高，对当地易染的霜霉病有一定抗性。

适应区域：适应东北、西北和内蒙古东部地区种植，在高寒地区种植表现产量高、越冬好，利用年限可达 6 年以上。

13. 公农 3 号

品种来源: 吉林省农科院畜牧分院选育的适宜放牧的根蘖型苜蓿品种。

特征特性: 株高 50～100 厘米,多分枝。主根发育不明显,具有大量水平根,由水平根可发生根蘖枝条,根蘖率为 30%～50%,是一个放牧型苜蓿品种。三出复叶,小叶倒卵形,上部叶缘有锯齿,两面有白色长茸毛。总状花序腋生,花有紫、黄、白等色。荚果螺旋形,种子肾形,浅黄色,千粒重 2.18 克。抗寒,在北纬 46°以南、海拔 200 米地区越冬率 80%以上;较耐旱,在年降水量 350～500 毫米地区不需灌溉。春季返青早,生长旺盛。收草宜在初花期刈割,放牧利用可适当提前。初花期干物质中含粗蛋白质 18.34%、粗脂肪 2.57%、粗纤维 29.62%、无氮浸出物 39.64%、粗灰分 9.83%。

适应区域: 适宜在东北、西北、华北北纬 46°以南,年降水量 350～550 毫米的地区种植。

14. 龙牧 806

品种来源: 黑龙江省畜牧研究所经系统选育而成。

特征特性: 株形直立,株高 75～110 厘米。叶卵圆形,长 2～3 厘米,叶缘有锯齿。总状花序,花深紫色。荚果螺旋状,2～3 圈,每荚有种子 4～8 粒。种子浅黄色,肾形,千粒重 2.2 克。生育期 100～120 天。抗寒,在黑龙江省北部寒冷区和西部半干旱区-45°以下越冬率可达 92%～100%。耐盐碱性能强,在 pH8.2 的碱性土壤上亦可种植。生长期间无病虫害发生。1999－2001 年在黑龙江省不同生态区生产试验中,三年平均干草产量 7500～11 218.5 千克/公顷,种子产量 347 千克/公顷。初花期干物质中含粗蛋白质 20.71%、粗脂肪 2.42%、粗纤维 29.47%、无氮浸出物 37.73%、粗灰分 9.67%。适口性好,各种家畜喜食。

适应区域: 东北寒冷气候区、西部半干旱区及盐碱土区均可种植,亦可在我国西北、华北以及内蒙古等地种植。

三、引进品种

1. 苜蓿王(Alfaking)

品种来源: 引自美国,秋眠级 2～3。

特征特性: 根系较发达,主根圆锥形,粗大明显。植株直立,株高 90～100 厘米,茎秆细。叶量丰富,叶深绿色,蛋白质含量高。再生性强,耐寒,越冬率在 85%左右。抗根腐病、细菌性凋萎病等多种病虫害,草地建植的稳定性好。单播时,优质干草产量为 24～30 吨/公顷。可与其他禾本科牧草混播,建立高产混播草地。其特点是适应性广、耐寒性强,可耐受频繁的畜牧啃食,营养价值和适口性好。

适应区域:该品种适宜在干旱、半干旱地区以及内陆灌溉地理生态条件下栽培利用。可在我国西北、华北、黄淮海等地区广泛种植。

2. 阿尔冈金(Algonquin)

品种来源:引自加拿大,秋眠级 2。

特征特性:根系发达。植株直立或半直立,株高 80～90 厘米。叶量丰富,叶色深绿,有光泽,粗蛋白含量达 20% 左右。花紫色。生育期 90～100 天。对褐斑病、黄萎病等有较强的抗性。在有雪覆盖的条件下,能耐受－45℃低温,越冬率在 90% 左右。能在降水量 200 毫米米右的地区良好生长。一般条件下干草产量为 21～30 吨/公顷。喜中性或微碱性土壤,是适合高密度种植的优良品种。该品种具有抗逆性强、适应性广、草质优良、产草量高等特点。

适应区域:适宜在我国北京、内蒙古、宁夏、新疆、甘肃等地种植。

3. 金皇后(Gold Empress)

品种来源:引自美国,秋眠级 2～3。

特征特性:根系较发达,主根圆锥形,粗大明显。植株直立,株高 90～100 厘米。叶量丰富,叶色深绿,有光泽。花色以紫色为主,兼有深紫色或白色,总状花序。生育期 90～100 天,越冬率在 85% 左右。金皇后再生性好,抗病性强,适宜在中性或微碱性、pH 为 6～8 的土壤中生长,年干草产量为 21～27 吨/公顷。其特点是草质柔软,粗蛋白含量高,喜温暖半干旱气候,抗逆性强,耐旱,抗寒性强,产草量高。

适应区域:适宜在我国西北、华北、东北地区广泛种植。

4. 赛特(Sitel)

品种来源:引自美国,秋眠级 5。

特征特性:根系发达,主根圆锥形,粗大明显。植株直立,株高 90～100 厘米。叶中等大小,叶色深绿,有光泽。花色为紫色,兼有总状花序。茎秆柔软、适口性好,是挑剔食物家畜类的美味。越冬率在 90% 左右,生育期 85～95 天。每年可刈割 2～5 次,在水肥条件相对较好的情况下,粗蛋白含量为 24%,年干草产量 33 吨/公顷以上。其特点是耐干旱,极耐频繁刈割,高产,抗病性好,种植利用年限较长。

适应区域:该品种产草量高,易于机械加工与收获,适应性强,是适宜高密度种植的优良品种,已推广到我国北方大部分地区。

5. 三得利(Sanditi)

品种来源:引自法国,秋眠级 4。

特征特性:根系发达,主根圆锥形。株高 80～95 厘米,植株直立或半直立,茎秆柔嫩,抗倒伏能力强。叶量多,叶色深绿,有光泽。花色以紫色为主,兼有深紫或白色,总状花序。生育期 90～100 天,越冬率在 85% 左右。年产干草产量 20～33 千克/公顷。其特点是茎秆柔软,适口性好,蛋白质含量高,机械收获损失小。同时,抗线虫能力、抗寒性较强。

适应区域:适宜在我国华北、西北地区种植。

6. 牧歌 401＋Z(Amerigraze)

品种来源:引自美国,秋眠级 4。

特征特性:根系发达,主根圆锥形,粗大明显。植株直立,株高 90～100 厘米。叶量丰富,粗蛋白含量可达 28.81%。花色以紫色为主,总状花序。生育期 90～100 天,越冬率在 85% 左右。其特点是抗病性强,再生性能好,耐频繁刈割,有极高的耐牧性。该品种年可刈割 3～8 次,年干草产量 30 吨/公顷以上。与禾本科牧草混播有较好的持久性和稳定性。

适应区域:适合我国西北、华北地区种植。

7. 德宝(Derby)

品种来源:引自美国,秋眠级 5。

特征特性:根系发达,根系入土深,植株直立,株高 80～90 厘米。茎秆柔嫩,叶量丰富,叶色深绿,有光泽,粗蛋白含量达 20% 左右。花色为紫色,生育期 90～100 天。越冬率在 85% 左右。一般旱地可刈割 2～4 次,干草产量 15～23 吨/公顷。其特点是建植速度快,对白粉病、霜霉病、褐斑病等抗性强,适应性好,稳产性高。

适应区域:适宜在我国西北、华北等地区种植。

8. 巨人 201＋Z(Ameristand)

品种来源:引自美国,秋眠级 2。

特征特性:根系发达,植株直立,株高 80～90 厘米。草质柔嫩,叶量丰富,粗蛋白含量 21.55%。生育期 80～90 天,越冬率在 90% 左右。分蘖能力、再生性强,每年可刈割 2～4 次,年干草产量 7.5～30 吨/公顷。其特点是出苗率高,耐践踏、耐频繁刈割、耐旱、越冬能力强。对疫霉病、丝囊霉病、轮枝孢菌枯萎病、细菌性枯萎病和黄萎病有很强的抗性。

适应区域:适合在我国北方年降水量 300 毫米、无霜期 100 天以上的地区种植。

9. 皇后(Queen)

品种来源:引自美国,秋眠级 4。

特征特性:根系发达,主根入土深。植株直立,株高 80～90 厘米。叶量丰富,叶色深绿,有光泽。粗蛋白含量达 20%～26%。生育期 100～110 天,越冬率在 95% 左右,干草产量 15～45 吨/公顷。其特点是根系发达,抗旱性强,即使在降水量为 200 毫米右的地区也能良好生长;抗寒性能突出,在有雪覆盖的情况下能耐受—50℃的低温;耐瘠薄,抗病性强,再生性好。

适应区域:适宜在我国华北、西北和东北等寒冷、干旱地区种植。

10. 大富豪(Millionaire)

品种来源:引自加拿大,秋眠级 3~4。

特征特性:该品种根系发达,植株直立,株高 85~95 厘米。叶量丰富,叶色深绿。草质柔嫩,品质优良。越冬率在 90% 左右,生育期 100~110 天,干草产量 15~45 吨/公顷。其特点喜温暖半干旱气候,抗逆性强,在非常炎热的夏天也能生长,各季节间的产量相对稳定。

适应区域:适宜于我国北方大部分地区特别是华北地区种植。

11. 胖多(Pondus)

品种来源:引自加拿大,秋眠级 3。

特征特性:根系发达,分蘖能力强。植株直立,株高 80~90 厘米,抗倒伏。该品种越冬率在 90% 左右,生育期 100~110 天。春季返青早,再生快,产草量高,每年可刈割 2~6 次,全年干草产量 22 吨/公顷以上。其特点是抗寒、抗旱、抗病虫性强,越冬性能好,耐频繁刈割能力强,抗倒伏,因此它非常适合收割草地种植,用于优质饲草机械化的生产。

适应区域:适合在我国北方大部分地区种植。

12. 皇冠(Phabulous)

品种来源:引自美国,秋眠级 4。

特征特性:根系发达,植株直立,株高 80~90 厘米。叶量丰富,粗蛋白含量达 23% 左右。休眠晚,刈割后再生快,综合抗病能力强。越冬率在 90% 左右,生育期 100~110 天,干草产量达 49.5 吨/公顷左右。其特点是适口性好,并富含维生素、矿物质和必需的氨基酸,是高产、优质、高抗性的新品种,也是同级苜蓿品种中适应性最广的优良品种。

适应区域:适合在我国华北、东北、西北、中原和苏北等地区种植。

13. 农宝(Farmers Treasure)

品种来源:引自美国,秋眠级 2~3。

特征特性:该品种茎直立,柔细。刈割后再生速度快,再生草产量高,干草产量 15 吨/公顷左右。对土壤类型的要求不严,抗旱、抗寒能力强,适应性广,非常适应在干旱、半干旱的内陆有灌溉条件的地区种植。

适应区域:适宜于我国西北、华北和东北等地区种植。

14. WL252HQ

品种来源:引自美国,秋眠极 2。

特征特性:根系发达,植株直立,茎秆纤细,株高 80~90 厘米。叶量大,叶色深绿。花色以紫色为主,兼有深紫色或白色,总状花序。生育期 90~100 天,越冬率在 95% 左右。该品种其特点是再生性好,耐寒强,对多种病虫害具有很强的抗性。产草量高,一般条件下,干草产量 30 吨/公顷以上。

适应区域:适宜在我国西北、华北北部、东北地区种植。

15. WL232HQ

品种来源:引自美国,秋眠级 2。

特征特性:株高 90~135 厘米,株形半直立。轴根型根系,扎根很深,抗寒能力极强。生育期 100~110 天,再生能力强,生产潜力大,在适宜的栽培管理条件下,干草产量为 15~20 吨/公顷。其特点是高抗苜蓿疫霉病、根腐病,对气候和土壤的适应能力强,刈割后再生能力也非常强。

适应区域:适宜在我国华北、西北和东北中南部地区推广种植。

16. WL323ML

品种来源:引自美国,秋眠极 4。

特征特性:根系发达,植株直立,株高 80~90 厘米。叶量大,叶色深绿。花色以紫色为主,兼有深紫色或白色,总状花序。生育期 90~100 天,越冬率在 85% 左右。一般年干草产量 25~30 吨/公顷。该品种最大特点是能够适应恶劣的土壤条件,高抗多种病虫害,尤其对苜蓿疫霉病和根腐病具有较高的抗性,再生能力强,是高密度种植的优良品种。

适应区域:适宜在我国西北部分地区、华北中南部地区种植。

17. WL343HQ

品种来源:产地美国。

特征特性:该品种是迄今为止高品质紫花苜蓿系列中最抗寒的品种之一。3~5 次刈割均有极高产量。抗寒性卓越;在极端的气候条件下,能表现出非凡的持久性。拥有较强的抗病虫害能力,特别是抗虫和抗线虫能力,使得其能在多种土壤条件下保持高产。再生性极快,恢复性极强,耐频繁刈割。叶色深绿,叶量丰富,茎秆纤细,茎叶比低,适口性极好。

适应区域:适宜于我国北方寒冷地区种植。

18. 旱地(Dryland)

品种来源:引自美国,秋眠级 3。

特征特性:抗寒指数 2.0,叶量丰富,叶茎比高,适口性好,饲草品质佳,为各种家畜所喜食,尤其是高产奶牛和肉牛。粗蛋白含量 22.3%,体外干物质消化率 74.1%,酸性洗涤纤维 29.5%,中性洗涤纤维 43.7%,相对饲用价值 157.8。再生性好,产草量高,适宜苜蓿干草生产。平均年亩产干草 1200 千克以上。种子产量也较高,适宜进行种子生产。根系发达,抗旱能力强,耐机械碾压,持久性好;耐瘠薄,在沙性土壤及土层特别薄的土壤上生长良好;综合抗病性强,高抗疫霉根腐病、镰刀菌萎蔫病和细菌性枯萎病等主要病害和虫害。

适应区域:在干旱地区具有明显的生产优势,适宜在我国北方大部分冷凉干旱地区种植。

19. 阿迪娜

品种来源:美国 Cal/West 公司。

特征特性:该品种对苜蓿主要病虫害具有良好的抗性,且植株分枝多、茎秆细、具有多叶特性,适合对苜蓿品质要求高的种植户。生产实践证明,阿迪娜较耐机械碾压,再生能力好,年可刈割 3～5 次。在多年的大田生产中,表现出刈割后再生速度快、病害轻的特性,因此产量更高,种植面积在迅速扩大。

适应区域:适宜在甘肃、河北、内蒙古、宁夏等地区种植。

20. 赛迪

赛迪(SARDI)系列紫花苜蓿品种是由 SARDI(南澳大利亚研究与开发研究所,澳大利亚最大的紫花苜蓿育种和评估机构)与百绿集团联合,经过多年精心选育和改良后推出的多年生紫花苜蓿系列新品种。赛迪系列品种的最大优点是具有超强的抗病性,尤其是在抗炭疽病、疫霉根腐病、斑点紫花苜蓿蚜虫、蓝绿蚜虫、茎秆线虫、苜蓿黄萎病等方面有突出的表现。

赛迪 5 是冬季半休眠型紫花苜蓿品种。为大叶型,枝叶繁茂,叶茎比高,茎秆斜生,细茎、生长高度低,非常耐牧的品种。多年的试验数据显示,在灌溉和干旱条件下赛迪 5 在放牧型草地上均表现出高产和高品质的特性,其再生性好,持久性强,是澳大利亚最耐牧的品种之一。赛迪 5 也是抗性最强的紫花苜蓿品种之一,尤其是在抗炭疽病、疫霉根腐病、斑点紫花苜蓿蚜虫、蓝绿蚜虫、茎秆线虫、苜蓿黄萎病等方面均表现突出。赛迪 5 是高品质持久草地建植的首选。同时,赛迪 5 的冬季产量比较低,非常适宜与冬季生长活跃的一年生或多年生禾本科牧草(如黑麦草、苇状羊茅等)混播。

第五节　苜蓿优质高产栽培技术

一、播前土壤准备

1. 选好地块

苜蓿的适应性很广,对土壤的要求不十分严格。大面积种植苜蓿时,要求在地势干燥、平整、土层深厚疏松、排水条件好、中性或微碱性壤土或沙壤土、盐碱

化程度低、交通便利和管理利用方便的地区种植,这样才能建成高产、优质的苜蓿田。选地时应注意以下几点:

(1)以商品草为目的苜蓿建植地,为了便于机械化作业,所选地块的坡度不能超过15°。

(2)土壤的 pH 值在 6.5~7.5 最好,在酸性土壤上种植紫花苜蓿要施石灰。

(3)苜蓿是一种耐旱不耐积水的植物,苜蓿田一定要选择在排水良好的地段上,而不宜在低洼易积水的地块上种植。

(4)苜蓿种子小,幼苗期生长缓慢,应选择杂草较少的地块种植,如选择种植玉米、棉花、根菜类等中耕作物、麦类作物茬种植紫花苜蓿较好。

(5)苜蓿也不宜重茬,最好间隔 2~3 年或更长年限为宜。

2. 耕前土壤处理

选择种植苜蓿的田块,在土壤耕翻前一定要彻底清理地表的石块、塑料袋等各类垃圾和其他杂物,以确保耕翻和整地质量。对那些杂草滋生的生荒地,在耕翻前可以先用灭生性除草剂处理一次,这样会对以后苜蓿田杂草的防除十分有效。可在夏季杂草旺长到结实以前的一段时间内,用草甘膦或环嗪酮喷施处理,一周后即可翻地,但应间隔 40 天后才能播种苜蓿,否则会对苜蓿造成伤害。在有条件的地区,对原有植被进行焚烧也是一个比较好的方法,这不仅有利于防除杂草,而且也可以有效地防止一些病虫害的发生。

3. 土壤耕作措施

苜蓿种子小,耕地和整地质量的好坏,直接影响出苗率和整齐度,这是苜蓿播种能否成功的首要条件。土壤耕作大致可以分成耕翻和整地两大类。

耕翻按使用工具和耕作效果,可分为深翻、浅耕灭茬、旋耕等三种。耕地适宜的土壤水分是:黏壤土为 18%~20%,沙壤土为 20%~30%。整地时间最好在夏季,便于蓄水保墒,消灭杂草。耕地深度应在 20 厘米以上,有利于紫花苜蓿根系的生长、发育和扎根。低洼盐碱地要挖好灌溉渠道及排水沟,以利灌溉洗盐及排除多余的水分。

整地是在土壤耕翻的基础上,通过耙地、耱地、镇压以及其他地面处理措施,使耕作的土壤达到上虚下实、土粒细碎、地面平整、播层干净的待播状态,为苜蓿的生长发育创造良好的土壤条件。

上述几种土壤整地的方法,应根据具体情况灵活应用。当土壤水分有限时,播前镇压有利于建立更为优良的草地;当土壤水分充足时,如在春季湿润的地区,就无须镇压,以免土壤过度坚实。夏播苜蓿时,以湿润而又相当紧实的苗床为好。在多数禾谷类作物后茬播种紫花苜蓿,可以满足平整土地的要求,不必进行翻耕,只需圆盘耙耙地或平耙,可降低成本。春播时,需在上一年作物成熟收获后浅耕灭茬,然后深翻以消灭发芽的杂草,春季来临时再耙地、耱地后早播。秋播时,应在作物收获后,深耕、耙平、耱碎,采用条播法播种。

二、播前苜蓿种子处理

1. 种子净度和发芽试验的测定

播种量的大小和种子纯净度、发芽率有直接的关系,纯净度和发芽率越高,单位面积上种子的用量就越少。在播前种子要经过清选,去掉杂质、秕子等。国家标准规定,一级苜蓿种子中,杂质种子不高于 1000 粒/千克,发芽率不低于90%,生产上一般要求种子的纯净度和发芽率至少要达到 85% 以上。

2. 降低种子硬实率

苜蓿种子有硬实性,通常硬实种子出苗晚,生长竞争力弱,冬季受冻害易死亡。新收的种子硬实率可达 25%～65%。如硬实率达到 30% 以上,则需要对种子进行处理,具体措施有:

(1)低温处理:1～4℃湿沙埋藏 30～60 天;

(2)高温处理:110℃高温干燥 4 分钟;

(3)变温处理:8～10℃低温处理 16～17 小时,再用 30～32℃的高温处理7～8 小时;

(4)温水浸种:50～60℃温水浸种 15～50 分钟,然后捞出日晒夜冷 2～3 天;

(5)机械性破损:种子与沙子按 1∶2 的比例混合揉搓种皮;

(6)化学处理:浓硫酸拌种处理 3 分钟、0.03% 的钼酸铵或硼酸溶液浸种。

3. 接种根瘤菌

苜蓿播前进行根瘤菌接种产草量可提高 20% 以上,而且增产效果能持续两年左右,特别是对未种过苜蓿的田地效果更明显。苜蓿根瘤菌接种的方法主要有以下几种:

(1)干瘤法

在已建植的苜蓿田里,在开花盛期选择健壮的植株,将其根部轻轻挖起,用水洗净,再把植株地上茎叶切掉,然后将根部放于避风、避光、凉爽的地方,使其慢慢阴干。在新建苜蓿地播种前,将上述干根捣碎,进行拌种。每公顷苜蓿用种可用 40～80 株干根即可。也可用干根重 1.5～3 倍的清水,在 20～35℃的条件下,经常搅拌,使其繁殖,经 10～15 天后便可用来处理种子。

(2)鲜瘤法

用 250 克晒干的菜园土或河塘泥,加一酒杯草木灰,拌匀后盛入大碗中盖好,然后蒸 30～60 分钟,待其冷却。再将选好的根瘤 30 个或干根 30 株捣碎,用少量冷开水或米汤拌成菌液,与蒸过的土壤拌匀。如土壤太黏,可用少量细沙调节松散度。然后置于20～25℃的室温中保持3～5天,每天略加水翻拌,即可制成菌剂。拌种时每公顷用750克即可。

（3）粉施法

粉施法是最简便的方法,它是取紫花苜蓿或草木樨地里的湿土三份混入紫花苜蓿种子两份,均匀混合后播种,或将粉状菌剂不加水直接放入播种箱,与种子一起搅拌均匀后播施。

（4）泥浆法

泥浆法是取紫花苜蓿的根瘤捣碎加水稀释拌种,以湿透种子为标准,在早晨或傍晚播种。传统的做法是把根瘤菌商品制剂与泥炭混合,加水成泥浆包于种子周围,然后播种。泥炭含有糖、树胶和多种矿质元素,可提高营养,并起到黏着和保护作用。通常1千克种子用1～4克接种剂。

（5）颗粒吸附法

颗粒吸附法是用紫花苜蓿根瘤菌剂一份溶于九份水中与紫花苜蓿种子拌湿播种,水量以浸湿种子为宜。

（6）种子预接法

种子预接法是苜蓿种子的生产厂家在种子出售前,已将有效的紫花苜蓿根瘤菌接种在种子上,称为接种种子。

（7）种子包衣法

种子包衣法是指在种子外面包裹一层或数层含有根瘤菌、杀虫剂、杀菌剂、多种肥料、缓释剂、黏结剂、保水剂等附着物,增强苜蓿种子的发芽率和保苗率,特别是在一些特殊的时期和环境条件下,其增产优势特别明显。已成为越来越多苜蓿种植者的一种选择,仅仅增加种子成本1%～2%,这是一项防止土壤中缺乏有效根瘤菌的廉价而保险的措施。

接种根瘤菌时,还要注意下面事项:一是苜蓿根瘤菌具有专一性,所以接种时一定要用苜蓿同族根瘤菌;二是苜蓿根瘤菌最适合生长温度为25℃,因此,保存菌剂和接种时温度不要过高,并避免阳光直射;三是在播种时最好避免与化肥和农药直接接触,并保证土壤有较好的湿度。

三、严把播种质量关

1. 播种期

紫花苜蓿播种期,要以当地的气候条件、土壤条件和苜蓿栽培用途而定。温度和水分是主要的限制因素。一般地温稳定在5℃以上时就可以播种,适宜苜蓿种子发芽和幼苗生长的土壤温度为10～25℃。土壤中要有足够的水分,为田间持水量的75%～85%,并要求土壤疏松通气。苜蓿播种一般分春播、夏播和秋播3个时期。

（1）春播

春播多在春季墒情较好、风沙危害不大的地区采用，一般适于我国一年一熟地区，如新疆、甘肃河西走廊、陕西北部及内蒙古等地区。这些地区气候较寒冷、干旱、生长期短，可以利用早春解冻后的土壤水分，在地温达到发芽温度时，立即抢墒播种，出苗则较好。这些地区多在 3 月中旬到 4 月下旬播种。若播期过晚，水分蒸发过多，则苜蓿出苗缓慢，春季杂草多且生长快，往往对幼苗生长影响较大。因此春播要特别注意防治杂草。

（2）夏播

夏播常在春季土壤干旱、晚霜较迟或春季风沙过多的地区采用。一般在 6～7 月份，此期雨热同期、土壤水分多、温度高，优点是苜蓿播种后出苗快。但夏播草多，病虫害也多，影响幼苗生长，常常造成大量缺苗，使播种失败。有时在出苗后降大雨，又遇烈日曝晒，使贴在地面的子叶受灼伤而死亡，同样造成播种失败。在高寒地区，因春季干旱等原因，不得不夏播的情况下，应抓紧时间，趁雨抢种。

（3）秋播

秋播适宜于我国北方一年两熟或三年两熟地区，此时正值雨季，土壤墒情好，温度适宜，有利于发芽出苗和根系发育，而且随着气温逐渐降低，杂草和病虫害减少，是北方地区苜蓿播种的最佳时期。一般在 8 月下旬到 9 月上旬，最晚应在当地初霜前 30～40 天进行。据我们试验，庆阳当地最晚应于 8 月 15 日前进行。否则，不利于苜蓿安全越冬。

在无灌溉条件的盐碱地上播种苜蓿时，最好在夏末秋初进行。此时正值雨季之后，土壤经过大量雨水淋洗，盐分降低，而且土壤中蓄有较多水分，温度比较适宜，播种后能很快出苗，保苗率也较高。

西北大部分地区，春、夏、秋三个季节均可播种，但以秋播为最好。不论春播、夏播或秋播，均应结合下雨或灌溉进行。苜蓿播种以雨后最好，雨后趁墒播种，此时水分充足，土壤疏松而不板结，最易获得全苗。播后灌水易造成土壤板结、干裂，不能获全苗。

2. 播种量

苜蓿播种量的大小直接影响到幼苗的长势、草丛的密度以及苜蓿的产量和品质。适宜的播种量是重要的，增加播种量可以增加第一年的产量，但不能提高以后年份的产量。因为苜蓿成株后，单位面积上的茎数和产量受环境和自身发育的影响，而不受播种量的直接影响。因此，在播种时必须计算好播种量，做到合理密植。

苜蓿的播种量与当地的自然条件、土壤条件、播种方式和利用目的有关。一般来说，以生产苜蓿干草为目的的播种量为 12～15 千克/公顷，收种用苜蓿播种量为 4.5～7.5 千克/公顷。在贫瘠土壤中，苜蓿分蘖较少，播种量宜大。干旱地区水分不足时不要过密,密度过大使幼苗发育不良,降低产量;湿润地区播种量可适当加大。此外,种子播种量大小还应考虑种子的质量、整地质量以及播种方法。种子质量高、整地质量好、条播、机播时,播种量可适当降低;反之,种子质量差、整地质量低、人工撒播时播种量可适当加大。

苜蓿可与禾本科牧草混种,温暖湿润地区宜与苇状羊茅、鸡脚草(鸭茅)等混种,干旱地区宜与无芒雀麦、冰草等混播。混播时每公顷播种量:苜蓿12千克加苇状羊茅或鸡脚草7.5千克,或苜蓿12千克加无芒雀麦或冰草7.5千克。

3.播种方式

苜蓿单播主要有条播及撒播两种,也有的用穴播。种子田多用宽行距条播或穴播,人工放牧和割草地则多采用条播。苜蓿混播有间作和混种两种。

(1)条播

条播成苗率较高,生长期内能满足苜蓿对通风透光的要求,也便于中耕除草和施肥灌溉,因而有利于提高产草量。大面积栽培苜蓿都采用播种机条播。条播行距一般30厘米左右,种子田行距应加大到40～50厘米,并且土壤质地和水肥条件要好。若做生态建设用,可在梁地和坡地上采用等高窄行条播,行距15～20厘米,使苜蓿很快覆盖地面,能有效抑制杂草,并能充分利用降水,产草量比穴播提高72.2%。

(2)撒播

撒播多用于草地补播和水土保持种植,也是小块地或坡地上常采取的一种简便播种方法。一般将种子撒在地面后,用耙搂一遍,浅覆土,在雨水多的条件下出苗良好。但撒播的缺点是覆土深浅不一致,出苗不整齐,而且无行距,难以中耕锄草和管理。

(3)间作

间作也叫保护播种,是指春季或夏季将苜蓿种子与胡麻、荞麦、玉米、高粱等种子隔行种植,或秋季将苜蓿间作于冬小麦、冬油菜田中的种植方式。苜蓿与其他作物间作好处,一是一年生作物生长较快可以抑制杂草,当其收获后苜蓿可迅速生长起来,显著缩短了苜蓿单独占地时间,提高土地利用率;二是一年生作物可以防止大雨侵袭和烈日曝晒,在寒冷干旱地区,对苜蓿起到防风、防寒、保护幼苗生长作用;三是苜蓿播种当年虽然产量较低,但为苜蓿来年的良好生长创造了条件,而且有一年生作物的收获,足以补偿当年农民的预期收入,因此,也具有良好的经济效果。

(4)混种

苜蓿也常与禾本科牧草混种。一般地,生产商品草的苜蓿地多用单播,而作为牧场放牧时多用混种。混播能更充分利用土地、空间和光照,以提高产量和改善饲草质量。苜蓿混播草耐践踏,而且还能避免纯苜蓿地放牧牛羊时,因采食苜蓿过多发生臌胀病。混播牧草对改良土壤结构及培肥地力效果都很明显。

据试验,苜蓿与无芒雀麦混播,其产量比单播苜蓿高10%以上。苜蓿与苇状羊茅、鸡脚草混播,其产量均高于单播苜蓿,增产幅度为6%～52%,0～30厘米的根量比单播多70%。豆科与禾本科牧草混播成苗后,植株比例以1:1较为合适。用于放牧混播时,苜蓿与禾本科牧草比例一般为3:7或2:8。苜蓿也可和三叶草、红豆草等其他豆科牧草混播,可使苜蓿占2/3,其他豆科牧草占1/3,其混播产量比苜蓿单播产量提高20%～80%,而且干草品质不下降。

4.播种深度

苜蓿种子很小,千粒重仅为2～2.5克,幼苗顶土力差。因此,播种宜浅不宜深,通常要求2～3厘米即可。当土壤墒情差,质地为沙土或沙壤土时,应深开沟浅覆土,播深应为1.5～3.5厘米;而土壤墒情好、土壤质地黏细时一般为0.5～1.5厘米。秋播和春播可稍浅于夏播。无论采用哪一种方法,都要求下种均匀,除墒情充足时不需镇压外,一般墒情播后都要求镇压,有利于种子很快吸水萌发和出苗。

四、抓好田间管理关

1.建植当年抓好全苗

苜蓿在播种当年,不论春播、夏播还是秋播,其建植当年的管理尤为重要。苜蓿种子小,幼苗期生长特别缓慢,易受杂草危害,因此,建植当年管理的中心任务是清除杂草、保证全苗,其主要措施有:

(1)破除板结

在播种之后到出苗之前这段时间里如遇到大雨,造成土壤板结时,已萌发的种子无力顶开板结的表土,幼苗会在土壤中死亡,对此必须用短齿耙或具有短齿的圆形镇压器滚压表土,破除板结,使幼苗顺利出土。若因各种原因造成严重缺苗断垄,其缺苗率达到10%以上时应及时补种。

(2)防除杂草

防除杂草是苜蓿建植当年能否成功的关键。杂草对苜蓿的危害一个是在幼苗期,特别是春季和夏季播种的苜蓿;另一个是在夏季收割后,这个时期北方地区正是水热同季,杂草生长迅速,影响苜蓿的正常生长。一般来说,种植第二年以后的苜蓿田杂草危害程度有所降低,但也应根据具体情况做好防除工作。

苜蓿建植当年的杂草防除以栽培措施最好,其次是化学措施和生物措施。夏播和秋播,特别进行保护播种均能有效地控制杂草的滋生,也可在每年早春返青、刈割后或休眠季节,进行中耕除草、耙地灭草。另外,在建植当年和第二年的秋季,采用低茬刈割也能够很好地控制杂草。

大面积种植时,可以考虑使用化学除草剂。除草剂的种类很多,一般除草剂有土壤处理剂和茎叶处理剂两类。土壤处理剂可在苜蓿播前和杂草萌发前施用,但要注意,在使用氟乐灵时用药的时间与播种时间应间隔1周以上,喷施草甘膦应在1周后播种,而喷施环嗪酮应间隔40天后才能播种苜蓿,否则苜蓿会受到药害。茎叶处理除草剂是将药剂喷洒在茎叶上以杀死杂草。通常是在杂草抗药性最差(禾本科杂草一般在1.5～3叶期,阔叶性杂草一般在4～5周)、杂草多数已萌发、发生显著危害之前、苜蓿抗药性最强的时候施用。可根据药剂说明加水配成药液,均匀喷施于杂草的茎叶上。

无论选用哪一类除草剂,都应注意事先确定正确的使用剂量。正常情况下,苜蓿幼苗长到三个叶以后使用除草剂较为安全,此时灭草的效果也比较理想。每次收割苜蓿后也是最佳的用药时间。

(3)其他措施

春季播种的苜蓿,一些地下害虫,如蛴螬等对苜蓿幼苗的危害相当严重,而苜蓿幼苗的根非常嫩小,很容易被害虫咬断,致使整个植株死亡。夏季播种的苜蓿,由于雨热同期,苗期病害为害也较重,因此,苜蓿苗期的病虫害防治也应受到足够的重视。同时,由于苜蓿幼苗抗旱性较差,所以苗期灌水必须做到及时、适量。此外,在西北地区等寒冷地区,对秋播苜蓿还应注意保苗越冬,如培土防冻、覆盖作物等。

2.合理施肥

(1)施肥原理

苜蓿作为一种高产栽培牧草和饲料作物,对土壤养分的利用率很高,可摄取其他作物不能利用的养分。苜蓿从土壤中吸收养分的数量也比禾谷类作物和其他牧草高,例如与小麦相比,苜蓿吸收的氮、磷均多1倍,钾多2倍,钙多10倍。一般每生产苜蓿干草1000千克,需氮14～18千克、磷2.0～2.6千克、钾10～15千克、钙15～20千克。所需氮有40%～63%来自共生的根瘤菌从空气中固定的氮素,其余的氮则从土壤中吸取,所需的磷、钾全部来自土壤。

一般来讲,适时施氮肥有利于苜蓿产量提高,但苗期不宜过多,以免影响根瘤的形成和固氮,特别是苜蓿与禾本科混播时更应该谨慎,因为施氮肥能增加混播牧草中禾本科牧草比例和优势,从而降低混播干草中蛋白质的含量。施磷不但有利于增加苜蓿草产量和种子产量,而且有利于根瘤的生长、根系的发育和苜蓿品质的改善。施钾肥可以延长苜蓿寿命,增加刈割次数,提高产草量和苜蓿品质。

我们在陇东旱地进行连续两年苜蓿施肥试验结果表明:①单施有效氮5～20千克/亩,平均鲜草产量为407千克/亩,比不施肥(对照,产量636.6千克/亩)减产4.9%。这说明在已经建植的苜蓿地上,当土壤含氮量较高时,不应单施氮肥。②单施有效磷 5～20 千克/亩,平均鲜草产量为 944 千克/亩,比对照增产 48.2%,而且随着施磷量的增加,其增产幅度可达 37.8%～93.8%。说明苜蓿施用磷肥增产效果十分明显。③氮、磷肥以 1∶3 混施,即每亩施有效氮 5 千克、有效磷 15 千克,其鲜草产量为 1490 千克/亩,比对照增加 134.1%。说明氮磷肥混施其增产效果更加显著。

(2)合理施肥

合理施肥,必须根据苜蓿的生育时期、生育状况、土壤养分水分状况、肥料种类以及收获目的来进行,以提高产量和品质,延长利用年限。一般来说,苗期施肥量要少,现蕾期后施肥量要多;土壤干旱少施肥或不施肥,要结合降雨或灌溉来施肥;苜蓿主要以收获茎叶为主时,苗期适量施用氮肥有利于鲜草产量提高,以收获籽粒为主时,现蕾期多施用磷钾肥,有利于种子饱满和产量的提高。下面以肥料种类为例,说明施肥的一般原则。

氮肥　土壤肥力较高的地块和多年生的苜蓿田,一般情况下不主张施用氮肥,但在有机质含量较低的瘠薄地,或第一年种植的苜蓿地,应该在播前施入一定的有机肥做底肥,或在苗期根瘤菌形成之前施入少量的化学氮肥做追肥,这很有必要,尤其对高产田,其增产效果十分显著。

磷肥　施用磷肥增产效果十分显著,特别是对干草产量和种子产量,增产往往达 3～4 倍。但磷肥利用率低,只有 10%～20%。因此,苜蓿地施磷肥量要大,不但应在播前施入足量的底肥,而且应该每年春季要追施,一般适宜在春季或秋季进行施肥。做基肥时,一般每平方千米混合施入 1.5 万～37.5 万千克的优质有机肥、300～375 千克的钙镁磷肥,或 150～300 千克的过磷酸钙。做追肥时,每平方千米用 150～300 千克过磷酸钙,可分 1～2 次施入。

钾肥　北方一般干旱,土壤中钾的含量较丰富,但苜蓿高产田应该配合磷肥一并施入钾肥。南方酸性土壤含钾量不足,更应施用钾肥。在苜蓿和禾本科牧草混播时,追施钾肥对于维持苜蓿在草层中的适当比例,提高混播草地的牧草质量具有重要意义。钾肥除配合磷肥做基肥或追肥外,还可以用 0.5%～1% 草木灰或过磷酸钙水溶液浸种或叶面喷施。

微量元素肥料　钙可促进苜蓿根系的发育,是形成根瘤和固氮所必需的,硼可促进苜蓿授粉过程花粉管伸长,有利于受精结实;土壤中缺硫时苜蓿蛋白质的合成会受阻,上部的叶片变为浅黄。其他的一些微量元素如镁、铜、锰等也是苜蓿生长不可缺少的重要营养元素,缺乏这些元素会对苜蓿的正常生长有一定的影响。因此,各地要根据土壤和苜蓿成分的分析结果,有针对性地追施少量或微量元素肥料。施用的方法以叶面喷施效果最佳。

3.合理灌溉

(1)灌水原理

苜蓿既是耐旱作物，又是需水较多的怕涝作物。苜蓿为直根系植物，根系较发达，主根入土深度可达到2米以上，能利用浅层和深层土壤水分，具有强大生命力，因此具有一定的耐旱性。

苜蓿每年又可刈割2～4次，需要消耗大量的水分，因此它是一种需水较多的作物，其耗水系数达到800，同时苜蓿草的产量和水分供应呈正比。旱地栽培的苜蓿干草产量一般为6000～9000千克/公顷，而在有水灌溉的情况下，苜蓿的产量可以提高50％～150％，甚至更高。因此，灌溉是苜蓿获得高产的最主要措施之一，尤其在西北干旱少雨的地区。

苜蓿的生长发育需要大量的水分，但水分过多特别是后期降雨过多，会造成苜蓿根系长期浸泡腐烂、茎叶倒伏发病，严重时整株死亡，因此苜蓿也是一个怕涝作物。

苜蓿在不同时期对水分的要求不同。一般春季返青时，需水不明显；随着新枝条的形成和发育，需水量逐渐增大，至现蕾开花期，苜蓿的需水达到最高，一般要求土壤含水量60％～80％；以后，随着牧草的成熟，需水量开始下降。

(2)合理灌溉

灌水时间和灌水量是苜蓿生产中的重要环节。灌水时间主要考虑灌水的有效性、土壤含水量和苜蓿生长的需求量。一般土壤的有效含水量在35％～85％之间，苜蓿可以正常生长，叶片颜色通常为淡绿色，可望获得较高产量。当土壤有效含水量在50％时，土壤水分就开始缺乏，就应该进行灌溉。此外，也可从苜蓿的生长状况来决定应该灌溉时间，如果苜蓿明显变为暗绿色或叶片开始萎蔫时应及时灌水，否则生长会受到抑制，严重影响苜蓿的产量和品质。同时，还要考虑当地气象预报，是否有降水。

现代苜蓿生产中，特别是北方地区进行苜蓿生产时，由于春季干旱少雨、冬季积雪覆盖少，一般要求春秋两次灌水，以利牧草安全越冬和返青。同时，一般应在苜蓿现蕾开花期进行灌溉，每次刈割后特别是第一茬刈割也要求一定的水分补充。因此，在有条件的地方如能灌水2～3次，则会使苜蓿的产量得到大幅度的提高。

苜蓿田灌水的方法有漫灌、喷灌、滴灌等。大水漫灌对土地的平整性要求很高，对水的浪费也比较严重，而且存在着灌水不均匀的问题。目前最有效的灌溉方法是喷灌和滴灌，这两种方法可以控制用水量的大小，能有效地节约水资源，但这两种方法在灌溉设备上的投资比较大。在生产上有一个值得注意的问题，就是在收获前的2～4天内不宜灌水，这样可以保证收获期间地面不太潮湿，便于机械作业，同时也有利于鲜草的干燥。

五、科学防治病虫害

1.苜蓿主要病害

苜蓿病害种类繁多,全世界已发现 70 余种,我国记录的病害有 30 余种。从目前国内各地病害发生情况看,苜蓿锈病、霜霉病、褐斑病、白粉病等是我国紫花苜蓿的主要病害,甘肃省陇东地区以白粉病和褐斑病为最重要的病害,霜霉病在个别年份严重流行,苜蓿锈病、苜蓿黄萎病等也是苜蓿常见病害。

(1)苜蓿霜霉病

分布　霜霉病是由苜蓿霜霉病菌引起,广泛发生于冷湿季节或地区,我国各地均有发现。

危害　霜霉病发病株多数不能开花结实或落花落荚较多,严重时枝叶坏死腐烂,甚至全株死亡,导致产草量和产种量大幅下降,在甘肃武威,则减产 35.5%～57.5%。

病症　苜蓿霜霉病主要为害叶片,发病时,叶片局部出现不规则的褪绿斑,边缘不明显。病斑可以逐渐扩大至整个叶面。严重时,叶片卷缩、节间缩短、扭曲,以嫩枝、嫩叶症状明显。叶片的背面和嫩枝的褪色斑上出现灰白色霉层,后呈淡紫色。病株上产生大量孢子囊,在花瓣、花萼、花梗上均有大量卵孢子、孢子囊梗和孢子囊,是田间主要的初侵染源。

防治　选用抗病品种,例如中兰 1 号;第一茬草尽早刈割,病株及时拔除;合理灌溉,防止湿度过高;发病初期,每隔 7 天喷施一次甲霜灵、杀毒矾或乙膦铝等。

(2)苜蓿褐斑病

分布　褐斑病是苜蓿最常见和破坏性很大的病害之一,遍布世界所有苜蓿种植区。我国南北各地等省区均有发生。

危害　褐斑病发病严重时,可使苜蓿草及种子减产 40%～60%。值得注意的是苜蓿感染褐斑病后,香豆醇类毒物含量剧增,雌性家畜食入后,对其排卵、怀孕等生殖生理有很大影响,繁殖力显著下降。

病症　褐斑病主要是叶部病害。感病叶片出现褐色圆形小点状的病斑,边缘光滑或呈细齿状,直径 0.5～2 毫米,互相多不汇合。后期病斑上出现浅褐色盘状突起物,直径约 1 毫米。病原菌的子座和子囊盘多生于叶上面的病斑中。茎上病斑长形,黑褐色,边缘整齐。病斑多半先发生于下部叶片和茎上,感病叶片很快变黄、脱落。

防治　选用抗病品种,如新牧 1 号、新牧 2 号、新疆大叶苜蓿、润布勒苜蓿、阿尔冈金、费纳尔等;发病初期提前刈割,焚烧病株残体;发病期每隔 7～10 天喷施一次百菌清、多菌灵、代森锰锌等杀菌剂。

（3）苜蓿锈病

分布 锈病是世界上苜蓿种植区普遍发生的病害。在我国各地均有发生，但以内蒙古、山西、陕西、宁夏、甘肃和江苏等省区发生严重。在温暖潮湿条件下严重发生，干旱地区危害较轻。

危害 苜蓿发生锈病后，由于孢子堆破裂而破坏了植物表皮，使水分蒸腾强度显著上升，干热时容易萎蔫，叶片皱缩，提前干枯脱落。病害严重时干草减产60%，种子减产50%，瘪籽率高达50%～70%。病株可溶性糖类含量下降，总氮量减少30%。有报道，感染锈病的苜蓿植株含有毒素，影响适口性，易使家畜中毒。

病症 发病时，苜蓿植株整个地上部分均可受害，以叶片为主。苜蓿染病后，可在叶片的两面产生小型褪绿疱斑，叶背面较多，疱斑近圆形，最初为灰绿色，以后表皮破裂，露出粉末状孢子堆。夏孢子堆为肉桂色，冬孢子堆为黑褐色，孢子堆的直径多数小于1 mm。

防治 选用抗病品种；合理灌溉，防止倒伏；增施磷钾肥，少施氮肥；及时刈割，冬季焚烧；喷施粉锈宁、代森锰锌、甲基托布津等药剂进行化学防治。

（4）苜蓿白粉病

分布 白粉病是干旱地区苜蓿的常见病害，在干旱而又温暖的地区发病尤其严重。在我国，由内丝白粉菌引起的白粉病主要分布在新疆、甘肃、内蒙古和陕西，而由豌豆白粉菌引起的苜蓿白粉病则分布在甘肃、河北、山西、贵州、四川和新疆等地。

危害 白粉病可使苜蓿生长不良，但一般不会直接导致苜蓿的死亡，可使其草产量减产30%～40%，种子减产41%～50%。同时病草还有某种毒性，影响家畜采食、消化能力及健康。

病症 典型特征是植株叶片、叶柄、茎、荚果等均可受到侵染，出现白色粉霉斑和霉层。在叶片上，背面霉斑明显多于正面，病斑初为圆形、絮状，然后病斑扩大汇合，几乎占据全部叶面，絮状斑变为较厚的毡状白色霉层。病株生长缓慢，后期病叶大量脱落，严重时叶片卷缩，节间缩短、扭曲。以嫩枝、嫩叶症状明显，茎变短、变粗、扭曲畸形，全株矮化褪绿，以致茎叶枯死，花序不能形成。

防治 选用抗病品种；及时刈割，科学施肥，合理灌溉，防止倒伏，冬季焚烧；喷施粉锈宁、甲基托布津、灭菌丹等。

（5）苜蓿黄萎病

分布 黄萎病是苜蓿的一种毁灭性病害，也是国际上对苜蓿进行重点检疫的病害之一，它广泛分布于欧洲、美洲、新西兰。我国本无此病，2001年在新疆发现疫情。在人工灌溉不当或雨水过多的苜蓿田病害发生最严重，不灌溉的旱地苜蓿不易发病。

危害　在欧洲,严重发病地到第二年可减产 50%,植株生活年限大大缩短,常使一些感病苜蓿草地到第三年失去利用价值。种子带菌是黄萎病菌远距离传播,特别是传入无病地区的主要途径。

病症　发病时,病株基部的叶片首先萎蔫、发黄并干枯,最终呈黄白色。根冠有时仍可发生新枝,但很快萎蔫并死去。田间受害植株矮化而发黄,叶梢干枯,叶死后茎秆常保持绿色,但内部的维管束组织变成淡褐色至暗褐色。在潮湿的条件下,死亡的茎基部大量产生分生孢子梗和分生孢子,使茎表覆盖浅灰色霉层。

防治　严格执行种子检疫制度;合理灌溉,及时排水;及时拔除病株并焚烧;在发病初期喷施 200 倍波尔多液或 75% 的代森锰锌 500～750 倍液;发病盛期用 12.5% 粉锈宁 2000 倍液等进行化学防治。

2. 苜蓿主要害虫

苜蓿地上害虫以刺吸口器吸取汁液,受害植株叶片卷缩变黄、花脱落,严重时整株枯死。主要有蚜虫、斑螟、小夜蛾、黏虫、红蜘蛛、象甲、潜叶蝇等 10 余种。

(1)蚜虫类(油汗、腻虫)

苜蓿上常见的蚜虫有豌豆蚜、斑点苜蓿蚜和蓝苜蓿蚜等。蚜虫因能大量排泄蜜露而常被称为油汗或腻虫。

发生危害　苜蓿蚜虫一年发生数代,以卵在苜蓿或其他豆科植物根基处越冬,为害的高峰期在春秋两季。幼虫和成虫都可为害,多聚集在苜蓿的嫩茎、叶、幼芽和花蕾上,用细长的口针刺入茎和叶内,吸取汁液。受蚜虫危害后,叶子卷缩,花蕾和花变黄脱落,严重时植株成片枯死,引起显著的减产。高温和大雨不利于蚜虫的繁殖和危害。

识别要点　蚜虫身体微小,柔软,成蚜体长 1.5～2 毫米,有光泽,身体上有很多明显的毛丛生成为斑纹。无翅胎生蚜和有翅胎生蚜均淡绿色或黑绿色,口器刺吸式。触角长有 6 节,第 3 节较长,上有 8～10 个次生感觉孔。若虫体小,黄褐色或灰紫色。卵长椭圆形,初为淡黄色,最后呈黑色。

防治方法　苜蓿田间蚜虫的天敌种类和数量均较多,各类天敌在 50 种以上,其中瓢虫、草蛉、食虫蝇和蜘蛛等捕食性天敌在 5～7 月可达 12.2～34.53 头/平方米,在田间蚜虫发生量最大时,天敌与蚜虫数量之比为 1∶8.95。在蚜虫发生的中后期,天敌对控制蚜虫的危害有一定的作用,因此虽然蚜虫密度有时会很高,但一般不出现明显为害状。

对蚜虫的防治应及早进行,在栽培措施上通过早春耕地或冬季灌水均能杀死大量蚜虫,采用苜蓿与禾本科或苜蓿与农作物轮作,及时清除田间杂草等措施,都能降低虫口密度,有效减少蚜虫的危害。在防治上最好采用生物防治,利用蚜虫天敌消灭蚜虫。蚜虫危害严重,天敌与害虫数量比为 1∶12 以上时就要进行化学防治,可采用 10%吡虫啉可湿粉或 2.5%溴氰菊酯乳油 3000～5000 倍液喷洒。

（2）蓟马类

蓟马类是苜蓿生产上的主要害虫之一,危害苜蓿的蓟马主要有苜蓿蓟马、花蓟马、烟蓟马和牛角花齿蓟马等。在陇东地区危害苜蓿的蓟马主要是烟蓟马和苜蓿蓟马。

发生危害 蓟马是一种小型昆虫,一年发生多代,产卵于植株的花器和叶上,气候适宜时,可在 2 周左右由卵发育为成虫。蓟马以幼虫和成虫为害苜蓿,发生数量随苜蓿不同生育时期而有显著差异,在苜蓿返青以后数量剧增,开花期达最高峰,结荚期数量急剧下降,成熟期数量更少。在中温、高湿条件下发生数量较多。

蓟马主要为害幼嫩组织,如叶片、花器、嫩荚果,被害部位卷曲、皱缩以至枯死。以刺吸式口针穿刺花器并吸取汁液,破坏柱头,造成落花。荚果被害后形成瘪荚及落荚,严重影响苜蓿种子产量。蓟马还可传播病毒病,危害严重时,苜蓿鲜草产量损失可达 50%以上。

识别要点 苜蓿蓟马成虫体长 1.3 毫米,体黑色。触角暗褐色,第二、三节均黄色,前翅有两条暗色带纹。烟蓟马成虫体长 1.0～1.3 毫米,淡黄色。触角 7 节,第一节色淡,第 2、6、7 节灰褐色,第 3～5 节淡黄色。若虫体淡黄色,触角 6 节,淡灰色。

防治方法 利用天敌,如蜘蛛和捕食性蓟马以防治蓟马;选育、选用抗虫品种;蓟马为害初期每亩用 10%吡虫啉可湿性粉剂 20～30 克、70%艾美乐水分散粒剂 2 克;在若虫期用除虫净 1000～2000 倍液、1.8%害极灭乳油 4000 倍液或 1%灭虫灵乳油 3000 倍液喷洒,均能获得良好的防效。喷药时应在田边周围的杂草上同时喷到,虫害严重时应尽早收获,以减少损失,一般在苜蓿开花达 10%时刈割可减少危害。

（3）盲蝽类

发生危害 盲蝽一年发生 2～4 代,发生的适宜温度为 20～30℃,喜湿。苜蓿盲蝽以卵或成虫在苜蓿等作物的根部、枯枝落叶、田边杂草中越冬,春季孵出第一代若虫。危害苜蓿的盲蝽,其成虫和幼虫均以刺吸口器吸食苜蓿嫩茎、叶、花蕾、子房,造成种子瘪小,受害植株变黄,花脱落,影响苜蓿种子和青草的产量。

识别要点 苜蓿盲蝽成虫体长 7.5 毫米,触角与身体等长,黄褐色,前胸背板后缘有二黑色圆点,小盾片中央有 n 形黑纹。卵长约 1.3 毫米,卵盖平坦,黄褐色,边上有一个指状突起。幼虫初孵时,全体绿色,5 龄时体黄绿色,眼紫色,翅芽超过腹部第三节,腺囊口为八字形。

防治方法 齐地刈割、焚烧残茬可大量消灭植株基部虫卵,减少田间虫量或越冬虫口基数。播种前半月采用 80% 可湿性福美双粉剂拌种，生长期常用 1.8% 害极灭乳油 4000 倍液或 1% 灭虫灵乳油 3000 倍液喷洒。

（4）叶蝉类

叶蝉类主要有大青蝉、二点叶蝉、黑尾叶蝉。

发生危害　叶蝉类在全国各省区均有发生，以甘肃、宁夏、内蒙古、新疆、河南、河北、山东、山西、江苏等地区发生量较大，危害较严重，一般一年发生 2～3 代。叶蝉均以成虫、若虫群集叶背及茎秆上，刺吸其汁液，使苜蓿生长发育不良，叶片受害后，多褪色呈畸形卷缩现象，甚至全叶枯死。

识别要点　大青叶蝉成虫体长 7～10 毫米，青绿色。二点叶蝉成虫体长 3.5～4 毫米，淡黄绿色，略带灰色，头顶有 2 个明显小圆黑点。黑尾叶蝉成虫雄虫体长 4.5 毫米，雌虫 5.5 毫米，黄绿色。叶蝉类成虫有趋光性，若虫孵化多在早晨进行，中午气温高时最为活跃，晨昏气温低时成、若虫多潜伏不动。

防治方法　在冬、春季清除田间杂草，消灭越冬虫卵；利用其趋光性，在 6～8 月份成虫盛发期用黑光灯诱杀；在若虫盛发期可喷施 1.8% 害极灭乳油 3000 倍液、1% 灭虫灵乳油 2000 倍液、50% 叶蝉散乳油 1000～5000 倍液进行防治。

（5）苜蓿夜蛾类

苜蓿夜蛾在世界上分布较广，国内普遍分布于东北、西北、华北及华中各省区。

发生危害　苜蓿夜蛾食性很杂，据报道被害作物有 70 种之多，主要为害区是北方地区。1、2 龄幼虫多在叶面取食叶肉，2 龄以后常自叶片边缘向内取食，常常会在叶片上留下形状不规则的缺刻，危害所造成的伤口易引起叶斑病的发生，对苜蓿产量和品质影响较大。其幼虫也常常喜欢钻蛀植物的花蕾、果实和种子。成虫多于白天在植株间飞翔，吸食花蜜，对糖蜜和光均有趋性，老熟幼虫具有假死性。苜蓿夜蛾危害期在 6～11 月，其中危害最重的月份为 7～10 月。

识别要点　成虫体长 13～14 毫米，翅展 30～38 毫米。头、胸灰褐带暗绿色。老熟幼虫体长 40 毫米左右，头部黄褐色，上有黑斑。蛹淡褐色，体长 15～20 毫米，宽 4～5 毫米。

防治方法　①农业防治，根据苜蓿夜蛾各代幼虫均在地下化蛹的特性，进行深耕、中耕。②物理防治，根据苜蓿夜蛾对糖蜜和光均有趋性的特点，可采用糖醋液、黑光灯诱蛾。③药剂防治，根据夜蛾的生活习性，常在早晨和傍晚喷药，用除虫尽 33.5～50 毫升稀释 1000～2000 倍液、50% 双硫磷乳油稀释 1000 倍液喷施，防治效果较好。

（6）苜蓿叶象甲

叶象甲属鞘翅目象甲科，以幼虫取食苜蓿叶子而得名，在我国主要分布在新疆、内蒙古和甘肃等地区。

发生危害 苜蓿叶象甲成虫主要危害叶片,幼虫主要危害小叶、生长点和叶肉,以幼虫危害第一茬苜蓿最为严重,常常在几天之内能将苜蓿叶子吃光。1龄幼虫主要在茎内蛀食为害;2龄幼虫在叶面、茎秆顶端取食;3龄以上幼虫便在叶上取食,食去叶肉,仅剩叶脉,状如网络,造成叶片干枯、花蕾脱落、植株枯萎,使苜蓿田呈现出白色的景象,严重影响苜蓿干草和种子的产量。

识别要点 成虫体长4.5～6.5毫米,全身被覆黄褐色鳞片,头部黑色,喙细长且甚弯曲。卵长0.5～0.6毫米、宽0.25毫米,椭圆形,黄色而有光泽。幼虫头部黑色,初孵幼虫体乳白色,取食后,由草绿最后变为绿色,老熟幼虫体长8～9毫米。蛹为裸蛹,初为黄色,后变为绿色。蛹具茧,茧近乎椭球形,白色而具有丝质光泽,编织疏松呈网状而富于弹性,茧长5.5～8毫米、宽约5.5毫米。

防治方法 一是利用天敌,如苜蓿姬蜂、姬小蜂、七星瓢虫等;二是利用50%马拉硫磷1200～2000倍液喷雾,每亩用80%西维因可湿粉剂100克喷雾。

(7)金龟子类

金龟子是分布较广的地下害虫,危害苜蓿的金龟子主要有:黑绒金龟子、黄褐丽金龟子和华北大黑鳃金龟子等。

发生危害 金龟子主要是在其幼虫(也称为蛴螬)阶段对苜蓿产生危害。蛴螬栖息在土壤中,主要为害苜蓿的根,也取食萌发的种子,在幼苗期危害尤为严重,造成缺苗断垄。金龟子的成虫也可取食苜蓿的茎和叶。

防治方法 在蛴螬发生严重地区,苜蓿的利用年限应以2～3年为宜,换茬的苜蓿地要及时翻耕,可减少虫量。每亩用5%西维因粉剂1.5千克加细土1.5～2.0千克混合撒施,播前翻入土中。每亩也可用3%甲基异硫磷颗粒剂1.5～2千克,随种子撒播,或加土25千克沟施。苜蓿春耙前,每亩用50%辛硫磷1～1.5千克加水2～2.5千克,拌土50千克撒入田中随后耙地,均能收到良好的防治效果。

(8)金针虫

金针虫是鞘翅目叩头虫科幼虫的总称,是一类重要的地下害虫,主要有沟金针虫、细胸金针虫、宽背金针虫、褐纹金针虫等。

发生危害 金针虫在我国从南至北分布广、为害大。其成虫叩头虫在地上部分活动的时间不长,以食叶为主,并无严重的危害。幼虫长期生活于土壤中,主要为害苜蓿种子、根、茎的地下部分,导致植株枯死。金针虫的生活史很长,常需3～5年才能完成一代,以各龄幼虫或成虫在地下越冬,在整个生活史中,以幼虫期最长。

防治方法 根据金针虫生活习性,应在春季幼虫暴食前重点采用土壤药物处理方法进行防治。生长期每亩用40%甲基异硫磷120毫升、2%甲基异硫磷粉剂50g或50%辛硫磷150毫升,将药剂加水后拌土撒施。播种期防治用50%

辛硫磷乳油或 40％甲基异硫磷乳油,以 0.1％～0.2％有效剂量拌种。

(9)蝼蛄

蝼蛄属直翅目,蝼蛄科,在我国危害苜蓿的有华北蝼蛄、非洲蝼蛄、普通蝼蛄。

发生危害　蝼蛄的成虫和若虫在土壤中咬食苜蓿种子、幼根和嫩茎秆,常造成幼苗的枯萎死亡。蝼蛄在土表层来回穿行,形成很多隧道,常使苜蓿幼苗干枯而死。蝼蛄均为昼伏夜出,活动取食高峰在晚上 9～11 时。初孵化的若虫怕光、怕水、怕风,有群居性,具有强烈的趋光性,对马粪等未腐烂的有机物质也有趋性。蝼蛄喜欢在潮湿的土壤中生活,一般地表 10～20 厘米处土壤湿度在 20％左右时活动为害最盛,低于 15％时活动减弱。

防治方法　适时翻耕,改造低洼易涝地,改变发生环境;清除杂草,消灭成虫的产卵场所,减少幼虫的早期食物来源;增施腐熟有机肥料,增强苜蓿抗虫能力;药剂拌种,50％辛硫磷乳油或 40％甲基异硫磷乳油,以 0.1％～0.2％有效剂量拌种;40％乐果乳油 500 毫升加水 20～30 升拌种;毒饵、毒谷诱杀,可用蝼蛄喜食的多汁鲜菜、块根块茎、炒香的麦麸豆饼等食料拌上药剂制成毒饵或毒谷,投放田间。

(10)小地老虎

小地老虎俗称地蚕、土蚕、切根虫,是世界性害虫,分布广、为害最重,也是苜蓿重要的地下害虫之一,在陇东地区一年发生 2～3 代。

发生危害　小地老虎属为多食性地下害虫,多以第一代幼虫为害苜蓿幼苗,常切断幼苗近地面的茎部,使整株死亡,造成缺苗断垄,甚至毁种。幼虫一般为 6 龄,1～2 龄幼虫躲在植物心叶处取食为害,将心叶咬成针孔状,展叶后呈排孔。3 龄以后开始扩散,白天潜伏在作物根部附近,夜晚出来为害,咬断嫩茎或将被害苗拖入洞中食用。幼虫性暴,有假死性。土壤湿度大、耕作管理粗放、杂草丛生的田块受害严重。越冬代成虫气温在 16～20℃时活动最盛,对糖醋及黑光灯有较强的趋性。卵多散产,成虫有追踪小苗地产卵的习性。

防治方法　可利用寄生蝇、寄生蜂、病毒和细菌等天敌进行防治;消灭杂草可减少成虫产卵场所,减少幼虫早期食物来源;在地老虎发生后及时灌水,可取得一定的防治效果;用 50％辛硫磷乳油 1000 倍液施在幼苗根际处,或每亩用 50％辛硫磷乳油 50 毫升拌油渣 5 千克,制成毒饵投放田间均具有较好的防治效果。

六、适时收割保证质量

1. 刈割时间

苜蓿的刈割时期是影响干草产量和饲用价值的重要因素。从品质方面来看,苜蓿在孕蕾期收割其干草蛋白质含量可达 22%,初花期和盛花期分别为 20% 和 18%,结实期则只有 12%。从产量方面看,盛花期的干物质产量要比孕蕾期高出十几个百分点,但此时的营养价值却不是最高。因此,苜蓿刈割时期应兼顾其营养价值和产量两方面因素综合考虑。

国内外诸多研究表明,苜蓿最适宜的刈割时期是在孕蕾期和始花期(即 10% 左右开花的时期),最晚不超过盛花期。否则,虽然可以收获较高的产草量,但由于茎秆比例增多,饲草的营养价值和消化率下降,同时还会影响下一茬的再生性。

苜蓿最佳刈割期还因利用方式不同而略有差异。晒制干草时可在始花期刈割,如果青刈饲喂可略早一些,特别是喂猪、禽等,应在现蕾前刈割,以防茎秆老化,影响其消化吸收。为防止早收割造成总产量降低太多,也可先进行间行收割。同时,入冬前的最后一次刈割,则必须保证苜蓿根部积累一定的营养物质,以维持苜蓿较好的越冬性和次年返青。一般最后一次刈割时间应控制在苜蓿停止生长或霜冻来临前有 30~40 天的生长时间。

2. 刈割次数

苜蓿一年中的刈割次数除主要取决于当地的自然气候条件、生产条件及苜蓿品种的生物学特性外,同时还要考虑生长状况和用途。一般来说,气候湿润、无霜期较长、水肥条件好、管理水平高的地区可以适当多割几次;相反,气候恶劣、水热条件较差、无霜期短、管理粗放的地区刈割次数则少。我国一年两熟的地区,如河北、河南、山东等地,每年苜蓿可以刈割 3~4 次;华北平原等管理水平高的情况下,每年可以刈割 4~5 次;一年一熟的地区,如内蒙古、甘肃、陕西、山西、新疆等地区每年可以刈割 2~3 次,个别地区仅能刈割 1 次。

3. 留茬高度

苜蓿刈割时留茬高度因收割方式、用途不同而异,一般有下面几种:

(1)齐地收割

不留茬或留茬很低,这种收割方式能够刺激根茎多发枝条,再生草高低均一、残茬少、草质好,下茬易收割,病虫害少。例如甘肃陇东地区和陕西关中地区的齐地面收割,不但其再生草茎叶生长高度一致,残茬少,而且下次收割容易,病虫害也少,但大面积机械收割时不适宜,否则会损坏机械,且冬前齐地收割不利于越冬。留茬过低(小于 5 厘米),虽然可以在当年或当茬获得较高的产草量,但连续低茬刈割会引起苜蓿持久性下降。

(2)大型机械收割

为便于操作,留茬高度可控制在 5~10 厘米,地块不平应上调到 10~15 厘米。冬前最后一茬留茬 7~8 厘米,甚至 10 厘米以上。同时,留茬高度还受风力和风向的影响。顺风时留茬要高,风力达到 5 级时,应停止割草;逆风割草,留茬要低些。

(3)人工或小型机械收割

留茬高度以 4～5 厘米为宜,低于此高度会伤及根茎,影响其再生;高于此高度会影响饲草产量,造成不必要的浪费,但最后一次收割时留茬高度应上调到 7～10 厘米。

第六节 苜蓿全膜覆土机械穴播栽培技术

一、苜蓿全膜覆土机械穴播栽培技术简介

1. 成果来源

为了解决以环县为代表的陇东干旱半干旱地区大力发展苜蓿草产业所遇到的荒滩地多、苜蓿播种出苗难、传统人畜播种效益低等瓶颈问题,甘肃荟荣草业有限公司联合陇东学院农林科技学院、环县农业技术推广中心、环县草原工作站等单位,组织实施了"苜蓿全膜覆土机械穴播栽培技术"项目。该项目起止年限为 2013 年 3 月至 2018 年 10 月,并于 2019 年 6 月通过省级技术验收及成果登记。

2. 核心技术

"紫花苜蓿全膜覆土机械穴播栽培技术"核心之一是采用全膜覆土最大限度地保持土壤水分,将地面无效蒸发降到最低,特别对 10 毫米以下的无效降雨能够拦截,使其就地渗入根部,集雨、抗旱,同时具有保墒、保温、易抓苗、出苗率高、产草量高、效益显著等优点;核心之二是机械化穴播种植,节约劳动力、种植效率高、省时省力、易大面积推广。

3. 实施效果

该项目以苜蓿产业提质增效为目标,引进新品种,研究完善全膜覆土机械穴播栽培技术及综合应用,集成优良品种、全膜覆土机械穴播、根瘤菌接种、测土施肥、病虫害防治、机械收获等综合技术,总结制定了《紫花苜蓿全膜覆土机械穴播丰产栽培综合技术规程》,并在环县及庆阳北部县域进行了大面积示范推广,累计推广全膜覆土机械穴播苜蓿 20 万亩以上,预计到 2020 年推广全膜覆土机械穴播苜蓿可达到 50 万亩。该项目的实施,促进了农民生产观念转变,实现了牧草种植常态化、撂荒地恢复利用牧草化和农业资源利用最大化,有力地促进了庆阳北部县区苜蓿种植及牧草产业标准化、规模化、现代化发展,对陇东地区草畜产业增效提质具有巨大的推动作用。

二、苜蓿全膜覆土机械穴播栽培技术要点

本规程适宜于甘肃陇东干旱地区。

1. 播前准备

（1）选地

选择地势平坦、土层深厚、土质疏松、土壤肥力中上、坡度 15°以下的川地、塬地、梯田、沟坝地等平整土地。以胡麻、麦类等茬口较佳。在种植上要侧重于大面积连片，以便适宜各种机械作业。

（2）整地

前茬作物收获后，应立即浅耕灭茬，然后深翻，播前整地应精细，要求做到土碎、地平、无杂草，以利于覆膜播种，促进幼苗生长健壮。对于杂草生长严重的地块在播前 7～10 天用氟乐灵（1500 毫升/公顷）进行地面喷洒，以减轻杂草危害，对多年生不易杀死根蘖型杂草播前用百草枯、草甘膦、2,4-D 进行喷打。

（3）施肥

播种前，进行浅耕或耙耢整地，结合深翻或播种前浅耕，每亩深施农家肥2000～3000 千克、过磷酸钙 50～100 千克，或二铵 20 千克和尿素 10 千克做基肥。对于土壤肥力低下的，播种时再施入硝酸铵等速效氮肥，促进幼苗生长。每次刈割后要进行追肥，每亩需过磷酸钙 10～20 千克或二铵 4～6 千克。

（4）土壤处理

施药应该选在早春耙地之前进行，喷洒药后，要立即进行耙地保墒，为紫花苜蓿播种工作创造良好的条件。早春播种前要进行土壤处理，除草剂一般选用96％金都尔乳油 1125 毫升/公顷 或 72％都尔乳油 900～1500 毫升/公顷，兑水375 千克 喷雾，然后及时耙地保墒。根据实际种植经验可知，在喷药后的 50～60 天内，可以有效地控制田间狗尾草、稗草等禾本科植物杂草。

（5）地膜选择

选用厚度为 0.01 毫米、宽 120 厘米的抗老化耐候地膜，每亩用量为 6 千克左右。

（6）品种选择

选择抗寒性、耐盐碱性、抗病虫害的优良品种。适宜推广种植的品种有陇东紫花苜蓿、甘农 5 号、阿尔冈金、旱地、MF4020、甘农 3 号、中兰 1 号、勇士、挑战者、康赛、阿迪娜等。

（7）种子处理

紫花苜蓿种子具有休眠性，硬实率高，所以在播种前应采用擦破种皮或热水浸泡法进行处理，能大大提高其发芽率。

①擦破种皮法　将苜蓿种子掺入一定的砂石在砖地上轻轻摩擦，以达到种

皮粗糙而不碎为原则。

②热水浸泡法　将苜蓿种子在 50～60℃ 水中浸泡 30 分钟,取出晾干后播种。

2.播种

覆土依据土壤墒情而定。当墒情好时可提前覆膜适期播种,墒情差则等雨抢墒覆膜适期播种。如果土壤湿度过大,进行翻耕后晾晒 1～2 天,然后耙松平整土壤再覆膜,避免播种时播种孔(鸭嘴)堵塞。覆膜后要防止家畜践踏,以延长地膜使用寿命,提高保墒效果。

(1)机型选择

选择 304-454 型小四轮拖拉机牵引动力,选择 2BFMT-6 型旋耕覆膜、覆土穴播四位一体播种机,要求在 120 厘米的地膜上播种 6 行,行距 20 厘米,穴株距 14 厘米,亩播 2.5 万穴。

(2)适时播种

①播种量调试　不同机型和型号的播种机控制下籽的方式方法不同、下籽的最大量和最小量范围不同。种子装在穴播机外靠齿轮控制排放量的穴播机需调整齿轮大小,种子装在穴播机葫芦头内的穴播机需打开葫芦头逐穴调整排放量。播种量调试需技术人员指导,以免播种过稀或过密。一般亩播控制在 1～1.25 千克内。

②作业　拖拉机一般以 1～2 挡低速前进,覆土均匀、覆膜平整、鸭嘴破膜、籽粒入内、不扬籽。每机跟一人,压严行边和地头地膜。

③播期　全膜覆土穴播选择春播和秋播。春播一般在 4 月上中旬,秋播一般在 8 月中下旬和 9 月中上旬。为了避免覆土板结造成出苗困难,防止人工放苗现象发生,补种时注意天气预报,尽量在雨天前一周完成补种,争取保全苗,为高产稳产奠定基础。

④播种密度　播量过大将会影响大田的群体生长,苗细、苗弱。最适播量为 15～18.75 千克/公顷,种植密度为每平方米 425 株左右。

⑤播种深度　根据土壤黏性大小,可适当调整播种深度,一般以 1 厘米为宜。

3.田间管理

(1)防止板结

苜蓿籽粒小,全膜覆土穴播遇雨最容易板结,轻微板结可以人工破除,严重地块需重种。

(2)病虫草鼠害防治

苜蓿幼苗期生长缓慢,容易杂草丛生,须人工及时拔除或用除草剂喷洒。第二茬生长正值夏季,气温高,湿度大,容易发生菌核病、炭疽病、蓟马、蚜虫等病虫害。菌核病,可选用50%速克灵可湿性粉剂每亩60克进行防治;炭疽病,可选用10%世高可湿性粉剂每亩60克进行防治;蓟马、蚜虫,可选用5%高效氯氰菊酯乳油2000倍液、10%吡虫啉乳油2000倍液进行防治。苜蓿大面积种植时中华鼢鼠危害也十分严重,可选用弓箭射杀。

（3）适时刈割、收获

苜蓿为多年生植物,再生性强。生长旺盛期每年可刈割3～4次,刈割的适期为现蕾末期至初花期,此时蛋白质产量高,品质好。一般每次刈割留茬5厘米左右,两次刈割间隔时间通常为35～42天。

第七节　紫花苜蓿种子生产技术要点

一、苜蓿种子生产的关键技术

苜蓿种子生产田与苜蓿草生产田的最终目的完全不同,前者以获得优质、高产的种子为目标,后者则以获得优质、高产的草产品为目标。因此,苜蓿种子生产技术与草产品生产有着很大的区别,其关键技术如下。

1. 选择地块

种子田所处地区的气候条件一定要适合于苜蓿种子的生产和收获,要求地块开旷、通风、光照充足、土层深厚、排水良好、肥力适中、有灌溉条件、前茬非豆科作物、杂草较少。邻近有防护林带、灌木丛、水源更好,有利于昆虫传粉。当苜蓿不同品种共同种植时,其空间隔离的距离应在1000米以上,防止天然杂交。

2. 精选种子

必须使用育种家种子（由育种者个人、单位或设计者培育出来,并由育种者直接控制生产,是生产其他种子的原始材料）、原种（由育种者或其代理选定种植者种植育种家种子而生产的种子）或一级良繁种子（由种植者种植育种家种子或原始种子而生产的种子,可自由销售）,确保种子的基因纯度和真实性。所用种子的纯净度必须高于95%,发芽率高于90%。

3. 适期播种

苜蓿种子田春播在早春解冻后,秋播在7～9月。北方苜蓿种子生产区以秋播为好,一般以7月下旬至8月上旬为宜,此时土壤墒情好,杂草、病虫害少,过迟播种不利于越冬。

苜蓿种子田适宜采用宽行条播稀植,在相同播种量下比撒播种子田产量提高1倍以上。苜蓿种子田播种量是饲草地的1/2,每亩播种0.3～0.75千克,条播行距 40～100 厘米。稀植种子田有利于提高产量的原因是：①直立、开放的植株结构有利于吸引昆虫传粉，提高结荚率；②降低株植倒伏率，减少冠层的相对湿度和叶部病害发生率；③减少由于小花和荚果脱落造成的产量损失；④有利于田间杂草防除和化学防治病虫害时的药剂渗透；⑤易于灌溉和收获。

苜蓿种子小，顶土能力弱，播种深度不应超过 2 厘米。当土壤板结影响出苗时，要及时破除。苜蓿在春季或夏季播种易受杂草危害，可采用与油菜、胡麻、荞麦等农作物套种的方式进行播种，可以有效控制田间杂草。

4.合理施肥

在苜蓿种子生产中，氮、磷、钾、硫、硼、钼、锌、铁等元素对产量有明显影响。从孕蕾到种子成熟时苜蓿根瘤菌老化，固氮能力有所下降，易出现氮素供应不足的现象，因此紫花苜蓿在孕蕾期施氮肥可以提高种子产量，一般可增产20％～30％。苜蓿种子生产对磷、钾肥的需要较高，施磷钾肥可以提高种子产量50％以上。硼、锌、铁等微量元素对苜蓿种子生产具有特殊作用，可以促进紫花苜蓿开花，并可能有助于花粉管的延伸，从而影响结实率。花芽分化期叶面喷施0.5％的硼、锌、铁可以使苜蓿的种子产量提高 100％～200％。

一般每亩施有机肥 2000～3000 千克、P_2O_5 5～10 千克、K_2O 5～15 千克，折合过磷酸钙（P_2O_5 12％～14％）40～80 千克、硫酸钾（K_2O 50％～52％）10～30 千克，同时可满足苜蓿生长对硫的需要。磷钾肥适宜深度 10～12 厘米，在秋季结合播种或中耕进行。氮肥应少量、早施、与磷钾肥配合施，一般每亩施氮 4～8 千克，折合硝酸铵（N32％）12.5～25.0 千克，肥地少、薄地适当增加用量，在花蕾期土壤追施效果较好。另外，在花蕾期叶面喷施硼酸、钼酸铵、硫酸锌、硫酸亚铁 0.1％～0.5％溶液，可显著提高种子产量。

5.适期灌溉

紫花苜蓿生长主要利用 0～1.2 米土层中的水分，对种子产量起决定作用的是表层 60 厘米土壤中的水分。苜蓿开花结荚期要求干旱少雨条件，土壤过分湿润会促进苜蓿新生枝条的大量产生，营养生长期延长，抑制开花、授粉和种子形成过程，降低种子产量。但土壤水分不足时，导致生殖枝数、花序数、结荚数减少，并缩短孕蕾、开花和种子形成过程，使苜蓿生育期提前，空瘪率增加。因此，在苜蓿种子生产中，有灌溉条件时，越冬水、返青水对苜蓿种子生产非常必要。蕾期和花期是否需要灌溉可根据实际状况而定，如果大气和土壤非常干旱，植株生长缓慢就必须灌溉。

调节种子田灌水量、频率和时间，既要避免植株受到过度干旱胁迫，又要防止植物徒长，使其能在营养期较慢地连续生长，促进花芽分化。一般紫花苜蓿种子田在冬季浇一次封冻水，来年浇一次返青水，分枝期浇一次攻杆、攻穗水即可。

灌溉量视土壤墒情和苜蓿田间生长而定,干湿交替有利于种子生产。种子成熟后期则应当停止灌溉,以利于种子收获。

6. 辅助授粉

苜蓿是虫媒异花授粉植物,种子田授粉状况对产量影响非常大。人工放养蜜蜂和苜蓿切叶蜂等传粉昆虫是苜蓿种子获得高产的关键措施。苜蓿主要的传粉昆虫还包括碱蜂和其他一些野生蜜蜂。

其中,碱蜂和苜蓿切叶蜂喜欢采集紫花苜蓿的花粉,几乎每一次采花都能打开龙骨瓣并完成授粉,传粉效率远高于蜜蜂。与对照相比,苜蓿切叶蜂授粉(6万只/公顷)可以使紫花苜蓿4年内每年的种子产量平均提高220%,并且千粒重提高50%,生活力和发芽率分别提高141%和116%。利用蜜蜂授粉亦可以收到良好的效果,7～8箱/公顷蜜蜂,种子产量可达390～670千克/公顷,甚至更高达1120千克/公顷。

放蜂应选择在初花期进行,一般配置3～10箱/公顷蜂,蜂箱距离30～50米比较适宜。在没有昆虫授粉的情况下,为了增加产量,必须采取人工辅助授粉,方法是两人拉一条有弹性的长绳,用绳子带动枝条或花序摇动,弹出花粉,增加苜蓿异花授粉概率。人工辅助授粉应在天气晴朗、干燥、无风、植株上没有露水的时候进行。

7. 病虫草害防治

越冬管理要求在生长季结束前,刈割利用一次,留茬过冬,冬季严禁放牧牲畜,来年春季返青前,清理田间留茬,进行耙地保墒、松土追施磷肥。苗期注意中耕除草,对不适合化学除草剂的地块要及时进行中耕除草。通过选用抗病品种、轮作、提早刈割、合理灌溉与施肥防控病害,采取种子检疫、合理利用保护草地、改变不合理耕作制度、翻耕改土、选择抗虫品种及其他物理、化学、生物等综合措施进行虫害防治。

8. 适期采种

紫花苜蓿种子的发育过程可分为三个阶段,即生长期、营养物质积累期和成熟期。种子成熟期所经历的时间较其他豆科牧草长,开花后22天种子具有完全活力,40天后种子干重达到最大,高温天气可以缩短种子成熟期持续的时间。

采种时间应当根据种子的成熟情况,以及收获时所用的机具来确定。一般以植株下部荚果变黑、中部荚果变褐、上部荚果变黄时,也就是有1/2～2/3荚果成熟时即可刈割、采种。收获过早,成熟度低、种子生活力差;收获过晚,种子硬实率高、落粒、落荚严重,收获时田间损失大。

一般根据荚果的颜色和种子含水量确定收获时间,一年最好收获一次种子,以第一茬苜蓿采收种子较好。90%～95%的荚果变成褐色时,可用大型收割机;

而用小型农机具来收割,可待荚果有 70%～80%变成褐色即可收获种子。收获前 3～10 天,可用百草枯、草铵膦、敌草快等接触性除莠剂进行落叶处理。

此外完熟期降雨对紫花苜蓿种子产量的影响很大,仅 5 毫米的降水量即可对产量造成很大的损失,10～20 毫米的降水量种子产量的损失可达 75%以上,同时降雨对种子的发芽率和质量也会产生不良影响,因此收获必须选择在没有降雨的时期进行,上午有露水时收割可减少落粒。收割后,应马上捆成小捆,及时运到晒场进行干燥、后熟、脱粒,注意防止雨淋。

9. 苜蓿饲草田留种

苜蓿饲草田可以留种,但必须注意:①品种不纯的田块不能留种,以防止种子混杂。②种植第一、二年和五年以后的田块不能留种。因为此时苜蓿长势较弱,种子产量低,品质不良。留种一般选择种植 3～4 年的田块,第一茬收种。③病虫草害严重的田块不能留种,以免循环传播。④饲草田留种最好自用,一般不作为商品种子,以保证种子质量。

二、苜蓿种子的干燥清选、分级认证和包装贮藏

1. 种子干燥

种子干燥的最主要作用是降低种子水分,提高种子的耐贮性,以便能较长时间保持种子活力。此外,种子干燥还有杀死仓虫、消灭或抑制微生物活动、促进种子后熟、减少运输压力的作用。

苜蓿种子收获后要及时进行干燥,使其含水量迅速达到 14%以下。种子干燥的方法有自然干燥和电热干燥两类,以采用自然干燥最为普遍。自然干燥又分脱粒前干燥和晒种两种不同方式。脱粒前干燥采用收割后在田间铺晒、在场院码晒等方式进行。晒种一般是选择干燥、空旷、阳光充足及空气流畅的晒场,在晴朗干燥的天气,于 9～16 时之间将种子推成薄层(5～15 厘米)进行晾晒,晒种过程中要经常翻动,晚上要防止返潮。有条件时,也可用种子干燥机进行干燥,温度控制在 45～50℃。

2. 种子清选

收获脱粒后,种子还混有一些茎叶、豆荚碎片、破碎种子、灰土、沙石、杂草种子等杂物,选种的目的是清除杂质,将不饱满的种子及杂草种子等除去,以获得籽粒饱满、纯净度高的种子。常用的方法有风筛法、比重法和表面特征清选法。常用的设备有簸箕、清选筛、气流筛选机、比重清洗机、螺旋分离机等。

风筛法是利用风力、簸箕使种子与杂质分离。比重法选种就是通过在水中加入食盐、泥土等,加大选种水的比重,一般饱满的种子比重较大,因而沉入水底;而发育不好、不饱满的或被虫子吃空了的种子则浮于水面,将其淘出。风筛

选种后,再用比重法选种,即用 20% 的盐水、过磷酸钙水或黄泥水(50 千克清水加入 15~20 千克黄土或 8~10 千克过磷酸钙或 10 千克盐,充分搅拌),比重为 1.13(放入新鲜鸡蛋横浮出水面五分硬币大小为度),充分搅拌均匀,捞出上浮的杂物和秕粒后,将沉底的饱满种子捞出,用清水冲洗两遍晾干即可,同时兼有清除种子内混杂的菌核、籽峰的作用。表面特征清选法就是根据苜蓿种子的形态特征,选择具有本品种固有形态的种子,除去其他杂物。

3. 种子分级

种子检验和质量分级是评定苜蓿种子播种质量优劣、实现种子质量标准化的重要手段。在苜蓿种子质量检测中,作为种子生产的基础种子、登记种子和审定种子的质量要求一般都很高,指标也较多。但作为生产用种子的等级划分则相对来讲比较简单,主要是依据种子的纯净度、发芽率、含水量以及其他种子的数量来划分。经检验的苜蓿种子可根据国家对苜蓿商品种子分级标准中规定的各项指标进行分级。我国目前将苜蓿种子分为三级,见表 3-3。

表 3-3　苜蓿种子质量分级

级别	净度(%)	发芽率(%)	其他种子(粒/千克)	含水量(%)
1	>95	>90	<1000	<12
2	>90	>85	<2000	<12
3	>85	>80	<4000	<12

注:摘自主要豆科苜蓿种子分级标准(GB 6141-85),1985。

4. 种子审定

种子审定(或认证)是紫花苜蓿种子生产中的重要环节,目的就是确保紫花苜蓿品种在世代繁殖过程中所生产种子的基因纯度和原种的一致性。我国实行国家和省、自治区、直辖市两级审定制度。2006 年 12 月,农业部发布了《牧草与草坪草种子认证规程》,其中对苜蓿种子的认证技术做了详细规定,采用育种家种子、基础种子、登记种子、认证种子 4 个认证等级。

种子审定(或认证)一般要经过种子生产者申请、审定机构登记核实、田间检查、种子收获加工监督检查、实验室质量检验和签发证书等一系列程序。经审定通过的品种,由农作物品种审定委员会发给品种审定合格证书。审定合格的新品种由农作物品种审定委员会审议定名,编号登记,并由农业主管部门公布。未经审定或审定未通过的品种不得经营、生产推广、报奖和广告。

5. 种子包装

种子清选后进行质量检验,如果达到国家规定的质量分级标准,便可登证造册,对品种名称、种质来源、种植年限、种植地块、收获时间、纯净度、发芽率、含水量、种子等级等进行登记,然后进行包装。苜蓿种子应选用透气并有一定的抗拉、抗撕裂能力的材料包装,防止贮运过程中因包装物破裂而造成种子损失。麻袋、布袋和尼龙袋等材料都是较好的包装物。一般每袋种子净重50千克,有时也可以根据需要包装成不同规格。销售的种子必须附有标签,标注种子类别、品种名称、产地、质量指标、检疫证明编号、种子生产许可证、种子经营许可证编号,标注的内容必须与销售的种子相符。

6.种子贮藏

苜蓿种子贮藏要求的条件是密闭、通风、隔热和防潮,防止虫、鼠危害,防止在贮藏过程中发芽、发霉和变质。种子贮藏库要求防水、防鼠、防虫、防火、干燥、通风,相对湿度不超过60%,专人管理,定期检查。尽量在低温、低湿条件下贮藏,入库种子的含水量必须降至安全含水量(12%)以下,并要经常对仓库内的温、湿度进行监控,如条件不适,及时采取措施,避免造成损失。在贮藏过程中,每4个月应做一次发芽率测定,高温、冷冻、熏蒸后也应检查发芽率。种子在良好的贮藏条件下可保存3~5年。

第八节 苜蓿干草产品的加工利用

苜蓿草产品是指将苜蓿收集、加工后得到的一类饲料产品,从广义上讲,所有苜蓿草制品,不论是初级产品还是深加工产品,不论自用还是作为商品出售,只要最终用于饲养家畜的都应视作苜蓿草产品。苜蓿草产品加工就是将苜蓿原料草转变为有利于饲喂、贮藏、运输的成品草的过程,或是将初级草产品转变为精制草产品的过程。苜蓿草经过加工可缩小体积,保护营养成分,有利于装运贮藏和降低运输成本。

随着苜蓿加工技术的提高,加工的草产品由最初的青干草、青贮草等传统产品发展到后来的草捆等初级产品,继而发展到苜蓿叶蛋白、苜蓿保健食品、苜蓿生化产品等系列深加工产品。但苜蓿干草和青贮产品仍是目前市场需求量较大的两大类草产品。其中干草产品因为便于贮藏、运输,也便于商品销售和利用而成为目前最主要的产品形式。干草产品主要有草捆、草块、草粉、草饼和草颗粒等(彩图11)。

一、苜蓿干草产品加工技术要点

1.适时收割

一般在孕蕾期及始花期进行收割,是获得优质干草的基本条件之一。

2. 快速干燥

快速干燥就是从割倒到制成干草(达到安全贮存时含水率)的过程中,干燥的速度愈快愈好。苜蓿干燥失水,一般可分为两个阶段:第一阶段先使苜蓿草含水率从割后的78%~80%迅速降至45%~55%。在此期间,应设法为苜蓿迅速脱水创造条件,如在苜蓿收割的同时进行压扁处理。第二阶段使苜蓿草含水率从45%~55%降至15%~25%。在此期间为避免阳光直接曝晒,要搂成疏松草条或集堆阴干。搂草或集堆时的含水率要在40%以上,在此含水率以下应尽量减少对苜蓿机械作业次数,以减少落叶造成的营养损失。

3. 避免雨淋和日光曝晒

日晒雨淋的干草品质较差,粗蛋白质含量比快速晒干的减少了45.97%~51.78%,钙减少了75%~76.37%,消化率降低8.81%~10.90%,粗纤维含量增加12.1%~14.5%(表3-4)。因此,苜蓿割后要及时收集,在失水的第二阶段,尽量阴干,不要晒干。

表 3-4　不同晒制时间和方式下苜蓿的营养成分

晒制时间和方法	水分%	粗蛋白质%	粗脂肪%	粗纤维%	粗灰分%	钙毫克/千克	磷毫克/千克	消化率%
阴干	10.03	17.65	2.29	29.90	9.12	2.24	0.25	62.80
晒2天	9.14	15.75	1.85	30.53	9.98	2.37	0.26	60.71
晒4天	9.43	13.47	1.97	32.80	8.98	1.60	0.21	59.71
晒20天	8.27	13.20	3.54	33.88	7.43	1.61	0.22	58.30
晒30天	8.44	8.98	1.25	34.54	5.10	1.30	0.14	53.75
日晒雨淋式	8.68	8.51	1.09	34.23	4.27	0.56	0.18	51.90

4. 尽量减少叶片损失

所谓损失,包括数量的丢失和营养成分的损失,不管采用什么样的方法和机具收割,都要尽可能满足此要求。特别是要尽量减少苜蓿叶片的损失。因此,除了适期收获外,在各个作业环节中,减少叶片损失是非常重要的问题。

5. 尽量减少杂物和污染

在草条、草堆、草垛、草捆等任何形式的干草制品中,都应尽量减少异物,例如泥土、沙石、金属以及陈草等,还应避免对牧草有任何形式的污染,更不允许含有任何有毒物质,以保证苜蓿草产品的质量。

二、苜蓿干草调制技术

加快苜蓿干燥的方法有压扁茎秆、自然干燥、草架干燥、人工干燥、干燥剂干燥等。

1. 压扁茎秆收割

苜蓿在干燥过程中,由于茎秆的含水量高于叶片,导致干燥速度不一致,因而会使提前干燥的叶片大量脱落,从而对苜蓿的品质产生不良影响。而采用压扁割草机,在收割过程中可使茎秆压扁,破坏茎秆的角质层以及维管束,可大大加快水分散失,可以显著减少叶片脱落和日光暴晒时间所造成的养分损失,是加快苜蓿干燥的主要方法。

2. 自然干草的调制

自然干燥简便易行,成本低,不需特殊设备,适用于农村一般家庭,但干草养分损失大,受天时的限制,遇阴雨天很难干燥。

(1)田间干燥法

在田野间晒制干草,可根据当地气候、牧草生长、人工及设备等因素,采用平铺、小堆晒草或两者相结合的方法。

(2)架上晒草法

多雨地区和逢阴雨季节宜采用此法。草架的形式有独木架、角锥架、棚架、长架等,可用木、竹、金属制成。草架高 20～30 厘米,牧草堆放厚度不超过 70～80 厘米。在架上干燥时间 1～3 周。此法一般比地面晒制的养分损失减少5%～10%。

(3)发酵干燥法

将刈割后的牧草平铺风干,水分降到 50%时分层堆积成 3～5 米高的草垛,逐层压实,表面用土或地膜覆盖,使植物体迅速发热,经 2～3 天后堆内温度升到60～70 ℃,打开草垛,随着发酵热量的散失,可使牧草在很短时间内风干或晒干。如遇连绵阴雨无法晾晒,则可堆放 1～2 个月,类似青贮原理,不会造成腐烂。在阴雨多湿地区或用前两种方法有困难时可用此法。

3. 人工干草的调制

人工干燥时,多用苜蓿联合收割机,同时完成刈割、切碎等工序,并将茎秆较粗硬的苜蓿压扁,以利于干燥。主要有常温通风干燥、低温烘干、高温快速干燥和化学干燥等方法。

(1)常温通风干燥法

利用高速风力,将半干牧草迅速风干。事先须在田间将牧草垄行或小堆风干,使水分降到 35%～40%,然后在草库内完成干燥过程。

(2)低温烘干法

未经切短的牧草置于传送带上送入干燥室,利用加热的空气将牧草烘干。干燥温度为 50～70 ℃时需 5～6 小时,120～150 ℃时则 5～30 分钟即可。

（3）高温快速干燥

利用高温气流,将切碎成 2～3 厘米的牧草在数分钟至数秒钟内使水分降至 10%～12%。此法可使牧草的养分保存 90%～95%,养分消化率几乎无影响,但属工厂化生产,制作成本较高。

（4）化学干燥法

其原理是使用化学制剂,将一些碱金属盐的溶液喷洒到苜蓿上,经过一定化学反应使叶茎表皮角质层破坏,减少茎叶内部水分向外散失的阻力,促使苜蓿体内水分快速蒸发。化学干燥法不但减少了苜蓿叶片脱落,从而减少了蛋白质、胡萝卜素和其他维生素的损失,而且还可以提高干草营养物质消化率。常用干燥剂有氯化钾、碳酸钾、碳酸钠和碳酸氢钠等,但成本要增加一些,适宜在苜蓿产业化生产基地进行。如苜蓿刈割后在其上喷洒 2.8% 的碳酸钾水溶液,可提高大田制干率 34%～45%,缩短大田制干时间 0.5～1 天。

三、苜蓿草捆、草块的加工调制

1. 苜蓿草捆（彩图 21、22）

为了便于贮存和运输,常将调制的苜蓿干草打成干草捆。草捆通常由捡拾打捆机将经过自然干燥或人工高温干燥到一定程度的苜蓿打制而成,加工流程为:鲜草刈割、压扁→干燥→捡拾→打捆→堆贮→二次加压打捆→贮存。

根据草捆的体积,可分为大草捆与小草捆;根据草捆的外部形状,可分为方草捆与圆草捆;根据所打制的草捆密度,有低密度草捆或高密度草捆之分。在用苜蓿制成的草产品中,方草捆是其最主要的草产品形式,也有圆形草捆,常见草捆参数见表 3-5。

表 3-5　苜蓿草捆规格一览表

指标	小方草捆		大圆草捆	大方草捆	
压缩程度	一般压缩	高压	一般压缩	一般压缩	高压
密度（千克/立方米）	80～130	最大 200	80～120	50～100	125～175
形状	方形	方形	圆柱形	方形	方形
最大截面（厘米）	42.5×55	42.5×55	直径 150～180	150×150	118×127
长度（厘米）	50～120	50～120	120～168	210～240	250
重量（千克）	8～25	最大 50	300～500	300～500	500～600

低密度草捆是将苜蓿人工或机械刈割后,在田间自然状态下晾晒至含水量为 20%～25%,用捡拾打捆机在田间直接作业,将其打成 20～25 千克/捆,体积为 30 厘米×40 厘米×50 厘米的草捆。这样的草捆形状、尺寸、重量都便于运

输、贮存和处理。与此工艺配套的设备有切割压扁机和捡拾打捆机。

高密度苜蓿方草捆是为了满足长距离运输或出口要求而发展起来的,这种草捆的密度一般可达每立方米 300~380 千克,可由高密度压捆机将苜蓿干草一次压缩成捆,也可以用二次压捆机将已打成捆的低密度草捆通过第二次压缩制成。高密度草捆由于密度高、体积小,在贮藏运输中可以节省空间、降低长距离运输成本。但因密度太大,饲喂家畜时需要切开。

2. 苜蓿草块(彩图 23)

苜蓿草块是由切碎或粉碎的干草经压块机压制成的立方块状饲料。同草捆相比,草块密度及堆积容重较高,一般草块的堆集容重在每立方米 400 千克以上,贮存空间比草捆少 1/3,饲喂损失比草捆低 10%,因此草块与草捆相比,在贮存、运输上更方便、更廉价。草块可分普通草块和脱水草块两种。

普通草块一般采用自走式或牵引式压块机在田间压块,机具在田间作业过程中,可一次完成干草捡拾、切碎、成块的全部工作。田间压块方式适用于天气状况极有利于苜蓿干燥的地区,要求刈割的苜蓿能在短时间内自然干燥到适宜压块的含水率(一般为 15%~18%)。

脱水草块作业流程是,先将苜蓿草切成 2~5 厘米的碎段,输入到干燥筒(烘干温度 200~400℃,低于生产草颗粒温度),烘干水分由 75%~85%降到 12%~15%,再进入压饼机,压成 3.2 厘米×3.2 厘米×(3.7~5.0)厘米的方草块,产品密度为每立方米 420~550 千克。在作业时,还可根据饲料的需要加入尿素、矿物质、微量元素及其他添加剂。一般压出草块经冷却后含水率可降至 14%以下,能够安全存放,可以堆贮或装袋贮存。

四、苜蓿草粉、草颗粒的加工调制

1. 苜蓿草粉

苜蓿草粉是将新鲜苜蓿经干燥、粉碎而成,主要用于为各种家畜生产配合饲料。干草加工成草粉,一方面更有利于贮存和运输,更重要的是苜蓿草粉可以作为一种饲料原料直接用于畜禽全价配合饲料的生产。

目前生产苜蓿干草粉多采用人工高温快速干燥法来进行。其工艺流程是:在苜蓿现蕾至初花期)收割→人工高温快速干燥,使水分迅速降到 15%→切碎(长约 25 毫米)→快速通过高温干燥机(空气温度加热到 800~1000℃,青草在滚筒内经历 2~5 秒,含水量从 80%~85%降低到 10%~15%,出口处温度降低到 100℃)→用锤式粉碎机粉碎成粉末状→过 1.6~3.2 毫米筛孔的筛制成干草粉,草粉长度为 1~3 毫米→包装、贮存。

加工的紫花苜蓿草粉应装在麻袋或牛皮纸袋中,为使干草粉中的胡萝卜素不受光线照射而氧化损失,最好用黑色纸袋包装,每袋重 15～20 千克。为减少粉尘飞扬,粉末状干草粉可掺加 0.5%～1% 的植物油,再分装。我国苜蓿草粉质量标准见表 3-6。为避免草粉受潮损失养分,草粉一般应保存在 2～4℃低温、干燥、避光、通风良好、无鼠害的仓库内。应分类、分级储存。

表 3-6　我国苜蓿草粉质量标准

质量指标	一级	二级	三级
粗蛋白%	≥18.0	≥16.0	≥14.0
粗纤维%	<25.0	<27.5	<30.0
粗灰分%	<12.5	<12.5	<12.5

注:各项指标均以 87% 干物质为基础计算。此标准为中华人民共和国农业部行业标准 NY/T 140－1989。

2. 苜蓿草颗粒（彩图 24）

苜蓿草颗粒的基本原理是将粉碎的苜蓿草粉通过不同孔径的压模设备,压制成直径为 0.4～1.6 厘米、长度 2～4 厘米的颗粒料,密度达每立方米 500 千克以上的草产品。苜蓿草颗粒是以苜蓿草粉为原料,经制粒机压制后形成的颗粒状饲料。苜蓿草颗粒体积小,密度大,装载贮存与饲喂方便,适宜机械化操作。

苜蓿草颗粒制作过程中以最快加温方法杀菌及降低水分,制粒时还可以加入抗氧化剂,以防胡萝卜素的损失。因此苜蓿草颗粒不但能保持高蛋白质及高营养成分,营养价值高,适口性好,可缩短采食时间,减少饲料浪费,而且可同时减少畜禽舍内因喂粉料而引起的粉尘影响。苜蓿草颗粒可直接作为全价饲料饲喂家畜,也可与其他饲料配合使用,可增加采食量,提高利用率,在鸡、鱼、鸽、兔、羊、猪等畜禽养殖业中应用广泛。

草颗粒安全贮藏,首先是保证含水量一般应在 12%～15% 以下。在高温、高湿地区,贮藏时还应加入防腐剂。常用的防腐剂有甲醛、丙酸、丙酸钙、丙酸醇、乙氧喹等。草颗粒最好用塑料袋或其他容器密封包装,以防止在贮藏过程中吸潮发霉变质。

五、苜蓿干草的品质鉴定和分级

1. 品质鉴定

苜蓿青干草的品质极大地影响饲用和商品价值,其品质应根据消化率及营养成分含量来评定,其中粗蛋白质、胡萝卜素、粗纤维及酸性洗涤纤维与中性洗涤纤维是青干草品质的重要指标。近年来,采用近红外光谱分析法（NIRS）检验干草品质,迅速、准确。

但生产实践中,常以外观特征来评定青干草的饲用价值,感官鉴定的主要内容如下。

(1)干草形态

青干草的形态可通过颜色、气味、叶片、花蕾、幼穗的多少及所含杂草的种类来验证。优质苜蓿干草颜色较青绿,气味芳香,含有较多花蕾及未结实花序的枝条,叶量丰富,茎秆质地柔软,适口性好、消化率高。质量较次的苜蓿干草叶量少而枯黄,带有较多成熟或未成熟种子的枝条,茎秆粗硬,品质下降。

(2)颜色

优质青干草颜色较绿,一般绿色越深,其营养物质损失就越少,所含的可溶性营养物质、胡萝卜素及维生素也越多。

(3)含水量

苜蓿青干草的含水量一般为 14%～17%,如果含水量在 20%以上,贮藏时应注意通风。

(4)叶量的多少

苜蓿青干草中叶量的多少,是确定干草品质的重要指标,叶量越多,营养价值越高。鉴定时取干草一束,观察测量叶量的多少。一般苜蓿干草的叶重量应占干草总重量的 30%～40%,优质苜蓿干草叶量应占 50%以上。

(5)气味

优良苜蓿青干草一般都具有较浓郁的芳香味,这种芳香味能刺激家畜的食欲,增强适口性。如果有霉烂及焦灼的气味,则品质低劣。

(6)病虫害感染情况

凡是经病虫感染过的苜蓿调制成的干草,不仅营养价值低,而且有损于家畜的健康。鉴定时抓一把干草,检查其植株上是否有黄色或黑色的斑纹及虫卵、虫体,如果干草有上述特征,一般不能加工利用,更不能喂种畜和幼畜,以免造成流产和伤害。

2. 品质分级

我国目前苜蓿的干草质量标准,通常应当达到以下指标:含水率低于 15%(达到安全存放要求)、呈绿色(说明胡萝卜素存有量高)、具有清新芳香气味(适口性好)、质地柔韧、保留较多叶片(苜蓿草叶中营养物质含量比茎秆多 3 倍,粗纤维的含量只有茎部的 1/3,易于消化)。这样的苜蓿干草不仅为家畜所喜食,也是家畜重要的蛋白质和维生素饲料资源。

苜蓿青干草的分级标准参见表 3-7。

表 3-7　紫花苜蓿干草等级标准

等级	感官指标	测定指标	
		水分含量（％）	粗蛋白含量（％）
一等	不含杂草、杂质,新鲜未经雨淋,茎叶绿色,无霉烂变质,具有草的清香味,叶量丰富无损失,现蕾未开花,收割经压扁的草。	＜15	＞18
二等	杂草含量不超过 0.5％。不含杂质,新鲜未经雨淋,茎叶绿色,无霉烂变质,具有草的清香味,叶量丰富无损失,现蕾初花期的草。	＜16	＞16
三等	杂草含量不超过 1％,不含杂质,新鲜未经雨淋,茎叶绿色,无霉烂变质,全草叶片损失不超过 5％,开花不超过 50％。	＜18	＞15
等外	杂草含量不超过 2％,无霉烂变质,茎叶绿黄色,全草叶片损失不超过 10％。盛花期草,无结籽现象。	＜18	＞13

注:该表根据 2016 年庆阳市部分草业公司紫花苜蓿收购标准整理而来。

第九节　苜蓿青贮饲料的加工利用

在我国北方地区,苜蓿利用多以调制干草为主,在收获二茬草或三茬草时,正值雨季,苜蓿难以进行优质干草的调制和生产。同时在苜蓿集中产区,存在着夏秋季过剩、冬春季饲料不足等问题。因此,搞好苜蓿青贮,是保存和利用苜蓿的常用方法,是解决苜蓿雨季贮存难、周年供应不平衡等问题的有效途径。

一、苜蓿青贮的原理、优缺点和方式

1. 原理

苜蓿青贮是苜蓿在厌氧条件下,利用青贮料中的乳酸菌发酵产生乳酸,使得青贮饲料酸碱度下降并 pH 值维持在 3.5～4.2。在此酸度下,一些好气性微生物(腐败菌、霉菌、酪酸菌等)都处于被抑制的稳定状态,使青饲料内的营养物质得到长期保存。

2. 优缺点

苜蓿青贮的优点:一是营养物质损失小,损失率只有 10％左右,能保持青绿多汁饲料的营养,提高饲料品质,比干草保存较多的维生素、矿物质和蛋白质。

二是适口性好,消化率高,由于青贮苜蓿具有酒香味,适口性好,家畜喜欢吃,可提高饲料的消化率。三是贮存量大、使用期长,一次贮存可常年使用或多年使用。四是苜蓿青贮由于封存严密,不会受到风吹、雨淋、日晒或发生火灾等。

苜蓿青贮的主要缺点:一是由于苜蓿含有较低的可溶性碳水化合物和较高的粗蛋白质,在青贮过程中容易发生酪酸发酵,使青贮料腐败变臭。二是容重较大,不易搬运和贮存,并且贮存不当时将会腐烂,带来很大损失。

3. 青贮方式

苜蓿青贮方式有多种,可以归纳为窖贮、半干青贮、袋装青贮、拉伸膜裹包青贮等方式。大致分为青贮池青贮(包括窖贮、半干青贮)和裹包青贮(包括袋装青贮、拉伸膜裹包青贮)两大类,前者适用于养殖场自产自用,后者主要用于草业公司。

二、苜蓿青贮成功的关键因素

影响苜蓿青贮成败的关键因素主要有原料的含糖量、含水量,原料长度、装填紧实程度,以及青贮温度与管理等。

1. 原料要有一定的含糖量

含糖量多的苜蓿制作青贮较好。一般用初花期收获的苜蓿做原料,其中可溶性糖分含量相对较多,有利于提高苜蓿青贮质量。若对含糖量少的苜蓿进行青贮时,要考虑添加一定量的糖源。

2. 原料含水量要适当

原料中含水量过多或过少,都将影响微生物的繁殖,必须加以调整。当原料水分含量过多时,适当加入干草粉等含水量少的原料,调节其水分至合适程度。当原料水分较低时,与新割的鲜草混合或喷洒适量清水青贮。苜蓿青贮时的最高水分应控制在60%～70%,调制半干青贮、混合青贮饲料时水分含量以50%为宜。

3. 原料长度

青贮原料切短的作用之一是增加原汁渗出机会,使糖分分布均匀,这是优质发酵的重要条件。其二是易于装填紧密,有利于排尽空气,家畜容易采食。苜蓿青贮原料切短与否,直接影响青贮发酵的pH值、乳酸含量及干物质的消化率,苜蓿青贮原料的适宜长度为1～3厘米。大规模青贮时,用铡草机或专门的青贮料切碎机切短。

4. 装填紧实造成高度缺氧

将原料压实、密封、排除空气,以造成高度缺氧环境,这是苜蓿青贮成败的关键因素之一。原料的装填应遵循快速而紧实的原则,一般应边切碎、边装填。装填前,应在窖的底部铺一层 10~15 厘米厚的切短秸秆或软草。装填时应逐层装入、逐层压实,尤其窖壁和四角的地方不能留有空隙。在青贮过程中,应严格控制原料的装填时间。小型窖最好在 1 天内完成,中型窖 2~3 天、大型窖 3~4 天完成。原料装好、压紧后,要加盖塑料薄膜,以防其透气、漏水。

5. 青贮温度与管理

青贮温度要适宜。一般以 19~37℃ 为佳,尽可能在夏秋季进行,天气寒冷时青贮效果较差。装窖完毕后,要清理窖四周多余泥土,在窖边缘 1 米处挖排水沟,以防雨水或积水等流入窖内,此后每隔一定的时间要进行检查,发现裂缝、塌陷及时修补。青贮窖开启后,取料口要用木杆、草捆覆盖,以防牲畜进入或是掉入泥土。取用时应以暴露面最小以及尽量少翻动为原则,每取用一次,随即用塑料薄膜覆盖,窖口用草捆压实,以免空气侵入,引起"二次发酵"。

三、苜蓿青贮窖及半干青贮的调控技术

1. 青贮窖青贮

青贮窖(池)青贮是指用专门的窖来青贮苜蓿的方式,具有投资小、长期使用的特点,但贮存和管理不便,饲用过程中容易发生"二次发酵"。我国北方地区青贮窖可分为半地下式和密闭式新型青贮窖两种类型。

半地下式一般用砖和水泥做成墙高 2~4 米(其中地上部分 1~1.7 米)、长 50~100 米、宽 20~40 米的青贮池,窖或砖壁的厚度不低于 70 厘米,以适应密闭的要求。

密闭式新型青贮窖是采用钢板或其他不透气的材料制成,窖内装填原料后,用气泵将窖内的空气抽空,使窖内保持缺氧状况,使养分最大限度得以保存,这种设施的干物质损失率约 5%,是最好的一种青贮设施。

2. 半干青贮

苜蓿半干青贮也叫低水分青贮,它是在苜蓿刈割后,经迅速风干至水分含量达到 45%~55% 时的一种青贮饲料。该方法以乳酸发酵为主,pH 值 4~5.5,发酵温度 32℃ 左右,青贮的苜蓿不易腐烂。半干青贮具有蛋白质不被分解、营养物质含量多、香味浓、适口性好、制作和使用成本也更加低廉等特点,是一种投资少、省劳力的青贮方法。

苜蓿半干青贮的调制方法与普通发酵青贮相似,其调控利用技术要点是:

(1)花蕾期收割

收割要在苜蓿花蕾期进行,以保证原料的营养成分较高。

（2）快速风干

收割后使原料在田间迅速风干至半干状态,要求在24～36小时内含水量降至45%～55%,判断方法是当苜蓿晾晒到叶片卷成筒状、叶柄易折断、压挤茎秆能出水时,则苜蓿的含水率大约为50%。

（3）切段

必须把原料切短为1～3厘米的碎段,装入青贮设施时要仔细压紧,这是制作苜蓿半干青贮的关键。

（4）密封

装满、压实青贮料后,开始对青贮窖进行密封,其密封方法与普通青贮的密封一样,一般可采取先在上面用塑料薄膜覆盖严,再盖上30～40厘米厚的土即可。

（5）青贮标准

调制好的半干青贮苜蓿应具备如下特征:呈半湿润状态,颜色为黄绿色,茎叶结构保持完好,有甜酸味,酸味较淡,pH值在5.1～5.4之间。

（6）利用

苜蓿青贮料装贮后,需待发酵过程完成后才能开窖饲用,一般密封贮藏40天后便可饲喂家畜,是乳牛、肉牛、犊牛及羊日粮中的优质粗饲料,亦可作为猪饲料。半干青贮料也含有大量乳酸及其他有机酸,具轻泻作用,饲喂时需注意,特别是母畜和幼畜。

四、苜蓿袋装青贮和包膜青贮调控技术

1. 袋装青贮

袋装青贮就是将苜蓿原料装入一定规格的塑料袋中密封,进行嫌气发酵,然后密封贮存,制成青贮饲料。袋装青贮是青贮饲料发展的方向。可以人工进行,也可以实现机械化操作。特点是青贮、管理、饲用、运输方便,处理成本较低,人工袋装青贮适合饲养量较少的个体户,机械袋状青贮也可以用于青贮苜蓿的商品化生产。

制作时选用无毒聚乙烯青贮袋（由双层塑料膜制成,外层为白色,内层为黑色,白色可反射阳光,黑色可抵抗紫外线对饲料的破坏作用）,将苜蓿晾至含水率60%～70%时,切成2～3厘米长的段,选择添加尿素0.3%～0.5%、食盐0.2%～0.3%、骨粉0.2%～0.5%、谷糠或麦麸5%～10%,混匀后装袋压实、扎紧袋口、密封,然后整齐堆集,贮存在干燥通风处,最好放在室内或棚内,需露天存放时要用覆盖材料盖好,避免阳光暴晒和雨淋。一般装袋后10～14天即可喂饲。

袋装青贮有两种装贮方式:一种是将切碎的青贮苜蓿装入用塑料薄膜制成

的青贮袋内,装满后用真空泵抽空密封,放在干燥的野外或室内。第二种是用打捆机将青绿苜蓿打成草捆,装入塑料袋内密封,置于野外发酵。我国自行研制的小型袋装青贮饲料装填机可以进行袋装青贮苜蓿生产,用该装填机进行作业,可一次完成对物料的切碎、装填、压实工序,大大减轻了袋贮的劳动强度。

2. 苜蓿包膜青贮

苜蓿包膜青贮全称为拉伸膜裹包青贮,也称为塑料膜密封青贮、打捆裹包青贮,是低水分青贮的一种形式,属目前世界上先进的饲料加工和青贮技术之一。

(1)技术原理

将机械收割压扁的新鲜苜蓿稍加晾晒后,先经草粉机揉碎,再用打捆机将之高密度压实打捆,最后通过裹包机将草捆用拉伸膜裹包。拉伸膜有阻隔紫外线的性能,它能使青贮料在包内形成最佳发酵环境,在密封厌氧的条件下,经20～40天完成乳酸型自然发酵生物化学反应过程,酿成营养价值高、适口性强的饲料,并可在各种气温条件下长期储存。

(2)特点

与传统窖储相比,拉伸膜裹包青贮具有较大优势。一是投资少、见效快、综合效益高;二是营养价值高、适口性好;三是无损失浪费,百分之百利用;四是可露天堆放,裹包青贮料能在-40～4℃气候条件下存放1～2年不变质;五是储存和取饲方便,避免窖储频繁开启造成的霉变损失;六是易于运输和商品化。但投资较大,加工成本相对较高,饲喂家畜时需要切碎,适用于大规模产业化生产。

(3)技术要点

①平整土地　建立草地时应平整土地,以利于割草作业和捡拾压捆作业,同时也可避免在捡拾苜蓿时带进泥土,影响青贮饲料的品质。

②刈割和晾晒　在苜蓿初花至盛花期适时刈割,最好使用压扁割草机,缩短田间干燥时间,促使茎叶同步干燥,水分迅速降到45％～55％的范围,判断方法是苜蓿晾晒至叶片卷成筒状、叶柄易折断、压挤茎秆能出水。

③捡拾压捆　当水分含量达到青贮条件时集成草条,草条的宽度应与压捆机捡拾器相符。在进行捡拾压捆作业时,拖拉机的行进速度应根据具体情况来决定,为了集好密度高、形状整齐的捆包,压捆机行进速度要比干草收集压捆机慢一些,压捆要牢固、结实,这样才能保持高密度。草捆表面要平整均匀,以免草捆和拉伸膜之间产生空洞,或与膜之间的粘贴性不良,从而发生霉变。

④拉伸膜裹包作业　使用聚乙烯拉伸缠绕膜包裹,该膜以专用的聚乙烯树脂为主要原料,采用先进的多层共济吹膜生产线加工而成,具有自黏性好、抗横向撕裂、抗穿刺、抗冲击等特点,幅宽(单幅)250毫米、500毫米,厚度0.025±0.003毫米。打好的草捆应在当天迅速裹包,使拉伸膜青贮料在短时间内进入厌氧状态,抑制酪酸菌的繁殖。

拉伸膜要选择性能好、已被实践验证过的产品,颜色选白色为好,因白色膜更容易保持较低的表面温度。目前拉伸膜青贮具有多种规格,在生产实践中小型、中型和大捆以及方捆至圆捆等都存在,但其调制技术基本一致。

　　(4)注意事项

　　在拉伸膜裹包青贮过程中严防泥土、杂草等混入造成不良发酵。要及时打捆裹包,防止雨水淋湿。裹包机使用方法和拉伸膜选择上出现失误时容易造成密封性不良等问题,在搬运和保管拉伸膜青贮饲料过程中要防止拉伸膜的损伤。饲喂过程中最好切碎,打捆过程中最好添加一些促进乳酸菌繁殖或抑制不良微生物的制剂。注意废旧拉伸膜的回收处理,防止白色污染。

五、苜蓿青贮饲料的品质鉴定技术

　　苜蓿青贮饲料在饲用前或在饲用中,都要进行品质鉴定,鉴定方法如下。

1. 采样

　　从青贮容器中分不同层次、不同部位取样层,每层取样深度不得小于5~6厘米,每层取5~9个样点,注意边角及中心部位样点的选取,每个样点取20立方厘米的青贮料样块,切忌随意取样。采样后应马上覆盖好,以免空气进入,造成腐败。采集的样品可立即进行质量评定,也可以密闭塑料袋中,置于4℃冰箱保存、待测。

2. 鉴定

　　青贮饲料的鉴定有感观鉴定法和化学鉴定法两种。

　　(1)感官鉴定

　　该方法主要根据青贮料的颜色、气味、结构三项指标鉴定,鉴定标准见表3-8。

表 3-8　苜蓿青贮产品感官鉴定标准

品质等级	颜色	气味	酸味	结构
优良	接近于原料颜色,呈黄绿或青绿,有光泽	芳香、酒酸味,给人以舒适感	浓	湿润、紧密,保持茎、叶、花原状,容易分离
中等	黄褐、暗褐色	芳香味淡,稍有酒精或醋酸味	中等	柔软、水分稍多,基本保持茎、叶、花原状
低劣	黑色、褐色或暗墨绿色	具特殊刺鼻腐臭味或霉味	淡	腐烂、污泥状,黏滑或干燥或黏结成块,无结构

　　苜蓿青贮后仍为绿色质量最佳,中等的为黄褐色或暗绿色,劣等的为褐色或

黑色。品质优良的苜蓿青贮料具有轻微的酸味和水果香味,芳香而喜闻者为上等,刺鼻者为中等,臭而难闻者为劣等。若有刺鼻的酸味,则醋酸较多,品质较次。腐烂腐败并有臭味的不宜喂家畜。优良的青贮饲料松散柔软,略湿润、不黏手,茎叶花保持原状,容易分离。中等青贮饲料茎叶部分保持原状,柔软,水分稍多。劣等的结成一团,腐烂发黏,分不清原有结构。

(2)化学分析鉴定

测定青贮料的酸碱度 pH 值、各种有机酸含量、微生物种类和数量、营养物质含量变化及青贮料可消化性及营养价值等,其中以测定 pH 值及各种有机酸含量较普遍采用。测定 pH 值时,用精密雷磁酸度计测定,生产现场可用精密石蕊试纸测定。

pH 值石蕊试纸测定方法是取 400 毫升的烧杯加半杯青贮料,加入蒸馏水浸没青贮料,不断地用玻璃棒搅拌,经 15~20 分钟后,用滤纸过滤,将滤液 2 滴滴于点滴板上,加入指示剂(或将滤液 2 毫升注入一试管中,加入 2 滴指示剂),或在 pH 值 3.8~6.0 的范围内表现出不同的颜色,并可按三级评分,见表 3-9。

表 3-9　青贮饲料氢离子浓度评定表

pH 值的范围	指示剂颜色	评定结果
3.8~4.4	红色到红紫色	品质良好
4.6~5.2	紫到乌暗紫蓝	品质中等
5.4~6.0	蓝绿到绿色	品质低劣

有机酸总量及其构成可以反映青贮饲料发酵过程的好坏,其中最重要的是乳酸、乙酸和丁酸,乳酸所占比例越大越好。优良的青贮饲料,含有较多的乳酸和少量醋酸,而不含酪酸。品质差的青贮饲料,含酪酸多而乳酸少,见表 3-10。

表 3-10　不同青贮饲料中各种酸含量(%)

等级	pH 值	乳酸	醋酸		丁酸	
			游离	结合	游离	结合
良好	4.0~4.2	1.2~1.5	0.7~0.8	0.1~0.15	—	—
中等	4.6~4.8	0.5~0.6	0.4~0.5	0.2~0.3	—	0.1~0.2
低劣	5.5~6.0	0.1~0.2	0.1~0.15	0.05~0.1	0.2~0.3	0.8~1.0

(3)质量综合评定

根据 pH 值、气味、颜色三项指标,综合评定青贮饲料的品质,见表 3-11、表3-12,总分高的质量好,反之则质量较差。

表 3-11 青贮饲料综合评定标准

按指示剂的颜色评定			按青贮料气味评定		按青贮料的颜色评定	
颜色	pH 值	分数	气味	分数	青贮料颜色	分数
红	4.0~4.2	5	水果香、弱酸味、面包味	5	绿色	3
橙红	4.2~4.6	4	微香味、醋酸味、酸黄瓜味	4	黄绿色、褐色	2
橙	4.6~5.3	3	浓醋酸味、丁酸味	2	黑褐色、黑色	1
黄绿	5.3~6.1	2	腐烂味、臭味、浓丁酸味	1		
黄绿	6.1~6.4	1				
绿	6.4~7.2	0				
蓝绿	7.2~7.6	0				

表 3-12 青贮饲料的总评分

总分数	11~12 分	9~10 分	7~8 分	4~6 分	3 分及以下
青贮料评定等级	最好	良好	中等	劣等	不能用

参考文献：

[1] 陈谷,郎建辉,颜佾.苜蓿科学生产技术解决方案[M].中国农业出版社,2012.1.

[2] 曹宏,邓芸,刘运发,等.紫花苜蓿产业化生产技术问答[M].兰州大学出版社,2009.

[3] 陈宝书.牧草饲料作物栽培学[M].中国农业出版社,2001.5.

[4] 袁庆华,张卫国,贺春贵,等.牧草病虫鼠害防治技术[M].化学工业出版社,2004.5.

[5] 刘宝成.紫花苜蓿和聚合草栽培技术及在养猪生产中的应用[J].饲料博览,2019(2)：93.

[6] 颜士红.紫花苜蓿的栽培技术[J].当代畜禽养殖业,2018(3)：43.

[7] 林晓春.紫花苜蓿在畜禽生产中的应用技术[J].中国畜牧兽医文摘,2016,32(12):224.

[8] 现代草原畜牧业生产技术手册.农业部畜牧业司,国家牧草产业技术体系编,中国农业出版社,2015.8

[9] 翟桂玉.优质饲草生产与利用技术[M].山东科学技术出版社,2013.4.

[10] 甘肃省农牧厅.牧草种植与草原保护技术[M].甘肃科学技术出版社,2015.4.

[11] 甘肃省农牧厅.饲草饲料加工与实用技术[M].甘肃科学技术出版社,2015.4.

[12] 李聪,王斌文.牧草种子良种繁育与种子生产技术[M].化学工业出版社,2008.1.

第四章　饲用玉米高效生产技术

第一节　玉米的生物学基础

一、玉米生产的重要性

玉米是禾本科玉米属一年生草本植物,在我国为仅次于水稻、小麦的第三大作物。玉米是优良的饲料、重要的工业原料和优质的粮食作物。我国生产的玉米籽粒的70%～80%作为饲料,10%～15%作为工业原料,10%～15%为人们食用。随着社会的发展,玉米作为饲料和工业原料的比率越来越大,在未来保障我国粮食与饲料安全中具有重要的地位和作用。

1. 适应性广,发展潜力大

玉米具有广泛的适应性,我国南自北纬18°的海南岛、北至北纬53°的黑龙江黑河流域都有栽培。但主要分布在从黑龙江经吉林、辽宁、河北、山东、河南、山西、陕西,转向四川、贵州、云南和广西的12个省(自治区),形成从东到西南的刈割L形玉米带。玉米是C4植物,光合效率高,增产潜力大,世界玉米高产纪录春玉米为23 222千克/公顷(Herman Warson,1985),夏玉米为16 444千克/公顷,位居禾谷类作物之首。

2. 发展畜牧业的优良饲料

玉米是饲料之王。玉米籽粒容易消化,营养价值高,一般2～3千克籽粒可以生产1千克肉。1千克玉米籽粒相当于1.35个饲料单位。玉米秸秆中含碳水化合物20%、蛋白质1%～2%、脂肪0.3%～2%,玉米穗轴中含碳水化合物45%～55%、蛋白质3%～4%、脂肪2%～3%。1千克玉米秸秆相当于0.373个饲料单位。正是由于玉米的饲用品质优良和高产优势,使之成为畜牧业发展的支柱饲料。

3. 营养丰富,食用价值高

玉米籽粒能量高,玉米的蛋白质含量高于大米,脂肪含量约4%(高油玉米达到7%～10%),并且富含多种维生素和矿物质,含热量高于面粉、大米及高粱。以玉米为原料可加工成100多种美味主、副食品。玉米脂肪中亚油酸含量高达 50% 以上,可以减少胆固醇在血管中的沉积,防止高血压、心脏病的发生,并对糖尿病有积极预防作用。同时玉米富含谷胱甘肽、谷氨酸、维生素 E、硒和镁,这些营养元素对防癌、抗癌和延缓衰老有一定的作用。因此。玉米食用价值很高,是世界上最重要的粮食作物之一,全世界约有 1/3 人口以玉米作为主要食粮。

4. 重要的工业原料

以玉米籽粒及其副产品为原料加工的工业产品达 2000 多种,其中最主要的有玉米淀粉、玉米糖浆、玉米油、玉米酒精等,广泛用于造纸、食品、纺织、医药等行业。玉米秆用于造纸和制墙板,苞叶可做填充材料和草艺编制,玉米穗轴可做燃料,也用来制工业溶剂,茎叶除用作牲畜饲料外,还是沼气池很好的原料。因此,玉米的综合利用价值很高。

二、玉米的形态特征

玉米为禾本科(Gramineae)玉蜀黍属(Zea),学名为 *Zea Mays*,L.,各部分特征如下(见图 4-1)。

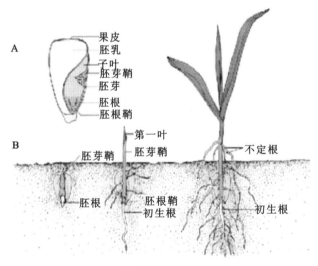

图 4-1 玉米生育初期的形态特征

1. 根

玉米具有发达的须根系,深达土层 140～150 厘米,四周伸展可达 100～120 厘米,主要分布在地表下 30～50 厘米的土层内。根据根的发生时期、外部形态、部位和功能可以分为胚根、地下节根和地上节根。

(1)胚根

胚根又称种子根、初生根。种子萌发时长出 1～7 条胚根,是玉米幼苗期主要吸收器官。

（2）地下节根

地下节根又叫次生根，是三叶期至拔节期从密集的地下茎节上，自下而上轮生而出的 4～7 层（多达 8～9 层）根系，是玉米一生中最重要的吸收器官。

（3）地上节根

地上节根又叫气生根、支持根，是玉米拔节后从近地面处茎节上轮生出的 2～3 层根系，见光后成绿色，比较粗壮，具有吸收养分、合成物质及支撑防倒的重要作用。

2. 茎

茎由节和节间组成，直立，较粗大，圆柱形，一般高 1～3 厘米，通常有 14～25 个节，其中 4～6 个密集于地下部。节与节之间称为节间。每节生 1 片叶子，主茎各节除上部 3～7 节外，每节均有 1 个腋芽，其中基部茎上的腋芽能长成侧枝，称为分蘖。

3. 叶

叶着生在茎的节上，呈不规则的互生排列。全叶由叶鞘、叶片、叶枕、叶舌 4 部分组成。叶鞘紧包着节间，可保护茎秆、增强抗倒伏能力。叶片基部与叶鞘交界处有环状稍厚的叶枕，内生叶舌。叶片着生在叶鞘顶部，形较窄长，深绿色，互生，是光合作用的重要器官。叶片中央纵贯一条主脉，主脉两侧平行分布着许多侧脉，叶片边缘呈波状皱褶，有防止风害折断叶片的作用。

4. 花序

玉米是雌雄同株异花异位的作物，有两种花序。

（1）雄花序

雄花序位于茎顶端，为圆锥花序。花序的大小、形状、色泽因类型而异。在花序的主轴和分枝上成行地着生许多成对的小穗，小穗中一为有柄小穗，一为无柄小穗。每小穗的两片颖片中包被着 2 朵雄花，每雄花由内外稃、浆片、花丝、花药等构成。发育正常的雄花序有 1000～1200 个小穗，2000～2400 朵小花，每一小花中有 3 个花药，每花药中有花粉粒 2500 粒，故一个雄花药有 1500 万～2000 万个花粉粒。

（2）雌花序

雌花序由腋芽发育而成，为肉穗花序。玉米植株上除上部 4～6 片叶子外，全部叶腋中都有腋芽，但通常只有植株中部的 1～2 个腋芽能发育成果穗。果穗是变态的茎，具有缩短了的节间及变态的叶（苞叶）。果穗的中央部分为穗轴，红色或白色，穗轴上亦成行着生许多成对的无柄小穗，每 1 个小穗有宽、短的 2 片革质颖片，夹包着 2 朵上下排列的雌花，其中上位花具有内外稃、子房、花丝等部分,能接受花粉受精结实,而下位退化只残存有内外稃和雌雄蕊,不能结实。果穗为圆柱形或近圆锥形,每穗具有籽粒8～24行。

5. 籽粒

籽粒由果皮、种皮、胚和胚乳四部分组成。果皮与种皮紧密相连不易分开成为颖果。玉米籽粒的胚比较肥大,一般占粒重的10%～15%。胚乳是贮藏有机营养的地方,根据胚乳细胞中淀粉粒之间有无蛋白质胶体存在,把胚乳分为角质胚乳和粉质胚乳两种类型;又由于支链淀粉和直链淀粉的含量不同,有蜡质胚乳和非蜡质胚乳之分。籽粒的颜色有黄、白、红、黑等单色的,也有杂色的,但生产上常见的是黄色和白色两种。种子外形有的近于圆形、顶部平滑,有的扁平形、顶部凹陷。种子大小不一,千粒重一般200～250g,最小的只有50多克,最大的达400克以上。每个果穗的种子占果穗重量的百分比(籽粒出产率)因品种而异,一般是75%～85%。

三、玉米的分类

1. 玉米的栽培亚种(类型)

通常根据籽粒形状、胚乳淀粉的结构分布,以及籽粒外部稃壳的有无等性状,将玉米划分为9大类型(亚种),具体特征如下:

(1)硬粒型(*Zea mays* L. indurate Sturt.)

硬粒型又称普通种或燧石种。果穗多为圆锥形,籽粒顶部圆而饱满,顶部和四周均为角质胚乳,中间为粉质。籽粒外表透明、坚硬、有光泽、多为黄色,次为白色,少部分为红、紫色。品质较好,耐低温,适应性强,成熟早,产量虽低,但较稳定,是生产上的主要类型之一。

(2)马齿型(*Zea mays* L. indentata Sturt.)

马齿型又称马牙种。果穗多呈圆筒形,籽粒较大,扁长,呈马齿状。籽粒胚乳两侧为角质淀粉,顶部和中部为粉质淀粉,成熟时顶部凹陷呈现马齿状。一般粉质淀粉越多,凹陷越深。品质较差,成熟晚,但株植高大、需肥水较多,增产潜力大,产量较高,目前栽培面积较大,是生产上的主栽类型之一。

(3)半马齿型(*Zea mays* L. semindentata Kulesh.)

半马齿型又称中间型,是由硬粒型与马齿型杂交而成的。与马齿型相比,籽粒顶部凹陷不明显或呈乳白色的圆顶,角质胚乳较多,种皮较厚,边缘较圆。植株、果穗的大小、形态和籽粒胚乳的特性都介于硬粒型和马齿型之间。籽粒的颜色、形状和大小都具有多样性,产量一般较高,是各地生产上普遍栽培的一种类型。

(4)蜡质型(*Zea mays* L. sinensis Kulesh.)

蜡质型蜡质型玉米又名糯质型。籽粒胚乳全部为角质,但不透明而且呈蜡状,胚乳几乎全部由支链淀粉所组成。食性似糯米,黏柔适口。中国只有零星栽培。

(5)粉质型(*Zea mays* L. amylacea Sturt.)

粉质型又名软质种。果穗和籽粒与硬粒种相似,但籽粒外观不透明,表面光滑,无光泽。该类型籽粒胚乳全部由粉质胚乳所构成,或仅在外层有一薄层角质淀粉。籽粒乳白色,含淀粉 71.5%～82.66%,质地较软,极易磨成淀粉,是制淀粉和酿造的优良原料。

(6)甜质型(*Zea mays* L. saccharata Sturt.)

甜质型又称甜质种(甜玉米)。果穗中等,苞叶长,籽粒扁平,成熟时表面皱缩,且坚硬而透明,表面及切面均有光泽,胚较大。乳熟期籽粒含糖量为15%～18%,高达 25%,比普通玉米高 2～4 倍。籽粒形状及颜色多样,以黑色及黄色者较多。可分为普通甜玉米、超甜玉米和加强甜玉米 3 种。近年来各地多有种植,多鲜食、做蔬菜或制作罐头。

(7)爆裂型(*Zea mays* L. everta Sturt.)

爆裂型又称爆裂种。果穗较小,穗轴较细、粒小,胚乳及果实均很坚硬,籽粒圆形或顶端突出,除胚乳中心部分有极少量粉质胚乳外,其余均为角质胚乳,故蛋白质含量较高。籽粒加热后,由于外层有坚韧而富弹性的胶体物质,内部胚乳在加热时体积又能猛烈膨胀冲破外层而翻到外面,故有爆裂性,其爆裂后籽粒的膨胀系数大 25～45 倍。根据籽粒形状不同,可分为两类:一类为米粒型,籽粒较大,顶端尖,呈大米米粒形,多白色;另一类为珍珠型,籽粒较小,顶部圆形如珍珠,多金黄色或褐色。此种类玉米多用于制作糕点之用。

(8)甜粉型(*Zea mays* L. amyleo-sccharala Sturt.)

甜粉型又称甜粉种。籽粒上部为含糖分较多的角质胚乳,似甜质型,而下部为粉质胚乳。该类型我国目前没有种植。

(9)有稃型(*Zea mays* L. tunicata Sturt.)

有稃型又称有稃种。有稃型属最原始的类型。果穗上每一籽粒外面均由一变态长大的稃壳包住,稃壳顶端有时有长芒状物,籽粒坚硬,多圆形,其顶端较尖,外部多为角质淀粉,脱粒极难,无生产价值,因此我国各地均无栽培。

2. 特用玉米的分类

特用玉米也称专用玉米,是指除普通玉米以外品质或用途特用的各种玉米,一般包括食用型特用玉米(甜玉米、糯玉米、笋玉米、爆裂玉米)、工业特用玉米(高赖氨酸玉米、高油玉米、高淀粉玉米)及饲用玉米(青饲青贮)三大类型。

(1)甜玉米

甜玉米因其籽粒在乳熟期含糖量高而得名。它的用途和食用方法类似于蔬菜和水果的性质,可蒸煮后直接食用,又被称为蔬菜玉米和水果玉米;它还可加工制成各种风味的罐头和加工食品、冷冻食品,也有人称之为罐头玉米。生产上应用的有普通玉米、超甜玉米和加强甜玉米类型。

（2）糯玉米

糯玉米又称黏玉米。糯玉米籽粒中的淀粉完全是支链淀粉,籽粒中的水溶性蛋白和盐溶性蛋白的含量都较高,而醇溶蛋白比较低,其消化率可达85%。而普通玉米籽粒中,支链淀粉仅占72%,消化率仅为69%。常食糯玉米有利于防止血管硬化、降低血液中的胆固醇含量,还可以预防肠道疾病和癌症的发生。因此,开发利用糯玉米具有较高的经济价值,既可以为市场提供鲜食、速冻或灌装玉米,又可生产籽粒供粮用、饲用或用作工业原料。

（3）笋玉米

笋玉米是指以采收玉米幼嫩果穗为目的的玉米。笋玉米食用部分为玉米的雌穗轴以及穗轴上一串串珍珠小花。它营养丰富、清脆可口、别具风味,是一种高档蔬菜。根据消费者的需要,通过添加各种作料,可制成不同风味的罐头,这种罐头在国际市场上很有竞争力。也可用于爆炒鲜笋、调拌色拉生菜、研制泡菜等,是宴席上的名贵佳肴。

（4）爆裂玉米

爆裂玉米籽粒富含蛋白质、淀粉、纤维素、无机盐及维生素B_1、维生素B_2等多种维生素。因此食用爆裂玉米花不仅可获得丰富的营养,而且常进食有利于牙齿保健,增加胃肠的蠕动,促进食物的消化吸收。在爆制玉米花过程中,加入糖、油、香料等调味品,可得到多种口味的玉米花,以满足消费者的需求。爆米花是一种色、香、味、形俱佳,营养丰富、容易消化、老幼皆宜的方便食品。

（5）高赖氨酸玉米

高赖氨酸玉米又称优质蛋白玉米,因为籽粒中氨基酸含量高得名。一般普通玉米的赖氨酸含量仅为0.20%,色氨酸为0.06%,而高赖氨酸玉米分别达到0.48%和0.13%,比普通玉米高一倍以上。此外,高赖氨酸玉米籽粒中组氨酸、精氨酸、天门冬氨酸、甘氨酸、蛋氨酸等含量略高于普通玉米,使氨基酸在种类、数量上更为平衡。因此高赖氨酸玉米的蛋白品质接近于鸡蛋,与牛奶相似,赖氨酸含量比小麦高。高赖氨酸玉米可制成饼干、蛋糕、饴糖等食品,其营养价值更高。同时,高赖氨酸玉米鲜穗可青食,籽粒也是畜禽优质的高营养饲料。

（6）高油玉米

高油玉米是指玉米籽粒含油量比普通玉米高50%以上的玉米类型。普通玉米的含油量一般在4%~5%,而高油玉米的含油量高达7%~10%,有的高达20%以上。其价值主要表现在由玉米胚芽榨出的玉米油。玉米油的主要成分为脂肪酸甘油酯。高油玉米和普通玉米相比,具有高能、高蛋白、高赖氨酸、高色氨酸和高维生素A、维生素E等优点。作为食用,不仅产热高,而且营养价值高、适口性好。作为饲料可提高饲料利用效率。用来加工,可比普通玉米增值 1/3 左右。

(7)高淀粉玉米

高淀粉玉米是指籽粒淀粉含量达 70% 以上的专用型玉米,而且普通玉米只含有 60%～69% 的淀粉。发展高淀粉玉米生产,不但可以为淀粉工业提供含量高、质量佳、纯度好的淀粉,而且加工淀粉后的废料还可提取玉米油、玉米蛋白粉、胚芽饼和粗饲料,加之玉米具有产量高、适应性强、易种植等特点,因此,种植高淀粉玉米可以获得较高的经济效益。

(8)青饲青贮玉米

青饲青贮玉米是指专门用于饲养家畜的玉米品种。按其植株类型,可分为单秆大穗型和分枝多穗型;按其用途可分为青贮专用型和粮饲兼用型。分枝多穗类型的青贮玉米分蘖性强,茎叶丛生,单株生物学产量高,并且多穗,可以使植株的青穗比例增加,蛋白质含量提高。单秆大穗类型的玉米基本上没有分蘖,一般植株高大、叶片繁茂、茎秆粗壮,着生 1～2 个果穗活秆成熟,单面积产量主要通过增加种植密度来实现。作为饲粮兼用的玉米,必须具有适宜的生育期和较高的籽粒、茎叶产量及活干成熟的性能,以保证在果穗籽粒达到完熟期进行收获时,仍能收获到保持青绿状态的茎叶以供青贮。

四、玉米的生长习性

1. 温度

玉米是喜温作物,全生育期要求较高的温度。玉米生物学有效温度为 10℃。种子发芽要求 6～10℃,低于 10℃ 发芽慢,16～21℃ 发芽旺盛,发芽最适温度为 28～35℃,40℃ 以上停止发芽。苗期能耐短期 -2～3℃ 的低温。拔节期要求 15～27℃,开花期要求 25～26℃,灌浆期要求 20～24℃。

2. 水分

玉米的植株高,叶面积大,因此需水量也较多。玉米生长期间最适降水量为 410～640 毫米,干旱影响玉米的产量和品质。一般认为夏季低于 150 毫米的地区不适于种植玉米,而降水过多,影响光照,增加病害、倒伏和杂草危害,也影响玉米产量和品质的提高。玉米有强大的根系,能充分利用土壤中的水分。在温度高、空气干燥时,叶片向上卷曲,减少蒸腾面积,使水分吸收与蒸腾适当平衡。

3. 土壤

玉米在沙壤、壤土、黏土上均可生长。玉米适宜的土壤 pH 值为 5～8,以 6.5～7.0 最适。耐盐碱能力差,特别是氯离子对玉米为害大。玉米根系发达,适应性也强,它对土壤种类的要求不严格,但是玉米植株高大、根系多,它要从土壤中吸取大量的水分和养分,所以一般我们都要选择地势较平坦,土层深厚,质地疏松,通透性好,肥力中等以上,保水、保肥力较好的地块,才能获得较高的产量。

第二节　饲用玉米优良品种介绍

一、饲用玉米优良品种

1. 金穗 3 号

品种来源:由白银金穗种业有限公司选育的杂交种,2005 年通过甘肃省审定,审定编号为甘审玉 2005005。

主要性状:株高 192 厘米,穗位高 94 厘米。花药浅黄色,花粉量大,花丝粉红色。果穗长锥形,长 24.9 厘米,粗 5.6 厘米,秃顶长 0.5 厘米。穗行数 16~18 行,行粒数 41.0 粒,穗轴紫红色。出籽率 86%,籽粒黄色,半马齿型,千粒重 292.4 克,含粗蛋白 9.9%、粗淀粉 73.39%。生育期 146 天。高抗红叶病,感丝黑穗病和大斑病,高感矮花叶病。亩产为 580 千克左右。

栽培要点:播前结合整地亩施磷酸二铵 40 千克,拔节期亩追施尿素 15 千克,喇叭口期亩追施尿素 25 千克,亩保苗一般为 4000~4500 株。注意防治矮花叶病、黑穗病和大斑病。

适宜范围:适宜在甘肃省临夏、康乐、定西、渭源等地种植。

2. 酒单 4 号

品种来源:由酒泉市农科院选育的杂交种。1990 年通过甘肃省审定。

主要性状:株高 175~298 厘米,穗位高 64~147 厘米。果穗圆柱形,穗轴紫色,穗长 17.4~24.3 厘米,穗粗 4.0~5.2 厘米,轴粗 2.5~2.8 厘米,穗行数 14~16 行,行粒数 36~67 粒,出籽率 85%,籽粒马齿型,黄粒侧紫。千粒重 270~389 克,含粗蛋白 8.98%、粗脂肪 3.14%、粗淀粉 71.61%。生育期 136 天。高抗丝黑穗病,抗红叶病,中抗矮花叶病,中感大斑病。一般亩产为 400 千克以上。

栽培要点:4 月中下旬播种,河西种植密度每亩 5000 株。

适宜范围:适宜在甘肃省临夏、酒泉、定西、清水等地种植。

3. 先玉 335

品种来源:由辽宁铁岭先锋种子研究有限公司选育的杂交种。2011 年通过甘肃省审定,审定编号为甘审玉 2011001。

主要性状:株高 313 厘米,穗位高 131 厘米,花药粉红色,花丝紫色,颖壳绿色。果穗筒形,穗轴红色,穗长 19.5 厘米,穗粗 5.2 厘米,轴粗 2.7 厘米,穗行数 16.9 行,行粒数 39.8 粒。籽粒马齿型,黄色,出籽率 86.1%,千粒重 346.3 克。含粗蛋白 10.94%、粗淀粉 74.91%。生育期 139 天。高抗红叶病,中抗丝黑穗病、大斑病、瘤黑粉病,抗茎腐病、矮花叶病。一般亩产 900 千克左右。

栽培要点:4 月上旬至 5 月上中旬播种。亩保苗 3500~4500 株。底肥亩施农家肥 1500 千克,磷酸二铵 15~20 千克、钾肥 10~15 千克、氮肥 10 千克。若有灌溉条件的地块,拔节前期结合灌头水亩施氮肥 20 千克。抽雄期结合灌二水亩施氮肥 20 千克,灌浆前期结合灌三水亩施氮肥 20 千克。

适宜范围:适宜在甘肃省酒泉、武威、白银、临洮、临夏、清水等地种植。

4. 富农 1 号

品种来源:由甘肃富农高科技种业有限公司和甘肃农业大学农学院选育的杂交种。2007 年通过甘肃省审定,审定编号为甘审玉 2007001。

主要性状:株高 264 厘米,穗位高 113 厘米,花药黄色,花粉量大,果穗筒形,花丝红色,穗长 22.6 厘米,穗粗 5.6 厘米,穗行数 18 行左右,行粒数 39.4 粒,穗轴红色,轴粗 2.8 厘米。出籽率 82.1%,籽粒黄色,千粒重 398 克。含粗蛋白 8.38%、粗淀粉 76.49%。生育期 131 天,比豫玉 22 号早熟 5 天,活秆成熟。茎秆较粗,抗倒伏。高抗矮花叶病,抗红叶病、丝黑穗病和大斑病。一般亩产 900 千克左右。

栽培要点:采用宽窄行种植,宽行 60 厘米,窄行 40 厘米。每亩保苗 3500~4000 株。若有灌溉条件的地块,全生育期浇水 3 次,即拔节、孕穗和灌浆期各 1 次。

适宜范围:适宜在甘肃省天水、平凉、武威等地种植。

5. 中玉 9 号

品种来源:由中国种子集团有限公司选育的杂交种。2012 年通过甘肃省审定,审定编号为甘审玉 2012004。

主要性状:株高 266 厘米,穗位高 121 厘米,花药黄色,花丝紫红色,果穗圆锥形,穗长 22.8 厘米,穗行数 15~17 行,行粒数 41.2 粒,穗轴红色。籽粒黄色、硬粒型,百粒重 33.42 克,容重 770 克/升,含粗蛋白 11.84%、粗淀粉 74.44%。生育期 141 天,比沈单 16 号晚熟 2 天。抗倒伏,高抗茎腐病,中抗大斑病、丝黑穗病、矮花叶病和红叶病。一般亩产 880 千克左右。

栽培要点:4 月中旬播种,亩保苗 3300~3500 株。施肥,基肥应每亩施复合肥 25~30 千克;追肥,拔节期亩施尿素 25~30 千克、复合肥 5 千克,大喇叭口期亩施尿素 15~20 千克。并注意防治红蜘蛛和瘤黑粉病。

适宜范围:适宜在甘肃省酒泉、武威、白银、临夏、临洮、清水等地种植。

6. 金凯 2 号

品种来源:由甘肃种业有限公司选育的杂交种。2010 年通过甘肃省审定,审定编号为甘审玉 2010005。

主要性状:生育期 131 天。株形紧凑,株高 270～310 厘米,穗位高 125～140 厘米。花药黄色,果穗长锥形,花丝绿色,穗长 22～26 厘米,穗粗 5.8～6.2 厘米,穗行数 16～22 行,行粒数 36～45 粒,籽粒黄色,马齿型,千粒重 330～360 克,穗轴白色,出籽率 83.9%。籽粒含粗蛋白 11.95%、粗淀粉 73.07%。高抗红叶病,抗茎腐病,中抗瘤黑粉病,感大斑病,高感丝黑穗病和矮花叶病。一般亩产 820 千克左右。

栽培要点:播前进行种子包衣。4 月中上旬播种,一般亩保苗 3300～3500 株。播前亩施优质农家肥 2000～3000 千克、磷酸二铵 25 千克、硝酸钾 5 千克。亩追肥 50 千克,分别在拔节期和大喇叭口期按 2∶3 的比例施入。若有灌溉条件的地块,全生育期灌水 4～5 次。

适宜范围:适宜在甘肃省武威、白银、临洮等地种植。

7. 豫玉 22 号

品种来源:由河南农业大学选育的杂交种。1998 年通过甘肃省审定。

主要性状:株高 268.2 厘米,穗位高 114.2 厘米,茎粗 2.5 厘米,雄穗分枝多,花粉量中等,雌穗花丝粉红色,果穗圆柱形,顶部略有弯曲,穗长 20.8 厘米,穗粗 5.3 厘米,穗行数 16.4 行,行粒数 40.6 粒。籽粒马齿型,橘黄色,千粒重 380.4 克,籽粒含粗蛋白 9.39%。生育期 135 天,属晚熟品种。抗丝黑穗病、矮花叶病和红叶病,中感大斑病。绿叶成熟,抗倒伏中等。一般亩产 550 千克左右。

栽培要点:采用宽窄行(宽行 83 厘米,窄行 50 厘米)种植。亩保苗,中等肥力地块 2700～3000 株,高肥力地块 3000～3300 株。若有灌溉条件的地块,注意推迟灌头水和第一次追肥,适当蹲苗。

适宜范围:适宜在甘肃省天水、陇南、平凉、庆阳、白银等地种植。

8. 金凯 3 号

品种来源:由甘肃省金源种业开发有限公司选育的杂交种。2009 年通过甘肃省审定,审定编号为甘审玉 2009009。

主要性状:生育期 137 天。株高 266 厘米。株形半紧凑,花药黄色,花丝黄绿色。果穗筒形,穗长 21.2 厘米,穗粗 5.85 厘米,穗行数 18.1 行,穗粒数 37.2 粒,穗轴白色。籽粒马齿型,黄色,出籽率 82.5%,千粒重 440 克。籽粒含粗蛋白 10.17%、粗淀粉 74.32%,容重 715.8 克/升。高抗茎腐病,抗红叶病,中抗瘤黑粉病,感大斑病、丝黑穗病,高感矮花叶病。一般亩产 920 千克左右。

栽培要点:密度以每亩 3600~4200 株为宜,播前种子进行包衣处理,积温较低的地区要覆膜种植。

适宜范围:适宜在甘肃省天水、陇南、平凉、庆阳、白银等地种植。

9.登义 2 号

品种来源:由白银金穗种业有限公司和高台县隆丰种业有限公司选育的杂交种。2012 年通过甘肃省审定,审定编号为甘审玉 2012011。

主要性状:株高 290 厘米,穗位高 127 厘米,花药浅黄色,颖壳浅绿色。花丝粉红色,果穗长锥形,穗长 26.2 厘米,穗行数 14~16 行,行粒数 44 粒,穗轴红色。籽粒黄色、马齿型,百粒重 43.0 克,含粗蛋白 9.5%,粗淀粉 71.68%。生育期在白银 137 天。抗倒伏。高抗大斑病,抗茎腐病、矮花叶病、红叶病,感丝黑穗病。一般亩产 900 千克左右。

栽培要点:4 月中旬覆膜播种。亩保苗水地 4000 株,旱地 3500 株。基肥应亩施磷二胺 40 千克,拔节期亩追施尿素 20 千克,大喇叭口期亩施尿素 30 千克。并注意防治红蜘蛛和丝黑穗病。

适宜范围:适宜在甘肃省天水、陇南、平凉、庆阳、白银等地种植。

二、青贮玉米优良品种

1.正大 12 号

品种来源:湖北襄樊正大农业开发有限公司。

特征特性:中早熟品种,春播生育期 135 天左右,夏播生育期 110 天,幼苗浅紫色,株形半紧凑,株高 286 厘米,穗位高 134 厘米,全株 22 片叶。花药黄色,花丝浅红色。果穗锥形,长 18.9 厘米,粗 5.8 厘米,穗行数 16.5 行,行粒数 39.4 粒,穗轴红色,籽粒黄色,硬粒型,出籽率 77.4%~81.4%,千粒重 329.5~345.9 克。经农业部谷物品质监督检验测试中心(北京)测定,籽粒含粗蛋白 10.28%、赖氨酸 0.35%、粗脂肪 3.71%、粗淀粉 72.31%,容重 792 克/升,达到国家饲料玉米一级标准。经甘肃省农业科学院植物保护研究所接种鉴定,高抗茎腐病,中抗大小斑病,抗矮花叶病毒病、红叶病,易感染丝黑穗病。

栽培要点:播种前晒种 1~2 天,一次性施入腐熟农家肥每亩 5000 千克,尿素每亩 15~20 千克,普通过磷酸钙每亩 25~30 千克、硫酸钾每亩 2 千克。陇东地区一般 4 月上、中旬为适播期,覆膜比露地早播 7~10 天。最佳亩保苗密度为 4500~5000 株为宜。注意防治蛴螬、地老虎等虫害以及丝黑穗病、大斑病等病害。

适宜范围:适宜甘肃积温在 2800℃以上的地区种植。

2. 豫青贮 23 号

品种来源:河南省大京九种业有限公司。

特征特性:东华北地区出苗至青贮收获期平均 117 天、至成熟期 127 天,黄淮地区夏播出苗至青贮收获期 88 天左右、至成熟期 98 天。平均株高 330 厘米,该品种根系发达,抗性好,成株叶片数 18~19 片,至成熟收获时绿叶片数 14 片,持绿性好。经北京农学院品质测定中心测定:全株青贮中性洗涤纤维含量 46.72%,酸性洗涤纤维含量 19.63%,粗蛋白含量 9.30%,饲养牲畜适口性好,产奶量高。果穗穗长 22 厘米,穗位整齐,穗轴红色,结实性好,籽粒黄色,经农业部农产品质量监督检验测试中心(郑州)测试,籽粒蛋白质含量 9.86%,脂肪含量 4.24%,淀粉含量 72.29%,赖氨酸含量 0.30%,品质好,活秆成熟,是极好的粮饲兼用型品种。2007 年经中国农业科学院作物科学研究所人工接种抗性鉴定,高抗矮花叶病、高抗丝黑穗病,抗大、小斑病及纹枯病,抗病性好。

栽培要点:豫青贮 23 属籽粒秸秆双优双高品种,即可全株青贮也可收获籽粒后秸秆青贮,籽粒收获时能保持 14 片以上的绿叶,抗逆性强,适应性广,夏播区亩适宜密度 4000 株,春播区 4500 株。陇东地区播种时间在 4 月下旬至 5 月上旬为宜。该品种具有较强的抗病性,一般不感染病害,主要以虫害防治为主。

适宜范围:适宜甘肃积温在 2800℃以上的地区种植。

3. 北农 208 号

品种来源:北京市农业技术推广站。

特征特性:播种至收获的天数为 118 天左右,幼苗叶片绿色,叶鞘紫色,叶缘绿色。植株半紧凑型,株高 329 厘米,穗位 160 厘米,总叶片数 21~23 片。雄穗一级分枝 7~9 个,护颖绿色,花药黄色。雌穗花丝绿色。果穗长筒形,白轴,穗长 19~22 厘米,穗粗 4~5 厘米,穗行数 14~16 行,行粒数 40 粒,出籽率 83%。籽粒半马齿型,黄色,千粒重 348 克左右。2007 年北京农学院植物科技系(北京)测定,含中性洗涤纤维 44.43%、酸性洗涤纤维 17.18%、粗蛋白 9.63%。2007 年吉林省农业科学院植保所人工接种、接虫抗性鉴定,抗大斑病,中抗丝黑穗病,高抗茎腐病,中抗玉米螟。

栽培要点:最适播期 4 月下旬到 5 月上旬,亩保苗 4000~4500 株,高肥力地块可适当增加密度,最高不超过每亩 5500 株。套种或直播均可,施好基肥、种肥,重施穗肥,酌施粒肥,及时防治病虫害,适时收获。前期蹲苗,可有效防止倒伏。

适宜范围:适宜甘肃积温在 2800℃以上的地区种植。

4. 金凯 3 号

品种来源:甘肃金源种业开发有限公司。

特征特性:幼苗叶鞘绿色,叶姿平展。生育期 137 天。株形半紧凑,雄穗分枝数 13～15,花药黄色,花丝黄绿色。单株叶片 20～21 片,株高 266 厘米。果穗筒型,穗长 21.1 厘米,穗粗 5.85 厘米,穗行数 18.1 行,穗粒数 37.2 行,穗轴白色。籽粒马齿型,黄色,出籽率 82.5%,千粒重 440 克。籽粒水分 11.7%,含粗蛋白 10.17%、粗脂肪 4.4%、粗淀粉 74.32%、赖氨酸 0.18% 基,灰分 1.39%,容重 715.8 克/升。高抗茎腐病,抗红叶病,中抗瘤黑粉病,感大斑病、丝黑穗病,高感矮花叶病,具有稳产性好,抗病、抗逆性强,适应性广等特点。

栽培要点:密度以每亩 3600～4200 株为宜,播前种子进行处理,出苗后及时间苗、定苗。积温较低的地区要覆膜种植。平整土地,结合整地一次性施入优质农家肥每亩 5000 千克、磷酸二氢铵 20～50 千克、硫酸铵 2.33 千克做基肥,施肥后抢墒覆膜,压膜要严实,不透风不漏气,防止大风刮破地膜导致缺墒。

适宜范围:适宜于积温在 2800℃ 以上、海拔 1700 米以下的地区露地或覆膜种植。

5. 陇单 4 号

品种来源:甘肃省农科院作物所。

特征特性:生育期 137 天。幼苗拱土力强,叶鞘紫色,叶色深绿,单株 19～20 片叶。株形平展。株高 268 厘米,穗位高 125 厘米,雄穗分枝 15 个,花药黄色,花丝红色。果穗长筒形,穗长 20.0 厘米,穗粗 5.8 厘米,穗行数 18～20 行,行粒数 40.8 粒。穗轴红色,轴粗 3.4 厘米,出籽率 79.5%,千粒重 377.5 克。籽粒黄色、马齿型,含粗淀粉 76.44%、粗蛋白 9.356%、赖氨酸 0.33%、粗脂肪 3.57%。抗矮花叶病、红叶病和大斑病,感丝黑穗病。

栽培要点:种植密度为每亩 3300～3700 株。甘肃省春播以 4 月中旬为宜。适宜在肥力条件较好的地块种植。一般情况下,施优质农家肥每亩 2000～3000 千克、氮磷钾复合肥 15～20 千克做底肥。

适宜范围:适宜有效积温在 2800℃ 以上地区推广种植。

6. 豫玉 22 号

品种来源:河南农业大学玉米研究所。

品种特性:夏播生育期 104 天左右,株高 260～290 厘米,穗位高 95～110 厘米,全株 18～19 片叶,半紧凑型。穗筒形,穗长 20～26 厘米,穗粗 5～5.5 厘米,穗行数 16～18 行,行粒数 35～45 粒,千粒重 350～450 克,出籽率 84%,粒黄色,半马齿型,穗轴红色,成熟后苞叶黄色,植株绿色。中抗小斑病、弯孢菌叶斑病,抗灰斑病、穗腐病、丝黑穗病和红叶病,高抗矮花叶病,中感大斑病。抗倒性稍差。籽粒粗蛋白含量 9.93%,粗脂肪 4.62%,粗淀粉 65.03%,赖氨酸 0.30%。

栽培要点:适期早播,4 月 10 日后播种为宜。种植密度不宜过大,中等肥力地块每亩保苗 2700~3000 株,高肥水地块每亩保苗 3500~3800 株。最好采取宽窄行种植。雨后及时排涝,抽雄前后注意防旱,后期防止倒伏。

适宜范围:适宜甘肃积温在 2800℃以上的地区种植。

7. 北青贮 356

品种来源:北京农学院。

品种特性:夏播从出苗至青饲收获 83 天,春播从出苗至青饲收获 103 天。株形半紧凑,株高 295 厘米,穗位 130 厘米;收获期单株叶片数 15.1,单株枯叶片数 2.9。田间综合抗病性好,抗倒性好,保绿性好。中性洗涤纤维含量 51.03%,酸性洗涤纤维含量 20.09%,粗蛋白含量 8.82%。接种鉴定高抗大斑病和小斑病,抗茎腐病。

栽培要点:种植密度不宜过大,在中等肥力以上地块栽培,种植密度每亩 5000 株左右。最好采取宽窄行种植。抽雄前后注意防旱,后期防止倒伏。春播或夏播均可以做青饲玉米种植。

适宜范围:适宜在积温≥2500℃的区域种植。

8. 大京九 26

品种来源:河南省大京九种业有限公司。

品种特性:东华北、西北春玉米区出苗至收获 123 天,比对照雅玉青贮 26 早 2 天。幼苗叶鞘浅紫色,叶片深绿色,叶缘紫色,花药浅紫色,颖壳绿色。株形半凑紧,株高 341 厘米,穗位高 160.5 厘米,成株叶片数 20 片。花丝浅紫色,果穗长筒形,穗长 22 厘米,穗行数 16~18 行,穗轴白色,籽粒黄色,马齿型,百粒重 36.0 克。接种鉴定,抗小斑病,中抗弯孢叶斑病,感大斑病、纹枯病、丝黑穗病。中性洗涤纤维含量 40.81%~42.77%、酸性洗涤纤维含量 17.09%~18.73%、粗蛋白含量 7.43%~8.14%、淀粉含量 27.43%~31.32%。

栽培要点:该品种高产、稳产、耐贫瘠性强,适合中等以上肥力地块种植,4 月下旬至 5 月上旬播种,每亩种植密度 5000 株。

适宜范围:适宜甘肃积温在 2800℃以上的地区种植。

9. 郑青贮 1 号

品种来源:河南省农科院。

品种特性:出苗至青贮收获春播 118 天,株高 320 厘米左右;夏播 90 天,株高 270 厘米左右。茎粗 2.8 厘米,株形紧凑;穗长 18.5 厘米,穗粗 5.0 厘米,行数 16 行,籽粒黄色;根系发达,抗倒性较强,抗大小斑病,高抗癌花叶病,中抗纹枯病、丝黑穗病。中性洗涤纤维:44.82%,酸性洗涤纤维:22.00%,粗蛋白 7.65%,属于优良品种。注意防倒伏。

栽培要点:中等肥力每亩保苗 4000~4500 株,高水肥力每亩保苗 4500~

5000 株。

适宜范围:适宜甘肃积温在 2800℃ 以上的地区种植。

第三节　饲用玉米全膜双垄沟播栽培技术

一、播前准备

1. 选地整地

选择地势平坦、土层深厚、土质疏松、肥力中上、土壤理化性状良好、保水保肥能力强、坡度在 15° 以下的地块,前茬作物收获后及时深耕灭茬,深度 25～30 厘米,耕后及时耙耱。覆膜前浅耕或旋耕,整平地表,做到"上虚下实无根茬、地面平整无坷垃"。

2. 划行施肥

选用木材或钢管制作的大行齿距 70 厘米、小行齿距 40 厘米的划行器划行,幅宽 110 厘米。划行时首先在地边划一边线,沿边线 35 厘米处划小行边线,然后一小一大间隔划完全田。

一般亩施优质腐熟农家肥 3000～5000 千克,整地时或起垄前均匀撒在地表。亩施尿素 25～30 千克、过磷酸钙 50～70 千克、硫酸钾 15～20 千克、硫酸锌 2～3 千克或玉米专用肥 80 千克,化肥混合后结合浅耕或旋耕撒在覆膜的小垄带上。见图 4-2。

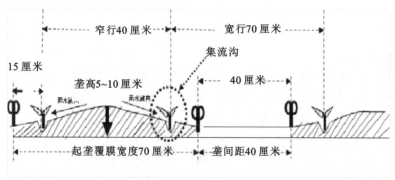

图 4-2　全膜双垄沟播示意图

3. 土壤处理

地下害虫危害严重的地块,整地起垄时每亩用 40% 辛硫磷乳油 0.5 千克加细沙土 30 千克撒施或兑水 50 千克喷施,每喷完 1 次覆盖后再喷 1 次,以提高药效。杂草危害严重的地块,整地起垄后用 50% 乙草胺乳油 0.1 千克兑水 50 千克全地面喷雾,然后覆盖地膜。

4. 覆膜

选全膜双垄起垄覆膜机或通用覆膜机(见图 4-3),配套 250～350 型四轮拖拉机一次性完成起垄覆膜。选用厚度 0.01 毫米、宽度 120 厘米的地膜。

图 4-3　全膜双垄沟播机械覆膜作业

(1)覆膜时间

①秋季覆膜(10 月下旬至土壤封冻前):前茬作物收获后,及时深耕耙地,在封冻前起垄覆膜,秸秆富余的地区可配套应用秸秆护膜。为了防止冬季地膜破损,也可秋季施肥起垄,早春顶凌覆膜。

②顶凌覆膜(3 月上中旬土壤昼消夜冻时):早春土壤昼消夜冻时,及早整地、起垄覆膜,此时覆膜保墒增温效果好,特别有利于发挥该项技术的增产增收优势。

(2)覆后管理

田间覆膜完成后,抓好防护管理,严禁牲畜入地践踏、防止大风揭膜。要经常沿垄沟逐行检查,一旦发现破损,及时用细土盖严。覆盖地膜一周左右后,地膜与地面贴紧时,在垄沟内每隔 50 厘米打直径 3 毫米的渗水孔,以便降水入渗。

5. 选用良种

选择株形紧凑、抗病性强、适应性广、品质优良、增产潜力大的饲用型杂交玉米品种或粮饲兼用型杂交玉米品种。即正大 12 号、豫青贮 23 号、北农 208 号、金凯 3 号、陇单 4 号和豫玉 22 号。

二、适期播种

1. 播种时期

当地表 5 厘米地温稳定通过 10 ℃时为饲用玉米适宜播期,陇东地区一般在4 月下旬或 5 月上旬。若土壤过分干旱要采取坐水播种、深播浅覆土等抗旱播种措施,为种子萌发出苗创造条件。

2. 播种

采用玉米点播器按适宜的株距将种子破膜穴播在垄沟内,每穴下籽 1～2 粒,播深 3～5 厘米,点播后随即按压播种孔使种子与土壤紧密结合,防止吊苗、粉籽,并用细沙土、牲畜圈粪或草木灰等疏松物封严播种孔,防止播种孔大量散墒和遇雨板结影响出苗。

3. 合理密植

按照土壤肥力状况和降雨条件确定种植密度。以陇东地区为例,北部地区以 3500～4000 株为宜,株距为 30～34 厘米;中南部地区以 4000～4500 株为宜,株距为 26～30 厘米。

三、田间管理

1. 苗期管理(出苗—拔节)

(1)破土引苗

饲用玉米播种遇雨后覆土容易形成一个板结的蘑菇帽,导致幼苗难以出土,应及时破土引苗。

(2)查苗补苗

发现缺苗断垄要及时移栽,在缺苗处补苗后,浇少量水,然后用细湿土封住孔眼。

(3)间苗定苗

"三叶间、五叶定",出苗后 2～3 片叶时,开始间苗,除去病、弱、杂苗;幼苗达到 4～5 片叶时,即可定苗,每穴留苗 1 株,保留生长整齐一致的壮苗。

2. 中期管理(拔节—抽雄)

饲用玉米大喇叭口期,即 10～12 片叶时,追施壮秆攻穗肥,一般每亩追施尿素 15～20 千克。用玉米点播器或追肥枪从两株距间打孔,深施或将肥料溶解在 150～200 千克水中,制成液体肥,用壶每孔内浇灌 50 毫升左右。

3. 后期管理(抽雄—成熟)

若发现植株发黄等缺肥症状时,应及时追施增粒肥,一般以每亩追施 5 千克尿素为宜。

四、病虫害防治

1. 玉米大、小斑病

(1)危害症状

①玉米大斑病　发生在玉米生育后期,主要为害叶片,严重时也为害叶鞘和

苞叶。一般先从底部叶片开始发生,逐步向上扩展,严重时能遍及全株,但也有从中、上部叶片发病的情况。病斑长梭形,灰褐或黄褐色,病斑长 3～15 厘米,有的病斑更大,严重时病斑连片,叶片枯焦甚至很快死亡。多雨潮湿天气,病斑上可密生灰黑色霉层。此外,还有一种发生在抗病品种上的病斑,沿叶脉扩展,表现为褐色坏死条纹,周围有黄色或淡褐色褪绿圈,不产生或极少产生孢子。

②玉米小斑病　主要为害玉米叶片,有时也可为害叶鞘、苞叶和果穗,多在叶脉间产生椭圆形或近长方形斑,黄褐色,边缘有紫色或红色晕纹圈。叶片上病斑小,但病斑数量多,病斑密集时常互相连接成片,形成较大型的枯斑。叶鞘和苞叶染病时病斑较大,纺锤形,黄褐色,边缘紫色不明显,发病部位长有灰黑色霉层,果穗染病部产生不规则的灰黑色霉区,严重的果穗腐烂,种子发黑霉变。

(2)防治方法

①选用抗病品种

②消灭初侵染源　玉米收获后,及时进行秋季深耕,将遗留在田间的病株残体翻入土中,加速腐烂分解,对秸秆要认真处理。重病田的残株做高温堆肥,充分腐熟后方可使用,轻病田的秸秆应在幼苗出土之前烧完。

③合理轮作　尽量避免连作,实行间作,有利于通风透光,降低田间小气候的湿度,从而减轻病害。

④加强栽培管理　应在施足基肥的基础上,增施磷钾肥,避免后期脱肥。雨水过大时及时排水。

⑤合理密植　不能随便加大种植密度。

⑥药剂防治　用 5% 敌菌灵 500 倍液、90% 代森锰锌 500 倍液、40% 克瘟散 500 液、75% 百菌灵可湿性粉剂 800 倍液喷雾即可。效果比较好的是用 50% 多菌灵＋米醋或杜邦·福星 2～3 毫升/亩喷雾,在发病前应至少喷药 2～3 次。

2. 玉米矮花叶病毒病

(1)危害症状

玉米整个生育期均可发病,以苗期受害最重,抽穗后发病的较轻。最初在幼苗心叶基部细脉间出现许多椭圆形褪绿小点,呈虚线状排列,以后发展成实线。病部继续呈不规则状扩大,不受叶脉限制,在粗脉间形成许多黄色的条纹,与健部相间形成花叶症状。病部可包围健部,形成许多大小不同略呈圆形的绿斑,叶片变黄、棕、紫或干枯。重病株的苞叶、叶鞘、雄花穗有时出现褪绿斑,植株矮小,其高度有时只为健株的 1/3～1/2,不能抽穗或迟抽穗而不结实。病株茎细,根部不发达或萎缩。

(2)防治方法

①选用无病区种子及抗病品种。

②加强栽培管理,培育壮苗,提高植株抗病能力。

③调整玉米播期,避免蚜虫高峰期与玉米易感病生育期相吻合。

④增施有机肥,增施锌、铁等微肥。

⑤在田间尽早拔除病株,是防治该病关键措施之一。

⑥中耕锄草,可减少传毒寄主。冬前或春季及时清除地头、田边以及田间的杂草,尤其多年生杂草,压低蚜虫虫口基数及时防治蚜虫,减少初侵染源。

⑦早期用药剂把蚜虫和灰飞虱消灭在迁飞至玉米田之前。用 40% 氧化乐果 3000 倍液,或 50% 抗蚜威可湿性粉剂每亩 15~20 克、兑水 50~75 千克喷雾。

3. 玉米丝黑穗病

（1）危害症状

玉米丝黑穗病一般从幼苗期侵入,到抽雄期才出现典型症状。但有些病株在生长前期即可表现出种种异常,如病株节间缩短、低矮,茎秆基部膨大,叶片簇生,叶色暗绿,稍硬而挺拔等症状。玉米抽雄后生病的症状最为明显和典型。病果穗一般短粗无花丝,除苞叶外,整个果穗变成一个大的黑粉包,成熟时若苞破裂才撒出黑粉,黑粉一般黏结成块,不易飞散,内部夹杂有丝状组织,有此特征,故名为丝黑穗病。雄穗发病后,多数病穗仍保持原来的穗形,但不形成雄蕊,小花膨大,变成黑粉,少数发病较迟的,果穗受害而雄穗正常。

（2）防治方法

①选用抗病品种。

②实行轮作、深耕。实行 3 年以上轮作,基本上可消灭土壤中病菌的危害;深翻土壤可减少菌源,减轻发病。

③早期拔除病株。把病株拿到地外深埋或烧毁。

④药剂防治。可用 15% 三唑酮(粉锈宁)或 50% 甲基硫菌灵(甲基托布津)按种子重量的 0.3%~0.5% 拌种,也可用 12.5% 的烯唑醇(速保利)或 2% 戊唑醇(立克秀)湿拌种剂按种子重量的 0.2% 拌种。

4. 玉米瘤黑粉病

（1）危害症状

玉米瘤黑粉病菌侵染玉米后,可使玉米的雄穗、果穗、气生根、茎、叶、叶鞘、腋芽等部位生出肿瘤,但形状和大小变化很大。玉米病苗茎叶扭曲,矮缩不长,茎上可生出肿瘤。叶片上肿瘤多分布在叶片基部的中脉两侧,以及相连的叶鞘上,病瘤小而多,常串生,病部肿厚突起,成泡状,其反面略有凹入。茎秆上的肿瘤常由各节的基部生出,多数是腋芽被侵染后,组织增生,形成肿瘤而突出叶鞘。雄穗上部分小花长出小型肿瘤,几个至十几个,常聚集成堆。在雄穗轴上,肿瘤常生于一侧,长蛇状。果穗上籽粒形成肿瘤,也可在穗顶形成肿瘤,形体较大,突破苞叶而外露,此时仍能结出部分籽粒,但也有的全穗受害,变成一个大肿瘤。

（2）防治方法

①选用抗病品种,轮作倒茬,减少侵染源。

②改善栽培技术,增强玉米抗病性,在抽穗前后适时灌水,避免受旱。

③及时防治玉米螟,尽量减少虫伤或机械损伤,杜绝病菌从伤口侵入。

④药剂防治,可用种子重量 0.2%～0.3% 的 50% 福美双可湿性粉剂拌种,可以减轻种子带菌造成的危害;在玉米出苗前地表喷施杀菌剂;在玉米抽雄前喷 50% 多菌灵或 50% 福美双,防治 1～2 次,可有效减轻病害。

5. 玉米螟

（1）危害症状

玉米心叶期钻食心叶,当心叶展开时形成排孔。抽穗后蛀入茎秆或穗茎内,在穗期还可咬食玉米花丝、嫩粒或蛀入穗轴中。被害的茎秆组织遭受破坏,影响养分的输送,使玉米穗部发育不全而减产,茎秆被蛀后被风折断则损失更大。

玉米螟的危害,主要是因为叶片被幼虫咬食后,会降低其光合效率;雄穗被蛀,常易折断,影响授粉;苞叶、花丝被蛀食,会造成缺粒和秕粒;茎秆、穗柄、穗轴被蛀食后,形成隧道,破坏植株内水分、养分的输送,使茎秆倒折率增加,籽粒产量下降。玉米螟适合在高温、高湿条件下发育,冬季气温较高,天敌寄生量少,有利于玉米螟的繁殖,危害较重;卵期干旱,玉米叶片卷曲,卵块易从叶背面脱落而死亡,危害也较轻。

（2）防治方法

①消灭越冬幼虫,减少越冬虫口基数。玉米螟幼虫绝大多数在玉米秆和穗轴中越冬,翌春在其中化蛹。4 月底以前应把玉米秆、穗轴作为燃料烧完,或做饲料加工粉碎完毕。

②药物防治。用 50%1605 乳剂或 50% 甲胺磷乳剂 0.5 千克拌 40 千克细沙（或煤渣）;也可用 3% 呋喃丹颗粒剂每亩 2 千克兑 5 倍细沙,制成毒沙,撒在玉米心叶。药液灌注法可用 80% 敌敌畏乳油,稀释成 2500～3000 倍液,每株玉米灌 10～15 毫升,防治效果可达 85% 以上,同时对玉米蓟马的兼治效果可高达 96.8%。

③利用赤眼蜂消灭玉米螟有很显著的作用,并且成本低。

④选用抗虫品种。

6. 蚜虫

（1）危害症状

成、若蚜刺吸植物组织汁液,引致叶片变黄或发红,影响玉米生长发育,严重时植株枯死。玉米蚜多群集在心叶,为害叶片时分泌蜜露,产生黑色霉状物。在紧凑型玉米上主要为害雄花和上层1～5叶,下部叶受害轻,刺吸玉米的汁液,致叶片变黄枯死,常使叶面生霉变黑,影响光合作用,降低粒重,并传播病毒病造成减产,甚至造成无棒"空株"。

(2)防治方法

①用40%氧化乐果3000倍液或用50%抗蚜威可湿性粉剂每亩15～20克兑水50～75千克喷雾,也可用40%乐果乳剂原液每亩1千克加水5～6千克,在被害玉米的茎基部,用毛笔或棉花球蘸药涂抹。

②玉米蚜天敌多,可对其起到抑制作用。

③清除田边沟旁的杂草,消灭滋生基地,减少虫量。

7. 玉米红蜘蛛

(1)危害症状

玉米红蜘蛛吸食玉米叶背组织汁液,被害处呈失绿斑点,影响光合作用。危害严重时,被害玉米植株表现失水、失绿、早衰、倒伏、大片枯死、籽粒秕瘦,减产严重,甚至绝收。

(2)防治方法

①消灭越冬成虫:早春和秋后灌水,可以消灭大量的越冬红蜘蛛;深翻土地,将害螨翻入深层;清除田间、田埂、沟渠旁的杂草,减少害螨食料和繁殖场所。

②选用抗性:在玉米红蜘蛛发生为害较重的地方,要选用推广抗螨品种,避免玉米与豆类、蔬菜作物间作套种,以显著减少其种群数量。

③利用天敌:玉米红蜘蛛的天敌有深点食螨瓢虫、食螨蓟马、草蛉等。

④药剂防治:在玉米喇叭口期结合玉米根部追肥,按每亩用5%涕灭威颗粒剂80克埋施,或用1.8%阿维菌素类农药2000倍液,或20%的甲氰菊酯乳油2000倍液,或10%的可湿性粉剂1500倍液,或15%的达螨灵乳油2500倍液,或40%乐果乳剂和20%三氯杀螨醇混合液(1∶1)1000～1500倍液,喷雾防治2～3次,均能获得良好的防治效果。

8. 玉米蓟马

(1)危害症状

玉米蓟马为害以玉米苗期为主,以成、若虫锉吸叶片汁液,并分泌毒素,抑制玉米生长。被害植株叶片上出现成片的银灰色斑,叶片点状失绿,致使玉米心叶上密布小白点及银白色条斑,部分叶片畸形破裂,造成心叶扭曲,呈猪尾巴状;重者叶片皱缩、扭曲成"马鞭状",心叶难以长出,或生长点被破坏,分蘖丛生,形成多头玉米,甚至造成大批死苗。

(2)防治方法

①合理密植,适时浇灌,清除田边、塘边等处杂草能有效减轻蓟马为害。

②选择抗病虫性强的品种,提高品种自身抗虫性。尤其是玉米蓟马重发生区避免种植抗性差的品种。

③调整玉米播期,扩大夏播玉米种植面积。6 月中旬播种的玉米蓟马发生严重,应提早播种。

④结合田间定苗,拔除虫苗带出田间销毁,减少其传播蔓延。

⑤阿克泰 3000～7500 倍液、20％的氰戊菊酯乳油 4000 倍液、10％吡虫啉可湿性粉剂 2000 倍液、1.8％爱福 2000 倍液或千虫克 1500 倍液喷雾。

五、适时收获,清除残膜

适期早收,8 月上旬当籽粒灌浆后及时收获。及时清除残膜,深耕整地。

第四节　饲用玉米高效青贮技术

一、全株玉米青贮技术

全株玉米青贮也叫带穗玉米青贮,即将玉米果穗一块青贮。全株玉米青贮不但营养价值高,是奶牛的好饲料,而且省去了收获玉米果穗的繁杂劳动,是值得推广的一项技术。

1. 适时收割

全株玉米青贮的最佳收割时期是乳熟后期至蜡熟前期。

2. 把握原料的含水量

含水量以 65％～75％为宜,尤以 70％为最佳。判断青贮饲草含水量的方法是:抓一把切碎的青草,在手里攥紧 1 分钟后松开,捏成的球保持原状,手上有许多汁水,含水量大于 75％;保持原状,有很少汁水,含水量 70％～75％;慢慢散开,手上无汁水,含水量 60％～70％;很快散开,手上无汁水,含水量小于 60％。

3. 铡短、装窖

从铡短切碎到装窖,应尽量加快速度,做到随运、随铡、随装窖,尤其是铡好的碎料,堆放半天就大量产热,既损失了养分,又影响了质量,所以最好当天装完。

4. 压实、封严

在原料装入窖内之后必须压实,以便迅速排出原料空隙间存在的空气,形成有利于乳酸菌繁殖的条件。要想压实。一是切碎,二是重压,随装随压,每袋 30 厘米左右踩实一次,尤其是角落与靠壁的地方特别注意压实。青贮窖一定要装满并高出地面 50～80 厘米,装好后,盖上切短的青草或干草,厚度约 20 厘米,草上再铺一层塑料膜,然后盖土压实或用废旧轮胎压实。若土质干燥,可洒水湿润,盖土厚度约 60 厘米,堆平或堆成馒头状,拍平表面,并在窖的周围挖好排水沟。最初几天应经常检查,发现原料下沉、表面出现裂缝的要及时修整、填平、封严。塑料袋青贮时,装好密封,做到不透气。

5. 管理

青贮窖密封后,为防止雨水渗入窖内,距窖四周约 1 米处应挖沟排水。塑料袋贮存,分层堆在棚舍内或棚架上,定期检查,防止鼠害。

6. 防止青贮饲料二次发酵

青贮好的饲料,在取用时由于长时间暴露在空气中,导致青贮饲料二次发酵,造成很大浪费。因此,在取用时应注意:一是从侧面取用,以减小暴露在空气中的创面;二是只取当天用的量,不宜堆积;三是取完后的创面尽量盖严,以防止青贮饲料产生二次发酵。

二、玉米秸秆青贮技术(彩图 25、26)

玉米秸秆青贮是利用青贮方法将收获籽实后尚保持青绿或部分保持青绿的玉米秸秆长期保存下来。不但可以很好地保存养分,而且秸秆质地变软,具有香味,能增进牛、羊食欲,解决冬春季节饲草的不足。

1. 原料准备

收获玉米籽实后的玉米秸秆,在玉米秸秆上保留 1/2 的绿色叶片时青贮最佳,若 3/4 的叶片干枯,青贮时则需加水。

(1)清选

带有泥土沙石的玉米根和腐烂变质的玉米秸秆应剔除。

(2)切碎

玉米秸秆应先用机械切碎。玉米秸秆质地较硬,为了便于踏实,切碎长度就在 2～5 厘米(根据养殖牛羊实际确定)。

(3)调整含水量

玉米秸秆的含水量要求在 60%～70%。判断含水量的方法:抓一把切碎的青草,在手里攥紧 1 分钟后松开,捏成的球保持原状,手上有许多汁水,含水量大于 75%;保持原状,有很少汁水,含水量 70%～75%;慢慢散开,手上无汁水,含水量 60%～70%;很快散开,手上无汁水,含水量小于 60%。

玉米秸秆含水量不足时,可在切碎的玉米秸秆中喷洒适量的水,或与多水分的青贮原料混贮,如牧草、甜菜叶、甜菜渣、苹果渣等。

含水量过大时,可适当晾晒或加入粉碎的干料,如麸皮、麦草、草粉等。

(4)添加剂的使用

为了提高青贮玉米秸秆的营养价值或改善适口性,可在原料中掺入一定比例的添加剂,如加尿素或食盐。尿素的添加量是玉米秸秆总量的 0.3%,食盐的添加量是玉米秸秆总量的 0.1%～0.15%。

2.设施

(1)场地

青贮建筑物地点应选在地势较高而干燥、排水良好、土质坚硬、避风向阳、没有粪场、距畜舍较近的地方。

(2)青贮窖

青贮窖底部应高于地下水位 1 米,分为地下式或半地下式。可根据经济条件和土质状况选择砖水泥、石块水泥、混凝土或土质结构。

3.装填

(1)青贮用的玉米秸秆最好边收边运,边运边铡,边铡边装窖,切不可在窖外晾晒或堆放过久。圆形窖或小型容积窖应在 1 天内装完、封闭。

(2)装窖前应在窖底铺垫 15～20 厘米厚的干麦草。在土窖或未上水泥面的砖窖内,窖底及窖壁铺一层塑料薄膜。

(3)将铡碎的玉米秸秆逐层装入窖内,每层 20 厘米厚时可用人踩、履带式拖拉机压等方法将玉米秸秆压实,应特别注意将窖壁四周压实。

(4)玉米秸秆装至高出窖口 30～40 厘米,使其呈中间高周边低。圆形窖为馒头状,长方形窖呈弧形屋脊状。

4.密封

(1)青贮容器装满后,在上面铺一层 20～30 厘米厚的干麦草,也可用塑料将玉米秸秆完全盖严。

(2)在麦秸或塑料薄膜上填压一层厚 40～60 厘米的湿土,打实拍光。

(3)贮后 1 周内应经常检查窖顶,如发现下沉或有裂缝,应及时修填拍实。

(4)在青贮窖的四周距窖口 50 厘米处挖一个宽深各 20 厘米的排水沟。

5.启用方法

封口 45 天后,便可启封喂畜。每次应取足畜群 1 天用量后密封。一旦启封,应连续使用直到用完。切忌取取停停,以防止产地二次发酵,发生霉变。

6.品质鉴定

(1)上等青贮玉米秸秆。颜色呈绿色或黄绿色,具有浓郁酒香,质地柔软、疏松稍湿润,pH 值 4～4.5。

(2)中等青贮玉米秸秆。颜色呈黄褐色或暗褐色,稍有酒味,柔软稍干。

(3)劣质青贮玉米秸秆。颜色呈黑褐色,松散或结成黏块,有臭味。

三、玉米秸秆微贮技术

1.菌种的复活

秸秆发酵活干菌每袋 3 克,可处理麦秸、玉米秸、稻秸 1000 千克或青饲料 2000 千克,在处理秸秆前先将袋剪开,将菌剂倒入 200 毫升水中,充分溶解(加红糖 2 克,可以提高复活率)。然后在常温下放置 1~2 h 使菌种复活,复活后的菌剂一定要当天用完。

2.菌液的配制

将复活后的菌剂倒入充分溶解的 0.8%~1% 食盐水中拌匀。菌液量配制比例如表 4-1。

表 4-1　菌液量配制比例表

秸秆种类	秸秆含水量 (%)	秸秆重量 (千克)	活干菌用量 (g)	水 (L)	贮料含水量 (%)
小麦秸秆	13~15	1000	3.0	1200~1900	60~70
青玉秸秆	60~70	1000	1.5	适量	60~70
黄玉秸秆	40~50	1000	1.5	500~700	60~70

3.秸秆切短

用于微贮的秸秆一定要切短,因饲喂对象不同,长度不同。这样易于压实和提高微贮窖的利用率,保证微贮饲料的制作质量。

4.秸秆入窖

在窖底铺放 20~30 厘米厚的秸秆,均匀喷洒菌液水,压实后,再铺放 20~30 厘米厚的秸秆再喷洒菌液压实,直到高于窖口 40 厘米再封口。配好的菌液不能过夜,当天一定要用完,一般每立方米可贮秸秆 250~300 千克。

5.添加剂

在条件许可的情况下,每 1000 千克秸秆加 1~3 千克玉米粉或麸皮,铺一层秸秆撒一层。

6.贮料水分控制和检查

微贮饲料的水分是否合适,是决定微贮饲料好坏的重要条件之一。因此,在喷洒和压实过程中要随时检查秸秆含水量是否合适。抓秸秆试样,用双手扭拧,若有水往下滴,其含水量为 80% 以上;若无水往下滴,松开后看到手上水分明显的为 60%,感到手上潮湿的 40%~50%。微贮含水量要求在 60%~70% 最为理想。

7.封窖

将秸秆分层压实直到高出窖口30～40厘米,充分压实后,在最上层均匀洒上食盐,食盐的用量为250克/立方米,其目的是确保微贮饲料上部不发生霉烂变质。盖上塑料薄膜后在上面铺20～30厘米厚的麦秸,覆土30～50厘米后密封。

8.秸秆微贮饲料质量鉴定

封窖后30天即可完成发酵过程。可根据微贮饲料的外部特征,用看、嗅和手触摸的方法鉴定贮料的好坏。

优质微贮饲料,青玉米秸秆色泽呈橄榄绿,麦秸呈金黄褐色,带醇香和果香气味,触摸手感很松散,质地柔软湿润。劣质微贮饲料,颜色深黑,具有强酸性、腐臭味、发霉味、发黏。

9.开窖

开窖时应从窖的一端开启,从上至下垂直逐段取用。每次取完后,要用塑料薄膜将窖口密封,避免与空气接触,以防第二次发酵,发生变质。

四、玉米秸秆裹包青贮技术(彩图27、28)

1.裹包青贮的优点

裹包青贮与常规青贮一样,有干物质损失较小、可长期保存、质地柔软、具有酸甜清香味、适口性好、消化率高、营养损失少等优点,并且具有制作不受时间、地点的限制,不受存放地点和天气的限制等优点。与其他青贮方式相比,裹包青贮的封闭性好,不存在二次发酵的现象。此外,裹包青贮的运输和使用都比较方便,有利于其商品化。裹包青贮技术可广泛应用在其他原料的青贮中,尤其在不易调制干草的地区和时间更具优越性。

2.裹包青贮的缺点

裹包青贮虽然有很多优点,但也存在一些不足。一是这种包装很容易被损坏,一旦拉伸膜被损坏,极易导致青贮饲料变质、发霉;二是由于各种草捆水分含量不同,发酵品质不同,从而给饲料营养设计、精确饲喂带来困难。

3.裹包青贮技术要点

(1)揉丝

①适期收割。玉米秸秆的收割要"三看":一看果实的成熟程度,即"乳熟早,完熟迟,蜡熟正当时";二看青叶和秋黄叶的比例,"黄叶差,青叶好,各占一半就是老";三看生长天数,中熟品种110天左右,过早影响产量,过迟影响青贮质量。

②原料选择。玉米秸秆要求无污染、无泥土、无霉变、优质新鲜。

③揉丝是用揉丝铡草机对玉米秸秆的精细加工,使之成为柔软的丝状物,从而提高了青贮料的适口性,牲畜的采食率和消化率也大大提高。

(2)打捆

①打捆机打捆时必须要打紧,一般应将其含水量控制在50%～60%。小草捆直径50～70厘米,重量基本在45～55千克为合适密度。

②打好的草捆尽量及时裹包,从而避免草捆内发热,造成营养物质损失,影响青贮质量。裹包时必须层层重叠50%以上,若不能重叠50%时须调整机器。

(3)裹膜

①拉伸膜一定要在拉伸后缠绕,以挤出草捆中多余的空气。若发现裹包好的膜不能紧绷在草捆上,就说明膜的拉伸不够,须调整包膜架上的链轮。

②为了保证密度和密封性,可以裹包两层,且要保证无破包漏气,发现有破包时及时粘贴封好即可。

③拉伸膜在存放和搬运时要保证膜的边缘不受损,以免上机使用时断裂。

④每天工作结束时一定要将膜卸离机器,避免膜芯受潮。

4.品质鉴定

青贮料打捆裹膜90天后即可开封饲喂。对青贮料可用感官方法识别其优劣,即看一看,闻一闻,摸一摸。优质青贮料具有酸香味,呈绿色或黄绿色,质地紧密,层次分明;中等的青贮料呈黄褐色,还可以饲喂;但若发现青贮料呈黑色且有霉变臭味结块现象,则不能再进行饲喂。

参考文献:

[1] 刘禄之.青贮饲料的调制与利用[M].金盾出版社,2006.3.

[2] 李少昆,杨祁峰,王永红,樊廷禄.北方旱作玉米田间种植手册[M].中国农业出版社 2011.12.

[3] 甘肃省农牧厅.玉米优质高产栽培技术[M].甘肃科学技术出版社,2015.3.

[4] 王佛生,邓芸,张成,胡景平.旱作农业基础教程[M].西北农林科技大学出版社,2012.

[5] 石洁,王振营.玉米病虫害防治色彩图谱[M].北京:中国农业出版社,2011.

[6] 周元福,汪丹会,付纪勇,等.大蒜－玉米－花生宽厢宽带"321"高产高效种植模式[J].农技服务,2018(12).

[7] 夏家超.玉米生长中后期田间管理须抓好"八防"[J].农村经济与科技,2017(06).

[8] 蒋德平.谈玉米大豆超高产栽培技术[J].科技创新导报,2018(14)

[9] 闫鹏威.青贮玉米的发展现状及高产栽培技术[J].河南农业,2017(34):52.

[10] 丁光省.我国青贮玉米发展现状及发展方向[J].中国乳业,2018(4):5-11.

[11] 梁晓玲,雷志刚,阿布来提,等.青贮玉米育种及其生产[J].玉米科学,2003(专刊):73-76.

[12] 王志刚.全株玉米青贮实用技术问答[M].北京:中国农业出版社,2018.

[13] 左海玲.刍议玉米高产种植技术及病虫害防治[J].农家参谋,2019(12):62.

［14］ 侯智勇.关于玉米高产种植技术与病虫害防治措施研究［J］.农民致富之友,2019
　　　 (13):41.

［15］ 冯国虎.玉米栽培技术及病虫害防治探讨［J］.农业科技与信息,2018,1001:128-129.

［16］ 杨化民.玉米高产栽培技术与病虫害防治要点分析［J］.农村经济与科技,2018,2914:
　　　 33-61.

第五章 其他豆科牧草生产技术

第一节 红豆草

红豆草(*Onobrychis viciaefolia*)素有"牧草皇后"之美称,是豆科红豆草属多年生草本植物,在我国北方普遍表现出抗旱、耐瘠薄、抗风沙、耐盐碱、生长发育快、病虫害少、产量高等优良生物学特性,其营养丰富,除蛋白质外,还含有丰富的维生素和矿物质,青饲不会得膨胀病(含有浓缩单宁)。此外,红豆草还具有固氮能力强、改土效果好、抗旱、抗寒等优良特点。

一、生物学特性

1. 形态特征

红豆草是深根型牧草,根系强大,主根粗壮,侧根随土壤加厚而增多,着生大量根瘤。茎直立,中空,绿色或紫红色。总状花序,蝶形,粉红色、红色或深红色。荚果扁平,黄褐色,果皮粗糙有凸形网状脉纹,边缘有锯齿,成熟后不易开裂,千粒重13~16克,带壳千荚重18~26克,硬实率不超过20%。

2. 生长习性

(1)对环境条件的要求

红豆草喜欢温凉干燥的气候,抗寒抗旱性强。适宜栽培在平均年气温10℃、年降水量400毫米的地区。它对土壤要求不严,最适宜生长在富含石灰质土壤上,能在干燥瘠薄的沙土、砾土等土壤良好生长,但不宜栽种在酸性土、碱土和地下水位高的地区。红豆草比其他多年生豆科牧草更能适应不利条件,在水分不足或在水分过剩时都能很好地生长。

(2)生长发育

红豆草播后条件适宜,6~7天即可出苗。刚出土的子叶色黄而小,见光后生长加快。出土后5~10天长出第一片真叶(具一个小叶),以后大约每隔3~5天,出现一片叶子,第二片真叶后为奇数羽状复叶。第一年生长较慢,第二年后可割草2~3次,可生长6~7年。

（3）开花与授粉

红豆草属于严格的异花授粉植物，其雌蕊较长，柱头超过花药，雌雄蕊成熟时间不一致，雄性先熟，因而自花不育，即使在人为条件下控制自花授粉结子，其后代生活力也会显著减退。在大田生产条件下红豆草的授粉率在很大程度上取决于昆虫授粉，否则将会降低种子产量。红豆草在自然状态下的结实率较低，通常具有 50% 左右。

二、栽培技术

红豆草可播种于大田轮作和饲料轮作田地中青刈或调制干草、干草粉和采种。

1. 在轮作中的地位

红豆草生长的第一年抗杂草能力弱，易被杂草所抑制，所以休地、禾谷类作物、中耕作物以及青饲用一年生饲料作物是它理想的条件。红豆草虽根系粗壮发达，但容易腐烂，种植 3～4 年草地翻耕后，根系很快分解，给土壤留下大量腐殖质，次年就可种植经济价值高的作物。

2. 整地

耕地前浅耕灭茬，除草，保墒。秋耕宜深，春耕宜浅。但深耙后必须镇压才能播种，否则往往覆土过深造成缺苗。

3. 施肥

红豆草播前施有机肥做基肥，苗期适当施用氮肥，可以提高产草量和品质。

4. 播种准备和播种

播前用 0.05% 钼酸铵处理种子可增加红豆草根系有效根瘤数，提高产草量。播种时间春秋皆宜，一年一熟地区宜春播，一年两熟地区宜秋播。干旱地区春播不易出苗，可在 5 月雨后抢墒播种。单播牧草的播种量 45～90 千克/公顷，干旱地区 45～60 千克/公顷，收籽的种子田播种量 30～37.5 千克/公顷。播种行距，干旱地区为 30～40 厘米，种子田行距 50～70 厘米。红豆草种粒大，外被种荚，播时带荚不影响种子发芽，去除后会伤及其胚。覆土深度，在黏土和湿润土壤上为 2～3 厘米，中轻壤土和干旱地区为 3～4 厘米，最深不能超过 5 厘米。在干旱地区，播后立即镇压，可使出苗提前 2～3 天，且出苗均匀整齐。

5 田间管理

红豆草种子大，出苗破土能力强，但仍需注意出苗时的土壤板结问题。播后下大雨土壤板结，须适时耙地，否则会影响出苗。播种当年，初期生长缓慢，易受杂草为害，应及时除草。在植株已形成莲座叶簇时，要中耕除草。

6. 收获利用

孕蕾期刈割,产草量低,但叶量丰富,草质柔软,蛋白质含量丰富,再生草产量亦高;结荚期刈割时产草量最高但叶量少,粗纤维增多,再生性、蛋白质含量和消化率均低于孕蕾期刈割的干草。红豆草在一个生长期内年刈割 2～3 次较为合适,频繁刈割不仅当年产草量低,也影响第二年及其以后的产量,使其寿命明显缩短。留茬高度一般为 5～6 厘米。

三、经济价值

1. 饲用价值

可青饲、青贮、放牧、晒制青干草,加工草粉、配合饲料和多种草产品。青草和干草的适口性均好,各类畜禽都喜食,尤为兔所贪食。与其他豆科不同的是,它在各个生育阶段均含很高的浓缩单宁,可沉淀能在瘤胃中形成大量持久性泡沫的可溶性蛋白质,使反刍家畜在青饲、放牧利用时不发生膨胀病。

红豆草与紫花苜蓿相比,春季萌生早,秋季再生草枯黄晚,青草利用时期长。饲用用途广泛,营养丰富全面,蛋白质、矿物质、维生素含量高,收籽后的秸秆,鲜绿柔软,仍是家畜良好的饲草。调制青干草时,容易晒干、叶片不易脱落。

2. 保土、观赏价值

红豆草根系强大,侧根多,枝繁叶茂盖度大,护坡保土作用好,是很好的水土保持植物。红豆草一年可开两次花,总花期长达 3 个月,在红豆草种子田放养蜜蜂还可提高种子产量,是很好的蜜源植物。红豆草花序长,小花数多,花期长,花色粉红、紫红各色兼具,开放时香气四射,引人入胜,道旁庭院种植,是理想的绿化、美化和观赏植物。

3. 肥用价值

红豆草做肥用,可直接压青做绿肥和堆积沤制堆肥。茎叶柔嫩,含纤维素低,木质化程度轻,压青和堆肥易腐烂,是优良的绿肥作物。根茬地能给土壤遗留大量有机质和氮素,改善土壤理化性质,肥田增产效果显著。根系分泌的有机酸,能把土壤深层难于溶解吸收的钙、磷提出来,变为速效性养分并富集到表层,增加了土壤耕作层的营养素。因此,红豆草又是中长期草田轮作的优良作物。

第二节　小冠花

小冠花(*Coronilla varia* L.),又名多变小冠花、绣球小冠花,为豆科小冠花属多年生草本植物。小冠花具有耐旱、耐寒、耐瘠薄、适应性强、茎叶柔嫩、营养价值高、产量高、耐牧性强等特点,是优良的豆科牧草。且根瘤多,固氮能力强,是良好的绿肥作物。它根系发达并能迅速形成草皮,是一种很好的水土保持植物。

一、生物特性

1. 形态特征

小冠花是豆科小冠花属多年生草本植物。主根粗壮,侧根发达,呈放射状,横向走串,在地表下 10 厘米处纵横交错分布,并生长出许多根蘖芽,由此可形成新株,故可以用根进行无性繁殖。根部还长有根瘤,能固定空气中的氮素,增加土壤有机质和氮素含量,提高土壤肥力。茎中空,具条棱。节间短,直立或斜升,草层高 60~70 厘米。奇数羽状复叶,互生,全缘,长圆形或倒卵形。伞形花序,腋生;花柱为粉红色,以后变为紫色;花萼短钟状,花冠蝶形。荚果细棒状,每荚节含种子 1 粒。种子肾形,呈红褐色,种皮坚硬,硬实率高,千粒重约 3.5 克。

2. 生长习性

(1)对环境条件的要求

耐寒性极强,在 -30~-21℃的低温条件下,它仍能安全越冬;很耐旱,一旦扎根,干旱丘陵、土石山坡、沙滩都能生长;最高气温为 36.4℃的炎热干旱条件下,其叶片仍保持浓绿;耐涝性差,在地下水位高、易积水、土壤黏重或连阴雨且排水不畅时,易引起死苗;对土壤要求不高,耐瘠薄,管理粗放,在 pH 值 5.0~8.2 的土壤中均能生长良好,其中以在排水良好、中性的肥沃土壤上生长最好。

(2)生长发育

小冠花春播后,当年就能发育到开花、结实阶段,生育期 120~150 天。春季 3 月底返青,7 月底开始有种子成熟,全生育期(青草期)达 250 天左右。最适生长温度为 20~30℃,超过 25℃和低于 19℃时生长缓慢。干物质积累的最大时期是开花到豆荚成熟阶段。开花期长,开花适宜温度为 21~23℃。

二、栽培技术

1. 种子处理

小冠花种子硬实率高达 20%~80%,播前一定要进行种子处理,其方法主要有:擦破种皮,硫酸处理,用高温、低温、变温处理或在高温下贮藏一段时间来降低种子硬实率。

2. 整地

小冠花种子小,苗期生长缓慢,因此播前要精细整地,消灭杂草,施用适量的有机肥和磷肥做底肥。

3. 播种

(1)种子直播

根据各地气候条件,小冠花在春、夏、秋均可播种。播量4.5～7.5千克/公顷。条播、穴播或撒播均可。条播时,行距100～150厘米;穴播时,株行距各为100厘米。播种深度1～2米。另外,小冠花还可以与玉米、胡麻、荞麦等作物混播套种,减小管理成本。

(2)扦播繁殖

小冠花也可用根蘖或茎秆扦插繁殖。根蘖繁殖时将挖出的根切去茎,分成有3～4个不定芽的小段,埋在湿润土壤中,覆土3～4厘米。用茎扦插时选健壮营养枝条,切成10～15厘米长带有两节一芽的小段,斜插入湿润土壤中,露出顶端。当幼苗长到4～5个叶片时移栽于大田,移栽时应带根土。雨季移栽成活率较高,同时生长也快。

4. 田间管理

小冠花幼苗生长缓慢,在苗期要注意中耕除草。

5. 青草刈割和种子收获

小冠花适宜刈割时期是从孕蕾到初花期,留茬高度不应低于10厘米。由于花期长,种子成熟极不一致,从7月便可以采摘,到9月中旬才能结束,且荚果成熟后易断裂,可利用人工边成熟边收获,如果一次收种,应在植株上的荚果60%～70%变成黄褐色时连同茎叶一起收割。

三、经济价值

1. 饲用价值

小冠花是优良的豆科牧草,茎叶柔嫩,产草量高,其营养成分与苜蓿相似,粗蛋白质的含量略高于苜蓿。根蘖发达,可形成新植株和新地下茎。耐践踏,宜放牧利用,返青早,枯黄迟,绿色期长。

2. 保持水土

小冠花根系穿透力强,有很强的再生能力和生活力,主根发达,侧根繁多,在土体内呈放射状横向走串和扩展,生出许多密集的根系,加之株与株之间根系纵横交错进一步形成庞大的根系网络,牢牢固持着土体。小冠花的地上部分具有生长快、长势旺、草丛密、覆盖度大、能迅速形成草皮的特点,大大减轻了地表径流的冲刷和风蚀,起到了保持水土的作用。

3. 提高土壤肥力

小冠花的根系结有大量的鸡冠状、梅花形或棒状根瘤,固氮能力颇强,是良好的绿肥作物。种植小冠花后土壤疏松,有机质含量提高 20%,含氮量增加 22%,理化性状改善,杂草减少,土壤肥力提高。

4.观赏性好

小冠花花期较长,花期时整株为花覆盖,花艳、花色多变,可作为美化环境、减轻环境污染的观赏植物,同时是良好的蜜源植物。

第三节　沙打旺

沙打旺(*Astragalus adsurgens* Pall.),又名直立黄芪、斜茎黄芪、麻豆秧、地丁、苦草等,是豆科黄芪属多年生草本植物。沙打旺不仅可以当作饲料,而且还可用于防风固沙、保持水土、提供燃料和肥料,是一种很好的集饲料、肥料、防风固沙、保持水土于一体的优质牧草。

一、生物特性

1.形态特征

沙打旺株高 1.5~2 米,主根粗长,侧根较多。茎中空,直立或斜生,主茎不明显,分枝多。奇数羽状复叶,小叶长椭圆形。总状花序,腋生,每序有小花17~99 朵,花紫蓝色。矩形荚果内含种子 10 余粒。种子黑褐色,千粒重 1.7~2 克。

2.生长习性

(1)对环境条件的要求

沙打旺适应性较强,具有耐寒、耐瘠、耐盐、抗旱、抗风沙的能力。在我国北方能安全越冬,在一般杂草和牧草不能生长的瘠薄地上,仍能生长。沙打旺因固沙固土能力强,在风沙地区,特别在黄河故道上种植,播种当年即可成苗,生长迅速,并超过杂草,还能固定流沙。沙打旺为旱生、半旱生植物,喜温暖气候,适于在年均温 8~15℃、年降水量 300~500 毫米的地区种植,在气温 20~25℃时生长最快。生长速度与降水有密切关系,降水多时,生长速度快,但怕水淹,在排水不良或积水的地方,易烂根死亡。对土壤要求不严,适于在沙壤土上生长,以pH 值为 6~8 最适宜。寿命中等,可连续利用 4~5 年,生长高峰为第 3 年,第 4 年则开始衰退。

(2)生长发育

沙打旺播种当年生长缓慢,第 2 年以后生长加速,第 4 年以后生长逐渐衰退。一般春季返青后生长缓慢,7 月上旬达到生长高峰,其后生长减缓,9 月中下旬停止生长。整个生育期 150 天以上,需 0℃以上有效积温 3600~5000℃,北方大多数地方因无霜期短和积温不够,不能开花,或开花不结实。

二、栽培技术

1. 土壤和整地

沙打旺对土壤要求不严格,在风沙和黄土丘陵地区均可种植。由于沙打旺种子细小、根系发达,必须对土壤进行深耕细耙,使土壤细碎疏松,利于播种和保苗。

2. 播种

(1)种子处理

沙打旺种子具有硬实特性,播前应将种子与沙混合摩擦或用石砾碾破种皮,使种子易透气透水,吸收养分。种子(尤其感染菟丝子的)播前必须严格清选。

(2)播种期

在春旱较为严重的地区,应在早春顶凌播种,此时土壤水分足,容易全苗;在春风大、土壤干燥的地区,可在春夏降雨后播种。沙打旺喜温暖的气候条件,种子在 10~20℃经 8~10 天、15~20℃经 5~6 天发芽出苗。

(3)播种方法

通常为条播,行距 30~40 厘米;穴播行距和株距各 30~35 厘米。在零星小块地上种植可采取点播,也可用飞机大面积播种。

(4)播种量及播种深度

割草者每亩播量 0.15~0.2 千克,收种子的每亩播量 0.1 千克。沙打旺种子小、破土力弱,播种深度视土壤墒情而定,干土宜深,湿土宜浅,一般以 1.0~2.0 厘米为宜,播后镇压 1 次。

3. 田间管理

沙打旺苗期生长缓慢,不耐杂草,苗齐以后,就应中耕除草,到封垄时除净。沙打旺不耐涝,土壤水分过多时,容易造成幼苗的死亡,因此要及时排水防涝。

4. 收获

沙打旺茎叶鲜嫩,营养丰富,是各种家畜的好饲料,适于切碎或打浆,也可调制干草或草粉。沙打旺老化以后,茎秆粗硬,品质低劣,适口性很低,不宜青饲,可与其他多汁饲料混合切碎后青贮。

三、经济价值

1. 饲用价值

沙打旺含有较多的粗蛋白质、碳水化合物、矿物质等营养成分,适口性好,是家畜的优质饲草。无论干、鲜草各种家畜均喜食,骆驼最喜食,其他家畜最初不喜食,经过一段时间,习惯后则喜食。沙打旺既可青饲、青贮,又可晒制干草或草粉。沙打旺植株高大、粗壮,产草量高于一般牧草。

2.水保、环保价值

沙打旺抗逆性强,适于沙地生长,植株高大、枝叶旺盛,地面覆盖度大,能大大减轻雨水对地面的冲刷和地表径流,其保水固沙作用是其他植物无法比的。是北方水土流失地区恢复植被、减轻或控制水土流失的先锋植物,是黄土高原丘陵沟壑地区飞播改良荒山草坡的先锋植物。

3.固氮养地改土作用

沙打旺是豆科植物,根系上着生大量的根瘤,根瘤菌可以固氮。沙打旺根系粗壮,入土较深,能将土壤深层养分输送到表土层,根系自身的代谢、穿透、挤压、胶结作用等,改善了土壤的理化性状,提高了土壤肥力,减少土壤盐碱含量。因此,沙打旺还是很好的绿肥植物。此外,沙打旺花期较长,也是较好的蜜源植物。

第四节 百脉根

百脉根(*Lotus corniculatus* Linn.)又名五叶草、牛角花,有人称之为"瘠地苜蓿"。它是一种营养价值高、适应性好、抗逆性强、丰产性能好、生物固氮效果优良、覆盖度大的豆科多年生牧草,并适于在我国大部分地区种植。

一、生物特性

1.形态特征

百脉根为多年生草本植物,主根粗壮,侧根发达,主要分布于0～20厘米土层内。根冠粗大,茎丛生,无明显主茎,属半上繁草。掌状三出叶,小叶卵形或倒卵形,小花黄色有短柄或近无柄。荚果细圆而长,角状,状如鸟足,种子肾形,黑色、橄榄色或墨绿色,千粒重1～1.2克。

2.生长习性

(1)对环境条件的要求

百脉根性喜温暖湿润气候,根系发达,入土深,有较强的耐旱力,其耐旱性强于红三叶而弱于紫花苜蓿,适宜的年降雨量为210～1410毫米。对土壤要求不严,在弱酸性和弱碱性、湿润或干燥、沙性或黏性、肥沃或瘠薄地均能生长。生长最适土壤pH值为4.5～8.2,结瘤的最适pH值为6～6.5。耐水淹。抗寒力较差,苗期能忍受−6℃的低温,成株能耐−17℃的寒冷,在−8～−3℃的低温下枯黄。

（2）生长发育

百脉根为无限花序，一个花序的开花顺序为，先中间而后才是两侧。长日照植物，达盛花期需 16 小时左右的日照，长日照不仅加速其开花成熟，且能促进其茎叶生长，提高总的生物量。百脉根耐牧，再生力中等，病虫害少。

二、栽培技术

1. 土壤

要求播前精细整地，应加强管理，清除杂草杂物。种子硬实率达 20% 以上，播前应进行硬实处理，以提高出苗率。

2. 播种及播量

低纬度地区，春、夏、秋皆可播种，但秋播不宜过迟，否则幼苗易冻死。播种量 10 千克/公顷，条播行距 30～40 厘米，播深 1～1.3 厘米。

3. 田间管理

出苗前若遇土壤板结，应及时破土。出苗后有 1～1.5 个月真叶小，忌杂草，怕水淹，应及时加强管理。

4. 收获

百脉根茎细叶多，初花期刈割最好，盛花期刈割品质仍佳。加之其在夏季期间根系不贮藏碳水化合物，因而控制刈割高度以 6～8 厘米为宜。刈割过低，减少了再生的腋芽，移走了能制造养分以供再生的茎叶，因此，禁止长时间连续放牧、频繁放牧或刈割。

三、经济价值

1. 饲用价值

百脉根茎细叶多，具有较高的营养价值。适口性好，各类家畜均喜食，特别是羊极喜采食。反刍家畜大量采食不会引发膨胀病。其产量在整个生育期内以结实的最高，开花期次之，分枝期最低。除放牧外，尚可青饲和青贮，但在调制干草中落叶性较强，应采取措施预防落叶。种子成熟后茎叶仍保持绿色，并不断产生新芽使植株保持鲜嫩。草层枯黄后草质尚好。

2. 观赏价值

百脉根具备茎叶匍匐、叶形秀美玲珑、叶色鲜翠、耐踩、耐阴、开花期长、花色醒目、病虫害少、青草期长、管理省工、多年生等诸多特性，可用作观赏植物和蜜源植物。

3.水土保持作用

百脉根具有地上、地下和连续多年利用综合效果,所以,种植百脉根对水土流失严重地区有独特意义,可作为水土保持一项重要的生物防治措施。百脉根地下主根深长,可达 1 米,侧根多而发达,且主要集中在 0～25 厘米土层中,密集的须根和细根纵横交错,形成了较强的固土能力。地上茎叶能形成 30～40 厘米的覆盖层,覆盖度一般在 90% 以上,能有效地接纳、拦截雨水,减少雨水冲刷和地表径流。百脉根播种一次可连续利用 6～10 年,而且随着年限增长,保水保土效果也相应增加。

第五节　白三叶

白三叶(*Trifolium repens*)又名白车轴草、荷兰翘摇,为豆科车轴草属多年生草本植物,是多年生高产优质豆科牧草,也是广泛利用的绿肥和水土保持的绿化草坪草。

一、生物特性

1.形态特征

白三叶为长寿命多年生豆科草本植物。主根较短,侧根发达,须根多而密,主要分布在 10～20 厘米土层中,为豆科牧草中少见的浅根系。掌状三出复叶,从根颈和匍匐茎节生出,互生,叶柄细长形。总状花序,花冠白色或稍带粉红色,不脱落。荚果细小长卵形,含 3～4 粒种子;种子心脏形,黑色或棕褐色;千粒重0.5～0.7g。

2.生长习性

(1)对环境条件的要求

白三叶喜温暖湿润的气候条件,最适生长温度为 15～25℃,适于在年降水量 500～800 毫米的地方种植。抗寒性较强,能在冬季 -20～-15℃下安全越冬,气温 7～8℃时就能发芽;耐旱性差,干旱会影响生长,甚至死亡。对土壤要求不严,可在各种土壤上生长,但以壤质偏沙土壤为宜;有一定耐酸性,可在 pH值为 4.5～5.0 的土壤上生长,但耐盐碱性较差,当 pH 值大于 8.0 时生长不良,适宜的 pH 值为 5.6～7.0。白三叶为喜光植物,无遮阴条件下,生长繁茂,竞争力强,生产能力高;反之,在遮阴条件下则叶小花少,尤其对产籽性能影响更大。白三叶有发达的匍匐茎,可蔓延再生出新株,但不耐践踏和碾压。

(2)生长发育

白三叶是各种三叶草中生长最慢的一种,9 月底秋播至次年 4 月下旬现蕾时,茎短叶茂,草层仍较低矮。5月中旬盛花,花期长,可持续两个月之久。开花期间草层高度始终在20厘米左右,变化甚小。再生力极强,为一般牧草所不及。夏季高温干旱时生长不佳。种子收获时期,应尽量安排在干燥季节。

二、栽培技术

白三叶栽培历史悠久,生态类型很多,应根据当地气候条件和饲养需要选择合适类型。一般按叶片大小分为三类:小叶型白三叶抗逆性强,耐刈耐牧,株矮叶小,可用于放牧、水土保持和草坪观赏;大叶型白三叶株高叶大,产量高,要求水肥条件也高,抗逆性差,不耐牧,适于青刈利用,如拉丁鲁;中叶型白三叶应用较广,我国也以此为多,抗性、株形和生产性能介于小叶型和大叶型之间,再生期较长,如草地4700和胡衣阿(Huia)等品种。

白三叶种子小,且硬实率高,播前精细整地和采取硬实处理,有利于出苗和抓苗。北方以春播和夏播为宜,而南方多为秋播,但不宜迟于10月中旬。条播行距30厘米,播量3.75~7.50千克/公顷,播深1.0~1.5厘米。白三叶宜与黑麦草、鸭茅、猫尾草、羊草等混播,能减少放牧家畜发生臌胀病,其与禾本科牧草的株丛比以1:2为宜,播量1.5~4.5千克/公顷。此外,也可用白三叶匍匐茎进行扦插繁殖建植人工草地。播前进行根瘤菌接种,可明显促进白三叶生长发育和增产增质。

白三叶幼苗细小,生长缓慢,不耐杂草,应在苗齐之后至封闭之前注意中耕除草。收种用白三叶因花期长,成熟不齐,最好分期分批采收,一次集中采收以种球干枯、荚果无青皮时进行为宜。草坪用白三叶地应设置围栏保护,以防止人为践踏和破坏。

三、经济价值

1. 饲用价值

白三叶茎叶柔软细嫩,适口性好,营养丰富,是牛、羊、马的优质饲草。属于一种刈牧兼用型牧草,耐践踏,耐刈割,再生性好。每公顷鲜草产量4.5万~6万千克,种子产量105~150千克,最高达225千克。种子有自落自生特性,由此白三叶草地寿命很长,高的可达百年以上。白三叶腐烂分解快,增肥效果好,也可以用作绿肥,改良农田土壤质地。由于白三叶枝叶茂密,固土力强,因而是风蚀地和水蚀地理想的水土保持植物。

2. 观赏价值

白三叶草姿优美,叶绿细密,绿色期长,被作为草坪地被植物广泛应用于城乡绿化及庭院装饰中。

参考文献：

[1] 乌云飞,石凤翎,崔志明.蒙农红豆草的选育及其特征特性的研究[J].中国草地,1995(04):24-28.

[2] 冷小云.红豆草品种对黑斑病和轮纹病的抗性评价[D].兰州大学,2009.

[3] 张磊,阿不力孜,张博,等.奇台红豆草品种比较试验[J].草原与草坪,2008(06):23-27.

[4] 卡米拉,米克热依,玛尔孜亚.红豆草的栽培及利用[J].新疆畜牧业,2009(01):63-64.

[5] 祁星民,周学丽,童世贤.高寒牧区红豆草引种试验[J].青海草业,2015,24(04):18-20.

[6] 王银芳.红豆草的丰产栽培及高效利用技术浅析[J].中国牛业科学,2016,42(03):59-60.

[7] 李兴怀.豆科牧草新秀——小冠花[J].当代畜禽养殖业,1997(03):24-25.

[8] 刘红献,铁桂春,李启业.小冠花特性及应用价值[J].安徽农业科学,2007(06):1646.

[9] 刘民权.小冠花栽培试验报告[J].山西水土保持科技,1986(01):24-26.

[10] 娄佑武.多用途优质牧草——小冠花[J].农村百事通,2008(01):41.

[11] 余继红.优良牧草——小冠花[J].江西农业科技,1986(03):17-18.

[12] 严晓瑞,孙春霞,刘桂英.浅谈沙打旺牧草栽培与利用[J].畜牧兽医科技信息,2011(04):97-98.

[13] 高农.国产特有草种——沙打旺[J].河南畜牧兽医,2002(01):32.

[14] 闫科技,郭霞.沙打旺的栽培技术及利用[J].农业技术与装备,2011(19):24-25.

[15] 褚贵芳.优良牧草——沙打旺[J].新农村,2013(12):20.

[16] 李新贵,葛广鹏,刘亚波.浅谈沙打旺栽培技术[J].现代化农业,2001(03):22-23.

[17] 王明玖.百脉根的优缺点及其利用管理——与紫花苜蓿比较[J].国外畜牧学(草原与牧草),1999(02):1-3.

[18] 王怀禄.百脉根的研究[J].中国草原,1986(02):33-37.

[19] 陈建纲.百脉根[J].中国供销商情,2003(02):54.

[20] 孙吉雄.草坪学[M].北京:中国农业出版社,2002:52-53.

[21] 胡中华,刘帅汉.草坪与地被植物[M].北京:中国林业出版社,1998:112-113.

第六章　其他禾本科饲草生产技术

禾本科植物全世界约有 500 个属 6000 余种。我国有 204 个属,其中禾亚科约有 183 个属,竹亚科 21 个属,估计在 1000 种以上。禾本科植物在人类生活中占重要地位,它们是人类粮食的主要来源,也是牲畜主要的饲草及饲料,还是建筑、造纸及其他工业原料。

作为饲用植物,禾草占第一位,这是由于在陆地上草本植物的组成中,禾本科植物是主要的建群种或优势种,在植被中占 40％～70％,凡是有草的地方,均可见到禾本科植物。禾本科牧草具有良好的营养价值,适口性好。据文献记载,在调查的 499 种禾本科牧草中,最喜食和喜食的禾草可占 90％以上,不可食的仅占 9％以下。营养丰富,特别富含糖类及其他碳水化合物,在放牧条件下,禾本科牧草可以满足牲畜对各种营养的要求。适应性强,尤其在抗寒性及抗病虫危害的能力上,远比豆科牧草及其他牧草强。我国青藏高原上较少生长豆科植物,而禾本科植物则生长茂盛,就是一个例证。同时一般禾草耐踏,再生性强。因此,禾本科牧草的饲用价值高。

禾本科牧草是世界性牧草,栽培历史悠久。无芒雀麦起源于欧洲和亚洲的温带地区。北美的生产中心在玉米带及相邻近地区,向北、向西推进到加拿大和美国西部的灌溉地区。1884 年美国从匈牙利引入无芒雀麦后,逐渐形成美国北方生态型无芒雀麦。不久又从加拿大引进一批种子,形成了南方生态型无芒雀麦。目前生产上利用的优良品种有 18 个。加拿大 1888 年从德国引入,1923 年我国开始引种无芒雀麦,后来以"满洲无芒雀麦"传入美国。冰草属(*Agropyon Gaertn*)起源于欧亚大陆,适于半湿润到干旱气候的草原或荒漠地带生长。我国栽培的冰草,主要是冰草(*A. cristastum*)、蒙古冰草(*A. mongolicun*)和西伯利亚冰草(*A. sibiricum*),这些冰草均较耐旱,是荒漠草原地区良好的补播材料。燕麦草属(*Arrhenatherum*)原产于欧洲中南部和地中海的温暖湿润地带。耐热和抗旱能力较强,中欧各国栽培甚广。我国在东北、西北和青海等冷凉地区栽培后,生育期延迟,茎叶柔嫩,营养价值高,产量大幅提高。黑麦草(*Lolium Linnaeus*)是世界上利用量最广的禾草之一,主要有两个种,即多年生黑麦草和一年生黑麦草。多年生黑麦草起于欧洲和亚洲的温带地区和北非,一年生黑麦草可能起源于南欧地区。两种黑麦草除了是良好的饲草外,还是良好的草坪草。

第一节　高燕麦草

高燕麦草[学名:*Arrhenatherum elatius*（Linn.）Presl,英文名:Tall Oat-grass]又名大蟹钩、长青草、燕麦草、野生燕麦。高燕麦草属禾本科燕麦草属（*Arrhenatherum*）多年生草本植物,共有6种,栽培种仅1种,即高燕麦草。高燕麦草原产于欧洲中南部和地中海一带及亚洲西部和非洲北部。我国主要分布于东北、华北和西北的高寒牧区,其中以内蒙古、河北、甘肃、山西种植面积最大,新疆、青海、陕西次之,云南、贵州、西藏和四川山区也有少量种植。高燕麦草具有再生速度快、再生草分蘖多、产量高的特点,刈割后调制成干草,各种家畜均喜食,是一种高产优质、适合我国北方推广繁殖的优良牧草(图6-1)。

图6-1　高燕麦草田间生长图

一、生物特性

1. 植物特性

高燕麦草属多年生疏丛型禾本科牧草,可生活5～7年,但利用年限不长,仅3～4年。须根系,根系粗壮、发达,呈棕黄色,入土深约60厘米,生活第二年时0～10厘米土层中根重占总重的88.4%,10～20厘米占5.56%,20～30厘米占2.6%,30～40厘米占1.8%,40～50厘米占0.45%,主要根群分布在耕作层,每公顷产鲜根2.2万千克。

2. 生长习性

高燕麦草植株高1～1.5米,4～5节,茎直立或基部膝曲。分蘖多,株丛呈金字塔形,全株茎占65.6%,叶片占8%,花序占9.6%。叶片扁平,叶面较光滑,叶长14～25厘米、宽3～9毫米,叶鞘松弛,光滑无毛,短于或基部长于节间;叶舌膜质,长1.5毫米左右,圆锥花序散开,灰绿色略带紫色,具光泽,长20～30厘米,分枝轮生,开花时开展;小穗长7～8毫米,第一颖长4～5毫米,第二颖与小穗等长;外稃粗糙,具有7脉,第一外稃基部的芒长为稃体的2倍,第二外稃先端的芒长1～2毫米;下部花仅具雄蕊,外稃生旋转而弯曲的芒,上部花有雌雄蕊。种子千粒重 2.3～3.5 克,每千克 34 万粒种子。种子经贮存一年,发芽率大减,贮藏 4 年后,发芽力完全丧失。

高燕麦草喜温暖湿润气候,耐热和耐旱能力较强,抗盐碱力中等,耐寒性较差,在西北高寒山区越冬困难。在内蒙古锡林郭勒盟越冬率仅为 24%,在甘肃武威、兰州、北京、吉林公主岭等地可正常越冬。生长旺盛,具有很强的枝条形成能力,生活第一、二年,株丛枝条数高于无芒雀麦及猫尾草。因此,在混播牧草中,适宜与播种当年发育较快的上繁草如鸡脚草、牛尾草、红三叶等混播,其播种量不宜过高,以 6～8 千克/公顷为宜。性喜肥沃、排水良好的土壤,适于黏壤土及壤土,沙壤土生长不良,不耐水淹。抗盐碱中等,在 pH 值为 7～8 的土壤上能正常生长。不耐阴,在南方温暖地区则终年常绿,冬季尚可缓慢生长,故有长青草之名。在南方花期为 6 月,北方花期为 7 月。

二、经济价值

高燕麦草放牧利用时,因其味辣、苦,适口性差,不适宜用作青饲。除绵羊外,牛和马都不乐于采食,适宜刈割晒制青干草利用,调制成青干草后,辣苦味消失,适口性增强,各种家畜都喜食。高燕麦草植株高大,茎细,叶量较多。含粗蛋白质中等,无氮浸出物丰富,粗纤维含量中等。同其他植物纤维来源相比,燕麦干草的中性洗涤纤维含量更低,并且比其他含更高中性洗涤纤维的干草更为适口。燕麦干草口味很甜,并富含高度的水溶性碳水化合物(WSC≥15%,进口首蓿一般在 9%),有近似黑麦草的含糖量,但更具有适口性和饲料价值,拥有“甜干草”的美誉(表 6-1)。

表 6-1　高燕麦草的化学成分(%)

饲草	干物质	消化蛋白质	总消化养分	各种养料的平均总含量						
				蛋白质	脂肪	纤维素	无氮浸出物	矿物质	钙	磷
鲜草	30.3	1.9	19.3	2.6	0.9	10.5	14.3	2.0	0.12	0.14
干草	88.7	3.4	47.4	7.5	2.4	30.1	42.7	6.0	—	0.14

来自:王栋《牧草学各论》新一版,江苏科技出版社,1989。

另外,燕麦干草的钾含量平均低于 2%。这对于奶牛业主调配饲料的配份相当重要。更低含量的钾同时能降低因食用包括燕麦干草在内的饲料而引起的产乳热的风险。据研究发现首蓿草与燕麦草在瘤胃中的降解恰好能够产生某些粗纤维分解菌生长所需的异丁酸、戊酸以及小肽和氨基酸,通过刺激粗纤维分解菌的活性,从而增进奶牛对纤维性物质的消化率,并改善了瘤胃环境。所以,在奶牛日粮中添加燕麦草,既可满足奶牛营养需要,提高奶产品品质,又可显著提高奶牛对粗饲料的利用率。降低饲养成本。

刈割青饲用应在抽穗期,此时蛋白质含量高,产草量也较高;调制干草可到开花期收割,能增加收获量。栽培在肥沃土壤再生力很强,一年可刈割 3～4 次,在株高 20～25 厘米时开始放牧,一年后可放牧 4～5 次。一年中各次收割的产量以第 1 次为最多,并以生活第 3 年的产草量为最多,可收鲜草 8.7 万～9.8 万千克/公顷,产干草 6000～15 000 千克/公顷,种子产量 375～750 千克/公顷以上。

三、栽培技术

1. 轮作

高燕麦草生长年限较短(利用 2～3 年),翻耕后易腐烂,适于在大田轮作中种植。

2. 播种

高燕麦草种子流动性很差,播种前应做去芒处理。北方宜春播(3 月),也可夏播(7 月),南方可秋播,内蒙古、东北等地可以夏播。试验表明,在兰州 3 月 30 日播种,4 月 10 日出苗,5 月 4 日分蘖,5 月 17 日拔节后一直处于营养枝状态。翌年 3 月 5 日返青,6 月 10 日抽穗,6 月 18 日开花,7 月 23 日种子成熟。一般以条播为主,单播量 45～75 千克/公顷,行距 15～25 厘米,覆土 3～4 厘米。由于高燕麦草不耐阴,所以通常不需要保护播种,以免保护作物抑制其生长。高燕麦草可以和其他牧草混播,混播的草种应选择生长期与它相似,生长又不甚迅速的草种,如鸡脚草、鸭茅、牛尾草、杂三叶草、红三叶草等混播,如同生长迅速的意大利黑麦草混播,将被荫蔽而难生长。

3. 收获

高燕麦草再生速度快,再生草分蘖多,产量高,故最适于刈割。收草用高燕麦草应在抽穗或开花初期刈割。收种时应在小穗颜色由绿变黄,种子蜡熟期及时收割,迟收则种子脱落,严重减产。高燕麦草不耐家畜践踏,不宜做放牧用。种子生活力以第一年为最强,以后逐年降低,四年后完全丧失生活力。故用新鲜种子播种,可提高保苗率。

第二节　甜高粱

甜高粱[*Sorghum bicolor*(L.)Moench]是禾本科高粱属一年生草本植物,属于喜温作物,是粒用高粱的一个变种。据《中国高粱品种资源目录》,甜高粱品种共 1536 份,其中国内品种有 384 份,从国外引入的品种有 1152 份;甜高粱注册资源共 374 份,其中 59 份为地方品种。

国外对甜高粱的研究较早,19 世纪末澳大利亚从美国引入大量的甜高粱品种作为牧草、青饲料、青贮饲料和干草利用,种植面积已达到 10 万公顷。

我国 20 世纪 70 年代从美国引进甜高粱品种丽欧、大力士、健宝、绿巨人、标杆、海牛等品种,近几年也有我国研究人员通过杂交选育出一些新品系,如原甜杂 1 号、沈农 2 号、辽饲杂 2 号等,已在新疆、甘肃、内蒙古、河南、河北和江苏等省区推广种植,种植面积 6.67 万公顷左右。

一、生物特性

1. 植物特性

甜高粱是禾本科一年生植物(图 6-2)。须根较粗,常生于秆的基部,具支撑根。秆粗壮,高 3～5 米,基部径 2.5～3.5 厘米,多汁液,味甜。叶 7～12 片,长约 1 米,宽约 8 厘米;叶舌硬膜质;叶鞘无毛或有白粉。花序紧密或稍紧密;椭圆形、椭圆状长圆形或长圆形,长 20～40 厘米,宽 5～15 厘米;花序梗直立,具数节至多节;无柄小穗椭圆形、椭圆状长圆形至倒卵状长圆形;颖幼时纸质或薄革质,熟时硬纸质,第一颖顶端钝,顶端具 3 小齿;第二颖舟形,顶端具脊,边缘有纤毛;外稃膜质透明,椭圆形或椭圆状长圆形,内稃椭圆形至卵形,顶端近全缘;花药长 3～4 毫米。颖果成熟时顶端或两侧裸露,籽完全为颖所包,椭圆形至椭圆状长圆形;种胚明显,椭圆形。有柄小穗披针形,长 4～6 毫米,雄性或中性,宿存,无芒。花果期 6～9 月。

图 6-2 甜高粱田间生长图

2. 生长习性

甜高粱为喜温作物,种子发芽最低温度 8～12℃,最适温度 20～30℃。生长发育要求 ≥10℃ 有效积温 2100～3500℃。耐热性好,不耐寒,昼夜温差大有利于养分积累,但温度高于 38～39℃ 或低于 16℃ 时生育受阻。抽穗至成熟要求 25℃。不耐低温和霜冻。甜高粱为短日照作物,缩短光照能提早开花成熟,但茎叶产量降低;延长光照贪青徒长,茎叶产量提高。

甜高粱生物量大,是目前已知的作物中生物量最高的作物,有"高能作物"之称。甜高粱 CO_2 补偿点为 0,光呼吸近似为 0,是 C4 作物,光合效率远高于 C3 作物,光合转化率高达 $18\% \sim 28\%$,产青饲料 9 万~15 万千克/公顷,被誉为"高能作物"。国外高产纪录达 169 005 千克/公顷,国内高产纪录达 157 500 千克/公顷,产量一般在 6 万~12 万千克/公顷之间,生物产量比青饲玉米高出 4.5 万~6 万千克/公顷,高出 $1.2 \sim 2.0$ 倍,并且甜高粱生长周期短,$120 \sim 150$ 天即可完成生长,对肥料需求量低,在热带或亚热带地区能够种植 $2 \sim 3$ 季,再生力很强,茎秆收获后从基部可以长出新芽,形成新的茎秆,可进行多次收割,能弥补饲用玉米 1 次播种收获 1 次的缺点,一般可刈割 $2 \sim 3$ 次,其单位面积产量更高。哈斯亚提·托逊江研究表明,在相同的种植方法和管理水平下,甜高粱的鲜草和干草产量分别达到 135 258.9 千克/公顷和 2 486 055 千克/公顷,鲜草产量比其他复播玉米品种高。

甜高粱抗逆能力强。有耐旱、耐涝、耐盐、耐高温、耐贫瘠等特点,被称为"作物中的骆驼"。抗旱性远比玉米强。蒸腾系数为 305、玉米 369、小麦 513,即甜高粱产生 1 千克干物质所需水分低于玉米和小麦,说明了甜高粱需水量少,其水分利用效率高;另外,甜高粱茎叶表面覆有白色蜡质,干旱时叶片卷缩防止水分蒸发。生长期中如水分不足植株呈休眠状态,一旦获得水分即可恢复生长。甜高粱根系发达,次生根数目为玉米的两倍,根表皮覆盖一层重硅酸,在根成熟后会形成一个完全的硅柱,在干旱期间能够提供足够的机械强度,防止根系崩塌,提高了甜高粱的抗旱能力。有研究显示,甜高粱在干旱条件下的生理活性接近于其在水分充足条件下的活性,在干旱条件下甜高粱的生物学产量减少 38%,低于玉米减少量 47%,在干旱条件下甜高粱的水分利用效率增加 20%,玉米则下降 5%,表明甜高粱具有节水耐旱的作用。此外,在干旱条件下,甜高粱氮利用效率增加。除了耐旱能力,也有很强的耐涝能力,一定程度内积水对其生长发育影响不大,抽穗后遇水淹,对其产量影响甚小。也有很强的耐盐能力,可忍受的盐浓度为 $0.5\% \sim 0.9\%$,高于玉米的 $0.3\% \sim 0.7\%$ 及小麦的 $0.3\% \sim 0.6\%$。由于甜高粱的耐受性强,故对土壤要求不严,沙土、黏土、旱坡、低洼易涝地均可种植,较耐瘠薄和抗病虫害。在 pH 值 $5.0 \sim 8.5$ 的土壤上都能生长。

二、经济价值

1. 用途广泛

甜高粱其茎秆富含糖分,营养价值高,植株高大,分蘖力强,生物产量高,抗逆性强,适口性好,饲料转化率高,青贮后甜酸适宜,牲畜普遍喜欢采食,既可做牧草放牧,又可刈割做青饲、青贮和干草,是优质饲料资源,可以缓解畜牧业饲草不足的现状;茎秆中的糖还可以用来生产乙醇,用作新型燃料;其渣可用来制酒、制糖、造纸等,是近年来新兴的一种能源作物、糖料作物和饲料作物。

2. 营养丰富

甜高粱茎秆汁液含量高达 50%～70%,糖锤度为 16%～22%,约为玉米的 2 倍,无氮浸出物一般为 40%～50%,比玉米多 64.2%,粗灰分比玉米多 81.5%,粗蛋白为 3%～5%,粗脂肪为 1%左右,粗纤维含量占干物质的相对含量为 30.3%,低于玉米的 33.2%,有利于动物的消化吸收。拔节期饲用甜高粱粗蛋白为 16.8%,蔗糖 6.8%,钙 0.43%,磷 0.41%,中性洗涤纤维(NDF)55.0%,酸性洗涤维(ADF)29.0%,而带穗玉米分别为 8.10%、2.80%、0.23%、0.22%、51.0%、28.%。即拔节期饲用甜高粱粗蛋白、蔗糖、钙、磷、含量为带穗王玉米的 2 倍左右;NDF 和 ADF 值与带穗玉米相近。可见甜高粱的各项营养成分均优于或相当于玉米。国外有研究表明,在不影响胴体品质和养分消化率的情况下,甜高粱秸秆可完全取代传统的玉米秸秆作为公羊羊羔饲料。奶牛饲喂饲用甜高粱可使日产奶量提高 4.54 千克,消化率提高 40%,并提高蛋白质含量,其营养价值几乎超过苜蓿,且其需水量还不到玉米的 1/3。国内也有许多甜高粱做饲料的相关研究,用甜高粱做青贮饲料来喂养奶牛,每头奶牛每天产奶量增加 0.55 千克,乳脂率提高 0.12%。用甜高粱做饲料喂羊,因其含糖量高,有利于提供能量,达到增重效果,可使羊提前 45 天出栏。除了饲喂牛羊,甜高粱蛋白含量高,无异味,还可用来喂驴、鹅、鱼、兔等,提高肉、蛋、奶的产量和质量,具有非常好的效果。例如用甜高粱叶片喂鱼,每 24.3 千克叶片就可产生 1 千克鱼,产出比高、效益优。

3. 苗期饲喂确保安全

甜高粱在苗期新鲜茎叶中含有氰糖苷(cyanogenic glucoside),在酶的作用下产生氢氰酸(HCN),从而对牲畜引起毒害作用。出苗后 2～4 周含量较多,成熟时大部分消失;上部叶较下部叶含量较多;分蘖比主茎多;籽粒高粱比甜高粱多;生长期中高温干燥时含量较高;施用磷肥可以减少氢氰酸的含量,过量氮肥使用会增加氢氰酸的含量,故多量采食过于幼嫩的茎叶易造成家畜中毒。有报道称,饲料中氰化物的浓度超过 200 毫克/千克时会对动物产生毒害;耕牛采食0.5～1.0 千克的幼嫩茎叶即可致死。因此,甜高粱宜在抽穗时刈割利用或与其他青饲料混喂。

做青饲有放牧和青刈两种类型。放牧时可分区轮牧以利于植株生长。幼苗期,虽然茎叶柔嫩、汁多、粗纤维含最低,但因氰化物含量高且产量较低,不宜放牧和青刈。拔节后期到抽穗期生物产量最高,叶片占总产量的 80%～90%,水分含量约 80%,此期,营养丰富,叶片鲜嫩多汁,清香可口,粗纤维含量少,容易消化,且氰化物含量相对较少,不至于使牲畜中毒,是饲用高粱做青饲料的最适时期。扬花期后,因粗纤维含量增多,茎秆逐渐变硬,消化率下降,适口性降低,做青饲料应用为时已晚。

4. 青贮、干草品质好

甜高粱水溶性碳水化合物(WSC)含量高,青贮品质好,是一种理想的青贮饲料。青贮后,酸甜适宜,茎皮软化,饲料转化率高,适口性好,牲畜喜食,是一种优质的生化贮备饲料。青贮具有明显的优势:①青贮可以减少恶劣天气带来的危害;②青贮后,饲草的营养能保持原有营养的90%左右,且富含蛋白质、维生素及矿物质;③青贮可将纤维水解成糖,纤维消化率提高了10%,易于动物消化利用;④青贮后饲料适口性好,会产生芳香酸味,刺激动物食用;⑤青贮经发酵后杀死了其中的寄生虫及病原菌,可有效地减轻病虫害;⑥甜高粱也可与其他饲料混合青贮,如玉米、白菜、甘薯蔓、树叶等,实现优势互补,如甜高粱与大豆、苜蓿混贮后均能提高饲料的营养价值和发酵品质,粗蛋白含量和有氧稳定性等增加。此外,在甜高粱青贮过程中也可以添加青贮添加剂,其中应用较为广泛的是乳酸发酵促进剂,可提高饲料品质,减少发酵损失。甜高粱经青贮后,保存时间长达10年以上,可实现常年均衡供应,经过机械化操作,大大提高劳动效率。

研究表明,青贮甜高粱粗纤维和蛋白质含量与青贮玉米相当或优于青贮玉米,干物质降解率和中性洗涤纤维消化率高于玉米青贮,pH值、乳酸含量与玉米青贮相近。青贮后,不但可以长时间保存,其营养成分不会流失,而且有较好的适口性,还能促进家畜消化腺的分泌活动、增强动物免疫力、提高消化率、防止家畜便秘。

用青贮甜高粱饲喂奶牛比青贮玉米饲喂每头奶牛日产奶量增加2.19千克;饲喂肉牛每头平均日多增重0.47千克,净收益每头每天比饲喂玉米秸秆多9.78元。初产母羊补饲青贮甜高粱秸秆,比饲喂青贮玉米秸秆母羊的繁育率高出12.5%,母羊泌乳力、羔羊总增重分别高出3.93千克和9.71千克;用青贮甜高粱饲喂3~5月龄羊比饲喂青贮玉米每只日多增重2.01克,2~3岁龄羊每只日多增重29.27克。可见,不论是奶牛、肉牛、羊,饲用甜高粱都表现出良好的饲用效果。

甜高粱茎秆富含糖分,鲜嫩多汁,能刈割2~3次,制成优质干草。制作干草,操作简单,能保持原有营养的70%~85%,易于动物消化,可大量贮存。甜高粱调制干草最好能在株高低于1米时刈割,此时茎秆纤细,易于干燥,虽粗蛋白含量比苜蓿干草稍低一些,在15%左右,但能量与天然优质干草和苜蓿干草一样,干草品质好。收获时进行茎秆压扁处理,可加快水分散失,制成的干草质量更好。已有试验表明部分甜高粱品种在拔节后50天叶片和茎秆的粗蛋白含量达到最高值,且茎秆和叶片的粗蛋白含量成正相关。此外干草调制过程中茎秆中的氢氰酸大都挥发了,这降低了家畜中毒的风险;或者在饲用高粱接近成熟时将下部叶片摘下晒成干草或籽粒收获后做干草饲用,均具有很高的饲用价值,高于一般的禾本科干草。饲用甜高粱在草料加工过程中营养损失较少,利用率高,不仅可青饲、青贮和制作干草,还可制成草粉配合饲料、糖化秸秆饲料等。糖化秸秆饲料含糖量较茎秆原料多 10 倍,营养价值高,饲料回报率显著提高。

5. 环保工业原料

甜高粱是一种高效的能源作物,茎秆中的糖经生物发酵产生乙醇。乙醇汽油属于可再生能源,环保性能好,能够减少汽车尾气等有害气体的排放。

甜高粱茎秆中含有丰富的糖汁,每公顷甜高粱可生产 60°的白酒 3 吨,目前,用甜高粱已酿造出了凯勒白酒,同时酒可以进一步蒸馏成为酒精,供其他用途。

甜高粱茎秆产量高并含有 14%～18% 的纤维素,是造纸的好原料。纤维结构具有高的密度和产生同质片状物,因此非常适于用作造纸的原料。甜高粱茎秆表皮组织致密坚韧,可加工出高质量的建材板。每 1.3 吨甜高粱茎秆生产乙醇后的干渣,可以生产出 1 吨的高档纸浆。

甜高粱制糖。在产糖作物中,甜高粱单位面积产糖量是甜菜的 1.3 倍。在所有能源作物中,甜高粱最显著的特征在于它的高糖和高生物产量。茎秆中含糖量高达 18%～24%,可以产糖 900～1500 千克/公顷。早在 18 世纪,美国、巴西等国家就种植甜高粱用来制糖。

三、栽培技术

1. 精细整地

甜高粱根系非常发达,耐旱、耐盐碱、耐瘠薄,适应性强,对土壤要求不严。由于甜高粱籽粒较小,根颈短,顶土能力弱,前期生长缓慢,中后期需水肥较多。因此,土地要整得深、平、细、碎,除掉杂草,施足底肥,土肥融合,耙压保墒。播种前施入农家肥 6 万千克/公顷、尿素 150 千克/公顷、磷酸二铵 150 千克/公顷、硫酸钾 120～150 千克/公顷、锌肥 15 千克/公顷。耕翻深度 30～35 厘米,耕后及时耙糖,镇压保墒,以利出苗。

2. 适时播种

甜高粱生长的最低温度为 12.8～16.5℃,因此,播种不宜过早,因早春低温容易烂种,生产上称为“粉种”。也不能过晚而影响生长及成熟。在生产上以 5 厘米地温在 13℃作为春播温度指标,北方在 5 月上旬播种,比玉米稍迟。也可在冬油菜收获后,复种一茬饲用甜高粱,因为饲用甜高粱生育期为 45～60 天。甜高粱发芽率较低,一般播种量 1.5 千克/亩,播种深度为 3 厘米。甜高粱植株较高,茎叶繁茂,一般分蘖 5～10 个,种植不可密度过大,一般留苗 5000～8000

株/亩,行距 30～40 厘米。

3. 田间管理

饲用甜高粱幼苗期较脆弱,生长较缓慢,与杂草竞争养分能力相对较弱,因此,当幼苗长至 20 厘米左右时应及时清除杂草,以确保幼苗生长。饲用甜高粱根系发达,在生长的过程中需要从土壤中大量地摄取营养,所以在种植过程中,除了要保证其底肥充足,保证幼苗的生长,还应该根据除草的情况,施以 3 千克/亩的尿素,促进幼苗的生长,且在之后的过程中每刈割一次便施一次尿素,每次3～5 千克/亩,此外还要适当追加微肥。甜高粱具有耐旱的特性,但水肥充足,能获得高产。

4. 适期收获

甜高粱具有较强的分蘖能力,第一次分蘖后株数可达到5～10 株,随着刈割次数的不断增加,分蘖数也相应增加,最大值可以达到 30 株,也就是越刈割越茂密,经常刈割能够促进甜高粱的植株生长。一般植株长到1.5～2.0 米时进行刈割利用营养较好,留茬高度 15 厘米,这样年可刈割 2～3 茬。每次刈割都要施以足量的速效肥,促进甜高粱的生长并保证其健康状态。

第三节　无芒雀麦

无芒雀麦(*Bromus inermis* Leyss.)又称禾萱草、无芒草、光雀麦,为禾本科雀麦属(*Bromus* L.)多年生草本植物。雀麦属全世界约有 100 种,分布于温带地区,我国有 16 种,栽培最有前途为无芒雀麦和扁穗雀麦。无芒雀麦原产于欧洲、中亚及俄罗斯西伯利亚地区,其野生类型广布于欧洲、亚洲和北美等地。无芒雀麦性状变异幅度较大,种下划分不少变种或品种。我国黑龙江、吉林、辽宁、内蒙古、河北、山西、山东、江苏、陕西、甘肃、青海、新疆、西藏、云南、四川、贵州等地都有野生种,多生于草甸、山坡、谷地、河边、路旁,为山地草甸草场优势种,分布于海拔 1000～3500 米。该草现已成为欧洲、亚洲和美洲干旱、寒冷地区的重要栽培牧草。我国东北 1923 年开始引种栽培,在我国东北、华北、青海、新疆等地表现尤为良好,是北方地区一种很重要的禾本科栽培牧草。

一、生物特性

1. 生物特征

无芒雀麦为须根系,具横走根状茎,根系发达,多分布在距离地面 20 厘米的土层中。茎直立,疏丛生,具 4～6 节,高 90～120 厘米,最高可达 140 厘米以上。叶片柔软,呈带状,长 15～30 厘米,宽 1.2～1.6 厘米,一般 5～6 枚。圆锥花序,着生 2~6 枚小穗,小穗披针形,着花 6~12 朵,花药长 3~4 毫米。外稃无芒,内稃膜质。种子暗褐色,披针形,千粒重 2.44~3.74 克,每千克种子约有 40 万粒。

2. 生长习性

无芒雀麦对气候条件适应性很强,是世界温带地区和暖温带地区优良的栽培牧草之一。适于冷凉、干燥的气候条件,在年均温度 3~10℃、年降水量为 400~500 毫米的地区生长良好,最适生长温度 20~26℃,不适于在高温、高湿地区生长。抗寒性强,种子发芽的最低温度为 7~8℃,幼苗能忍受 3~5℃的霜寒,直至结冻才枯死,成为生育期长达 200 多天的冷地型牧草。在东北黑龙江有雪覆盖的条件下,最低温度达−48℃时,越冬率达 83%;在青海的三角城和铁卜加地区,当最低温度达到−33℃时亦能安全越冬。较抗旱,在北方春旱季节,能有效利用土壤水分,迅速返青和生长,雨季到来时完成营养生长过程。即使夏旱长达 50 多天,植株也能开花结实。从返青到成熟全生育期需要≥0℃积温2700~4000℃。无芒雀麦对土壤条件要求不太严格,对水肥敏感。适宜于肥沃的壤土、黏壤土、沙壤土,不适于盐碱土、酸性土壤,不耐强碱、强酸土壤,较耐湿,耐水淹可长达 50 多天。

无芒雀麦是禾本科长寿牧草,其寿命可长达 25~50 年。一般以生长第 2~3 年生产力较高,在精细管理下可维持 10 年左右的高产,可产青草 1.5 万~4.5 万千克/公顷。播种后 10~12 天出苗,35~40 天开始分蘖。当年仅有个别枝条抽穗开花,大部分枝条呈营养枝状态,第二年返青后 50~60 天即可抽穗开花,一日中 16~19 时开花最多,花期持续 15~20 天。高温、高湿往往造成结籽不良。当年种子发芽率低,第二年发芽率最高。贮藏 5 年以后,种子的发芽率下降到 40%,6~7 年以后则完全丧失发芽能力。

无芒雀麦根系生长较快,当年根系入土深度可达 200 厘米。第二年根产量(0~50 厘米)9600 千克/公顷左右,2 倍于地上部分。地下茎发达,有利于耐牧性、无性更新和保持高产。

无芒雀麦播种当年,草层主要是由短枝、叶组成,很少形成生殖枝和长营养枝。第二年,植株茎的比例加大。在我国北方栽培的禾本科牧草中,无芒雀麦的叶高于其他一些禾本科牧草。据内蒙古农牧学院在锡林郭勒盟对几种禾草茎叶比的测定结果来看,无芒雀麦的叶量最多,占植株总量的 50%,其次为老芒麦和羊草,分别为 49.5%和 48.8%,叶量最少的是冰草和垂穗披碱草,分别为 22.7%和 21.19%。无芒雀麦在草丛中各种枝条的比例,随着气候条件、土壤肥力、营养面积、牧草年龄的不同而不同。在管理比较粗放的干旱条件下,无芒雀麦的生殖枝无论从数量上还是从重量上都远远超过营养枝。但当水分条件和管理条件较好时,情况则相反,营养枝的比重较大。无芒雀麦叶子主要分布在 40 厘米以下的地方,上部叶量较少。

无芒雀麦的再生性良好,在我国中原地区,一般每年可刈割2～3次。华北、东北地区可以刈割2次。在黑龙江和内蒙古由于生长期短,一般每年刈割1次,个别地区可以刈割2次。无芒雀麦再生草的产量通常为总产量的30％～50％。它的再生能力比冰草、鹅观草、披碱草和猫尾草都强,但不如黑麦草和鸭茅。

无芒雀麦的栽培品种主要有卡尔顿、公农、林肯、奇台、锡林郭勒、新崔1号等。

二、经济价值

无芒雀麦适应性广,生命力强,营养价值高,产量大,适口性好,利用季节长(返青早,枯死晚,绿色期长达210多天),耐寒旱,耐放牧,是著名的人工建植草地牧草。又因其根系发达,固土力强,覆盖良好,耐践踏,再生性好,是很好的放牧型牧草和优良的水土保持主要草种及草坪地被植物(表6-2)。

表6-2 无芒雀麦不同生育期营养成分(％)

生育期	水分	占干物质				
		粗蛋白质	粗脂肪	粗纤维	无氮浸出物	粗灰分
拔节	78.4	19.0	4.2	35.0	36.2	5.6
孕穗	77.0	17.0	3.0	35.7	40.0	4.3
抽穗	76.9	15.6	2.6	36.4	42.8	2.6
开花	73.6	12.1	2.0	37.1	45.4	3.4
成熟	70.7	10.1	1.7	40.4	44.1	3.7

来自:杨文宪,等.优良牧草栽培与加工技术.山西人民出版社 2006.

无芒雀麦草质柔嫩,饲用价值高,适口性好,为各种家畜所喜食。耐牧性强,放牧宜在2～3年以后进行,因为这时草皮已经形成,耐践踏。第一次放牧的适宜时间是在孕穗期,以后各次应在草层高12～15厘米时。除用作放牧外,还可以调制成干草和青贮。无芒雀麦干草的适当收获时间为开花期。收获过迟不仅影响干草品质,也有碍再生,减少二茬草的产量。春播时当年可以收一次干草。在我国北方人工栽培的草地,可产干草4500～6000千克/公顷,高产的可达7500千克/公顷以上。无芒雀麦营养丰富。据原东北农科所分析,其粗蛋白质12.93％,粗脂肪3.28％,粗纤维35.0％,无氮浸出物41.24％,粗灰分7.55％。和其他多年生禾本科牧草相比,无芒雀麦的营养价值相当高。据原东北农科所的分析资料,无芒雀麦的干草粗蛋白质含量为11％,而猫尾草和冰草分别为8.5％和8.7％。

三、栽培技术

1. 多施肥、早耕翻

无芒雀麦种子发芽要求充足的水分和疏松的土壤,因此必须有良好的整地质量。大面积种植必须适时耕翻,翻地深度应在20厘米以上。春旱地区利用荒废地种无芒雀麦时,要做到秋翻地。来不及秋翻的则要早春翻,翻后都要及时耙地和镇压,以防失水跑墒。有灌溉条件的地方,翻后尚应灌足底墒水,以保证发芽出苗良好。

无芒雀麦对肥料反应敏感,为喜肥牧草,又可一次种植多年利用,所以要多施肥。需氮较多,单播尤为迫切。播前施厩肥22 500～37 500千克/公顷,过磷酸钙450千克/公顷,尿素225千克/公顷。厩肥除了播前施用外,还可于每年冬季或早春施入。在拔节、孕穗或刈割后追施速效氮肥,同时还要适当施用磷钾肥,可显著提高产草量和种子产量。若施肥和灌水结合进行,效果更好。据青海省畜牧科学院草原研究所磷肥试验效果表明:施用磷肥能促进牧草根系的生长和分蘖的发育,对每茎上的着叶数量和叶面积系数迅速扩大,促进植物的光合作用,使干物质积累率和光能利用率成倍地增加,从而提高了植物的抗寒性和越冬能力,保证了牧草产量的增加。试验结果,无芒雀麦草人工草地施用磷肥(P_2O_5)150千克/公顷作为种肥,使播种当年的产草量较未施磷肥的对照区提高1.7倍,生长第二年不再施肥,产量仍可提高1倍,两年合计可增产干草4950千克/公顷。

2. 抢墒播种

春、夏、早秋播皆可。北方春季干旱,风沙大,气温低,墒情差,春播容易造成出苗慢和缺苗,所以在夏天雨季或早秋播种效果较好。如行春播,宜在3月下旬或4上旬,也就是土壤解冻层达预期深度时播种,最好加保护作物,可用大麦、燕麦、糜子、谷子防备风、旱和杂草的危害,生长期及时收获保护作物,以利于无芒雀麦生长。也可以播种后覆盖无纺布以利于出苗。如果土壤墒情不好,也可错过旱季,雨后播种。东北中、南部东北宜夏播,于7月上旬雨后播种;华北、西北较寒冷地区可早秋播,于8月下旬播种,也能安全越冬,如到9月进行播种,则其生长发育较差,越冬成活率低。

条播、撒播均可,多采取条播,行距15～30厘米,播量22.5～30千克/公顷,种子田行距45厘米,播量减少到15.0～22.5千克/公顷。播种不宜过深,一般在较黏性土壤上为2～3厘米,沙性土壤上为3～4厘米。在春天干旱多风的地区由于土壤水分蒸发较快,覆土深度可增至4～5厘米,播后镇压1～2次。如采用撒播,播量可增至45.0千克/公顷左右。无芒雀麦适宜与紫花苜蓿、沙打旺、野豌豆、百脉根、红三叶、红豆草等豆科牧草混播,借助豆科牧草的固氮作用,促进无芒雀麦的良好生长。可行 1∶1 或 2∶2 隔行间种,或 1∶1 混种。无芒雀麦竞争力强,混播时很快压倒豆科牧草,所以要适当增加豆科牧草的播种量。与紫花苜蓿混播时,播种量为无芒雀麦 7.5 千克/公顷、紫花苜蓿 11.25 千克/公顷。

3. 苗期除草,后期耙地

无芒雀麦是长寿牧草,播种当年生长慢,苗期易受杂草危害。因此,播种当年中耕除草极为重要。无芒雀麦具有发达的地下茎,随着生活年限的增加,根茎往往蔓延,到了第 4～5 年往往草皮絮结,使土壤表面紧实,透水通气受阻,营养物质分解迟缓,因而产量下降。在此情况下,耙地松土复壮草层是无芒雀麦草地管理措施中一项非常重要的措施。耙地复壮不仅可以提高青草产量,也能够增加种子产量。也可以同其他禾本科牧草如猫尾草等混播,这样可以防止无芒雀麦单播造成的草皮絮结和早期衰退的不良现象。

无芒雀麦在播种当年种子质量差、产量低,一般不宜采种。第 2～3 年生长发育最旺盛,种子产量高,适于采种,可产种子 9000～11 250 千克/公顷。收种的适宜时间是在穗色变黄、种子完熟时。

第四节 扁穗冰草

扁穗冰草[*Agropyron cristatum* (Linn.) Gaertn.]又名冰草、麦穗草、野麦子、羽状小麦草、山麦草。

扁穗冰草为禾本科冰草属须根系多年旱生牧草。冰草属广泛分布在温带草原和荒漠草原地区。全世界约有 15 种,野生的有 3 种。冰草原来和鹅观草同一属,1933 年正式分立两个属。

扁穗冰草是世界温带地区最重要的牧草之一,广泛分布于欧洲、原苏联南部、西伯利亚西部及亚洲中部寒冷、干旱草原上。苏联 1890 年开始引种栽培,美国 1898 年开始培育,1906 年建植成功,目前美国及加拿大干旱地区有大面积栽培。我国主要分布在东北、西北和华北干旱草原地带,是该地区草原群落的主要伴生种,也是干旱、半干旱地区草场改良禾本科牧草之一(图 6-3)。

图 6-3 扁穗冰草田间生长图

一、生物特性

1. 植物特性

扁穗冰草为多年生草本。须状根，密生，根外有沙套。秆呈疏丛状，直立，基部的节常呈膝曲状，上部紧接花序部分被短柔毛或无毛，高40～80厘米，具3～5节。有时分蘖横走或下伸成长达10厘米的根茎。叶鞘紧包茎，叶披针形，长7～15厘米，宽4～7毫米，叶片扁平或边缘内卷。小穗平行排列呈篦齿状，含5～7小花，穗状花序。顶生小花不孕或退化。颖舟形，常具2脊或1脊，外稃5～7脉，无芒或具短芒。千粒重为2克左右。

2. 生长习性

扁穗冰草是草原区旱生植物，具有很强的抗旱、抗寒能力，宜在干燥寒冷地区生长。种子在2～3℃低温下便能发芽，发芽最适温度为15～25℃。土壤水分及温度条件适宜时，播种后5～7天即可萌发出苗。在年降雨量250～500毫米，积温2500～3500℃的地区生长良好。由于它具有旱生结构，如根系发达且具沙套，叶片窄小且内卷，干旱时气孔闭合，干旱时生长虽见停滞，一旦供水又恢复生长，是目前我国栽培上最耐干旱的禾本科牧草之一。抗寒性很强，当年植株可在－40℃低温下安全越冬，在青海高原、西藏雪域均无冻死现象。

扁穗冰草为冬性牧草，春播当年地上部分生长缓慢，形成叶簇状，很少抽穗结实，基本处于营养生长阶段；播种当年根系发育旺盛，向横深发展较快，到了夏季便转向形成大量分蘖枝，根系生长处于停滞状态。第二年返青早，生长发育整齐，结实正常，产草量和种子产量均在播种第二年最高。在北方甘肃等地3月中下旬开始返青，5月末抽穗，6月中下旬开花，小花开放的高峰是在每日下午2～4时，晴朗高温无风天气开花最盛；7月中下旬种子成熟，成熟种子自然脱落，可以自生；9月下旬至10月上旬植株枯黄。生育期100～130天左右，是一种早熟牧草。但枯萎期却很迟，绿色期长达200天以上。扁穗冰草不耐夏季高温，夏季干热时停止生长，进入休眠。秋季再开始生长，所以春秋两季为生长的主要季节。在野生状态下，冬春枝叶保持良好，它是各种家畜较喜食的中等催肥植物。它的缺点是，分蘖力较差、叶量少，因此，用来刈割调制干草，总收获量低，适于放牧利用。

扁穗冰草对土壤要求不严，黑钙土、栗钙土和沙壤土上均能生长，喜生于草原区的栗钙土壤上，有时在黏质土壤上也能生长，耐瘠薄、较耐盐碱，但不耐涝，也不耐水淹，一般长期春泛下湿地或沼泽地不宜种植，在酸性或沼泽、潮湿的土壤上也极少见。

扁穗冰草分蘖能力很强，当年分蘖枝可达25～55个，并很快形成丛生状。

根系发达,入土较深,达 1 米以上,一般能活 10～15 年,生产中可利用 6～8 年。产量因自然条件及管理水平而有很大差异,平均可产干草 4500 千克/公顷左右,在第 3～5 年后地上部分产量开始下降。

扁穗冰草为异花授粉植物,靠风力传粉,自花授粉大部分不孕。成熟种子籽实饱满,萌发率高,出苗整齐,幼苗越冬良好。

扁穗冰草栽培主要品种有内蒙古沙芦草、诺丹沙生冰草、"蒙农"杂种冰草。

二、经济价值

扁穗冰草质地柔软,适口性好,营养价值较高,是一种牧刈兼用的优良牧草,既能用作青饲,也能晒制干草、制作青贮或放牧,用于放牧较调制干草普遍,这是因为它春季生长最早,随着季节的推进草质迅速下降,有人建议春天应重牧。青鲜时马和羊最喜食,牛和骆驼也爱吃,在干旱草原区是很好的催肥牧草。对于反刍家畜来说,扁穗冰草的消化率和可消化成分较高(表 6-3)。

表 6-3 扁穗冰草的化学成分(%)

生育期	干物质	粗蛋白质	粗脂肪	粗纤维	无氮浸出物	粗灰分	钙	磷
营养期	87.0	19.5	4.6	22.5	32.9	7.5	0.57	0.43
抽穗期	87.0	16.6	3.5	27.2	33.4	6.3	0.44	0.37
开花期	87.0	9.3	4.1	31.5	36.2	5.9	0.39	0.43

来自:杨文宪,等.优良牧草栽培与加工技术,2006.

扁穗冰草春季返青早,秋季枯黄迟,利用期长,能为放牧畜群提供较早的放牧场或延迟放牧,冬季枝叶不易脱落,仍可放牧,但由于叶量较少,相对降低了其饲用价值。可单播又可混播,可产鲜草 4800～11 250 千克/公顷,最高可达 15 000 千克/公顷,种子产量 300～750 千克/公顷。由于冰草的根系须状,密生,具沙套,并且入土较深,因此,它还是一种良好的水土保持植物和固沙植物。

三、栽培技术

1. 精细整地

扁穗冰草种子较大,纯净度高,发芽较好,出苗整齐,但播前仍需要精心整地,土地耕好后,再反复耙耱,充分粉碎土块,并施入有机肥做底肥。对于新开垦的荒地,播前一定要耙碎草皮,使地面平整,最好种过 1～2 年作物后,待土壤熟化后再播种,这样较易成功。

2. 抢墒播种

扁穗冰草春、夏、秋季均可播种,我国北方寒冷地区可春播,4～5 月为宜;春季少雨多风、土壤墒情较差的地区则在夏季6月中旬至7月上旬降雨后抢墒播种；冬季气候较温和的地区以秋播为好，宜8月中旬为宜，宜早不宜迟，以免影响安全越冬。一般条播，亦可撒播，条播行距20~30厘米，覆土2~3厘米，播种量15.0~22.5千克/公顷，播后适当镇压。扁穗冰草可与紫花苜蓿、红豆草、早熟禾、鹅观草等牧草混播，以提高产量及品质，混播时播量应为单播时的一半。

3. 加强管理

扁穗冰草易出苗，但幼苗生长缓慢，应注意中耕除草，促进幼苗生长。扁穗冰草虽然抗旱耐瘠薄能力强，但在干旱地区或干旱年份，或是生长期及刈割后，最好灌溉及追施氮肥，可显著提高产草量并改善品质。利用3年以上的扁穗冰草草地，于早春或秋季进行松耙，可促进其生长和更新。

4. 适时收获

扁穗冰草在不同生长期的产量，栽培草以开花期产量为高，再生草也是同期的为高。相反，野生草以抽穗期较高。播种当年叶量占总产量的70%左右，茎占30%左右，二年生以后叶量减少，包括花序在内占45%、茎占55%。其干草产量第一年1100千克/公顷、第二年4772千克/公顷，第三年2430千克/公顷。种子产量第二年最高，达1600千克/公顷。

适宜刈割期为抽穗期，开花后茎叶变得粗硬，适口性和营养成分明显下降，饲用价值降低。它的再生能力差，一年只能刈割1次，再生草可供放牧。调制干草时应以抽穗或初花期刈割为宜，迟时适口性和营养价值均迅速下降，若能及时割制干草，其品质较一般干草优秀。

种子田要加强田间管理，收获要及时，一般在蜡熟末期或完熟期收获，以免种子脱落影响产量。

第五节　多年生黑麦草

黑麦草属(*Lolium* L.)全世界约有10种，主产地中海区域，分布于欧亚大陆温带地区，我国有7种，多由国外输入。经济价值最高、栽培最广泛的有两种，即多年生黑麦草和多花黑麦草。

多年生黑麦草(*Lolium perenne* L. 英名：Perennial Ryegrass)又名黑麦草、宿根黑麦草、英国黑麦草等。

多年生黑麦草是世界温带地区最重要的禾本科优良牧草。原产于西南欧、北非及亚洲西南。广泛分布于克什米尔地区、巴基斯坦、欧洲、亚洲暖温带、非洲北部。生于草甸草场，路旁湿地常见。1677年首先在英国作为饲草栽培，欧洲栽培已达400多年，1800年美国东部开始栽培。现在英国、法国、新西兰、美国、日本等国广泛种植。近年来随着畜牧业的发展,又育成了四倍体多年生黑麦草。我国在新中国成立前就有引种,但大面积栽培是从1972年以后,当时从丹麦、荷兰、英国、日本、新西兰等国家引进30多个品种,从各地试种情况看,多年生黑麦草在我国长江流域如四川、云南、贵州、湖南一带高山地区生长良好,在湖南、贵州、云南等地大面积草山改良中,发挥了重要作用。至今已是南方、西南和华北地区重要的栽培牧草,尤其是作为草坪草种已广泛应用于大江南北。

一、生物特性

1. 植物特性

多年生黑麦草是禾本科黑麦草属须根系丛生型草本植物。根系浅而发达,主要分布于15厘米土层中,具细弱根状茎,放牧或频繁刈割则絮结成稠密草皮。茎丛生,直立,光滑,中空,浅绿色,高30～100厘米,具3～4节,质软,基部节上生根。单株分蘖数因土壤水肥条件、密植程度和品种而异,一般50～60个,多者可达100个以上。叶狭长,深绿色,叶面有光泽,一般长5～20厘米,宽5～8毫米,多下披。叶鞘长于节间或与节间等长,紧包茎秆。叶舌膜质。穗状花序。小穗15～25个,互生于穗轴两侧,花5～11枚,结实3～5粒,颖披针形,第一颖退化,第二颖质地坚硬。外稃长圆形,草质,无芒。内稃边有细毛。颖果扁平棱形。千粒重1.5～2.0克,每千克种子约66万粒。

2. 生活习性

性喜温凉湿润气候,耐热、耐旱、耐寒、耐瘠薄及耐酸碱能力都较差,适于年降雨量为500～1500毫米、冬无严寒、夏无酷暑的地区生长。生长最适温度为20℃,在10℃时亦能较好生长。不耐炎热,35℃以上则生长受阻。难耐－15℃的低温。

适宜在肥沃、湿润、排水良好的壤土或黏土地上生长,亦可在微酸性土壤上生长,适宜的pH值为6～7。再生能力强,抽穗前刈割或放牧,能迅速恢复生长。在我国东北、内蒙古和西北地区不能自然越冬,可作为一年生牧草栽培利用。在北京地区越冬率约50%。在我国南方夏季炎热高温条件下越夏困难,往往枯死。但在北方南部及长江沿线地区却是非常重要的草种,其特点是生长快、成熟早。在湖北、湖南和江苏等地,9月中下旬播种,冬前株高达20厘米以上,冬季不枯黄,次年3月底4月初为分蘖盛期,草丛高达50厘米左右,4月底抽穗,5月初开花,6月上旬种子成熟,植株结实后大部分死亡。在北京地区3月中下旬返青,5月下旬抽穗,大多于7月上旬成熟,生育期100～110天,全年生长天数250天左右。多年生黑麦草为短期多年生牧草,一般可成活4～5年,再生性强,水肥条件好时年可刈割3次以上,从残茬长出的再生枝约占总枝条数的

65%,而分蘖节长出的新枝仅占 35%。

二、经济价值

多年生黑麦草茎叶繁茂产量高,幼嫩多汁草质好,营养丰富适口性好,是各种家畜所喜食的上等饲草。花前刈割可晒制成优质干草,也可以刈割青饲或放牧利用。刈割期可在抽穗前或抽穗期进行,以保持较高的消化率。如与红三叶混播可作为刈割青饲草场,与白三叶混播可作为放牧场。一般鲜草产量 6 万~9万千克/公顷,最高达 12 万千克/公顷,种子产量 750~1200 千克/公顷。此外,它具有绿色期长、草色嫩绿、枝丛稠密、下繁叶多、耐践踏、耐低刈及频繁修剪等性状,是庭院绿化和运动场草坪中非常重要的草坪草种,已有数十个品种引入我国。其营养成分占干物质为:粗蛋白 10.98%,粗脂肪 2.20%,粗纤维 36.51%,无氮浸出物 40.20%,粗灰分 10.11%,综合养分优于一年生黑麦草和其他几种禾本科牧草(见表 6-4)。

表 6-4 多年生黑麦草的营养成分(%)

样品	干物质	粗蛋白	粗脂肪	粗纤维	无氮浸出物	粗灰分	钙	磷
鲜样	19.2	3.3	0.6	4.8	8.1	2.4	0.15	0.05
干样	100	17.0	3.2	24.8	42.6	12.4	0.79	0.25

来自:刘锡庚,等.农业生产技术基本知识——优良牧草栽培技术.

三、栽培技术

1. 施足底肥

多年生黑麦草种子细小,播前需要精细整地,使土壤细碎、地块平整,保持良好的土壤墒情。结合耕翻,宜施用充足的有机肥做底肥,伴施适量无机速效氮磷钾肥。

2. 适期播种

多年生黑麦草在长江流域及其以南地区秋播为宜,播期可在 9~11 月份。早播的当年冬季和早春即可饲用。亦可在 3 月中旬播种,但秋播比春播产量高。北京地区可秋播。条播,行距 15~30 厘米,播深 1.5~2 厘米,播种量 15~22.5千克/公顷。也可以撒播。最适宜与白三叶或红三叶混播,可建成优质高产的人工草地。

3. 加强管理

在条件适宜时,多年生黑麦草 1 周出齐苗,分蘖能力强,再生速度快,不久即可茂密成丛,苗期中耕除草远较一般牧草次数少。生产潜力大,水肥充足,青草产量可以大幅度提高,所以对草地要加强管理。每次刈割后,应追施氮肥,并结合灌水,以促进再生。据报道,0.5千克氮素可增加干物质12.1~14.3千克,增产粗蛋白质2.0千克。若在微酸性土壤上种植,可以增施磷肥300~450千克/公顷。对水分条件反应敏感,在分蘖、拔节、抽穗期适当浇水,增产效果明显。夏季炎热天气灌溉可降低地温,有利越夏。

4.适时收获

多年生黑麦草因品种特性不同可用于放牧或调制干草。宜牧品种分蘖力强,叶多茎少,成丛慢,开花晚,绿色期长,放牧在草丛高20~30厘米时进行为宜。刈草放牧兼用品种植株较高,茎直立,叶量和分蘖力稍差于宜牧品种,但刈割后再生草质量很好,调制干草以分蘖盛期至拔节期,且留茬5厘米刈割为宜。收种以刈割2~3次的植株为宜,因落粒性强,应选阴天或早晨,成熟时及时采收。

参考文献:

[1] 王贤.牧草栽培学[M].北京:中国环境科学出版社,2006:65-67;76-78;88-90.

[2] 陈宝书.牧草饲料作物栽培学[M].北京:中国农业出版社,2001:354-359.

[3] 杨文宪,董宽虎,朱慧森,等.优良牧草栽培与加工技术[M].太原:山西人民出版社,2006:60-71.

[4] 陈宝书,张景雨,丁升,等.高燕麦草生育特性和生物量的研究[J].青海草业,1995(1):1-4.

[5] 石龙阁.我国甜高粱产业发展前景分析[J].杂粮作物,2007,27(3):242-243.

[6] 田秀民,尹瑞平,张欣,等.无芒雀麦栽培技术研究[J].种子,2008(10):68-71,74.

[7] 王秉龙,罗世武,杨文清,等.无芒雀麦丰产栽培技术研究[J].草业与畜牧,2011(9):28-29,31.

[8] 祁百元,杨明岳,窦声云,等.不同播种因素对扁穗冰草生产性能的影响[J].草原与草坪,2018(3):62-66.

[9] 赵得明.燕麦草生产利用现状及发展趋势[J].黑龙江畜牧兽医2016(11下):177-179.

[10] 张静.甜高粱种植技术现状及对可持续发展的影响[J].现代农业,2018(8):40.

[11] 周汉章,刘环,周新建,等.饲用甜高粱种植技术规程[J].河北农业科学,2017(1):36-39.

[12] 蔡丽春.饲用甜高粱栽培技术要点[J]中国畜牧兽医文摘,2018(3):240.

第七章　牧草混播生产技术

第一节　混播原理

在同一块田地上,同期混合种植两种(品种)或两种以上牧草的种植方式称为混播。

从生产的角度出发,人工草地植物群落的理想结构应能够最大限度地利用水分、光照、养分等条件。要做到这一点,一方面要使植被在水平方向上最大限度地扩张和占有,另一方面还应使其在垂直方向上形成尽可能多的层次和占有可能大的范围。牧草混播就是一种可按照人的意志来改变牧草的种类、比例及密度,形成理想结构的人工草地建植方式。与之相比,牧草单播虽在播种、收获等一系列田间作业中便于机械化,草地管理较为简单,在集约化经营下可获得高产,但却对时间、水、热、养分均有一定程度的浪费。牧草混播则更具以下优越性:单位面积产量高而稳定;牧草品质改善,营养完全;牧草易于收获调制;减轻杂草病虫害;恢复土壤结构,提高土壤肥力。牧草混播主要利用以下原理来充分发挥不同草种的优点,避开其缺点,达到高产、稳产、优质的草地生产目的。

一、形态学互补原理

不同牧草种(品种)组成的草地植物群落有着不同的结构特征,这种差异主要表现为地上和地下生物量在垂直和水平方向上的分布不同。牧草混播时,各混播成员在群落内占据一定的空间,优良的混播组合可构成较丰富的群落垂直结构和水平结构,提高植物利用环境资源的能力。

植物群落中的光照强度,总是随着高度的下降而逐渐减弱,这主要是因为部分光被上层枝叶吸收或反射。在优良的混播组合中,根据牧草形态的差异(上繁与下繁、宽叶与窄叶)来进行种群的合理搭配,上繁草可以充分利用阳光,半上繁草却能利用较弱的光,下繁草能够利用更微弱的光。一般来说,豆科牧草叶片分布较高,禾本科牧草则较低;豆科牧草叶片平展,禾本牧草的叶片斜生;有些豆科牧草叶片顶端具有卷须,能缠绕在禾草茎上而得到充足光照。不同草种,其根系多少、深浅和幅度大小各异,混播后根系在地下分布的位置也存在着互补现象。豆科牧草属直根系,入土深度达 2 米多;禾本科牧草属须根系,主要分布在土表层20厘米以内。两者根系在土壤中分层分布,从不同深度的土层中吸收水分和养分,基本互不干扰,有效地利用了土壤中有限的资源。

总之,将两个以上在分枝、叶分布、株高、根系分布等形态上有较大差异的牧草种类混播在一起,可以比单播更有效地利用整个环境条件,从而增加产量。

二、生长发育特性

牧草种类不同,其幼苗活力、生长发育强度和速度、生长年限、高产年份、再生方式等也各不相同。不同草种混播,由于生长特性各异,可更充分地利用环境条件。例如,短寿牧草在种植第一、二年产量最高,第三、四年逐步衰亡;中寿牧草生长的第二、三年产量最高,第五、六年后产量骤减;长寿牧草在种植第四、五年达到高产。因此,不同寿命草种混播后能较快地形成草层,每年都有高额而稳定的产量,且能防止杂草侵入,延长草地利用年限。不同草种在一年内适宜生长季节也不尽相同,耐寒性强的牧草早春返青早生长快,秋季生长也好,夏季生长缓慢或停止生长;性喜炎热气候的耐热牧草则夏季生长良好,速度快,能力强。两者混播,全年生长期内可获得高产稳产。

三、营养互补原则

豆科牧草和禾本科牧草的营养生理特点不同。豆科牧草从土壤中吸收较多的钙、磷、镁,禾本科牧草吸收较多的硅和氮,豆科牧草与禾本科牧草混播后减轻了对土壤矿物营养元素的竞争,使土壤中各种养分得以充分利用。同时豆科牧草能固定大气中的游离氮素,除供本身生长发育需要外,还能供给禾草的部分氮素需要。

四、生态学原理

一种牧草所以能够成为某一草地植物群落中的固定成员,是因为它能够在该植物群落中获得自我存在所必需的生态条件,并与群落中的其他植物在激烈的竞争中取得较为持久的平衡。不同的牧草由其遗传基因所决定,有着不同的形态特征、生物学特性和生态学习性,在同一植物群落中也表现出不同的竞争力。一般来说,草地内不同生态因子都具有明显的梯度变化。如草地内空气、温度和湿度有着明显的梯度变化,气温从贴地面向空中递减,地温从地表向深层降低,空气湿度近地面高,离地面越高湿度越小,草层顶部的光照强,底部的光照弱。混播牧草是在人为控制下建立的人工复合群落,因此可通过选择对光、温、水、肥、二氧化碳五个生态因子要求各异的草种组成特定的草地群落,这些草种在它们对群落的空间、时间、资源的利用方面,以及相互作用的可能类型,都趋向于相互补充而非直接竞争。因此,由多种牧草组成的混播草地,要比单播草地更能有效地利用环境资源,维持持久高额的生产力,并具有更大的稳定性。

第二节　混播技术

建立混播草地的目的就是要持续地获得较高的优良人工牧草产量,同时要使人工草地中的各牧草种(品种)保持适宜而恒定的组成比例,使草地处于一种相对稳定的状态。建立混播草地时首先要经过混播试验,通过不同草种(品种)的组合,了解种间协调性,从而选出最佳组合和与之相应的混播技术。

一、混播成员的生物学特性

混播牧草成员的组成和搭配是一个极为复杂的问题,选择混播成员和搭配时,既要考虑各成员的生物学特性,又要注意成员间的相互效应。为了正确选择混播牧草成员,必须掌握牧草的类群及生物学特性等基本内容。从混播牧草的角度来看,多年生牧草可以按照植物学分类、叶的状况、枝条形成、发育速度和寿命等划分为几个类群。

1. 按分类系统划分

栽培牧草主要可分为以下三类。

(1)豆科牧草

豆科牧草是栽培牧草中最重要的一类,由于其特有的固氮性能和改土效果,使得其早在远古时期就应用于农业生产中。尽管豆科牧草种类不及禾本科牧草多,但因其富含氮素和钙质而在农牧业生产中占据重要地位。目前生产上应用最多的豆科牧草有紫花苜蓿、沙打旺、红豆草、白三叶、红三叶、毛苕子、箭筈豌豆、小冠花、紫云英、山鳖豆、白花草木樨及柠条、羊柴、胡枝子、紫穗槐等。

(2)禾本科牧草

禾本科牧草栽培历史较短,但种类繁多,占栽培牧草种的 70% 以上,是建立刈牧兼用人工草地和改良天然草地的主要牧草。目前利用较多的禾本科牧草有无芒雀麦、披碱草、老芒麦、冰草、羊草、多年生黑麦草、苇状羊茅、鸭茅、碱茅、小糠草、象草、御谷、苏丹草及玉米、高粱、燕麦、大麦等。

(3)其他科牧草

这是指不属于豆科和禾本科的牧草,无论在种类数量上还是栽培面积上,都不如豆科和禾本科牧草,但某些种在农牧业生产上仍很重要。一般情况下,混播牧草成员选择时不涉及此项。

2. 按照叶的状况划分

牧草一般具有两种类型的枝条,即生殖枝和营养枝。营养枝又可分为长营养枝和短营养枝。长营养枝具有长茎,叶在茎上分布均匀;短营养枝是茎不明显而由叶组成的枝条。生殖枝一般具有 3~5 片叶,其叶的重量占枝条总重量的 20%。长营养枝具有 3~11 片叶,其叶的重量占枝条总重量的 50% 以上。根据叶在茎上的分布及生长高度,可以把牧草分为以下三类。

(1)上繁草

植株高大,株高在 50 厘米以上,株丛多半是生殖枝和营养枝。茎中叶片分布比较均匀。这类牧草适于刈割利用,割草后残茬的产量不超过总产量的5%~10%。无芒雀麦、猫尾草、羊草、薦草、匍匐冰草、中间偃麦草、紫花苜蓿、草木樨、红豆草等属于上繁草。

(2)下繁草

植株矮小。高 40~50 厘米,生殖枝少,而以营养枝,特别是短营养枝占优势。刈割后的残茬数量大,约占总重量的 20%~60%,并且残茬的营养价值很高。这类牧草最适于放牧利用。草地早熟禾、小糠草、多年生黑麦草、羊茅、冰草、白三叶等属于这一类型。

(3)半上繁草

强烈地形成短营养枝,生殖枝较少,其高度介于上繁草和下繁草之间,如大看麦娘、草地羊茅、鸭茅、小冠花、红三叶等属于这一类型。在栽培条件好的情况下,有些下繁草如扁穗冰草、小糠草也可发育为半上繁草。

3. 按发育速度和寿命长短划分

(1)一年生牧草

一年生牧草如毛苕子、箭筈豌豆、紫云英、苏丹草、栽培山黧豆、御谷、千穗谷、饲用稗草等,在播种当年,即开花结果并死亡。

(2)二年生牧草

二年生牧草如白花草木樨、黄花草木樨、反曲三叶草等。这类牧草在播种的当年仅进行营养生长,产量最高;生长的第二年开花结实后死亡。夏秋播种时,也在次年死亡。

(3)少年生牧草

少年生牧草如红三叶、杂三叶、老芒麦、垂穗披碱草、多年生黑麦草等。这类牧草的最高产量在生活的第一、二年,第三年产量便显著下降,栽培管理粗放时到第四年几乎全部消失。故又叫短寿牧草。

(4)中年生牧草

中年生牧草如百脉根、猫尾草、鸭茅、草地狐茅、看麦娘等大部分豆科和禾本科牧草都属于这一类。生活的第二、三年为产量最高年份,到第四、五年时产量下降。这类牧草又叫中寿牧草。

（5）多年生牧草

这类牧草在单播时，其生活的第三、四年产量最高，第五年以后产量下降，如草地早熟禾、紫羊茅、小糠草、冰草、白三叶、紫花苜蓿、无芒雀麦等，又叫长寿牧草。其中，草地早熟禾、紫羊茅、小糠草作为下繁草播在混播牧草中时，在刈割利用时常为上繁草所抑制，因此，单纯刈割利用的混播牧草中，一般不包括这些禾草。

4. 按枝条形成特点划分

（1）禾本科牧草可分为根茎型、疏丛型、根茎—疏丛型、密丛型、匍匐型等。

①根茎型 这类牧草在其地下5～20厘米处具有水平横走茎，由此根茎的顶端和节处向上新生出穿出地表的枝条，每个这样的枝条又可产生自己的根茎，依次类推，随着生长年限的延长，导致在耕作层形成密集的根茎网。该类牧草的显著特点是具有很强的营养繁殖能力，侵占性极强，不多年就可连片成群为稠密植被，但不形成草皮。如羊草、无芒雀麦、偃麦草等。

②疏丛型 这类牧草由地表下1～5厘米的分蘖节上产生的枝条与母枝成锐角展开，形成一个较为疏松的草丛，每年新生枝条发生在株丛边缘，故而株丛中央常为枯死残余物。如老芒麦、披碱草、垂穗披碱草、猫尾草、鸭茅、草地羊茅、蒙古冰草等。

③根茎—疏丛型 这类牧草由地表下2～3厘米处的分蘖节形成短根茎，由此向上新生出枝条，每个枝条又以同样的方式进行分蘖，久而久之形成以短根茎相连接的疏丛型草皮，既耐放牧，又耐践踏，如紫羊茅、看麦娘等。

④密丛型 这类牧草的分蘖节位于地表上面，节间很短，由节上生长出的枝条彼此紧贴，几乎垂直于土表向上生长，因而形成稠密株丛，随生长年限延长株丛直径增大，老株丛形成草丘。这类牧草的特点是耐涝害和耐放牧，如羊茅、针茅、芨芨草等。

⑤匍匐型 这类牧草在地上有从茎基部分蘖节处产生的横走或斜生的茎（称为匍匐茎），在此匍匐茎顶端和节处可新生出枝条，此枝条又可产生自己的匍匐茎和根系，随着生长年限的延长，导致在土表形成密集的草皮层。该类草有时还具有地下横走茎，其营养繁殖能力比根茎型禾草还强，不仅侵占性强，而且耐牧性和耐践踏性极强，如草地早熟禾、匍匐剪股颖、狗牙根等。

（2）豆科牧草可分为轴根型、根蘖型、匍匐型等。

①轴根型 这类牧草主根粗壮，入土深度达2米或更深，与地中茎相连处非常膨大（称为根颈），其上有更新芽，由此芽以斜角向上新生出枝条，每个枝条叶腋处又有芽并可新生出枝条，由这两处萌发的枝条同时存在，但比例因牧草不同而有差异。大多数豆科牧草以根颈处发生枝条为多，如苜蓿、白三叶、红三叶、扁蓿豆、柠条、细枝岩黄芪等；仅白花草木樨、红豆草、沙打旺、百脉根等的枝条以发

生在叶腋处为多。

②根蘖型　这类牧草主根粗短,入土深度不到1米,在土表5～30厘米处生有众多横走水平根蘖,由此向上新生出枝条。如黄花苜蓿、小冠花、山野豌豆、羊柴等。

在混播组合组分选择、搭配时,可根据影响牧草竞争能力的植物学特性(如枝条特性、叶的状况、苗期生长速度等),依据形态学互补等原则,为不同类型的草地进行组分搭配。

二、混播牧草的选择原则

混播组合总产量的高低取决于各组分单播时的产量和种间相互作用下的混播产量,混播草地的稳定性则完全取决于种间竞争的过程和结局。混播牧草组分的选择和搭配,决定了混播草地建植的成功与否,所选择的牧草事先最好经过引种试验的筛选。在选择混播牧草时,除了高产优质外,还应考虑的重要因素有:饲用价值、生长速度、再生性、利用第一年的产量、耐盐碱性、病虫害抗性、草层丰产持久性等。一般遵从以下几个原则:

1. 豆科牧草与禾本科牧草混播

空气中约有28%的游离氮,植物不能直接利用。豆科牧草则能通过根瘤菌将大气中的氮素转移到土壤中,在不施大量氮肥的情况下,即可获得蛋白质含量高的牧草。由豆科牧草与禾本科牧草组成的混播牧草(简称豆禾混播),在正确选择草种时,不仅能获得较高产量的高品质牧草,还能提高土壤肥力,减少豆科、禾本科牧草的直接竞争。另外,由于混播成员仅有两类,在草种缺乏的地区容易解决草种。如世界上著名的混播组合紫花苜蓿与无芒雀麦、白三叶与多年生黑麦草。

2. 根据牧草的生态适应性

牧草的生态适应性指的是在一定地区,牧草与自然生态条件相适应的程度。适应程度高,则生产力高。在该地区条件下,种植该种牧草会得到较高的产量。

在混播复合群体中,牧草间的相互关系极为复杂,为了发挥混播复合群体内的互补作用,缓和其竞争矛盾,可根据生态适应性来选择牧草及其品种。生态适应性由牧草的遗传性所决定,如果牧草对环境条件不能适应,它就不能生存下去。一个地区的环境条件(光、水、热、土壤、地貌)是客观存在的,有些环境条件虽然可以人为地进行改造,但比较稳定的大范围的自然条件是不易改变的。因此,选择混播草种(品种)时,要求它们对大范围的环境条件的适应性在共处期间要大体相同。牧草种(品种)选择时应考虑的自然环境条件如下:

(1)温度

牧草按其对温度的反应,可大致分为冷季型和暖季型两种,它们各自有不同的生长最适温度。一般认为,冷季型牧草的最适生长温度为 15～25℃,暖季型牧草为 25～30℃。牧草的种及品种不同,其最适温度亦不一样。利用混播草地内温度差异合理安排混播组分,可充分利用温度资源。

(2)光照

牧草干物质的积累速度与光照强度有关,不同牧草在生长发育过程中对光强的要求不同,即光补偿点和饱和点不同。豆科牧草对光的需求较多,在和禾本科牧草共生的草地上,可能会在光照上受到禾本科的抑制。根据牧草生长发育对光强要求的差异,混播草地的上层应为喜光牧草(如苜蓿、红豆草),中间是弱光牧草(如黑麦草、牛尾草),低层应为耐阴牧草(如鸭茅)。高、中、低不同位置的光照强度不同,分布的种群也应不同。

(3)湿度

各种牧草由于遗传特性不同,对水分的需要量是不同的。同一种牧草在不同的发育阶段,以及在不同的生长季节需水量也不一样,应在把握其需水规律的基础上进行混播牧草组配。例如,鸭茅和紫羊茅在生育前期需要较高的水分,但当它们老龄时就较为抗旱;猫尾草和草地羊茅在发芽时需水量低,但它们在后期需要较为潮湿的条件。

牧草枝叶繁茂,一年内多次刈牧利用,所以,混播草种的选择除考虑混播地区的年降水量、生长季内降水量外,还应考虑其蒸腾系数。常见牧草的蒸腾系数:雀麦＞苜蓿＞绛三叶＞红三叶＞草木樨＞毛苕子＞燕麦＞苏丹草＞红豆草＞稗。

(4)土壤

按照牧草的抗酸性进行分类,抗酸性强的牧草有小糠草、瑞典三叶草,较强的有猫尾草、苇状羊茅、草地早熟禾、狗牙根,中等的有鸭茅、多年生黑麦草、红三叶、白三叶;抗酸性弱的有紫花苜蓿、草木樨、沙打旺、红豆草、披碱草、碱茅等。牧草的抗碱性则与之相反。不同草种对土壤质地、肥力的适应性各异,如毛苕子喜沙质土壤,草木樨、沙打旺耐瘠薄土地。

(5)抗病性

牧草的病害种类很多。病害不仅能使牧草减产,而且还能降低牧草的饲用价值,某些病原菌产生的毒素还会引起家畜中毒。从经济上或从对人畜的毒害问题来考虑,防治牧草病害原则上不采用喷洒药物,而是选择抗病性强的牧草种及品种。在选择具有抗病性的牧草种及品种时,要预先弄清在这一地区经常发生的病害,从而选择对这些病害抗性强的牧草种及品种。

(6)地势

以坡地为对象时,建植混播草地主要应该注意坡向。坡向不同,光、热、土及土壤水分条件往往不同。在阴坡,土壤水分高,也肥沃;而在阳坡,蒸发量大,土壤易受侵蚀,土壤养分易流失。因此,需要根据坡面位置来选择牧草的种类。从土壤易受侵蚀这点出发,考虑到土壤保护,有助于防止水土流失的牧草有草地早熟禾、小糠草等匍匐型牧草及根深叶茂的小冠花、紫云英、草木樨、紫花苜蓿等。

总之,在选择混播的牧草种和品种时,应在充分掌握当地自然条件和牧草生物学、生态学特性的基础上,实行上繁草和下繁草搭配,以解决群体密植和通风透光的矛盾;深根和浅根搭配,合理利用土壤中的水分和养分;豆科和禾本科牧草搭配,利用豆科牧草的固氮性能来缓解氮素供需的矛盾;生长期长的和生长期短的牧草搭配,充分利用土地、光照和时间。在达到上述某一个或几个原则的基础上,再对品种加以选择。

混播草地组分的选择一般都应在当地引种、品比试验的基础上进行,这首先保证了每个组分对当地环境的生态适应性和在当地生态条件下单种栽培时的丰产性。

3. 根据混播草地利用年限

混播草地一般应用于大田轮作和饲料轮作中。由于这两类轮作的任务不同,牧草栽培的目的和年限各异,对混播牧草成员的要求也就不同。

大田轮作制的主要任务是生产农作物,播种混播牧草的目的主要是为了恢复土壤结构,提高土壤肥力(其饲料意义则是第二位的),所以在大田轮作中,混播牧草通常只利用 2~3 年。因此,在大田轮作制中的混播牧草成员应选择在第一、二年内能形成高产的多年生牧草(主要为疏丛型上繁禾草和轴根型上繁豆科牧草),草地一般由 2~3 种牧草组成。

饲料轮作制中,栽培混播牧草的目的在于收获饲草。因此,混播牧草的利用年限较长,一般为 4~7 年或更长,应选择中寿或长寿豆科与禾本科牧草混播。同时应加入发育速度快的短寿一、二年生牧草,以便在开始几年有较高的产量,并抑制杂草侵入。中期混播草地应包含 3~4 个草种,2~3 个生物学特性;长期混播草地应包含 4~6 个草种,4~5 个生物学特性。

4. 根据混播草地利用方式

混播草地的利用方式主要分为:刈割、放牧和刈牧兼用三种。不同利用方式对牧草种及品种的要求如下:

刈割利用,要求产草量高,故以植株高大的直立型牧草为主。为了延长收获期,还要求牧草随生育期的推移,其饲用价值变化较小,且适期刈割的范围较长。在不能充分满足上述条件的情况下,考虑按照牧草种及品种的早熟、中熟、晚熟情况安排栽培。放牧利用时,以植株低矮、再生力强且易于维持高密度的牧草为主。此外,还要求牧草耐践踏且适口性好。

在禾本科牧草中,一般疏丛型(鸭茅、苇状羊茅)牧草适于刈割、放牧兼用,匍匍型牧草(狗牙根、小糠草)仅适合放牧。豆科牧草中,专门用于刈割的是红三叶、红豆草、紫花苜蓿等,白三叶则多为放牧使用。

在长期草地中,作为刈割型混播草地,豆科牧草采用上繁轴根型牧草,而禾本科牧草中除包括上繁疏丛型外,尚包括一定比例的根茎型牧草,但以疏丛型为主。在放牧利用的混播草地中,豆科牧草应包含有上繁和下繁两类,但以后者所占比例更大。禾本科牧草中,除上繁疏丛型禾草外,还包含上繁根茎型及下繁型禾草,上繁草应略多于下繁草且上繁草应以疏丛型为主。

刈牧兼用型的长期混播草地中,4～6年利用年限的草地中豆科牧草应以上繁草为主,下繁草较少(不超过 20%);7年以上利用年限的兼用型草地中,上、下繁型豆科牧草的比例应相当,或前者略高于后者。而禾本科牧草无论利用年限为 4～6 年或 7 年以上,上繁草和下繁草的比例应大致相当,上繁草应以疏丛型为主,根茎型为辅。

5. 根据混播成员间的协调性

种间协调性是从生产实际出发,对种间关系的一种更为概括的描述,它以不同种间(或不同类型间),因不同因素引起的,在不同时段上发生的各种相互作用的总体效应——群落稳定性及混作增产效应作为衡量的标准。

适应性和侵占性相似的牧草种(品种),一般易产生良好的协调性,进而形成稳定的混播群落,而混播成员中如果个别种过于旺盛,其他牧草将会受到排挤。牧草的分蘖类型也会影响协调性,一般根茎型与疏丛型的禾草难以协调,而疏丛型禾草与匍匐型或直立型豆科牧草的协调性好。

6. 根据家畜的种类、饲养方式和消化率

家畜的种类不同,对营养的需要也就有所不同。泌乳牛需要蛋白质及矿物质含量高的牧草,而育成牛和肉用牛则需要碳水化合物含量高的牧草。此外,饲养方式不同,选择牧草的种类也不同,舍饲时要求选用适于刈割的牧草种类,放牧时则需选择适于放牧的种类。

消化率也随牧草的种类及生育期不同而异。一般来说,冷季型牧草的消化率比暖季型牧草高,嫩草比老草的消化率高。因为消化率与采食量呈正相关,所以与适口性一样,牧草的消化率也是选择混播牧草种及品种的重要因素。

三、混播牧草的组配比例

混播牧草的组配比例是个比较复杂的问题,目前尚未完全研究清楚。一般把豆科牧草和禾本科牧草各归为一类,研究两者之间的比例,简称豆禾比例。确定混播牧草各成员间的组配比例时应主要根据如下几个方面。

1. 利用年限

豆科牧草寿命一般较短,若草地利用年限长,豆科牧草衰退后会导致地面裸露,杂草滋生。故长期利用的草地,特别是放牧利用的长期草地,豆科牧草的比例宜低,短期利用的草地比例宜高些(表 7-1)。

表 7-1　不同利用年限混播牧草成员组合比例(%)

利用年限	豆科牧草	禾本科牧草	在禾本科牧草中	
			根茎型和根茎疏丛型	疏丛型
短期草地(2~3 年)	65~75	32~25	0	100
中期草地(4~7 年)	25~20	75~80	10~25	90~75
长期草地(8~10 年以上)	8~10	92~90	50~75	50~25

2. 利用方式

混播牧草的利用方式不同,各类牧草组成比例也不同。刈割型草地以上繁草为主,放牧型草地以下繁草为主(表 7-2)。

表 7-2　不同利用方式的混播牧草成员组合比例(%)

利用方式	上繁草种子	下繁草种子
刈割用	90~100	0~10
放牧用	25~30	70~75
刈牧兼用	50~70	30~50

3. 成员类别和种数

在选择牧草混播组合的种类时,首先应考虑把各种牧草区分为基本牧草类和辅助牧草类,这种区分要根据混播牧草的选择基本原则及不同地带而定。基本牧草类应适应于环境条件、利用目的、饲养的家畜种类,并且能够保持稳产高产,所占比例应大些。辅助牧草类是为了补充基本牧草的不足,在混播草地中所占比例可小些,在选择辅助性牧草时应注重能够确保各季和全年的饲草量、维持作为家畜饲料的营养平衡及减轻病虫害的功能。

从前的学者认为,在长期利用的草地上,混播牧草的成员总数和种类成分越多,所包括的生物学类群越复杂,因而能在任何情况下保证获得高额而稳定的产量。现今研究证明,种类越多,并不一定越能高产,选择了正确的种类成分,同样可达到高产的目的。目前,世界范围内牧草混播时所选择的种类逐渐向少的方向发展。一般利用年限为 2~3 年的草地,混播成员以 2~3 种为宜;利用 4~6 年的草地,3~5 种为宜;长期利用的草地,不超过 5~6 种。

4.气候条件

一般在较温暖湿润的条件下,豆科牧草的比例可大些;在寒冷干旱条件下,禾本科牧草的比例应大些,或者豆禾比例相当。

四、混播草地种植与管理

1.播种

(1)播种量

牧草混播时不可能使每粒牧草种子彼此间距离完全等同,种子覆土深度也不可能严格一致,其播种量的多少要依具体情况而定(表7-3)。一般粒大种子播种量多于粒小种子;撒播用种量多于条播,而条播多于穴播;早春气温低或干旱地区播种,播量应高于早春气温回升快或湿润地区;种子质量差、土壤条件不好的情况下,均应加大播种量。

表 7-3 常用牧草 100％ 种子用价时的单播量(千克/公顷)

品种	播量	品种	播量
禾本科		豆科	
无芒雀麦	11.25～15.0	紫花苜蓿	6.0～9.0
鸭茅	11.25～15.0	白三叶	4.5～7.5
紫羊茅	9.0～11.25	红三叶	4.5～7.5
老芒麦	11.25～15.0	杂三叶	4.5～9.0
草地看麦娘	6.0～7.5	红豆草	37.5～52.5
猫尾草	4.5～7.5	百脉根	6.0～7.5
草地早熟禾	11.25～15.0	沙打旺	3.75～7.5
多年生黑麦草	15.0～22.5	小冠花	6.0～7.5
羊草	11.25～15.0	胡枝子	6.0～7.5
碱茅	3.75～7.5	大翼豆	4.5～7.5
毛花雀稗	15.0～22.5	柱花草	1.5～2.25
拟高粱	4.5～7.5	草木樨	7.5～18.0
多花黑麦草	15.0～22.5	毛苕子	22.5～37.5
苏丹草	30.0～37.5	地三叶	15.0～22.5

①按单播量计算混播牧草的播种量

一般情况下,两种牧草混播时,每种牧草的播种量,各按其单播量80％计算(1∶1);三种牧草混播时,则两种同科牧草各用其单播量的35％～40％,另一种不同科的牧草的播种量仍为其单播量的70％～80％(1∶1∶2);如果四种牧草混播,则两种豆科牧草和两种禾本科牧草各用其单播量的35％～40％(1∶1∶

1:1)。这种方法在选用草种的千粒重相近似的情况下较为适用。由于机械地规定每种牧草应占的比例,而忽视其生长习性和栽培利用特点,往往难以获得满意的效果。较好的办法是预先确定每一种牧草在混播牧草中的比例,然后按下列公式计算混播牧草中每一种牧草的播种量:

$$K = \frac{HT}{X}$$

式中,K—每一混播成员的播种量(千克/公顷);

$\quad\quad H$—该种牧草种子利用价值为100%时的单播量(千克/公顷);

$\quad\quad T$—该种牧草在混播中的比例(%);

$\quad\quad X$—该种牧草种子的实际利用价值(即该草种的纯净度×发芽率,%)。

考虑到各混播成员生长期内彼此的竞争,对竞争性弱的牧草实际播种量可根据草地利用年限的长短增加25%~50%。

②根据营养面积计算混播牧草的播种量

这种方法是按照1粒牧草种子在1平方厘米面积上播种,则1公顷土地上需播种1亿粒种子的算法,再按照某种牧草每粒种子所需的营养面积等指标,按下列公式计算该牧草的播种量:

$$X = \frac{100\,000 \times P \times K}{M \times D}$$

式中,X—混播牧草中某一种牧草的播种量(千克/公顷);

$\quad\quad P$—该种牧草种子的千粒重(g);

$\quad\quad K$—该种牧草在混播中所占的比例(%);

$\quad\quad M$—该种牧草每粒种子所需的营养面积(平方厘米);

$\quad\quad D$—该种牧草种子的利用价值(该草种的纯净度×发芽率,%)。

依据每一草种所需营养面积计算播种量,是正确而精确的方法,但这种营养面积常因草种生物学和生态学特性不一致而异。因而,根据营养面积计算混播草地播种量时,必须有当地各种牧草每粒种子所需的营养面积指标(如无芒雀麦为12平方厘米,鸭茅8平方厘米,猫尾草4平方厘米,草地早熟禾2平方厘米,红三叶10平方厘米,白三叶6平方厘米,杂三叶8平方厘米)。由于这些指标目前很不齐全,许多地区根本没有经过试验所确定的适于当地种植草种的营养面积指标,本方法的应用受到限制。

(2)播种时期

混播牧草的播种时期可分为春播、夏播和秋播,具体确定何时播种,主要根据温度、水分、牧草的生物学特性、田间杂草危害程度和利用目的等因素而定。干旱地区主要考虑土壤墒情,寒冷地区重点考虑牧草的越冬性。一般是春性牧草春播,冬性牧草秋播。冬性牧草也可春播,但秋播更为有利,秋季土壤墒情好、杂草少,利于出苗和生长。

组成混播草地的成分如果都是春性和冬性,就应同时播种,否则可分期播种。但同期播种较分期播种为优,这不仅因为同期播种省一道工序,节省开支,播种当年产草量较高,而且避免分期播种对先播牧草幼苗的伤害,同时播后土壤板结,妨碍后播牧草的播种出苗。

还有一些学者认为,应将禾本科牧草秋播,翌年早春播种豆科牧草,这样可减少某些豆科牧草对禾本科牧草的抑制。秋播时,越冬后的第二年禾本科牧草生长良好,混播草层中禾草比重增高,有利于禾草与豆科牧草的均衡生长。所以,混播牧草的播种期应视具体情况确定。

(3)播种方法

选择适合的混播牧草播种方法与技术,可使得各种牧草在空间上合理配置,减少种间竞争,保持草地的稳定性。播种方法的选择取决于牧草对光、土壤通气的敏感性,荫蔽忍耐程度,根系结构特性等。混播牧草的播种方法有以下几种:

①同行条播:将各种牧草同时播于同一行内,行距通常是7.5~15厘米。此法的优点是操作简便,一次完成播种任务。缺点是由于各草种籽粒的大小不等,难以保持各自的播种量,并造成种苗相互竞争,彼此抑制,影响正常的生长发育。表现出良好种间协调性的草种,如紫花苜蓿与草地羊茅、猫尾草、披碱草可同行条播。混播时,如果混播成员种子大小相近,可先将两种草种按比例混合在一起,后加入种子箱内播种,否则,将一种加入种子箱,另一种加入肥料箱,播量按要求调好,直接播种即可。

②交叉播种:先将一种或几种牧草播于同一行内,再将另一种或几种牧草与前者垂直方向播种,一般把形状相似或大小相近的草种混在一起同时播种。这种方法的优点是牧草间的抑制作用较小,每种牧草播种深度适当,播种较均匀。缺点是需要进行两次播种,投入花费较多,同时田间管理工作比较困难。分期播种时多采用此法。

③间行条播:又分窄行间行条播和宽行间行条播,前者行距为15厘米,后者行距为30厘米。湿润地区或有灌溉条件的地区,行距一般在15厘米左右;在干旱条件下,通常采用30厘米的行距。播种时,人工或两台播种机联合作业,将豆科和禾本科草种间行播下。当播种三种以上牧草时,一种牧草播于一行,另两种播于相邻的一行,或者每种牧草各占一行,可保持各自的播种深度,出苗整齐。这是一种较为理想的播种方式。

④宽窄行条播:15厘米窄行和30厘米宽行相间条播。在窄行中播种耐阴或竞争力强的牧草,宽行中播种喜光或竞争力弱的牧草。该法可减少豆科和禾本科牧草在建植期间的竞争。

⑤撒播:各混播成员分别或人工混合后用撒播机撒播在田地中,也可用条播

机撒播。使用条播机撒播时,将播种机的输种管、开沟器卸下,使播种箱中混合好的种子均匀地自然散落于地表。播前要将土地镇压一遍,播后立即用圆盘耙轻耙一遍,进行覆土。轻耙的角度越大覆土越深,播后耙,角度不宜过大,以免覆土过深。一般打两个角度,而后再镇压一遍即可。这种做法的好处是,牧草没有明显的株距、行距与赤地,分布较为均匀,便于生长。但撒播须选择无风或微风天进行,以防种子被吹走。土壤干旱、墒情不好的地块撒播往往造成晒籽,致使出苗不全。此法用种量多,各草种难以均匀分布,也不易满足各自要求的覆土深度,影响发芽出苗,适用于大面积飞播。

⑥撒播与条播结合:一行采用条播,行距 15 厘米;另一行进行较宽幅的撒播。禾草、大粒种子或直立型牧草多采用条播,豆科、小粒种或蔓生牧草多采用撒播。该法工序多,撒播播种质量差,故也极少采用。

⑦保护播种:在种植多年生牧草时,为了减少杂草对牧草幼苗的危害、提高播种当年单位面积的收获量、防止水土流失,经常把牧草播种在一年生作物之下,这种播种形式叫作保护播种,一年生作物则称作保护作物。保护作物一般应分蘖少、成熟早、最初发育速度比牧草快。小麦、大麦、燕麦、豌豆、苏丹草、谷子、玉米、高粱、大豆等都可用作保护作物。保护播种的基本方法有保护作物和多年生牧草之间的条播、交叉播种、间行条播等,间行条播的优越性较大。

一般来说,保护作物会严重影响牧草前 1～2 年的生长,特别是在干旱地区。为了减轻保护作物对牧草的抑制作用,作物应及时收割,最好在入冬前给牧草留出 1 个月以上的单独生长时间。如果因施肥或气候等原因,保护作物生长过于繁茂,可以全部或部分割掉。

(4)播深的控制

较大粒牧草种子,如红豆草、鹅观草、老芒麦等一般播深 3～4 厘米,谷物播种机可以达到这种要求,不必做特别调整。一些小粒种子,如紫花苜蓿、早熟禾、红三叶等,播深不能超过 3 厘米,但谷物播种机深浅调节机构即使调至最浅位置,其自身重量及弹簧张力也可使播深达 4 厘米。为克服这一弱点,在春翻地上播种时,要去掉播种机内的伸缩弹簧,因为春翻地未经过一段时间的塌陷,土壤松散,否则不能保证播深 3 厘米以内。在秋翻地上播种时,由于经过一个冬春的休闲,土壤比较紧实,播深便于控制。因此,只取掉伸缩弹簧的固定销子就能达到要求。播前镇压,使土层紧实,便于控制播种深度。

播种深度还由土壤的含水量和土壤质地而决定,土壤越黏滞则播深越浅。

2.田间管理

(1)施肥

施肥对混播草地的主要作用在于引起牧草产量和草地组分比例的变化。

禾本科牧草和豆科牧草对营养的需要量,既有共同点,又各有其不同点。禾本科牧草虽然对氮、磷、钾及其他元素都同样需要,但对氮肥的需要更为迫切,对施用氮肥的反应更为敏感,对土壤中硝酸盐反应良好,尤以根茎型(无芒雀麦、草地早熟禾)和疏丛型(鸭茅、苇状羊茅)等禾本科牧草为甚。而豆科牧草由于有根瘤,能固定空气中的氮素,所以对氮肥的反应不如禾本科牧草那样敏感,而对磷、钾等元素则非常敏感。在牧草的不同生育时期,其需肥量亦有不同,禾本科牧草吸取养料最多的时期是分蘖到开花期,豆科牧草是分枝到孕蕾期。应根据不同肥料的特性,适时适量施用以满足牧草的需要。总体来说,混播草地的需肥规律如下。

氮肥:豆禾混播时,为使禾本科牧草在混播草层中占有一定比例,应施适量氮肥。施用氮肥能促进禾草繁茂生长,提高混播草地产量,改善饲草品质。但施用氮肥不能过量,过量不仅引起豆科牧草固氮能力下降,而且会导致混播牧草营养不平衡,甚至使禾草的碳水化合物减少,有机酸和生物碱增加,适口性下降,硝酸盐累积,产生 Mg 素缺乏症。

磷肥:对于混播牧草来说,追施磷肥不仅能够提高混播牧草产量,而且还能增加豆科牧草的比例,从而提高混播牧草的品质。

钾肥:豆科牧草对钾比较敏感,钾能促进生物固氮,有利于蛋白质的合成,增强豆科牧草的竞争能力。但钾在土壤中往往容易被淋溶,施用钾肥时应当采取分期少施的办法,尽量避免养分流失。

(2)放牧与刈割

放牧管理的主要内容是让家畜吃掉足够的牧草,而不使草地受到损害,并保持旺盛的长势。采用围栏放牧法能最大限度地利用牧草而又能使草地受到保护。放牧利用时,放牧强度应根据小区面积和牧草长势而定,应遵循的原则是不要让牧草高度超过 15 厘米或低于 5 厘米。牧草过高,不但茎叶老化而降低适口性和营养价值,而且郁闭的高草会有助于牧草病害和虫害蔓延。牧草过低则会使植株受到伤害,并影响再生。

刈割管理一般是在播种 70～90 天后进行第一次刈割,割草时无论长势好坏,均需刈割以利分蘖。以后视牧草长势情况每隔 45～60 天刈割一次,用不完的青草可用来青贮或晒制青干草。

管理制度对混播草地植被成分有很深的影响。每种牧草对刈割和放牧的反应不同,刈割和放牧后混播草地植物组分变异较大,应注意观察并及时调整管理措施。

(3)杂草与病虫害防治

混播草地杂草丛生的原因不外是缺肥、放牧不足或过牧。在建立混播草地的初期控制杂草最为关键。可以在新建的草地上进行适当的放牧,吃掉牧草的生长点而促进牧草分蘖分枝,向四周蔓延扩展而迅速覆盖地面。这是利用栽培牧草再生能力强的特点来抑制杂草的生长。在已经杂草丛生的草地上，可通过重牧或重刈，然后施以肥料帮助栽培牧草重新在草地上占优势。用除草剂防除杂草时，牧草也能受到伤害。为使牧草少受伤害，除了正确选择除草剂和掌握适当的用量外，在草地上最好采用较为安全的点式喷雾器。

牧草对病虫害的抵抗能力较强，病虫害的发生也比较少，但还是要注意。牧草的病害有细菌引起的如苜蓿枯萎病，由真菌引起的如三叶草的霜霉病等，虫害常见的有金龟子和地老虎等。病虫害的防治应实行"预防为主，综合防治"的方针。常用的方法有植物检疫、生物防治、化学防治和物理机械防治等。

（4）灌溉与排水

当土壤含水量为田间最大持水量的 $50\%\sim80\%$ 时，牧草生长最为适宜。水分过多应及时排水，否则由于土壤通气不良，会影响牧草根系的呼吸作用以致烂根死亡。水分过少则会影响牧草的正常发育，灌溉可补充土壤水分，以满足牧草丰产稳产的需要。禾本科牧草从分蘖到开花前、豆科牧草从现蕾到开花前需水量最大，这一时期灌溉最为有效。

（5）混播草地的补播

补播指在不破坏或少破坏原有植被的情况下，在草层中补充播种一种或几种适应性强的高产优质草种，对原有草地进行修补和完善。混播草地建成后，随着环境条件的改变，草地形态也必然会发生相应变化，生产上需密切注视混播草地的动态和变化原因，当发现草地中的优良牧草生活力衰退、数量减少时，便可采用补播的方法，以维持草地形态的持续稳定。

草种的选择是补播成败的关键所在。补播草种一般应与原有草种相同（或相似）或与其中某几种草相同，有时也可以补播另外的草种。如草地缺少豆科牧草时，可补播适宜的豆科牧草以改善牧草品质。草地局部退化时可用人工撒播，退化面积较大时可用撒播机补播或小型条播机补播，大面积的退化草地亦可使用飞播。

第三节　混播实例

目前国内外对于牧草混播技术进行了大量实践。在建植混播草地时，欧洲的一些国家偏好使用白三叶＋黑麦草的组合，美国则比较偏好使用紫花苜蓿＋针茅/羊茅的组合，这都是在当地自然环境的基础上通过不断实践所得出的较为成熟的组合。我国也在不断地实践中得到了一些与本地环境相适应的牧草混播组合（表7-4）。

表 7-4 常用的混播组合

地 区	混播组合
东北	紫花苜蓿＋羊草
华北、西北	紫花苜蓿＋无芒雀麦
	红豆草＋无芒雀麦
青藏高原	黄花苜蓿＋披碱草
南方中、高山地区	白三叶＋多年生黑麦草
	白三叶＋多年生黑麦草＋鸭茅＋苇状羊茅＋草地早熟禾
	白三叶＋红三叶＋多年生黑麦草＋无芒雀麦
	红三叶＋鸭茅＋猫尾草

在我国南部,混播时豆科牧草多选用白三叶(彩图 20),较为成功的范例有:

①莫本田等人试验得出,贵州南部地区优质永久型人工混播草地的理想草种组合是苇状羊茅＋多年生黑麦草＋扁穗雀麦＋白三叶(或紫花苜蓿),豆科和禾本科的比例是 2∶8,播种量为 30.0 千克/公顷,播种方式为混种(同行)条播。

②袁福锦等人在云南香格里拉试验得出 27％安巴鸭茅＋63％草地休衣白三叶＋10％红三叶的混播组合和 45％安巴鸭茅＋30％多年生黑麦草＋20％海法白三叶＋5％普纳菊苣的组合以 40 厘米的行距同行条播在当地具有较高的产量,粗蛋白含量高且稳定性较强,适宜在香格里拉高寒地区种植应用。

③根据王元素等人的研究,在贵州喀斯特地区,红三叶＋白三叶＋紫羊茅＋无芒雀麦＋鸭茅的混播组合(豆禾比例为 1∶3)在利用 20 年的尺度上具有较强的稳定性和较高的产量。其中,生产力和稳定持久性最好的牧草是紫羊茅和白三叶,草地建植初期表现最好的是红三叶。

在我国北部,混播时豆科牧草多使用紫花苜蓿和红豆草(彩图 19),较为成功的范例有:

①锡文林和张仁平在新疆石河子绿洲区的试验表明,紫花苜蓿(单播播量 7.5 千克/公顷)和无芒雀麦(单播播量 15 千克/公顷)混播(豆禾比例为 5∶5,间行条播,行距为 30 厘米)表现良好,在紫花苜蓿初花期刈割时干物质产量最高(23.4 吨/公顷);鲁富宽和王建光在内蒙古包头市的研究表明,紫花苜蓿与无芒雀麦按 2∶1 比例混播(间行条播,行距为 30 厘米)并以 8 厘米的留茬高度刈割是混播草地的良好利用模式;宝音陶格涛在内蒙古锡林郭勒盟的试验表明,无芒雀麦与草原二号苜蓿混播(间行条播,行距为 20 厘米)后的粗脂肪、粗纤维、粗灰分、总能和可消化能含量均高于单播,粗蛋白质、可消化蛋白质低于单播苜蓿却高于单播无芒雀麦,无芒雀麦与苜蓿越冬苗的比例为 1∶1、生物量比为 1∶1 时为优化组合(播种量为 30 千克/公顷无芒雀麦＋10 千克/公顷草原二号苜蓿)。

②蒋慧等人在新疆石河子绿洲区用紫花苜蓿分别与新麦草、鸭茅、猫尾草进

行不同组合和比例的混播(间行条播,行距为30厘米),结果表明,紫花苜蓿与鸭茅混播可以发挥混播优势,提高产量,且混播比例以紫花苜蓿60%＋鸭茅40%及紫花苜蓿50%＋鸭茅50%较好。

③石永红等人在甘肃河西半荒漠地区筛选出了两种在群落稳定性和抗杂草性能方面表现较好的混播组合,一种组合为13%紫花苜蓿＋9%红豆草＋56%草地早熟禾＋11%无芒雀麦＋11%苇状羊茅,另一种组合为18%紫花苜蓿＋6%红豆草＋47%苇状羊茅＋29%草地早熟禾。

参考文献:

[1] 阿依努尔·道尔达西.牧草混播技术要点[J].新疆畜牧业,2013(6):56-58.

[2] 宝音陶格涛.无芒雀麦与苜蓿混播试验[J].草地学报,2001,9(1):73-76.

[3] 陈宝书.牧草饲料作物栽培学[M].中国农业出版社,2001.

[4] 蒋慧,鲁为华,于磊.绿洲区苜蓿与三种禾本科牧草不同比例混播草地产量性状比较研究[J].黑龙江畜牧兽医,2008(6):50-51.

[5] 李志昆.牧草混播在高寒牧区的应用[J].养殖与饲料,2008(4):110-112.

[6] 刘丽梅.牧草混播的原理及生产特点[J].现代畜牧科技,2012(11):241.

[7] 刘连武.牧草播种的条件与方法[J].养殖技术顾问,2009(1):41.

[8] 刘晓英,陈琴.牧草混播技术简介[J].草业与畜牧,2010(11):61-62.

[9] 鲁富宽,王建光.紫花苜蓿和无芒雀麦混播草地适宜刈割高度研究[J].中国草地学报,2014,36(1):49-57.

[10] 莫本田,罗天琼,唐成斌,等.贵州南部混播草地几种建植因素最佳组合研究[J].中国草地学报,2000(3):29-33.

[11] 石永红,符义坤,李阳春,等.半荒漠地区绿洲混播牧草[J].草业学报,2000,9(3):1-7.

[12] 王旭,曾昭海,胡跃高,等.豆科与禾本科牧草混播效应研究进展[J].中国草地学报,2007,29(4):92-98.

[13] 王元素,李莉,王堃.喀斯特地区三叶草混播草地群落组分20年动态[J].草地学报,2014,22(3):475-480.

[14] 王增法,张春华,海涛.苜蓿与禾本科牧草混播的意义与主要技术[J].中国畜牧兽医文摘,2013,29(7):181.

[15] 伍翼鑫,赵奇.优质牧草混播技术[J].新疆农业科技,2016(4):53-54.

[16] 锡文林,张仁平.混播比例和刈割期对混播草地产草量及种间竞争的影响[J].中国草地学报,2009,31(4):36-40.

[17] 谢开云,李向林,何峰,等.单播与混播下紫花苜蓿与无芒雀麦生物量对氮肥的响应[J].草业学报,2014,23(6):148-156.

[18] 袁福锦,黄梅芬,廖祥龙,等.滇西北高寒地区牧草混播组合的筛选[J].草业科学,2015,32(12):2078-2082.

[19] 张俊秀.禾本科牧草与豆科牧草混播四大优越性[J].中国畜牧业,2000(3):31.

[20] 朱亚琼,郑伟,王祥,等.混播方式对无芒雀麦＋红豆草混播草地植物生长效率及混播效应的影响[J].草业科学,2017,34(11):2335-2346.

第八章　现代草产业生产加工机械介绍

进入21世纪以来,我国实施了西部大开发和生态环境保护建设两大战略,出台一系列调整农业和农村产业结构的政策,并加大中央财政对开展退耕还林还草试点工作的支持力度,在国内形成了大面积种植牧草的局面。这势必带动草—畜牧业的发展,促使我国农业由粮—经二元结构向粮—经—饲三元结构的调整,形成优质、高效、高产、低耗、可持续发展的农业结构。

大面积种植牧草依靠人工作业无法完成,牧草生产必需实现全过程的机械化,否则牧草的质量、产量和效益都无法保证。牧草机械作业除了能提高饲草产量和质量外,还对草地理化性状的改良和饲草转化率的提高等方面也有明显的作用。饲草的适时机械收获,可比人工收获减少15%~20%的损失。牧草产业发展与牧草业机械化是互为前提,相互促进,共同发展。国家农业部已将牧草机械化技术作为"十五"期间重点推广的十大农机化技术之一,这将极大带动我国牧草机械的发展。

第一节　牧草建植与田间管理机械

牧草建植与田间管理机械即为耕作机械,也可以称为收获前机械,主要包括耕作机械、整地机械、种植施肥机械和中耕除草机械等(重点讲述耕作机械、整地机械和种植机械)。

一、耕作机械

耕作机械的直接作用是创造满足作物生长发育要求的土壤环境,同时为后续作业机械的使用创造适宜条件,也影响其他投入品(如种子、肥料等)的应用效果,其作业性能的好坏直接影响农业生产的产量、质量和效益。所以,耕作机械化既是农业机械化的基本内容,又是农业机械化的推进因素。发展耕作机械是实现传统农业向现代农业转变的基本手段,是改善农业生产条件,提高农业劳动生产率和生产力水平,推动农业生产标准化、规模化、产业化的重要支撑。

耕地是大田农业生产中最基本也是最重要的环节之一,是调节土壤、牧草和环境三者相互关系的重要手段,其目的就是在传统的农业耕作栽培制度中通过深耕和翻扣土壤,把作物残茬、病虫草害以及遭到破坏的表层土深翻,而使得到长时间恢复的低层土壤翻到地表,以利于消灭残茬和病虫草害,疏松耕层,翻埋肥料,改善作物的生长环境。因此,耕地在牧草和饲料作物栽培中具有重要作用。

就目前所使用的耕地机械,按工作部件的结构不同主要分为三大类:铧式犁、圆盘犁和旋耕机。其中:

1. 铧式犁

铧式犁(图 8-1)俗称犁,是目前使用历史最长、技术最成熟、应用最广的一种耕地机械。其优点是能够有效地翻转土地,覆盖杂草、肥料和残茬,缺点是碎土能力较差。

图 8-1　液压翻转犁

2. 圆盘犁

圆盘犁的特点是切断作物根茬和杂草能力强,不易堵塞,沟底不板结,在黏重土壤中不粘土,在干硬土壤中工作易于入土,在多树根和石砾地工作不易损坏。其缺点是翻土、碎土能力差,沟底不平、翻后土垡大、覆盖不好、地表粗糙。该机适用于山地、多石地和开荒地等。

3. 旋耕机

旋耕机(图 8-2)的特点是碎土能力极强,耕后土层细碎、松软,地表平坦,对消除田间杂草、破除土壤板结具有良好作用,一次作业可以达到铧式犁和耙几次作业的效果。旋耕机的工效高,防陷性能好,通过能力强,能使土肥很好地掺和,提高肥效。缺点是耗能大,覆盖率差,耕深较浅。

机械耕地作业的质量标准:耕地质量可以用六个字来衡量,即:深、齐、平、松、碎、严。深,深耕 26 厘米以上;齐,边角整齐无漏耕;平,地面平整无沟垄;松,土地疏松;碎,碎土良好;严,作物残茬覆盖严密。

图 8-2　亚奥 GX5-2.5 深松旋耕机

二、整地机械

整地机械具有打破犁底层、恢复土壤耕层结构、提高土壤蓄水保墒能力、消灭部分残茬、减少病虫草害、平整地表以及提高农业机械化作业标准等作用。

整地机械目前有很多种,但我们现在经常用到的机械设备包括耙、耱、镇压器以及联合整地机等等。

1. 耙

耙的主要作用是疏松表土、平整地面、弄碎坷垃,消灭杂草,混合土肥,并可局部轻微压实土壤。目前使用的耙主要有圆盘耙(图 8-3)、钉齿耙、弹簧耙、刀耙。圆盘耙碎土力强,适用于黏重和潮湿的土壤;钉齿耙碎土力弱,适用于多草和多石块的荒地。顺耙碎土作用小,横耙碎土和平地作用大,且易翻转土垡,但易发生壅土现象,对角耙的作用介于二者之间。

图 8-3　圆盘耙

2. 耱

耱地有些地区称耢地、盖地。耱地通常用木板、铁板或柳条编制的耱,这是在田间进行的一种辅助性表土作业。常在耕地后与耙地结合作业,具有平整地表、耱实土壤、破碎土块和坚实土壤等作用。耱地一般在播前进行。

3. 镇压器

镇压是借助物体的重力使土壤耕层上部变得较坚实,以便于保墒的一种表土耕作措施。在旱作区或干旱季节,播后进行镇压是抗旱耕作技术的重要环节。镇压的主要工具有石磙、平滑镇压器、V形镇压器、石制或铁制的局部镇压器。

4. 联合整地机

联合整地机是与大中型拖拉机配套的复式作业机械,一次可完成灭茬、旋耕、深松、起垄、镇压等多项作业,具有作业效率高的特点。耕整地机械具有打破犁底层、恢复土壤耕层结构、提高土壤蓄水保墒能力、消灭部分杂草、减少病虫害、平整地表以及提高农业机械化作业标准等作用。

三、种植机械

种植是牧草栽培过程的基本环节,种植机械在农业机械化生产过程中占有极重要的地位,它是土壤加工和平整机械化的归宿,又是收获及田间管理机械化的前提。目前,主要采用的牧草播种机械有:

1. 手推式多功能点播种植机

适用范围:对种子播种量的精确控制,适应于小地块人工作业,机身小巧便于移动,向前推力提供动力,维护方便,由种子箱、传动装置、排种轮构成。可播种玉米、甜高粱等。见图8-4。

图 8-4　点播机

2. 苜蓿旋耕覆膜覆土精量穴播联合作业机

适用范围:2BFMT-6型苜蓿旋耕覆膜覆土精量穴播联合作业机能一次完成

旋耕整地、铺膜、镇压、覆土、穴播苜蓿等小粒作物作业,连接配套 22.05 kW 轮式拖拉机。适合北方地区苜蓿全膜覆土种植方式,具有功能齐全、生产率高、降低种植成本的优点。见图 8-5 和表 8-1。

图 8-5　旋耕覆土覆膜播种机

工作原理:在机架前面固定有悬挂架,在机架上面固定有变速箱、种子箱和输种管,在机架下面安装有地轮和旋耕刀轴总成,刀轴后面固定有可调节上下位置的皮带升运式导土机构、镇压轮、地膜轴和铰接的穴播滚筒。作业时拖拉机通过悬挂架带动机具前行,拖拉机动力输出轴通过变速箱带动旋耕刀轴总成转动,对土壤进行疏松和平整,旋起的土通过机架后部的皮带升运式导土机构输送到机具后部,覆盖在从皮带升运式导土机构里面地膜轴上铺出的地膜上。先往种子箱中加种子至 2/3 容积以上,当机具前行时悬挂于机具后部的穴播滚筒转动,通过链条带动种子箱的排种盒转动排出种子,种子通过输种管流入穴播滚筒中播入已经覆上土的地膜下面的土壤中即完成整地、铺膜、覆土、穴播、镇压作业。

安装方法及调整:

(1)使用前要检查播种的土地是否平整,有无杂物,以及地块软硬度是否达到播种要求。特别是地块过硬或过软都对出苗率有影响,播种深度以 2.0~3.0 厘米为宜。

(2)检查在运输过程中各部件是否松动,穴播器安装是否正确,弹簧工作是否可靠,鸭嘴闭合是否严密,种子是否在穴孔中间,有无空穴。

在已经覆膜的地上播种时观察膜孔与穴孔是否一致,检查完毕后方可使用。工作时必须匀速直线运行,作业时机具不得倒退,种子必须经过精选。

(3)当播量与实际要求不符合时可调整排种盒排种,直至达到要求,作业时随时观察种子箱,当种子箱种子少于 1/3 时要及时添加,以免影响播种质量。

(4)当覆土厚度达不到要求时可调整皮带升运式导土机构位置,向下则覆土厚度增加,向上则覆土厚度减薄。

表 8-1 主要技术规格参数

序号	名称	单位	参数
1	外形尺寸(长×宽×高)	毫米	1800×1580×1160
2	整机质量	千克	430
3	株距	厘米	17
4	播种深度	毫米	20～50(可调)
5	穴粒数	粒/穴	5～8(可调)
6	行距	厘米	20
7	工作行数	行	6
8	种箱容积	升	56
9	种穴覆土厚度	毫米	10～30(可调)
10	配套动力	千瓦	22.05 轮式拖拉机
11	挂接方式	—	三点悬挂
12	幅宽	米	1.2
13	作业速度	千米/小时	3～20
14	生产效率	公顷/小时	0.24～0.48
15	播种量	千克/亩	1.5～4
16	作业宽幅	米	1.2

3. 精量播种机

适用范围:适于多种密植牧草条播作业,下种量可精准控制;在已耕地进行条播播种作业;可选加宽轮胎;可匹配动力耙完成复式作业。见图 8-6。

设备重量 545 千克,工作宽度 250 厘米,种箱容量 400 升,动力需求 60 马力。操作简单方便;运输灵活;维护简单;传动轮直径 650 毫米,保证不丢转;可以通过连接 ASI 系统实现与其他机具组合使用。

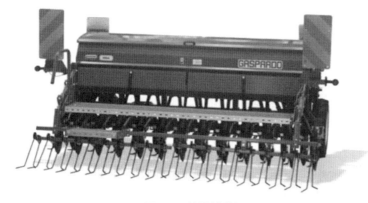

图 8-6 精量播种机

4. 条播机

条播机作业时,由行走轮带动排种轮旋转,种子自种子箱内的种子杯按要求的播种量排入输种管,并经开沟器落入开好的沟槽内,然后由覆土镇压装置将种子覆盖压实。出苗后作物成平行等距的条行。见图 8-7。

用于不同作物的条播机除采用不同类型的排种器和开沟器外,其结构基本相同,一般由机架、牵引或悬挂装置、种子箱、排种器、传动装置、输种管、开沟器、划行器、行走轮和覆土镇压装置等组成。其中影响播种质量的主要是排种装置和开沟器。

图 8-7　条播机

5. 燕麦宽幅匀播精量播种机

燕麦宽幅匀播精量播种机是在精量、半精量播种技术的基础上,改变传统密集条播籽粒拥挤条线为宽播幅种子分散式粒播,单行播幅由传统的 1～2 厘米加宽到 8～10 厘米,种子分散均匀,生长空间加大,避免争肥、争水、争光照,实现分蘖粗壮,根系发达,增加穗粒重,提高抗倒能力。

适用范围:2BF-12 燕麦宽幅匀播精量播种机(图 8-8 和表 8-2)与 18.4～29.8 千瓦拖拉机相匹配使用的种植机械。该机是既能在地表有一定量作物秸秆覆盖、未经耕整的地上直接播种,也可以在翻耕整地后的地表正常播种,一次性完成开沟、施肥、播种、镇压等作业的新型播种机。

工作原理:燕麦宽幅匀播精量播种机主要由耙耱、踏板、防护罩、施肥箱、排种盒、输种管、播种箱、镇压轮总成组成。播种机工作时由驾驶员通过拖拉机液压控制系统,使播种机地轮着地,地轮运动带动主动链轮转动,通过链条传动从而带动排种(肥)器转动,达到施肥、排种的目的。

图 8-8　2BF—12 宽幅匀播精量播种机

表 8-2　主要技术规格

序号	名称	单位	参数
1	外形尺寸(长×宽×高)	毫米	1700×2170×1140
2	整机质量	千克	343
3	工作行数	行	18
4	排肥器型式	—	外槽轮
5	排种器型式	—	外槽轮
6	行距	毫米	150
7	种箱容积	升	46
8	肥料箱容积	升	35
9	配套动力	千瓦	22.05 以上轮式拖拉机
10	挂接方式	—	三点悬挂
11	工作宽幅	米	1.8
12	作业效率	公顷/小时	0.20～0.33

机具调整:

(1)行数、行距的选择和调整

本机设计行数为 18 行、行距为 150 毫米。实际播种行数、行距可以根据作物种类、农艺要求等确定,不同行数、行距可以在机架横梁上调整。

(2)开口器入土深度的调整

开口器入土深度可以通过两个部位进行调整。一是与机架纵梁连接的地轮套焊合深浅调节装置有上下调节孔,通过移动该装置上下孔与机架纵梁孔的固定位置来实现开口器入土深度的调整。二是可通过调整开沟器的高低位置,实现开口器入土深度的调节。开沟器犁柱板上有均匀的上下调节孔,通过移动该孔与开口器固定板的连接位置来实现开口器入土深度的调整。

（3）排种深度的调整

与排种管连接调节板上有上下可调的长孔,调整输种管与调节板的上下固定位置来调整排种深度。

四、中耕除草机械

中耕除草是传统的除草方法,生长在作物田间的杂草通过人工中耕和机械中耕可及时防除杂草。中耕除草针对性强,干净彻底,技术简单,不但可以防除杂草,而且给作物提供了良好生长条件。在作物生长的整个过程中,根据需要可进行多次中耕除草,除草时要抓住有利时机除早、除小、除彻底,不得留下小草,以免引起后患。群众中耕除草总结出"宁除草芽,勿除草爷",即要求把杂草消灭在萌芽时期。机械中耕除草比人工先进,工作效率高,但灵活性不高,一般在机械化程度比较高的农场采用这一方法。见图8-9。

图 8-9　中耕除草机械

五、病虫害防治

病虫害是严重危害农业生产的自然灾害之一。植物病虫害不仅可引起农作物产量的减少,而且在一定程度上还严重威胁到农产品的质量安全,要加强虫情监测,早发现早防治,把病虫害的危害程度降到最低,以确保牧草的健康成长。常见病虫害防治机具有以下几种:

1.手动喷雾机

简单轻巧便于背负,便于小地块工作,适应于小地块植保;机动弥雾机具有极强的穿透力,可以完全笼罩在植物株冠层。药剂不仅均匀地沉降到植物表面,就是背面也会有同样的药物沉积(图8-10)。适用于燕麦、苜蓿、谷子等作物病虫害防治。

图 8-10　背负式手动喷雾机

2. 牵引式喷雾机

牵引式喷雾机(图 8-11)轻便、灵活、高效率,适应于对大面积作物进行植保。喷杆喷雾机与拖拉机配套,适用于喷洒杀虫剂、除草剂、杀菌剂和叶面肥料,进行大面积农作物的除草、杀虫、灭菌等作业。工作时,先启动拖拉机,将液泵上的调压阀手轮旋紧,再调节分配阀的开度,分配阀用来控制喷杆上的喷头是否喷雾。当阀门手柄与阀门体的轴向平行时,为全开;垂直方向时为关闭。

图 8-11　法美特 10.5 米牵引喷雾机

3. 无人机喷药

植保无人机智能自主喷洒,施药精准避免重喷漏喷,支持断点续喷功能;支持移动 App 功能,可实时查看飞机飞行状态、作业进度,查询已规划田块、喷洒亩数。植保无人机提高了生产效率,病虫害防治过程中,农作物实现了可观的经济收益,全自主飞行,支持智能规划航线,航线规划灵活、作业控制轻松便捷,并支持多种飞行模式,全自主、智能 AB 点、GPS 增稳、手动等飞行模式,自动与手动无缝切换,适应不同作业环境。见图 8-12。

图 8-12   无人机喷药机

第二节   牧草收获与草产品加工机械

牧草拥有种类多、分布广、适应性强、易种植、营养价值丰富、更新快等多种特性。正因为牧草的有这么多的优良特性，在畜牧业的实际应用和生产中有着重要的作用。对于牧草的加工和应用，已经系统化和机械化，牧草加工机械在牧草的生产和应用中越来越普遍。为了做好牧草加工，我们对牧草加工机械必须有深刻的认识和了解。下面介绍常见的牧草加工中经常遇到的机械。目前市场上应用最广泛的机具有收割机、摊晒机、打捆机、搬运及堆垛机械。对牧草进行简单的加工，方便后期的搬运。

一、主机（拖拉机）

拖拉机类型较多，一般分为国产和进口机型，应选择具有结构紧凑、启动性能良好、操作灵活方便等特点的机型。发动机扭矩储备大，噪声低，废气排放达到国2排放要求，符合国家对环保排放的要求。可选装同步器换挡，不停车就能顺畅地换挡，操作更轻便快捷，可满足各种复杂的农艺要求。装备强制压力润滑系统与安全启动开关装置。轮胎可以选装防扎轮胎，免除了你在一些有荆棘的田地里作业的后顾之忧。机械动力要求在 60 马力以上，也可根据实际要求调配。

二、割草机和青贮收割机

割草机主要用于燕麦、苜蓿、谷草的收割，青贮收割机用于玉米收割。

1. 常见的割草机

（1）带压扁装置的圆盘式割草机（彩图 31）

该割草机又称割草调制机。将割下的鲜牧草茎秆压扁挤裂，可加速其内部水分的蒸发，缩短干燥时间，并使茎秆、叶干燥一致，减少养分损失，提高干草质量。

整体机型大,常见有 5 盘、6 盘和 7 盘割草压扁机,须配套 95 马力以上动力机械。

(2)不带压扁装置的圆盘式割草机

该割草机适应于小地块作业,移动方便小巧。虽然能够完成收获作业,但在收获时期牧草含水在 70%～85% 之间,而安全贮存标准需将其水分降到 14% 以下,其自然脱水干燥时间过长,蛋白质的损失很大,苜蓿的收获应该采用割草压扁机。见图 8-13。

图 8-13　不带压扁装置的圆盘式割草机

(3)往复式割草压扁机

割台常见的宽度有 2.9 米、4.5 米,适应于大地块作业,作业效率高,结构紧凑。割下的草料松散堆放,便于空气流通,干燥时间更快。一次完成割草、压扁和铺条作业的牧草收获机械随着新技术的应用,农场更趋现代化、更具备优势,该领域的机器近几年也历经发展,经过彻底革新,可满足新技术的迫切需要。从技术革新的需求出发研制出压裂式割草机,将圆盘割草机卓越的切割速度与压扁草料的缩短时间并提高干燥匀称度的优势结合应用。见图 8-14。

图 8-14　往复式割草压扁机

2. 青贮割草机

青贮割草机主要用于玉米、甜高粱、谷草等。由于青贮饲料柔软多汁、气味酸甜芳香,适口性好,十分适于饲喂肉牛,肉牛也很喜欢采食;并能促进消化腺的分泌,对于提高饲料的消化率有良好作用。

青贮饲料的制作方法简便、成本小,不受气候和季节限制,饲草的营养价值可保存很长(多年)时间而不变。对青贮收割机的要求也逐渐提高,带籽粒破碎,收割快慢,割茬低,在田间作业时能一次性完成对作物的收割、输送、揉搓、粉

碎,并抛送装车。根据收割的宽度,青贮机主要有以下几种机型:

(1)大型青贮机

割台宽度 4.5～6.5 米,主要有:克拉斯(图 8-15)、克罗尼、约翰迪尔等。

图 8-15 克拉斯 450 青贮收割机

该机的大马力的涡轮增压发动机为收割机提供了强有力的心脏,独特的低转速高扭矩设计,非常适合农田恶劣的工作环境。行走无级变速、割台升降、出料口自由旋转、转向系统全部实现了液压操作,使收割机的操控性能大大提高。

产品特点:

①大型舒适驾驶室,拥有 CEBIS 信息显示系统。

②OPTI FILL / AUTO FILL 出料喷射管自动控制。

③高效液压系统 DYNAMIC POWER,大型柴油油箱容量高达 1450 升。

④配备机械全轮驱动的底盘理念,实现最佳转向性。

⑤独特的理念便于机器的快速简易维护。

⑥籽粒破碎器和加速器间隙调节装置保证了作物流的质量。

⑦通过快速连接器与割台自动啮合。

(2)中型收割机

割台宽度 3 米左右,主要有:美诺(图 8-16)、美迪等。

图 8-16 美诺 965A 青贮收割机

配备强劲的 330 马力康明斯发动机,进口液压泵,24 把人字形排列切刀,切碎角度更好,省功省力。割台采用液压独立反转,相比老款皮带反转,更方便、安全、快捷。上传动圆盘式割台,可实现不对行收获,割茬低,不易堵塞,检修便利。标配立棍割台,让喂入更加顺畅,收割倒伏效果更好。籽粒破碎装置,由两个带齿的圆辊组成,两个圆辊以不同的转速和方向高速旋转,物料通过两辊之间的狭小空隙而被碾碎,驾驶员可通过两辊之间的间隙大小来改变籽粒破碎程度。新型加高加长喷管设计,喷射高度可达 5.6m,可轻松应对高箱运输车。

（3）小型收割机

割台宽度 2 米左右,主要有顶呱呱、牧神、凯航等。

自走式青饲料收获机人性化操作、全液压控制,驾驶舒适、性能可靠。动力强劲的发动机和锋利的刀片保证了高效率的收获。流畅的切割和带压扁的喂入装置、割台随地势高低仿行辅助装置以及多处装有防过载安全离合器可以让收获机适应更多的收获作业环境。本机主要适用于玉米的青贮收获,也可兼收燕麦、棉花秆等作物。

能收割倒伏,割茬低,同马力段目前是国内工作效率较高的机具。舒适的驾驶环境,良好的视野,时尚的仪表盘,人性化的最佳设计。无行距收割,可收割倒伏作物。先进的喂入装置,集喂入压扁于一体,使饲料的适口性好。配有反正转变速箱,堵塞时能及时反吐。全液压控制,转弯半径小,操作方便灵活。

三、摊晒搂草机

搂草机是将散铺于地面上的牧草搂集成草条的牧草收获机械。搂草的目的是使牧草充分干燥,并便于干草的收集,按照草条的方向与机具前进方向的关系,国内外常使用的搂草机有横向搂草机、指盘式搂草机(彩图 32)、滚筒式侧向搂草机和水平旋转搂草机。

水平旋转式搂草机应用较为广泛搂草机靠拖拉机牵引完成搂草作业。可分为指盘式和转子式搂草机。

指盘式搂草机由活套在机架轴上的若干个指轮平行排列组成,结构简单,没有传动装置。作业时,指轮接触地面,靠地面的摩擦力而转动,将牧草搂向一侧,形成连续整齐的草条。指轮平面和机具前进方向间的夹角一般为 135°。作业速度可达 15 千米/小时以上,适宜于搂集产量较高的牧草、残余的作物秸秆,以及土壤中的残膜。改变指轮平面与机具前进方向的夹角,可进行翻草作业。

转子式搂草机弹齿式每个旋转部件上装有 6~8 个搂耙。作业时,由拖拉机牵引前进,搂耙由动力输出轴驱动,由安装在中间的固定凸轮控制,在绕中心轴旋转的同时自身也转动,从而完成搂草、放草等动作。

四、打捆机

牧草在完成翻晒工序后,根据苜蓿生产实际需求,在压缩成捆作业过程中可以进行干草捆或青贮草捆收获作业。根据成型草捆的形状,可以将草捆成型设备分为方草捆机和圆草捆机。方草捆捡拾打捆机一般包括捡拾喂入机构、输送机构、压捆机构和打结机构等部分,能一次性完成牧草的捡拾、喂入、压缩成捆、打结和卸料等工序。市场上所能见到的方草捆捡拾打捆机可形成小方草捆、大方草捆、小圆捆和大圆捆。

1. 小方捆机（图 **8-17**）

（1）小方捆机侧牵引

小方捆机侧牵引工作时打出的草捆长度可以调节,牵引捡拾宽度宽,工作效率高。操作烦琐,正牵引作业,整机具有对称纵轴线,行驶稳定性好,容易牵引,转弯灵活,能适应在小块和不规则的地块上作业。物料输送、压捆工艺合理,往复拨草叉式喂入器,工作可靠,有利于提高活塞的往复频率,提高生产能力,超长的压捆室,确保草捆的形状密度均匀,每捆最高可达 30 千克。机器设置了三道保险机构,在工作负荷过大时,机器会自动切断安全螺栓,保障机器的整体性能。

图 8-17　纽荷兰 5070 方捆机

（2）小方捆机正牵引

小方捆机正牵引小巧方便,适应于小地块,喂入量小,工作效率低,苜蓿等捡拾、压捆、打捆和方捆作业。便于运输贮存和深加工,且能与国内外多种拖拉机配套使用,适合在农场、草场等多种地域条件下作业,可根据作物条件、运输和贮存要求,调整草捆的长度和密度。该类型打捆机通过一系列捡拾、草条压缩、草捆打结等连续工作,可以将散状草条打成结实的方形草捆。均配备了单向摩擦离合器,防止机器超负荷工作。同时,三重保险螺栓可对重要部件进行过载保护。

2. 大方捆机(彩图33)

作为在牧草、秸秆整体解决方案中的重要一环,针对中国蓬勃发展的大中型专业牧草种植基地而研发、制造的系列大方捆打捆机,采用旋转切割喂入转子＋拨草指＋喂入叉＋挡草指这一独特的喂入预压方式,一次性完成作物的捡拾、剪切、预压、喂入、压缩、捆扎等复合作业,确保高效作业、草捆紧实。耐用的部件和可靠的品质让全天候多工况作业成为可能,具有自动化程度高、捆形紧实、方正、储藏运输方便等优点,可适用于各类牧草、秸秆的规模化作业。

(1)独特的预压室设计,提前加压形成草片。

(2)草捆密度由三向加压的密度油缸动态控制,保证草捆的密度恒定,捆形方正。

(3)草捆密度进一步提升15％～20％,在集捆、运输、堆垛以及打捆绳用量方面都能节省成本,也进一步提升用户收益。

(4)双结打结器系统,捆绳张力小;配以液压惯流大风量风扇,持续稳定,打结有保证。

(5)标配双桥,独立的前后钢板弹簧且后轮可随动转向,增加仿形能力,作业速度快。

(6)标配切刀系统,带液压保护功能,作物的切割长度可调节。

(7)标配草捆称重系统,不仅可以轻松地计算出打捆作业量,也可满足将来对牧草的品质要求不断提高时所必需的参数检测。

五、大圆捆机和小圆捆机

1. 大圆捆捡拾、打捆和放捆作业(彩图34)

大圆捆的直径可以调节,具灵活性、可靠性。打捆机选用质量优良的零部件,草捆紧凑,坚固,捆形好,包芯根据要求可以调整压力,配套有市场上最宽的捡拾器2200毫米、加强型皮带、耐用的传动链条、链条自动润滑系统等。牧草进入卷压室后,凹圆形排列旋转的多个压紧滚筒带动秸秆旋转,形成圆捆芯,由小到大形成紧密的圆草捆。弹簧平衡液压提升系统可以精准地控制捡拾器高度,螺旋型转子刀组可高效地切断和同步输送草料,提供更紧密的草捆压捆室配备有12个重型滚筒,可以打捆生成高密度草捆。捆网可以适应不同的草捆需要。操作员可在驾驶舱内根据提示音进行放捆操作。

2. 小圆捆捡拾、打捆和放捆作业(图8-18)

具有捡拾干净、草捆密度可调、作业效率高、适用性强的特点。捡拾机构通过弹齿、捡拾运送、收齿等动作捡拾秸秆,送到喂入口。秸秆进入卷压室后,旋转的滚筒带动秸秆旋转,形成圆捆芯,由小到大形成紧密的圆草捆。受地形影响较小，主要用于种植面积小或者丘陵地带；设备成本低，补贴少。

图 8-18　世达尔 B70 小圆捆

六、圆捆包膜机

圆捆包膜机，配有装载臂自动捡拾草捆，和自动卸载草捆装置。轮胎有两个安装方式，工作时轮胎朝外，运输时轮胎朝内。预拉伸薄膜架，适用四种包膜方式、750 和 500 毫米宽度薄膜卷。工作台安装在一个直径 500mm 的底部转盘上，满足长时间作业要求。半自动旋转工作台，更快速，更高效。出捆位置靠近地面，避免草捆损伤。可调整牵引架。

七、青贮裹包机

裹包青贮是一种利用机械设备完成秸秆或饲料青贮的方法，是在传统青贮的基础上研究开发的一种新型饲草料青贮技术，在牧草收割后晾晒到一定的水分。青贮裹包特点：机械化打捆可实现标准化作业；开包即可饲喂，方便实用；打捆饲喂有效避免二次氧化；标准化包装方便装卸，可商品化流通；气味酸香，柔软多汁，适口性好。

1. 固定式打捆包膜一体机（图 8-19）

（1）运用广泛
可以用来将青贮玉米、高湿玉米、苜蓿、甜菜、牧草等进行打捆裹包。

（2）效率高
平均每 2.5 分钟就可以完成一个裹包作业。

（3）不间断作业

机器的压捆、捆扎、包膜系统在投料保证的情况下可进行、持续不间断作业。料斗可以容纳两个裹包量的储备。

（4）裹包质量高

裹包直径 100 厘米、长度 100 厘米，密度紧实，高湿玉米的单个裹包可达700 千克。

（5）动力匹配灵活

可以选择电动马达或者拖拉机作为动力来源，在固定场地或者平整的室外田地都可以进行作业。

图 8-19　固定式打捆包膜一体机

2. 移动式打捆包膜一体机（彩图 35）

将粉碎好的青贮原料用打捆机进行高密度压实打捆，先用捆网捆扎，然后通过裹包机用拉伸膜包裹起来，从而创造一个厌氧的发酵环境，最终完成乳酸发酵过程。

裹包青贮的干物质损失较小、可长期保存、质地柔软，具有酸甜清香味，适口性好，消化率高，营养成分损失少。

3. 灌肠机（图 8-20）

袋式青贮是将新鲜的青饲料高密度地装入密封、遮光、不透气，又能抗高温和低温的特制塑料袋内，存贮单元小，相比窖贮最大限度地减少了草的浪费。比较灵活实用，存贮过程短，最大限度地保留了乳酸菌的存活量和原料的新鲜度，为有益发酵奠定了良好基础。贮存袋的原材料比较贵，成本高。

图 8-20　灌肠机

七、堆垛机械

常见的饲草储运方式包括鲜草切碎储运、散干草储运、小方草捆储运、大圆草捆储运和压垛储运。由于鲜草切碎储运主要针对的是青贮过程中的问题，前一部分介绍了机械化青贮技术，本部分主要针对鲜草青贮后的机械化取饲问题进行阐述。首先，对于成捆储运技术，主要包括田间捡拾和集运堆垛技术。先对田间草捆捡拾，然后再进行集运堆垛储存，根据生产需求，有的可通过机械装备直接进行田间捡拾后由草捆捡拾装备运输至储存地点进行堆垛储存，有的则先进行捡拾然后通过车辆转运至销售点或储存点进行销售或储存，在车辆转运过程中主要应用市场上常用的卡车或货车。根据田间形成的草捆形状，用于田间捡拾的草捆捡拾装备根据草捆的形状主要分为圆草捆捡拾装载装备和方草捆捡拾装载装备。

第三节　牧草生产机械作业要求及机具选配

牧草生产机械化所需机械主要有：整地机械、播种机械、收获机械、加工机械、搬运堆垛机械。根据各自的功能和不同地块的质量以及各自牧草的种植、收获要求，选择适合的机械，可以提高牧草产量和质量。

一、整地机械作业要求及选配

种植牧草对土壤条件及土地平整度要求较高，只有进行合理耕作才能为牧草的播种、出苗、生长、发育创造良好条件。机械整地是牧草栽培技术的关键环节之一。为保证机械整地质量，可将综合整地机后面的开沟器卸掉，加上耢子，耢子要用铁板或方钢做成，重量及大小要适宜。整地后用耢子耢平，来减少土壤坷垃及保证土壤的平整度。综合整地要一次完成灭茬、旋耕、耢平等项作业,旋耕深度至少要达到14厘米以上,还要及时用V形镇压器进行镇压。镇压可使地表变得紧密压实,且有平整土地作用,以免播种时播种过深或过浅,造成不能出苗或种子发芽后发生"吊根"现象。若缺少综合整地机,也可根据各地的实际情况,采用拖拉机带动铧犁翻地,然后用圆盘耙耙地,耙地后进行耢平,耢平后也要进行镇压,以保证土地平整度,为播种创造良好条件。

二、播种机械作业要求及选配

牧草种子8～10年换种一次,其种植具有地域性和严格的季节性,要根据各地实际情况配置播种机械。由于近期牧草种子价格较高,播种时一定要实行精量播种,采用牧草精量播种机,以达到节种增效目的,且要播种施肥同时完成。播种机一次要完成开沟、播种、施肥、覆土、镇压等项作业。每亩播种量控制在1～1.5千克,亩施肥量为10～15千克,播种深度为1～2厘米。播种的总原则是:浅播为宜,宁浅勿深。疏松土壤可稍深,紧实土壤稍浅;干燥土壤稍深,湿润土壤稍浅。

条播可选甘肃三牛机械公司生产的2BF-12型牧草精量播种机,其作业效果可达到牧草播种要求。该机与25或30马力的小四轮拖拉机配套作业,6行播种机行距为30厘米,9行为20厘米。穴播可选用甘肃三牛机械公司生产的2BFMT-6型旋耕覆膜、覆土穴播四位一体播种机,该机与304～454型小四轮拖拉机配套作业。

三、收获机械作业要求及选配

在牧草产业化生产过程中,收获是一个极其重要的环节。牧草收获时间较为短暂,错过了收割时期,牧草的蛋白质含量会降低,直接影响到牧草种植经济效益。收获机械是整个牧草生产机械化过程中技术水平含量较高机具,而目前国内牧草收获机械仍处于起步阶段,进口机械在我国牧草收获中占有主导地位。

牧草收获机械可分为割草压扁机、搂草机、打捆机、草捆搬运与堆垛机械。

1. 割草压扁机

割草压扁机主要是对牧草进行切割与压扁,并在地面上形成一定形状和草铺。机器分为往复式割草压扁机和圆盘式割草压扁机。往复式所需配套动力相对较小,采用剪切方式进行切割,最高作业速度可达12～13千米/小时。该种机型造价相对较低,但运行成本较圆盘式高。圆盘式割草机使用高速旋转圆盘上的刀片冲击切断茎秆,配套拖拉机动力输出轴功率至少应在58.8千瓦以上。作业速度为14～15千米/小时。该机造价较高,投资较大,但运行成本较小。

美国约翰·迪尔、纽荷兰公司的产品较好。国内还没有定型的割草压扁机,单纯的收割机以内蒙古海拉尔牧业机械总厂生产的后悬挂、半悬挂收割机较好。

2. 搂草机

搂草机用于割后牧草的翻晒、并铺及摊铺，以加快牧草干燥。其种类有指盘式、栅栏式搂草机和搂草摊晒机等。

指盘式搂草机利用高速旋转的轮齿进行搂草，作业效率高，投资成本相对较低。其缺点是作业时会将叶片打碎，叶片损失较大。由于搂草轮本身也是驱动地轮，容易将土块或石块混入草中，使牧草质量下降。栅栏式搂草机利用搂草筐的弹齿将作物轻柔地进行横向翻转或集拢完成搂草作业，其作业质量较高，特别适合苜蓿草的搂集与翻晒作业，投资相对高些。搂草筐弹齿运动由专门地轮或液压马达驱动，弹齿在接近地面而不接触地面的条件下进行仿形作业，避免混进石块或杂物，可获得高质量的干草。

国内的搂草摊晒机以内蒙古海拉尔机械总厂生产的旋转搂草机和北京顺义农机研究所生产的翻晒机产品质量性能较好。

四、牧草加工机械作业要求及选配

打捆机是牧草收获环节中主要机具，可分为圆形打捆机和方形打捆机。

圆形打捆机因没有打结器使其结构简单，采用滚筒式打捆，但在捡拾牧草时草叶损失过大，作业时间歇打捆（打捆时停止捡拾），加工的圆草捆密度低，且因喂入量较小导致作业效率较低。但因其价格便宜，操作维修方便受到用户欢迎。目前市场上的圆捆机多为国产机型，山东广饶石油机械厂生产的小圆捆机市场销路较好。

方形打捆机采用打结器打捆，其结构复杂，机具造价较高。方捆机加工方捆密度比圆捆机的大（150千克/立方米以上），打捆时连续作业，采用活塞往复式压缩，效率为3~4捆/分钟，作业效率高，且牧草损失率小。方形打捆机又分为小型、中型和大型打捆机。小型方捆机投资相对小些，所需拖拉机最小输出功率为25.7千瓦，适合于长途运输，草捆可采用人工装卸。中、大型打捆机打捆后可直接打包，制作青贮饲料，所需配套动力较大。中型需与73.5千瓦上拖拉机配套，大型则需147千瓦的拖拉机进行配套，且所打草捆必须采用机械化装卸与搬运，不适合长途运输。

五、草捆搬运与堆垛机作业要求及选配

牵引式小型方捆捡拾与堆垛车，由拖拉机进行牵引作业，用于小方捆捡拾与堆垛，投资相对较低。自走式小型方捆捡拾与堆垛车，无形动力拖动，用于小方捆捡拾与堆垛，作业效率较高，但投资相对较大。多功能装载堆垛机用于大方捆或圆捆的装卸或堆垛，可完成多种作业项目，操纵灵活方便，投资较大。用户可根据条件自行决定。

第九章　现代草产业发展经营模式（案例）

目前，全国耕地年均总生物产量约 12 亿吨，而草地仅为 3 亿吨，单位面积的生物生产力仅为耕地的 7.5%。研究表明，集约化人工草地的生物产量可以达到农作物的平均水平。因此，发展人工草地是提升我国饲草供给的有效途径。据测算，我国如能利用 10% 草原面积的牧区和农牧交错区的适宜土地，建立集约化人工草地，每年可生产牧草 3 亿吨以上。

陇东属黄土高原丘陵沟壑区，地势自东南向西北升高，海拔高度在 885～2858 米之间。年均降水量 410～640 毫米，主要集中于夏半年，空气干燥，太阳辐射年总量为 5100～5700 焦耳/平方米。综合分析各项自然条件，在陇东地区发展草地农业是一种较为完善的农业模式，其低投入高效率，能将农业与生态环境结合起来，并可克服农业经营的细小化、克服经营规模较小的局限性等问题。

当前面临环境压力加大、生态系统退化的严峻形势，亦为满足食物消费结构转型升级和农业结构战略调整的需求，国家及地方政府在加强草原生态保护建设的同时积极推动退耕还林还草、牧草产业发展，出台支持政策，鼓励民间投资。除地方政府因形就势推动草牧业外，随之草牧业合作社、专业化或一体化公司等新型经营主体也逐步涌现，生产经营模式呈多样化发展。专业化的草业生产，实现牧草连片规模化种植，牧草质量得以保证，形成各种种养结合、农牧循环的草牧业生产经营模式。这些企业、合作社具有开拓市场，引导生产，深化加工，延长草产品销售时间和空间，增加草产品附加值等综合功能。它们是连接农户与市场的纽带，是解决"小农户"与"大市场"矛盾的关键，也是现代草业发展的基础。本章对近几年出现的发展比较好的几种草产业发展经营模式分类进行介绍，以供借鉴。

第一节　政府主导型发展经营模式
——甘肃环县草产业发展经验

甘肃环县地处丘陵沟壑区，山大沟深，干旱少雨。近些年，环县适时调整产业结构，发展科学种草，推动种草养畜，发展经济，助力脱贫工作。但思想观念、养殖理念及资金技术问题是制约环县牧草产业发展的最大问题。第一，许多老百姓还转不过来种粮改为种草的观念。多年来农耕文化的影响认为种粮是"正道",种草不是农业生产;种粮需要精耕细作,草不用特意种植。第二,种草对于草食家畜的重要性认识不到位。没有认识到草食家畜的"主食"是优质牧草,大多饲喂秸秆,补充一点精料。第三,资金缺乏,技术缺乏。在这种情况下,环县政府出台政策,用行政资源推动草牧业的发展,取得较好的成绩。

环县按照"农牧结合、粮草兴牧、牧业强县、经济富民"的思路,在毛井、小南沟、南湫、甜水、山城、秦团庄 6 个乡镇连片种植紫花苜蓿 2000 亩,其他 15 个乡镇示范规模连片种植 5000 亩,同时抓好乡村道路两边种草。

为了在紫花苜蓿留存面积、梯田种草面积实现突破,环县采取"公司＋农户"的发展模式,以公司为主体,整合草原治理、退耕还林还牧、粮改饲试点项目,草原工作站、畜牧局、各乡镇农业服务中心协同配合,完成地块选定、任务落实、造册登记,公司提供种子、地膜、资金和技术服务,开展订单种植、保护价收购。

县政府引导和鼓励当地牧草加工企业以及具有牧草加工能力的合作社、家庭农牧场成立牧草联合社,重点对牧草产业进行市场化管理、专业化运作,对全县牧草进行统一种植、统一加工和统一销售。并全力促进草产品销售流通,引导饲草种植企业与养殖、加工企业开展产销加对接,组织开展草产品促销活动,解决饲草种植、加工销售的瓶颈问题,逐步形成草业产销一体化发展的链条。

2018 年环县政府工作报告提出打造现代化牧草公司。把荟荣草业公司作为全县商品化种草的唯一龙头企业,添置一批机械化种草、收割、晾晒、加工、运输设备,全力将荟荣草业公司打造成立足县域、服务全市、辐射周边的省级重点龙头企业和现代化草业公司。把全县所有种草项目统一交由荟荣草业公司实施,继续采取每亩补贴 200 元的办法,扶持扩大种植规模,全年新种紫花苜蓿 16.5 万亩、甜高粱 2.1 万亩、大燕麦 4 万亩、青贮玉米 5 万亩,确保全县商品草突破 2 万吨,贫困户户均牧草收入达到 3000 元以上,草畜两项收入达到 8000 元以上,人均达到 2000 元以上,占到贫困户人均收入一半以上。统筹抓好防疫和技术服务。

环县地域面积广阔,是全省紫花苜蓿的主产区之一。近年来,县政府按照"以草定畜、以畜促草、草畜互动、共同发展"的"草畜一体化推进"思路,积极培育多元经营主体,不断创新带贫模式,草产业步入加速发展的快车道。目前,全县天然草原面积 841.7 万亩,多年生牧草留床面积 175 万亩,居全省首位,为建设全省优质商品草基地奠定了坚实的基础。政府为推进草产业的发展,采取的政策措施主要有:

一、创新机制激发发展活力

按照"政府＋企业＋合作社＋村集体＋农户"的草产业发展模式,坚持政府推动,成立了县乡两级草产业办公室,负责编制规划、争取项目、整合资源、服务企业。坚持龙头带动,组建了国有独资荟荣草业公司,投资6000万元,为荟荣草业公司配套种植、收割、翻晒、青贮等各类机械505台。以荟荣草业公司65个作业队为"主力军",以全县66个农机合作社为"生力军",集团作战抓生产,日播种能力3000亩、日收割能力8000亩。由公司为农户免费种植、收割牧草,同时对接大型养殖场,开展草产品加工销售,引领草产业"产加销"一体化发展。坚持上下联动,合作社上联公司,对接落实种植任务,下联农户,与农户签订订单,免费为农户提供种植、收割服务;按照每吨1300元标准保护价收购,以成本价格向周边小型养殖场供应饲草,带动贫困户发展牧草产业。坚持集体参与,积极引导32个"四无"(无优势资源、无固定资产、无集体经济、无积累渠道)村以30万元扶贫资金入股龙头企业,每年按入股资金的6%固定分红,消除"空壳村"。坚持草畜双收,以草业保羊业,以羊业促草业,依托龙头企业和合作社带动贫困户同步发展草畜产业,在保障养殖饲草自给的基础上,向荟荣草业公司交售商品草,持续稳定增收。

二、政策扶持增强发展动力

制定出台"两订三包一补"的扶持政策,即荟荣草业公司与养殖企业签订饲草供给合同、与种植农户签订订单种植合同;荟荣草业公司免费向农户提供包规范种植、包技术服务、包饲草收购的"三包"服务;县上整合退耕还草、退牧还草、已垦草原治理、草牧业试点、"粮改饲"等草牧业项目,变农户分散种为公司统一种,变分散补助到户为统一补助公司,荟荣草业公司每种一亩草,给予公司200元补助。

三、产业带贫增强发展内力

坚持把草产业发展作为促进农业结构调整的有效途径,通过政策引导,不断压粮扩草,种植结构进一步优化,粮经饲三元比从2016年的0.78∶0.11∶0.11优化为2018年的0.56∶0.19∶0.25,玉米等粮食作物收储压力得到有效缓解,极大地降低了养殖成本,提高了土地产出效益。目前,全县已建成优质牧草基地43.2万亩,年产商品草5万吨,草产业提供全县农民人均收入545元,带动了1350户贫困户发展草产业脱贫。计划到2020年,建成优质牧草基地100万亩以上(其中梯田苜蓿50万亩、燕麦草20万亩、青贮玉米20万亩、甜高粱10万亩),干草产量达到120万吨,其中商品草达到20万吨,产值达到2.6亿元,商品草种植户户均收入达到7120元以上。

政府主导型产业发展经营模式是以当地天然资源优势为前提,选准优势产业,以政府政策为核心主导,调动行政资源推动农业基地建设,鼓励创办企业或吸收企业向本地集中,壮大农产品声势,形成农业产业集群,推动产业发展。该模式是缺资金、缺技术的贫困区域发展经济的常用方法。

第二节 政府控股草业公司发展经营模式
——甘肃荟荣草业有限公司发展经验

甘肃荟荣草业有限公司是在环县县委县政府的支持下,成立的国有独资草业公司,总投资7800万元,现已发展成为以牧草种植、收割、加工、购销为一体的地方国有独资现代化农业企业,引领全县草产业发展,助力脱贫攻坚工作。

一、公司内部建制

甘肃荟荣草业公司是环县2014年5月组建的国有独资现代化农业企业,集牧草种植、收割、加工、购销为一体,注册资金1000万元,占地869.87亩,其中生产办公区355.87亩、科研示范区514亩,拥有各种牧草生产加工机械固定资产7800万元,流动资金1.1亿。现有职工53人,其中管理人员6人、技术干部21人、技术工人15人,高级职称2人、中级3人,本科及以上学历15人。公司内部设有机械牧草营运、后勤服务公司,在西峰彭原、环县张滩滩、十八里、胡家湾、张塬建立生产分公司,入股庆阳市南梁情草业有限公司和中盛众成饲料股份有限公司。公司组建了以村为单元的牧草种植合作社210个、以乡镇为单元的牧草收割队40个,建成牧草收贮站22个,从事生产人员1200人,现有各类机械505台,5万吨草颗粒、苜蓿烘干生产线各一条,裹包青贮生产线4条。

二、生产体系建设

公司按照"龙头企业＋合作社＋基地(农户)"的方式,构建生产体系,利用社会化服务方式建设牧草基地,生产、加工牧草。

1.基地建设

公司采用订单种植方式,至2019年底已建成稳定优质牧草基地85万亩(其中多年生优质紫花苜蓿32万亩、一年生牧草燕麦草25万亩、青贮玉米15万亩、甜高粱10万亩、优质谷草2万亩、块茎饲料(胡萝卜)1万亩。计划到2023年,建成优质牧草基地150万亩以上,其中多年生优质紫花苜蓿70万亩,燕麦草30万亩、青贮玉米30万亩、甜高粱10万亩、优质谷子5万亩、鲜块茎饲料(胡萝卜、马铃薯)5万亩。

立足环县南北地域差异,着眼长远发展目标,以紫花苜蓿为重点,燕麦、啤麦、甜高粱、青贮玉米、优质谷草、鲜块茎饲料为补充,按照县城北燕麦草、县城南紫花苜蓿,全县种植玉米等其他草的区域布局,千家万户种好配方草,集中区域发展商品草。

2. 牧草种植

牧草种植合作社动员农户入社,为农户免费种植多年生紫花苜蓿,免费供给一年牧草种子,帮助社员种植。苜蓿种子、肥料由荟荣公司统一采购,承包种植,费用由荟荣公司承担;一年生牧草只供种子,由荟荣公司统一采购,合作购置作业主机。

3. 牧草收割、加工

为解决农户种收难的问题,公司投资 7800 万元,购置牧草种植、收割、翻晒、打捆、青贮等各类机械,按"缺什么、补什么"的原则,组建以乡镇为单元的机械作业合作社 40 个,公司为其租赁牧草收割、翻晒、打捆等农机具,合作社配套动力机械。收割费用由社员承担,以公司组建的牧草机械收割合作社为"主力军",以农机合作社为"生力军",集团化作战促生产,牧草种植合作社组织社员交售饲草到收贮站或直接到养殖场,兑付资金到社员,按照完成交售饲草数量,每吨付给牧草种植合作社 30 元服务费。

三、经营体系建设

企业坚持"保本微利"原则,按照"政府＋企业＋合作社(子公司)＋村集体＋贫困户"的利益联结机制运行。

1. 政府引导

县上组建草产业办公室,负责编制规划、争取项目、整合资源、服务企业、联系信贷,支撑营运。

2. 龙头带动

荟荣草业公司承担全县牧草种植购销,通过承担退耕还草、退牧还草、已垦草原治理、草牧业试点、"粮改饲"等草牧业项目建设,向合作社提供物资、分解任务、种植牧草、统一保护价收购,对接大型养殖场和养殖合作社,开展草产品加工销售,实行"产加销"一体化运营。

3. 合作社联动

合作社上对公司,对接落实种植任务;下联入社社员,与社员签订订单,免费为社员种植、有偿收割、加工,参与收购、销售,向周边小型养殖场供应饲草,带动贫困户社员发展牧草产业。

4. 村集体参与

36 个无优势资源、无固定资产、无集体经济、无积累渠道的"四无"贫困村,以 30 万元扶贫资金入股荟荣草业公司,每年按入股资金的 6% 固定分红。

5.贫困户配股收益

按照一二类贫困户每户1万元、三四类贫困户每户2万元标准配股到户,入股到荟荣草业公司,每年按照配股金额10%固定分红。同时,贫困户在保障养殖饲草自给的基础上,向公司交售商品草每吨增价20元,扶持增收。

四、公司生产经营情况

在生产经营上,公司坚持以市场需求为导向,以基地建设为抓手,以科技创新为动力,坚持走"种植机械化、管理精细化、购销订单化、服务专业化"的路子,大力推进梯田地膜种植。

1.牧草种植及收贮情况

2017—2019年牧草完成订单种植地膜苜蓿37.2万亩、燕麦40.5万亩,指导种植青贮玉米31.3万亩,甜高粱15.6万亩。收贮干草161.8万吨,收贮加工秸秆3万吨,青贮饲草87.2万吨。公司生产苜蓿商品草4万吨、燕麦商品草5.2万吨。

2.牧草收购情况

收购牧草在价格上充分体现政府对种植户的补贴政策基础上,按市场规律定价。2018年苜蓿收购在保护价(1000元/吨)收购的基础上,采取"按质论价",蛋白含量达到18%以上(现蕾期),高于市场价收购(1500元/吨);蛋白含量15%~18%(初花期),按平价收购(1300元/吨);蛋白含量15%以下(盛花期),低于市场价收购(1000~1200元/吨)。二茬苜蓿草统一按平价收购(1300元/吨)。燕麦按保护价收购(籽粒饱满、无杂草),1300元/吨。青贮玉米自行收割拉运至指定地点,按市场价收购(350元/吨);公司机械收割300元/吨。

3.产品及销售渠道

公司产品以草捆(苜蓿、燕麦、作物秸秆等)和青贮玉米、青贮苜蓿为主,在满足本县养殖合作社和大户饲草供给的基础上,对外与中盛公司(西峰、环县、镇原)、伟赫乳业及德华生物科技公司建立长期合作关系,商品草市场拓展到庆城、华池等周边县,远销河北、天津、宁夏、陕西等地区。2017—2019年,公司紫花苜蓿、燕麦、青贮玉米等草产品累计对外销售21.78万吨,实现净利润4186.53万元。

五、保障体系建设

1.资金来源

公司依托退耕还草、退牧还草、已垦草原治理、草牧业试点、"粮改饲"等草牧业项目计划，整合资金，保障全县牧草基地建制，通过信贷、村集体入股、配股分红筹得资金用于饲草收购销售。

2. 政策保障

推行"两订三包一补"发展模式，荟荣草业公司与养殖企业签订饲草供给合同、与种植社员签订订单种植合同；荟荣草业公司及合作社包规范种植、包技术服务、包饲草收购；整合全县所有草牧业项目，变贫困户分散种植为公司统一种植，由荟荣草业公司为贫困户免费种植，保护价收购，变分散补助到户为统一补助到公司，公司每种一亩草县财政整合资金给予 200 元补助。

3. 科研保障

公司注重科研开发，先后与中科院畜牧所、兰州大学、甘肃农业大学、甘肃省农科院、甘肃省草原技术推广总站、庆阳市畜牧中心及陇东学院农林科技学院等院校深度合作，建立牧草科研基地 6 处、合作项目 12 项。与兰州大学合作建立了"南志标院士工作站"、与市农科院合作建立了"庆阳市牧草研究中心"，与陇东学院合作建立了"牧草教学实践基地"，建成试验田 1000 多亩，开展试验示范 30项（次），逐步实现牧草种植标准化、收割规范化、加工科学化、贮存合理化。

4. 质量保障

围绕养殖业，调优种植业，坚持推行粮改饲，坚持"缺啥种啥"，纠正"有啥喂啥"，实现配方种植。以紫花苜蓿等豆科牧草为主，配套玉米、燕麦、甜高粱、优质谷草、块茎胡萝卜，保证了各科草品齐全、供应充足、营养均衡。建立牧草品质监测实验室，对牧草种、收、运、贮等各个环节进行监测，严格把关，在确保牧草数量的同时，解决牧草质量方面的问题。

5. 市场保障

在满足本县养殖合作社和大户饲草供给的基础上，先后与中盛公司（西峰、环县、镇原）、伟赫乳业及德华生物科技公司建立长期合作关系，并远销河北、天津、宁夏、陕西等地区。

第三节　资本技术介入型发展经营模式
——甘肃西部草王牧业有限公司发展经验

随着"草业"概念与理论的广泛传播以及建设人工草地的政策利好，20 世纪90 年代初期开始出现以苜蓿研发、产品经营为主的草业公司或中心，20 世纪 90年代末则出现以苜蓿生产加工为主的企业，部分企业采用"公司＋基地＋农户"的模式，开启了牧草产业化生产时代，大量资金和技术人才注入行业，大多数企业在这一时段应运而生。这类企业除自身拥有较高的生产能力外，和农牧户之间也建立广泛关联,实行一体化经营,生产、加工、运销等环节互相衔接,产业链延长。在甘肃这类企业有甘肃亚盛田园牧歌草业集团有限责任公司、甘肃杨柳青牧草饲料开发有限公司、甘肃西部草王牧业集团有限公司、甘肃民祥牧草有限公司等。在此以甘肃西部草王牧业集团有限公司介绍这类企业的发展经营特征。

一、公司简介

甘肃西部草王牧业集团有限公司成立于1993年,注册资金1亿元,是中国最大的专业牧草饲料生产企业,继承了成都大业国际投资股份有限公司完整的草业产业链、生产技术与管理团队以及所属的在甘肃的全部6家草业子公司。公司现为中国畜牧业协会草业分会会长单位,下属的玉门大业公司与酒泉大业公司为甘肃省农业产业化重点龙头企业。

公司专注于牧草产品种植与生产20年。在甘肃开发建成了4个生产基地,拥有6万亩优质苜蓿商品草自有基地和1万亩优质牧草种子生产基地。主要草产品生产基地和牧草种子生产基地均地处甘肃河西走廊,海拔1000～1300米,年降水32～78毫米,年蒸发量2000～4000毫米,光照充足,昼夜温差大,病虫害少,并有绿洲戈壁相间形成的天然隔离屏障,生产基地独特的地理优势为天然、绿色、高品质的牧草产品尤其是苜蓿产品提供了有力的保障。

目前公司在甘肃的4个生产基地分别位于玉门、酒泉、高台、张掖。基地采用全机械化操作(种植－加工),保证苜蓿适时收割(保证营养),目前公司生产所有产品均使用纯苜蓿加工,无任何添加,无发霉变质,严格执行各项国家标准和地方标准,核心品牌有:"草王牌"苜蓿颗粒、"草王牌"苜蓿草捆、"草王牌"苜蓿草种。

二、公司产品及生产能力

公司主要从事优质牧草饲料系列产品(苜蓿草块、草粒、草捆、草粉、叶颗粒)与饲草草种、绿化草种、生态草种生产、加工与销售。建成5个草产品加工厂和一个草种加工厂,9条生产线(4条草块生产线、3条草颗粒生产线、1条茎叶分离生产线、1条草种清选生产线),并拥有与各生产基地相配套的完整的田间翻耕、播种、收割和打捆等设备。草产品年生产能力接近50万吨,草种清选加工能力达到5000吨。创立了国内第一个草产品品牌"草王",生产的产品主要供给国内奶牛养殖企业和饲料加工企业。

草王牧业是我国最早专业化从事绿色牧草饲料系列产品研究、开发、生产、销售的企业,引进美国、丹麦牧草饲料加工及成套牧草播种、收割、打捆等田间机械设备,在甘肃河西走廊的张掖(张掖大业草畜产业科技发展有限责任公司)、高台（甘肃大业牧草科技有限责任公司）、酒泉（酒泉大业牧草饲料有限责任公司）、玉门（玉门大业草业科技发展有限责任公司）的 4 座紫花苜蓿加工厂，年生产加工优质牧草饲料（草捆、草颗粒等）能力达 47 万吨，通过土地转让、开发，已建成10 余万亩自有土地的苜蓿种植基地，年生产紫花苜蓿干草高达 10 余万吨。

公司在牧草种子生产方面拥有年清选加工能力 5000 吨的草种清选加工厂，在肃州区上坝镇建成 0.8 万亩牧草良种繁育自有基地。年产、收购牧草、草坪草种子 350～500 吨。年产牧草种子 8 万吨。

三、公司生产及研发能力

甘肃西部草王牧业集团有限公司是一家具有现代化经营管理和生产能力的高科技企业，内部设有科研中心，对外也积极和各大专院校、科研院所开展合作，科研成果丰硕。2001 年，该公司与中国农业大学草业科学系联合创建了中国农业大学甘肃试验站，在苜蓿干草生产田间管理与收获技术、草产品生产加工技术，以及苜蓿、无芒雀麦等牧草种子种植、田间管理和收获技术，种子清选加工技术等方面开展合作研究，具有多年的生产实践经验，联合培养博士 10 多名，完成各类科研项目 20 多项。与中国农业大学草地所、甘肃农业大学草业学院等科研院所合作开展了多项科研攻关，筛选出了"中苜一号""甘农 3 号""龙牧 803""公农 1 号"等品种，为牧草产业化发展提供了优良品种。获得草种生产繁育技术方面国家发明专利两项、苜蓿种子加工实用新型专利 1 项。目前公司生产基地已成为中国农业大学草业科学本科生和研究生的重要科研和专业技能实习基地。公司科研实力雄厚，产品行销全国。

甘肃西部草王牧业集团有限公司这样的企业因其资本与技术的密集，企业通常发展比较迅速，拥有土地、机械、草产品加工厂、草种生产基地、种子生产线、产品研发中心、创新人才团队、产品品牌、产品营销中心等完整的产业链条。生产经营上能纵览国际国内两个市场，立足高远。在现代化的大市场环境中，提高了交易量，扩大了交易范围，降低交易成本，获取竞争过程中的优势地位，生产经营、市场竞争及抗风险能力强，是草产业发展的中流砥柱，也是草产业现代化的标志。

第四节　农业要素自发集中型发展经营模式
——甘肃草业协会会员合作社发展经验

农民专业合作社是我国当下解决小农生产与现代大市场矛盾的一种农业生产组织形式。我国农业的发展水平不高，从事农业获得的经济收入较少，许多人都弃农进城务工，实现农业适度规模经营是应对农业农村发展变化的必由之路。

在新型农业经营主体的推动下,通过集聚和优化配置土地、资本、劳动、技术等要素,推进农业产业化,促进农业与二三产业融合,扩大生产规模,增加农产品产量,降低生产经营成本,减少劳动力投入,拓展农户增收渠道,提高经济效益和农业生产经营者的收入。

甘肃省草产业协会(英文名称:Gansu Province Pratacultural Association,英文:GSPA)是由甘肃亚盛田园牧歌草业集团有限责任公司、甘肃杨柳青牧草饲料开发有限公司、甘肃西部草王牧业有限公司、甘肃民祥牧草有限公司四家企业共同发起成立,是从事草产业及相关行业生产、贸易、管理、教学科研、技术推广等单位及个人自愿结成的行业性、地方性的具有法人资格的非营利社会团体。其宗旨是整合行业资源、发布行业信息、开展行业活动、规范行业行为、维护行业利益、推动行业发展。在行业中发挥服务、管理、协调、自律、监督、维权、咨询、指导等作用。业务范围包括:开展行业调研,提出行业政策和立法建议;参与行业标准制定;协助促进行业合理竞争、品牌建设和打击违法法规行为;开展技术交流和往来,组织行业论坛、展览和技术培训等。协会会员是依法成立的与草产业行业相关的企业、合作社、家庭农场以及在草产业领域有较高知名度的个人。本节重点对甘肃草业协会会员单位里面的 5 家草牧业合作社发展情况做一介绍,以供参考借鉴。

一、牧草专业合作社介绍

1. 山丹县祁连山牧草机械化专业合作社

该合作社是 2011 年 10 月注册的一家以牧草机械化生产销售和牧草种子培育为主的农机专业合作社。采取入社社员共同出资,统一购置各类农业机械和生产资料,统一管理,利益共享、风险共担的管理模式和"合作社十农户十基地"的经营模式。合作社现有带资入社社员 16 人,带地入社社员 49 人,基础建设用地 4000 平方米,机库棚 1000 平方米,办公室 500 平方米。拥有固定资产 1630多万元,拥有各类农业机械 74 台(套),其中大中型拖拉机 23 台、大型牧草打捆机 6 台、搂草机 4 台、抓草机 2 台、集草车 2 辆、大型牧草方捆装草机 7 台、粮食精选机 1 套、其他各类配套机具 38 台(件)。2014 年被省农牧厅等九部门联合命名为市级农机专业合作社示范社。合作社具有如下特征:

一是发展目标明确。随着近年来全县草产业的快速发展,在山丹马场独特的地理气候条件下种植的青燕麦逐渐被国内的蒙牛、伊犁等大型奶牛养殖场看好,且需求量逐年加大,由此,山丹县祁连山牧草专业合作社准确把握这一市场商机,一方面与现代牧业、内蒙古龙头企业草都集团等国内大型草业公司加强联系协作,一方面积极在山丹马场承包流转耕地种植"祁牧燕麦"。由刚开始的几千亩逐步扩大到 2014 年 2 万多亩。经过几年的发展该合作社不仅与现代牧业和伊利集团、内蒙古草都集团建立了稳定的合作关系，也在马场建立起了稳固的种植存储基地，极大地带动了全县牧草生产走向机械化、集约化、规模化发展的道路，也打响了山丹马场全国最优质"祁牧燕麦"的品牌。

二是合作共赢。该合作社在创建之时，就打破了一般农机专业合作社"带机入社"的建设模式，他们采取的是"带资入社，统一管理，利益共享，风险共担"的筹建模式，共同制定了合作社章程、盈余分配办法、农机作业管理制度等各项规章制度，从一开始就使合作社走上了专业化作业、规范化管理、规模化生产的发展轨道，合作社成员中除了管理人员外，其他成员既是股东，又是作业机手，每个社员的正常工资据日常的作业量发放，年底的红利按入股多少分红，极大地调动了每个入社成员的积极性。同时，该合作社在运行之初，就紧紧依托现代牧业和秋实草业公司，采取"产业化龙头企业＋合作社＋基地＋农户"的运作模式，使合作社的发展既有市场，又有基地，为合作社的发展壮大定了坚实的基础。

三是积极拓展市场。随着近几年山丹马场青燕麦种植面积的不断扩大，青燕麦的品种及品质有逐年退化的迹象，为使山丹"祁牧燕麦"的品种品质不被退化，青燕麦种子的改良和繁育又使该合作社理事长肖生鹏看到了商机。2014年他积极与甘肃农业大学草业学院紧密协作，在位奇镇马寨村承包流转土地3000多亩，引进国内外优良青燕麦种子进行繁育，取得了初步成效，两年来培育的种子已得到省内外种植客户的认可，种子销售供不应求。随后在位奇镇及山丹马场再增加流转土地面积2万亩进行种子繁育，带动县内农户发展草产业。同时，该合作社还利用河西地区牧草种植收割的时间差，积极组织合作社先进的大型农机和牧草打捆机到张掖、酒泉以及安徽等地开展跨区作业，增加合作社收入。2015年该合作社在山丹马场及县内各乡镇流转经营土地2万多亩，农机作业面积近8万亩，年经营收入达到800多万元，合作社人均分红都在10万元以上。2014年该合作社加入内蒙古龙头企业草都集团。理事长肖生鹏同志也被选为中国草业协会会员、内蒙古农牧协会理事会成员，并加入中国牧草企业诚信联盟商会法人群，加盟易牧连锁网上销售超市和机械化优质牧草加工作业服务。通过草都大宗电子商务平台推动优质牧草网上销售。合作社生产的青干燕麦草品质达到国际标准，产品也得到了伊利等十几家国内的大型牧场赞誉，在2016年荷斯担组织的中国粗饲料供需会上，获"品质排全国第一，产量排全国第三"的好成绩，使该合作社成为国内牧草机械化水平和专业化程度较高的农机专业合作社。

2. 景泰雪莲牧草种植专业合作社

该合作社在景泰县委县政府、县农牧局、县畜牧局及上沙沃镇政府的大力支持下，以"振兴奶业"、保护天然草场，以试验推广当地适宜种植牧草和高产优质栽培技术，带动周边乡村种植牧草形成产业为目的的示范基地，种植被誉为"牧草之王"的多年生豆科牧草紫花苜蓿。在海拔 1700 米,地处黄土高原与腾格里沙漠的过渡地带上的上沙沃镇白墩子村,流转土地 3000 亩,土壤为沙土结构,做优质高产紫花苜蓿生产示范基地。基地根据这里冬冷夏热、昼夜温差大、干旱少雨,蒸发量大的气候特性,选用美国 WL343HQ、ML363HQ、WL354HQ、WL298HQ 抗盐碱优质高产紫花苜蓿种子,采用先进的黑膜全膜覆土、精量穴播、杂草防控技术,干草产量可达 1 吨/亩以上,可为全镇养殖业提供优质饲草,减缓家畜对天然草地的各种破坏。此外,示范基地还建立了紫花苜蓿试验田,试验田引进美国、加拿大及国内共 12 个紫花苜蓿品种,通过测定其株高、越冬率、茎叶比、产量等指标,旨在摸索、观察、实践中筛选更适应景泰地区气候和土壤结构种植的紫花苜蓿品种。

3. 会宁县农鑫牧草专业合作社

会宁县农鑫牧草专业合作社成立于 2009 年 7 月,地处会宁县北部汉家岔镇、国道 309 线,总占地面积约 2 万平方米,下设收购加工网点 12 个,分布于全县南、中、北有关乡镇,均以紫花苜蓿的种植、收购、加工、销售为主。年加工销售草产品 1 万吨左右,产品远销四川、宁夏、上海、陕西、重庆等地。合作社注册资金 500 万元,现有社员 201 人,都为农民社员,法定代表人柴胜堂,主要经营牧草收购、加工、销售。合作社下设财务,办公室、市场部,牧草收购点、饲草加工、种植基地,拥有 3000 亩以上的整流域牧草种植基地 1 处,建筑面积 500 平方米储草棚 6 处。有苜蓿草加工大型机械设备 20 台套,总建筑面积达 8000 多平方米、固定资产达 760 万元。2014 年通过各方融资开工建设占地 6800 多平方米肉牛养殖场一处,经过几年的发展,合作社发展成为一个以草畜产业为主体的综合性经营实体,从而更好地带动合作社社员及周边群众增收。

4. 会宁县梅灵草粉加工专业合作社

该合作社成立于 2012 年 5 月,位于会宁县会师镇南十村红花沟社,占地面积 3 亩,注册资金 50 万元。是一家以收购苜蓿草、红豆草为主的民营牧草业合作社。合作社自成立以来,不断壮大自己的规模,现合作社建设储草棚 600 平方米、晾晒场地 1000 平方米、拥有 50 吨地磅秤 1 台、大型碎草机 1 台、小型碎草机 3 台、叉车 1 台、大型四轮 1 台、捡拾打捆机 1 台、自走式割草机 1 台等,承包土地 1600 亩,每年苜蓿草、红豆草收购量达 1000 吨以上。在新添、中川、丁沟、侯川、杨集、太平、翟所、老君、八里、柴门、会师等每个乡镇设有苜蓿草收购点,为当地老百姓解决了苜蓿种植的后顾之忧,并提供多个就业岗位,合作社现有固定员工 16 人,2014 年纯收入达 20 万元。

合作社本着以优质求生存、以诚信求发展的理念,为各大养殖户提供优质的草捆、草粉。并与中川常金玲养殖公司、北十里铺农园公司、甘沟惠丰合作社、定西民祥和现代饲料加工公司长期建立合作关系。草成品运往四川、内蒙古、青海、宁夏等省区各大养殖场。合作社成员努力学习先进的科学知识和管理手段,不断提升产品档次,注重经济效益与社会效益的结合。合作社通过合同方式与种植户建立紧密的供销关系,通过引进推广新产品和技术服务等方式指导农民,提高种植效率。通过提供市场信息、销售渠道等方式建立完善的社会化服务体系,促进农民增收。

5.宁县中泰种养殖农民专业合作社

该合作社成立于 2015 年 9 月,位于陇东黄土高原第二大宁县早胜塬,注册资金 200 万元,法定代表人张占忠,是一个由农户自愿联合、民主管理的互助性经济组织。采取"合作社+农户+基地"的经营模式,全方位整合农村资源,通过实施统一规范的管理模式,形成"民主管理,合作共赢,风险共担,利益共享"的规模经营联合体,实现农业资源利用率最大化和农户经济效益最大化。目前共有社员 5 名,职工 20 名,其中专业技术人员和管理人员 5 名、专业农机操作人员 10 名、业务人员 5 名。拥有牧草播种、收割农机设备 38 台(套),牧草原料储存库 10 200 平方米,固定资产总值约 1280 万元。

合作社以国家振兴草畜产业为契机,以开发牧草产品为依托,以规模化特色种植业生产经营为载体,铸造"种养加"一体化现代农牧产业链,打造具有区域特色的农业品牌。成立以来,现已完成土地流转面积 1 万亩,完成优质紫花苜蓿种植基地 6000 亩、燕麦草种植基地 3000 亩、玉米种植面积 1000 亩。累计牧草规模化种植已超过 3 万亩,年产值 3000 万元以上,加工销售率达到 50% 以上,已实现销售收入 2000 万元,利润 300 万元。

该社在以牧草产业化生产为主、其他涉农项目为辅的经营方针指导下,带动发展畜牧养殖业及农副产品加工业,实现农户与合作社的多元化合作、一体化运营、同步化发展和利益共享的命运共同体,成为农村经济协调发展的典型。

二、发展较好合作社的共同特征

1.靠"能人"引领发起

火车跑得快,全靠车头带。农民专业合作社的创办者多为农村的"精英"群体,能承担合作社的创办或运作成本,他们的社会资源较丰富,掌握的农业生产技术比较先进,对市场变化敏感,尤其是他们具有一定的组织管理能力,在其组织分散的农户开展农业生产、推进农业适度规模经营过程中,生产要素得以集聚和优化配置,生产效率提高。农民专业合作社的发展离不开农村能人的率先作为和引领,另外地方政府和村两委组织和相关专业化人才的参与支持也非常重要。对于介绍的这些农民合作社,除农村能人的重大贡献,还离不开村两委组织尤其是村党支部的带动作用。

2. 有区域特色产业

一个地区要想发展合作社、壮大农业产业,离不开当地良好的特别是具有特色性的生物资源与自然环境的基础条件。能够实现良好发展的合作社,前提基础也正是它们充分利用了当地独特的自然环境所孕育的特色农业。

3. 打造品牌

品牌是企业与消费者建立的持久稳定的互需关系,是消费者对企业及其提供的产品(包括附加在产品上的理念、文化、售后服务等)或服务的体验和认知,企业通过向消费者提供这种体验和认知来建立并保持与其互需的关系。发展较好的合作社都依据自己的区域特色,着力打造自有品牌,如山丹县祁连山牧草机械化专业合作社的"祁牧燕麦"品牌。

4. 规范运行

规范运行是合作社健康发展的必然要求,也是政府部门指导服务合作社发展的核心任务。以山丹县祁连山牧草机械化专业合作社为典型,合作社不仅按生产要素入股,夯实多元合作的组织框架,通过"摊股入亩""带机入社""带资入社",按比例分红,加强多元合作的利益纽带。

5. 与龙头企业合作

发展较好的合作社都采取"产业化龙头企业＋合作社＋基地＋农户"发展模式,将自身整合进龙头企业市场体系。对下衔接农户、整合资源、组织生产,通过规模化服务降低农户生产经营成本,增加入社农户收入;对上对应企业,提供产品,建立合作关系,建立利益联结机制,保障合作社长久健康运营,推进农业与二、三产业融合发展中,延伸农业产业链。

6. 服务农民

农民合作社的基本属性是"姓农属农为农",为农民合作社成员提供低成本便利化服务。切实解决小农户生产经营面临的困难是合作社的出发点和最终归宿点,也是农业要素自主集中的动力来源。

三、发展草牧农业合作社的重要作用

首先,农民专业合作社通过对农户土地的适度整合实现资源优化配置。土地是农业生产最基本的要素,合作社将农户联合,农户承担的农业生产活动是在合作社的统一规范、管理和服务下进行的,如种植业统一开展耕种、养殖业统一开展同样的养殖项目,统一提供农资采购、技术指导、贮藏、加工、销售等服务。通过集聚资源和技术等生产要素,优化配置资源,提高生产效率。其次,通过合作社统一提供管理和服务来解决劳动力的有效供给不足。种植业合作社在土地整合基础上,可以将大型的农业机械运用到农业生产中去,进而替代劳动力投入和提高农业生产效率。无论对于种植业还是养殖业,合作社都可以通过统一提供加工、贮藏、销售等生产环节的服务,减少劳动力投入。第三,依托于合作社,农业生产资本(农机等实物资本、货币资本)不足的问题得以解决。由于大部分农户尤其是贫困农户缺少资金,在开展种植业、养殖业生产的过程中,一些合作社开展内部信用合作,缓解社员资金短缺困境。一些合作社为社员提供生产资料赊购服务,农户可用农产品销售收入抵扣其赊购生产资料的欠款。第四,降低生产经营成本促进农户增收。农户加入农民专业合作社后,仍分散开展农业生产的成员,合作社可为其统一提供生产、销售及技术指导服务。农户自行采购生产资料,由于购买数量少、对生产资料供给方的信息掌握不充分,往往购买价格较高而且质量无法保证。而合作社相比普通农户,对生产资料供给方的信息了解较多,能够在多家生产资料供给方中进行选择,购买到价格便宜、质量有保障的生产资料。最后,农业生产技术是发展现代农业的一种重要的生产要素,农民专业合作社创办者或是掌握先进的农业生产技术,或是有获得先进的农业生产技术的途径。总而言之,农民专业合作社在推进农业适度规模经营过程中,通过集聚和优化配置生产要素,可使生产效率和入社农户收入得到增加。

参考文献:

[1] 高海秀,王明利,石自忠,等. 中国牧草产业发展的历史演进、现实约束与战略选择[J]. 农业经济问题, 2019, 5:121-129.

[2] 张正河. 中国牧草产业市场与经营[J]. 动物科学与医学. 2003, 20(9):14-16.

[3] 崔姹,王明利,胡向东. 我国草牧业推进现状、问题及政策建议[J]. 华中农业大学学报(社会科学版), 2018, 3:73-80.

[4] 王明利. 牧草产业发展及贸易影响[J]. 饲料与畜牧, 2018, 36-39.

[5] 孙研,何倩. 空间视角下农业经营模式选择的差异研究[J]. 西安财经学院学报, 2019, 32(5):90-96.

[6] 胡景香. 基于社会结构的中国农民专业合作社分析与发展建议[J]. 学术论坛, 2019, 21:213-215.

[7] 冯双生,关佳星. 农民专业合作社促农增收作用机理研究[J]. 商业经济, 2019, 519(11):91-95.

[8] 李菊英. 农民专业合作社发展现状及对策[J]. 合作经济与科技, 2019, 12:14-15.

[9] 宋建平. 推动小农户与现代农业衔接的理论与政策分析[J]. 生产力研究, 2019, 10:53-60.

[10] 邵科. 优秀农民合作社的五大特征[J]. 中国农民合作社, 2019, 126(11):59-60.

陇东旱地饲草高效实用生产技术

庆阳市苜蓿草产品原料标准化
生产基地建设规程

1 范围

本标准规定了庆阳市苜蓿草产品原料标准化生产基地建设中苜蓿草产品原料的有关术语和定义、基地环境、生产管理、收获、运输、储藏、组织管理、技术服务等的要求。

本标准适用于庆阳市苜蓿草产品原料标准化生产基地的建设与管理。

2 规范性引用文件

下列文件对本文是必不可少的。凡是注日期的引用文件,仅注日期的版本适合本文件。凡是不注日期的引用文件,其最新版本(包括所有的修订单)适用于本标准。

GB 3095   环境空气质量标准

GB 5084   农田灌溉水质量标准

GB 9137   保护农作物的大气污染物最高允许浓度

GB 15618   土壤环境质量标准

DB62/T 1906   庆阳紫花苜蓿栽培技术规程

DB62/T 19079   庆阳市苜蓿主要病虫害无公害综合防治技术规程

3 术语和定义

本标准采用以下术语和定义。

3.1 苜蓿草产品原料 Alfalfa products' material

苜蓿草产品原料是指用于生产苜蓿干草产品或青贮产品的苜蓿青草。

3.2 苜蓿草产品原料标准化生产基地 (standardization growing base of alfalfa products' material)

苜蓿草产品原料标准化生产基地 是指产地环境质量符合苜蓿草产品有关技术条件要求,种植纳入地方产业发展规划,按苜蓿草产品技术标准、生产操作规程和全程质量控制体系实施生产和管理,并具有一定规模的种植区域。

4 基地环境

4.1 环境条件

4.1.1 大气

生产基地空气清新,方圆 5 千米和上风向 20 千米范围不得有污染源的企业,距医院和主要铁路、公路干线等有明显污染源地域 1 千米以上,空气质量达到或超过 GB 3095—1996 二级标准和 GB 9137 的规定。

4.1.2 灌溉水

灌溉水符合 GB 5084 农田灌溉水质量标准。

4.1.3 土壤

基地土壤肥沃,无污染,有机质含量 0.8% 以上,具有较好的保水保肥供肥能力,土壤环境质量达到或超过 GB 15618 二级标准要求。

4.2 边界和保护

基地与外界设立明显的边际界限。界限可以是林带、河流、地埂、围墙、围栏等有形的物理障碍物形成的隔离带。

基地及各生产单元在显要位置设置基地标识牌,标识牌美观、规范、牢固、标识内容齐全(包括基地名称、范围、面积、创建单位、栽培品种、主要技术措施等)。

对基地地块进行统一编号,基地分布图、地块分布图详细明了。

4.3 基地规划

4.3.1 条件

基地地势平坦,道路畅通(通往草地的道路宽度 5 米以上),基地路、桥、涵、站、闸设置合理,基础配套设施齐全,田间路面整洁平坦,生态环境优良。

4.3.2 规模

集中连片,总面积不低于 5000 亩,规划合理。每个规划单元(小区)种植面积在 500 亩以上,最小连片(大连小不连)面积 50 亩以上,单块面积最小 3 亩,规划小区块与块之间距离不超过 500 米。

5 基地生产

5.1 种植

基地种植按照 DB62/T 1906—2009 庆阳紫花苜蓿栽培技术规程执行。

5.2 田间管理

基地田间管理按照 DB62/T 1906—2009 庆阳紫花苜蓿栽培技术规程执行。

5.3 病虫草害防治

基地病虫草害防治按照 DB62/T 1907－2009 庆阳市苜蓿主要病虫害无公害综合防治技术规程执行。

6 收获、运输、储藏

6.1 收获

基地收获按照 DB62/T 1906－2009 庆阳紫花苜蓿栽培技术规程执行。

6.2 运输

运输工具应清洁、干燥、有防雨设施,严禁与有毒、有害、有腐蚀性、有异味的物品混运。

6.3 储藏

储藏应分品种等级单存,贮存在清洁、干燥、通风良好,无鼠害、毒害和虫害的库房中,不应与其他物品混存。

7 基地组织管理

7.1 报批

7.1.1 规划

基地建设在当地政府"统一领导,统筹规划"下进行,按照"统一规划,分步实施;突出重点,整体推进"的基地建设总体要求,一次性规划到位,可分年度阶段性逐步实施。

基地规划内容应包括基地名称、覆盖范围、建设面积、创建单位、栽培品种、技术措施、经营模式、经济效益和社会效益等。

7.1.2 报批

基地由县级人民政府产业化主管部门归口管理。基地规划由政府主管部门牵头,龙头企业和乡镇政府参与制定,并报当地县(区)人民政府批准或备案后方可实施。

7.2 管理

7.2.1 组织机构

成立基地建设领导小组和基地建设办公室,承担基地规划实施的领导与管理,制定科学合理的基地建设实施方案、基地管理办法、生产操作规程、田间生产管理记录册。

基地建立县(市、区)、乡(镇)、村、户生产管理机构,基地各有关生产单元(乡、镇、村)有明确责任人和具体工作人员。

7.2.2 管理制度

7.2.2.1 档案管理

基地设办公室、乡（镇）、村三级技术管理簿册齐全，并将种植规程、田间生产管理记录册下发到乡（镇）、村和农户。

农户档案齐全、规范，内容应包括：基地名称、地块编号、农户姓名、作物品种及种植面积。（见附录）

农户田间生产记录填写规范、真实，内容应包括地块编号、种植者、作物名称、品种及来源、种植面积、播种时间、土壤耕作及施肥情况、病虫草害防治情况、收获记录、仓储记录、交售记录等。

7.2.2.2 信息管理

建立基地信息交流平台，做到生产、管理、储运、流通信息网上查询。

8 技术服务

8.1 服务体系

由基地建设办公室牵头，依托农业技术推广机构、高等院校、科研院所，建立技术攻关和服务小组，明确职责，并建立县（市、区）、乡（镇）、村三级技术服务队伍，人员确定，有效运行。

8.2 科技攻关

加强对苜蓿草产品加工原料生产技术的研究和攻关，引进先进的生产技术和科研成果，提高基地生产的科技含量。

8.3 科技示范

建立示范乡（镇）、示范村和示范户，加快新技术，新品种推广应用。

附 录
（规范性附录）

苜蓿草产品原料标准化生产基地农户生产记录

农户姓名		作物品种			面 积	
地块名称		地块编号			播种时间	
耕作方式						
肥料使用情况						
肥料名称	施肥方法	施肥时间	用量		记录或执行人	备注
除草记录						
除草时间	除草方法	除草剂名称	记录或执行人		备注	
病虫害防治						
农药名称	施药方法	用量（亩）	用药时间	防治对象	记录或执行人	间隔期及登记证号
收获记录						
收获时间	收获方式	收获量(千克)	记录或执行人		备 注	

注：间隔期及登记证号是指所用农药的安全间隔期及登记证号或批准文号。

《庆阳市苜蓿草产品原料标准化生产基地建设规程》地方标准编制说明

　　紫花苜蓿是世界上分布面积广、栽培历史悠久、经济价值高的人工豆科牧草。它生长寿命长、产量高、品质好、营养丰富、适口性好,是牲畜的优等饲料,被称为"牧草之王"。苜蓿草及其调制的青贮、草捆、草粉、草颗粒等草产品,是许多家畜必不可少的饲料。据有关专家分析和国外的生产实践,在各类畜禽的饲喂标准中,草产品在牛羊饲料中可占到60%,猪饲料中可占到10%～15%,鸡饲料中可占到3%～5%。依据我国年配合饲料的产量8000万吨估算,可用于配合饲料的草产品潜在市场约在1000万吨左右,同时,随着我国配合饲料产量以每年10%的速度增加,对草产品的需要量也将以每年70万吨左右的速度增加。

　　庆阳市位于甘肃省东部,属温带半干旱半湿润大陆性季风气候。其苜蓿种植已有2000多年的历史,并通过长期的繁育,形成了著名的国产品种"陇东苜蓿"。多年来,全市每年人工种草面积稳定在2万公顷左右,其中苜蓿种植面积约占75%。截至2006年底,全市苜蓿累计留存面积达20万公顷,其中耕地种植面积达8万公顷,占全省苜蓿留存面积的30%左右。苜蓿种植在庆阳市草畜产业化发展中已占有十分重要的地位。

　　近年来庆阳苜蓿草产品加工企业不断发展壮大,草产品加工规模逐年增加,为规范苜蓿草产品加工技术,推动苜蓿草产品标准化生产,提高苜蓿草产品质量和商品率,促进庆阳苜蓿草产业的大力发展,实现苜蓿草产品原料生产基地的标准化建设就具有很大的现实性和紧迫性。为此,我们在总结庆阳绿鑫草畜产业开发有限责任公司等企业多年来推行苜蓿草机械化原料基地实践的基础上,广泛收集了国内外有关农产品原料基地建设的文献资料,编写制定了此项规程,以期能够为当地苜蓿草产业化发展提供制度措施、技术规范与产业指导。

附加说明:

本标准由陇东学院提出。

本标准起草单位:陇东学院农林科技学院、甘肃省庆阳绿鑫草畜产业开发有限责任公司。

标准主管部门:甘肃省质量技术监督局。

本标准主要起草人:曹宏、刘运发、马生发、刘万里、邓芸。

庆阳市紫花苜蓿优质高产栽培技术规程

1 范围

本标准规定了庆阳市紫花苜蓿栽培优质高产过程中的生产环境条件、播种技术、田间管理、病虫害防治及刈割、收种技术,适用于庆阳市应用。

2 规范性引用文件

下列文件中的条款通过本规程的引用而成为本标准条款。凡是注日期的引用文件,其随后所有的修改单(不包括勘误的内容)或修订版均不适用于本标准,凡是不注明日期的引用文件,其最新版本适用于本标准。

GB 3095   大气环境质量标准

GB 4285   农药安全使用标准

GB 5084   农田灌溉水标准

GB 6141   豆科主要栽培牧草种子质量分级

GB 9321   农药合理使用准则

GB 15618   土壤环境质量标准

GB/T 2930.1～2930.11－2001   牧草种子检验规程

3 产地环境

符合 GB 3095 规定的大气环境质量标准要求。

3.1 气候条件

苜蓿种植地域要求年平均气温 5℃ 以上,10℃ 以上的年积温超过 1700℃,极端最低温－30℃,最高温 35℃。紫花苜蓿适合生长在年降水量 400～800 毫米的地区,不足 400 毫米的地区,有条件时需要进行补充灌溉。

3.2 土壤条件

播种苜蓿的地块要求土层深厚,质地砂粘比例适宜,土壤松散,通气透水,保水保肥,以壤土和粘壤土为宜。要求土壤 pH 值在 6.5～8.0 之间,可溶性盐分在 0.3% 以下。

4 产量指标

每公顷全年干草产量为 1.2 万～1.5 万千克。

5 栽培技术

5.1 选茬轮作

苜蓿忌连作,也不宜与其他豆科作物轮作,前茬以禾本科作物冬小麦、玉米、糜子、谷子为好。适宜的轮作方式是冬小麦(玉米)→苜蓿(5～7 年)→冬小麦(玉米)。

5.2 整地施肥

苜蓿地适宜耕翻深度为 25～30 厘米,结合耕地每 667 平方米施入农家肥1000～2000 千克、过磷酸钙 50 千克做基肥。播种前采用圆盘耙或钉齿耙,耙碎土块、平整地面、拣净作物根茬和杂草,达到田面平整细绵,孔隙度适宜。

5.3 选用良种

根据当地生态气候特点和主要种植目的选择高产、优质、抗旱、抗寒、耐瘠的品种。北部山区(环县、华池全部以及庆城、镇原、合水北部)品种以甘农 1 号、陇东苜蓿、苜蓿王、北疆苜蓿为主,以大富豪、皇冠、牧歌、三得利、金皇后等苜蓿品种为辅。中南部塬区(西峰、宁县、正宁全部,合水、庆城和镇原南部)品种以苜蓿王、甘农 1 号、陇东苜蓿、金皇后、三得利、大富豪、皇冠、巨人等为主,以赛特、牧歌、新疆大叶苜蓿、阿尔冈金等为辅。

种子应符合 GB/T 2930.1～2930.11－2001、GB 6141 标准,纯度和净度不低于 90%,发芽率不低于 85%,不得携带检疫对象。牧草种子检验规程

5.4 种子处理

5.4.1 晒种

播种前 7～10 天,选择晴朗天气,将种子摊薄在向阳干燥的地上或席上,晾晒 1～2 天杀灭种子中存在的菌核、成虫、虫瘿等活体。

5.4.2 选种

采用风选、筛选等方法,清选出种子中的菌核、虫瘿、杂草种子、病瘪种子和其他杂质,保证种子的纯净度和整齐度。

5.4.3 硬实种子处理

苜蓿种子有硬实现象,在播前将种子掺入 1/5 左右细沙,用人工或机械碾磨、擦伤种皮,促进种子吸水发芽。也可将种子放在 50～60℃的温水中浸泡 15～16 分钟,然后晾干播种。

5.4.4 接种根瘤菌

每千克种子用8～10克根瘤菌剂拌种,接种后的种子应避免阳光直射、避免与农药、化肥、生石灰等接触,若未马上播种,1个月后应重新接种。

5.5 精细播种

5.5.1 播种时期

苜蓿种子萌发最佳的土壤温度为10～25℃,地温稳定在5℃以上时均可播种。庆阳市在3月下旬至8月都可以进行播种。其中北部地区最迟应在8月上旬播种完毕,南部地区应在8月底播种完毕。一般应以秋播为主,充分利用当地降雨资源。

5.5.2 播种量

苜蓿收草田机械条播时的播种量为1.5千克～2.0千克/亩,撒播时播量增加20%。苜蓿种子田播种量0.75千克～1.0千克/亩。

5.5.3 播种方法

用人工或机械播种,一般采用等距条播,行距为20～30厘米。大力推广宽窄行沟播技术,宽行50厘米,窄行20厘米。人少地多、杂草较少的山区坡地及果树行间可采用撒播。播种深度以1.5～3.0厘米为宜,播后应及时镇压,确保种子与土壤充分接触。

5.6 田间管理

5.6.1 除草

播前田间杂草多时,应先用草甘膦喷施,一周后即可翻地。播种后出苗前,可选用都尔、乙草胺(禾耐斯)、普施特等苗前除草剂。出苗后15～20天,杂草3～5叶期可选用氟乐灵喷施。苜蓿收获前,最好人工拔除杂草,使青干草的杂草率控制在5%以内。

5.6.2 追肥

追肥在每年第一茬草收获后进行,以磷、钾肥为主,氮肥为辅,氮磷钾比例为1∶5∶5,每亩追施尿素2～3千克、过磷酸钙40～50千克、硫酸钾10～20千克。一般夏季追肥比春季效果好,播种当年和第2年追肥量可稍少,第3年后追肥量适当加大。

5.6.3 耙耱

早春土壤解冻后,苜蓿未萌发之前进行顶凌耙耱,以提高地温,促进发育。

5.7 病虫害防治

苜蓿田病虫害防治的基本原则是"预防为主,综合防治",优先采用农业防治、物理防治和生物防治措施。采用化学防治时,严禁使用剧毒农药,应严格按GB4285农药安全使用标准进行,并在苜蓿草收获前7～15天停止使用各种农药。

5.7.1　病害防治

苜蓿病害主要有锈病、霜霉病、白粉病等,除采用抗病品种、合理施肥、加强田间管理等措施外,发病初期至中期,可喷施 20％粉锈宁乳油 1000～1500 倍液、70％代森锰锌可湿性粉剂 600 倍液、70％甲基托布津 1000 倍液等进行防治。

5.7.2　虫害防治

苜蓿蚜虫的防治可选用抗蚜苜蓿品种、50％抗蚜威可湿性粉剂 1000～2000 倍液,或 4.5％高效氯氰菊酯乳油 2000 倍液喷雾。防治蓟马的方法是在虫害大发生前尽快刈割,或用 4.5％高效氯氰菊酯乳油 1000 倍液、50％甲萘威可湿性粉剂 800～1200 倍液喷雾。防治小地老虎、蝼蛄等地下害虫,可用 10％吡虫啉 300～500 倍液与多汁的鲜菜、块根(茎)或用炒香的麦麸、豆饼等混拌制成毒饵或毒谷,散放于田埂或垄沟。

6　刈割、收种

6.1　刈割

6.1.1　刈割时期

最佳刈割期为苜蓿初花期,即全田有 10％～20％枝条开花时。刈割时应注意天气预报,选择连续晴天时收获。

6.1.2　刈割方法

采用人工或专用牧草压扁收割机收获。割下的苜蓿应在田间晾晒,含水量降至 18％以下时方可堆积、贮藏。

6.1.3　留茬高度

苜蓿留茬高度一般在 5～6 厘米,秋季最后 1 茬留茬 7～10 厘米,以利安全越冬。

6.1.4　割草次数

庆阳市每年可收 2～3 茬,在南部及川区也可刈割第 4 茬,北部山区第 3 茬最好不割,以利苜蓿越冬。秋季最后 1 次刈割应在初霜前 30～40 天进行。

6.2　种子收获

一般以生长第 3～4 年的第 1 茬苜蓿采种最好,植株下部荚果变黑,中部荚果变褐,上部荚果变黄,有 1/2～2/3 荚果成熟时即可收割、采种。

《庆阳市紫花苜蓿优质高产栽培技术规程》
地方标准编制说明

　　紫花苜蓿是世界上分布面积广、栽培历史悠久、经济价值高的人工豆科牧草。它生长寿命长、产草量高、品质好、营养丰富、适口性好,是牲畜的优等饲料,被称为"牧草之王"。苜蓿草及其调制的青贮、草捆、草粉、草颗粒等草产品,是许多家畜必不可少的饲料。同时,苜蓿还具有固土保水、改良土壤、提供蜜源、保护环境等多种功效。因此,苜蓿在农牧业发展中具有重要的经济和生态作用。

　　庆阳市位于甘肃省东部,习称"陇东",属温带半干旱半湿润大陆性季风气候。其苜蓿种植已有 2000 多年的历史,并通过长期的繁育,形成了著名的国产品种"陇东紫花苜蓿"。多年来,全市每年人工种草面积稳定在 30 万亩左右,其中苜蓿种植面积约占 75%。2002 年以来,庆阳市政府把苜蓿草产业作为畜牧强市、发展当地经济的三大支柱产业之一,经过几年的努力,苜蓿产业化生产取得了显著成效。截止到 2006 年底,全市苜蓿累计留存面积达 20 万公顷,其中耕地种植面积达 8 万公顷,占全省苜蓿留存面积的 30% 左右。苜蓿种植在庆阳市草畜产业化发展中已占有十分重要的地位。

　　但在庆阳市苜蓿生产中,还存在着品种混杂退化,引种盲目,品种布局不合理;栽培技术落后,苜蓿单产水平低;种植年限过长,刈割利用不科学;病虫草鼠害严重、产量和效益比较低等问题。

　　为了实现全市苜蓿栽培的标准化生产,我们在总结多年实践经验及科研成果的基础上,制定了本标准,以期能够为当地苜蓿产业化发展提供技术支持与指导。

附加说明:

本标准由陇东学院农林科技学院提出。

标准主管部门:甘肃省质量技术监督局。

本标准主要起草人:曹宏、邓芸、章会玲、陈红。

庆阳市苜蓿主要病虫害无公害
综合防治技术规程

1　范围

本标准规定了庆阳市苜蓿病虫害防治工作方法及农药的使用。

本标准适用于庆阳市苜蓿病虫害防治工作。

2　规范性引用文件

下列文件中的条款通过本标准的引用而成为本标准的条款。凡是注日期的引用文件，其随后所有的修改单（不包括勘误的内容）或修订版均不适用于本标准，然而，鼓励根据本标准达成协议的各方研究是否可使用这些文件的最新版本。凡是未注日期的引用文件，其最新版本使用于本标准。

GB 4285－1989　农药安全使用标准

GB/T 8321　农药合理使用准则

GB/T 23416.6－2009　蔬菜病虫害安全防治技术规范第 6 部分：绿叶菜类

GB/T 21658－2008　进出境植物和植物产品有害生物风险分析工作指南

YC/T 39－1996　烟草病害分级及调查方法

3　术语和定义

下列术语和定义适用于本标准。

3.1　病虫害

对苜蓿造成经济损失的病虫。

3.2　综合治理

从植物生态系的整体出发，充分发挥各种因素的自然控制作用，协调运用农业措施、生物措施、物理措施、化学防治等各种适当防治技术，安全、经济、有效地将病虫害造成的损失控制在经济允许水平之下的植保措施体系。

3.3　农业措施

通过耕作栽培措施或利用选育抗病、抗虫作物品种防止有害生物的方法。

3.4 生物措施

利用生物或其他代谢产物控制有害生物种群的发生、繁殖或减轻其危害的方法。

3.5 生态控制

按照植物的生长发育要求调节生态环境,使其满足各项指标要求,同时不利于有害生物的发生繁殖,达到既促进植物生长发育,又能控制有害生物危害的目的。

3.6 化学措施

用化学农药防治植物害虫、病害和杂草等有害生物的方法。

3.7 物理措施

利用各种物理因素、机械设备及现代化工具来防治害虫、病害和杂草等有害生物的方法。

3.8 安全间隔期

最后一次施药离刈割的间隔天数。

3.9 防治指标

即经济阈值为防止有害生物达到经济危害水平而设立的种群密度或发生程度。

4 技术指标

通过对主要病虫害的无公害综合防治,单位面积苜蓿鲜草产量提高10%~15%。

5 防治原则

贯彻"预防为主,综合防治"的植保方针,培育和选用抗病虫苜蓿优良品种;保护利用自然天敌,积极推进生物防治;正确掌握有害生物发生动态,科学合理使用农药,选用高效、低毒、低残留农药和生物制剂;改善生态条件,创造有利于苜蓿生长发育而不利于病虫发生发展的环境条件,促进苜蓿无公害生产。

6 综合防治

6.1 农业防治

因地制宜选用抗病虫品种、提早刈割、焚烧残茬、加强田间管理,抑制或减轻病虫害的发生。

6.2 物理防治

利用黑光灯诱杀害虫;晒种、温汤浸种、高温干热消毒杀虫灭菌;使用黄板、蓝板或白板诱杀害虫。

6.3 生物防治

以虫治虫:对瓢虫、草蛉、食蚜蝇等捕食性天敌,赤眼蜂、丽蚜小蜂等寄生性天敌,捕食性蜘蛛和螨虫类等天敌加以保护利用。以菌治虫:加强对苏云金杆菌等细菌类,蚜霉菌、白僵菌、绿僵菌等真菌类,核型多角体病毒(NPV)类,阿维菌素等抗生素类,微孢子虫等原生动物类的利用。施用植物源农药:利用藜芦碱醇溶液、苦参、苦楝、烟碱、双素碱等防治多种害虫。

6.4 化学防治

6.4.1 选择防治时期

加强病虫测报,掌握田间病虫情况,调查方法符合 YC/T39－1996 规定。按照防治指标,选择有利时机进行防治。

6.4.2 禁止使用农药

严格执行 GB4285－989、GB/T8321 规定,禁止使用 3911、甲基对硫磷、氧化乐果、甲基异柳磷、杀虫脒、西力生、赛力散等高毒、高残留农药。

6.4.3 可选用农药

当病虫发生达到防治指标需要用药时,可选用苏云金杆菌、白僵菌、茴蒿菌、鱼腾菌、藜芦碱、苦参碱、抗蚜威、灭幼脲、乐斯本、阿维菌素、多抗霉素、代森锌、代森锰锌、福美双、百菌清、多菌灵、三唑酮等高效、低毒、低残留农药。

6.4.4 正确掌握用药量

按照农药使用说明书上标明的使用倍数,在用药量幅度的下限用药,不得随意增减。配药时按照使用量筒、量杯、天平、小称等称量工具。

6.4.5 交替轮换用药

正确复配、混用,避免长期使用单一农药品种,选用生物制剂与化学农药复配,以减少部分化学农药的用量,延缓病虫产生抗性。

6.4.6 选择适当的施药方式和施药器具

食叶和刺吸汁液的害虫,茎叶病害采用喷雾方式;土壤栖居害虫、土壤传毒病菌用土壤处理和土壤消毒法;地下害虫用毒饵、灌根法。

6.4.7 严格执行农药安全间隔期

一般为 7～20 天,保证生产的苜蓿农药残留不超标。

7 苜蓿病害

7.1 苜蓿锈病

7.1.1 危害症状

植株在整个地上部分均可受害,以叶片为主。苜蓿染病后,可在叶片的两面产生小型退滤疱斑,叶背面较多,疱斑近圆形,最初为灰绿色,以后表皮破裂,露出粉末状孢子堆。

7.1.2 发病、流行规律

苜蓿锈病借冬孢子在病残体上越冬,也可借潜伏侵染的乳浆大戟等地下器官内的菌丝体越冬。在田间多湿有雾、植株表面常有液态水,气温在 16～26℃时,有利于孢子萌发和侵入,易造成锈病的发生,流行期在 7 月中、下旬之后。

7.1.3 防治指标及时期

苜蓿锈病的防治重点在各茬分枝期,田间发病率在 5％以上时进行防治。

7.2 苜蓿褐斑病

7.2.1 危害症状

病斑多半先发生在下部叶片和茎上,感病叶片很快变黄、脱落。感病叶片出现褐色圆形小斑点的病斑,茎上病斑长形,黑褐色,边缘整齐。

7.2.2 发病、流行规律

病原菌以囊孢子在病叶上的子囊盘中越冬,春暖之后随着苜蓿返青生长。温度在 15～25℃、相对湿度达 98％以上时,子囊孢子从子囊中弹射出来,随风传到新叶上,萌发并侵入苜蓿植株,引起发病。温暖而潮湿的天气会造成病害流行。

7.2.3 防治指标及时期

一般田间发病率 3％以上就要进行防治。苜蓿分枝、现蕾期是防治的重点时期。

7.3 苜蓿霜霉病

7.3.1 危害症状

主要危害叶片,该病首先从上部叶片发病,叶片正面出现褪绿斑,背部有污白色或紫灰色霜状霉层。叶片局部出现不规则的褪绿斑,边缘不明显,病斑可以逐渐扩大至整个叶面。

7.3.2 发病、流行规律

病菌以菌丝体在苜蓿病株地下器官中越冬,或以卵孢子在病残体内越冬。次春随着苜蓿植株返青生长,感病植株表现症状并产生分生孢子,随风传播侵染新生植株。温度 18℃左右、相对湿度 97％的条件,最有利于病害发生流行。

7.3.3 防治指标及时期

在苜蓿现蕾期前后,苜蓿霜霉病田间发病率达 3%～5%时进行防治。

7.4 苜蓿白粉病

7.4.1 危害症状

包括叶、茎、荚果、花柄等在内的地上部分均可出现白色霉层。

7.4.2 发病、流行规律

白粉病以闭囊壳、休眠菌丝在病株残体上越冬,次春于苜蓿返青生长后,以子囊孢子、分生孢子进行初侵染。生长季节内以分生孢子进行多次再侵染,分生孢子借风力传播,在温度 26℃左右、相对湿度 52%～75%、日照充足,多风条件下严重发生。

7.4.3 防治指标及时期

在庆阳市,一般 7、8 月田间发病植株在 5%以上时必须进行化学防治。

7.5 苜蓿病害综合防治措施

7.5.1 种子检疫

苜蓿种子可携带和传播多种病害,种植者在进口或调运种子时,必须根据 GB/T 21658-2008 有关规定,做好检疫工作。同时发病区的苜蓿不宜收种。

7.5.2 避免连作

最好选择未种过苜蓿或其他豆科作物的地块,以前种过苜蓿的地块应间隔 2 年以上再种苜蓿。

7.5.3 提早刈割

发现病害大面积流行时,应尽早刈割,清除病残体,可减少病虫侵染、传播,降低再生苜蓿发病率。

7.5.4 加强管理

合理增施磷、钾肥,防除杂草、合理刈割,可以促进苜蓿旺盛生长、提高土壤中有益微生物的活动,增强苜蓿的抗病性。

7.5.5 焚烧残茬

早春焚烧残茬,可以减少生长季节中的初级侵染源,降低病原物数量。

7.5.6 药剂防治

用多菌灵、代森锰锌等杀菌剂拌种,防治苜蓿根腐病;发病初期喷施 200 倍波尔多液、75%的代森锰锌 500～750 倍液、15%粉绣宁 1000～1500 倍液、多菌灵 1000 倍液防治苜蓿褐斑病、苜蓿锈病、苜蓿白粉病、苜蓿霜霉病、苜蓿根腐病等病害;用农用链霉素 200 倍液防治苜蓿叶斑病。

8 苜蓿虫害

8.1 蚜虫病

蚜虫病主要是豌豆蚜和苜蓿蚜。

8.1.1 发生危害

一年发生数代,危害的高峰期在春秋两季。受害苜蓿叶子卷缩、花蕾和花变黄脱落,严重时植株成片枯死。蚜虫繁殖的适宜温度为16～23℃,最适温度为19～22℃,高温和大雨不利于蚜虫的繁殖。

8.1.2 防治指标

在瓢虫、食蚜蝇等天敌与蚜虫数量比为1:12以上时就要进行化学防治。

8.1.3 防治方法

苜蓿和禾本科作物轮作、及时清除田间杂草、苜蓿初花期刈割。采用10%吡虫啉可湿粉剂1500倍液、2.5%溴氰菊酯乳油3000～5000倍液喷洒。

8.2 蓟马类

在庆阳市,危害苜蓿的主要是牛角蓟马、普通蓟马和花蓟马三种。

8.2.1 发生危害

蓟马是一种小型昆虫,一年多代发生,产卵于苜蓿的花器和叶片,以幼虫和成虫危害叶片、花器、嫩荚果,被害部位卷曲、皱缩以致枯死。温度22～25℃,相对湿度44%～70%时有利于发生。苜蓿返青以后数量剧增,开花期达到最高峰,结荚期数量急剧下降,成熟期数量最少。

8.2.2 防治指标

苜蓿花蕾期,单枝顶部20厘米虫量30头以上时须进行防治。

8.2.3 防治措施

利用蜘蛛、捕食性蓟马等天敌控制;选育、选用抗虫品种;虫害严重时应尽早收获。蓟马危害初期每亩用10%吡虫啉可湿粉剂20g～30g;在若虫期用除虫净1000～2000倍液,或1%灭虫灵乳油3000倍液喷洒。

8.3 苜蓿盲蝽

苜蓿盲蝽主要有苜蓿盲蝽、牧草盲蝽和三点盲蝽三种。

8.3.1 发生危害

在五月下旬初花期前成虫开始出现,一年发生2～3代,主要取食花芽、花、种子、嫩梢等,引起支柱萎缩、芽枯、落花及种子畸形、皱缩,造成种子减产30%～50%。

8.3.2 防治指标

虫口密度在10复网次10头以上时,进行化学防治。

8.3.3 防治措施

以药剂防治为主,发生初期用 2.5％敌杀死乳油、2.5％功夫乳油、20％灭扫利乳油 2000 倍液喷洒。

8.4 苜蓿象甲

苜蓿条纹根瘤象是庆阳市苜蓿象甲的优势种。

8.4.1 发生危害

一年生 1 代,以成虫在多年生豆科植物下或土表枯枝落叶下越冬。成虫危害幼苗,幼虫危害根和根瘤。庆阳市主要发生在塬地、台地和沟掌地。

8.4.2 防治指标及时期

10 复网捕到成虫 15 头以上,或苜蓿植株受害率达 25％～30％时,进行化学防治。在早春成虫出世尚未产卵、天敌还未活动之前,或秋后最后一茬苜蓿收割后施药为好。

8.4.3 防治措施

轮作倒茬、适期早播、增施肥料;用乐斯本 48％乳油 1500 倍液、10％吡虫啉乳油 1200 倍液喷洒。

8.5 苜蓿地下害虫

8.5.1 金龟子类

金龟子类主要是在幼虫阶段对苜蓿种子、根部产生危害,造成缺苗断垄。一般以成、幼虫在土中越冬,低洼易涝地有利于其生存,主要危害期在 5～8 月。最佳防治时期是春季苜蓿返青期及 6 月中下旬成虫盛发期。

8.5.2 蝼蛄

以成虫或若虫越冬,需 3 年完成一代。一般地表 10～20 厘米处土壤湿度在 20％左右时活动危害最盛。成虫和若虫在土壤中咬食苜蓿种子、幼根和嫩茎秆,同时在土表层来回窜性,造成幼苗的枯萎死亡。虫口密度在 0.5 头/平方米时进行防治。

8.5.3 金针虫类

3～5 年完成一代,幼虫长期生活在土壤中,主要危害苜蓿种子、根、茎的地下部分,导致植株枯死。10 厘米土温稳定在 10℃以上是活动盛期。应在幼虫春季暴食前采用土壤药物处理方法进行防治。

8.5.4 防治方法

除草灭虫、灌水灭虫、铲埂灭蛹。用糖醋液诱杀或黑光灯诱杀成虫。利用寄生螨、寄生蜂、病毒和细菌等天敌进行防治。以上 3 种地下害虫合计虫口密度达到 1.5 头/平方米以上时就要进行防治,每亩可用 10％吡虫啉 50 毫升,拌油渣、小米等 5 千克制成毒饵投放田间;用 3％啶虫脒 800 倍液、或 10％吡虫啉 1500

倍液灌施在幼苗根际处。

9 建立技术档案

对苜蓿病虫害发生时期、地点、面积、危害、防治方式、方法、农药种类、剂型、用量、施药时间、防治效果等如实记录。

附加说明：

本标准由陇东学院农林科技学院提出。

标准主管部门：甘肃省质量技术监督局。

本标准主要起草人：王佛生、王凤琴、陈立伟、张占军。

庆阳市紫花苜蓿草产品
生产加工技术规程

1　范围

本标准规定了紫花苜蓿草产品生产加工中的相关术语和定义、原料的收割、干燥、草产品加工技术。

本标准适用于庆阳市紫花苜蓿草产品的生产加工。

2　规范性引用文件

下列文件中的条款通过本标准的引用而成为本标准的条款。凡是注日期的引用文件，其随后所有的修改单（不包括勘误的内容）或修订版均不适用于本标准，然而，鼓励根据本标准达成协议的各方研究是否可使用这些文件的最新版本。凡是不注日期的引用文件，其最新版本适用于本标准。

GB 10648－1999　饲料标签

GB 13078－2001　饲料卫生标准

GB/T 14699.1－1993　饲料采样方法

GB/T 16765－1997　颗粒饲料通用技术条件

NT/T 1170－2006　苜蓿干草捆质量

JB 5155－1991　饲草粉碎机技术条件

JB 5161－1991　颗粒饲料压制机技术条件

JB/T 5167－1991　压捆机用钢丝

3　术语和定义

本标准采用以下术语和定义。

3.1　青草

青草指由审定品种生产出的用于放牧家畜、刈割青饲料或进一步加工成青干草、草块、草颗粒、草粉或青贮的新鲜、绿色饲草。

3.2　青干草

青干草指适时收割的青绿苜蓿草，经自然或人工干燥调制而成的能够长期贮存的青绿干草。

3.3 干草捆

干草捆指将自然或人工干燥的青干草,用打捆方法打成较大容重的草捆。按草捆的紧实度可分为低密度草捆(100~230 千克/立方米)、中密度草捆(240~340 千克/立方米)和高密度草捆(350~500 千克/立方米)。按草捆的形状可分为方草捆和圆草捆。

3.4 草粉

草粉指以青干草为原料,经机械粉碎成一定细度的粉状,进行贮藏或用以加工草颗粒或作为配合饲料的原料。

3.5 草颗粒

草颗粒指将粉碎到一定细度的草粉原料与水蒸气充分混合均匀后,经颗粒机压制而成的饲料产品。

3.6 粉化率

粉化率指粉末碎屑重量占总量的百分比。

3.7 草块

草块指以青干草为原料,用机械切铡粉碎成由一定长度的草节和一定细度的草粉形成的混合物与水充分混合均匀后,经草块压制机压制而成的饲料产品。

4 紫花苜蓿原料草生产

4.1 适时收割

紫花苜蓿最佳刈割期为初花期,一般不能超过盛花期,冬前最后一次刈割应在苜蓿停止生长前 20~30 天进行,最后一次刈割留茬高度应大于 5 厘米。

4.2 青干草调制

4.2.1 干燥

4.2.1.1 自然干燥

选择晴朗天气收割,就地均匀摊晒一天,翻晒通风 1~2 次,大量水分散失后运送到草料场,将散装草疏松堆垛,在叶片不易折断时随时翻晒,当叶片大部分脱落,茎秆易断,发出清脆的断裂声时即可。

4.2.1.2 人工干燥

主要设备为牧草干燥机,常用水平滚筒式,整个干燥过程由恒温器和电子仪器控制。将苜蓿切碎 2.5~8.0 厘米,送入温度 800~1000℃的滚筒中,快速滚动 2~5 秒,使苜蓿的含水量从 80%~85%降低到 10%~15%,可作为压制草块、草颗粒的原料。

4.2.1.3 混合干燥

刈割后的苜蓿先在田间晾晒至含水率 40%～50%时,再运回用烘干设备进一步干燥,干燥后的苜蓿含水率应低于 14%。

4.2.2 青干草贮存

选择地势平坦干燥、排水良好、背风和取用方便的地方露天堆垛,草垛呈长方形或圆形,其上覆盖塑料布以防雨淋日晒。也可建立简易干草棚贮存,减少青干草的营养损失。棚藏时,棚顶与干草须保持一定距离,便于通风。

5 紫花苜蓿草粉生产

5.1 原料选择

选择颜色青绿、具有草香味,品质优良的青干草作为草粉加工原料,杜绝发霉、变质干草进入加工程序。

5.2 草粉加工

选择 2 毫米筛目饲料粉碎机进行加工,具体操作见各粉碎机说明。

5.3 草粉包装

紫花苜蓿草粉应装在双层编制袋中,每袋重 15～20 千克。为减少粉尘飞扬,干草粉中也可掺加 0.5%～1%的植物油再分装。

5.4 草粉贮藏

草粉加工定量分装后,运输堆放在干燥的地方备用。

6 草颗粒加工

6.1 原料准备

选择颜色青绿、具有草香味,品质优良的青干草作为加工原料。

6.2 加工设备

小规模生产中通常用单机颗粒机一次完成粉碎、制粒工艺。规模化草颗粒生产中更多使用由粉碎机、输送机、匀料机、空压机、加湿设备和制粒机组成的生产性。

6.3 草颗粒加工流程

6.3.1 原料粉碎

用锤片式粉碎机将原料粗粉后再用普通粉碎机粉碎成草粉。

6.3.2 成型

将草粉送入草颗粒成型机挤压成型、进入散热冷却装置,碎散部分回笼再加工。冷却后的草颗粒含水量不超过 13%,规格为 1～16 毫米,容重 550～600 千克/

立方米。

6.3.3 分装、贮藏

冷却后的草颗粒成品在出口处用不透水塑料编织袋定量包装,其重量偏差应不超过净重量的 0.5%,封口后送入仓库贮藏。在贮藏、运输过程中应防雨、防潮、防火、防污染。

7 草块生产

7.1 原料准备

选择颜色青绿或浅绿,具有草香味,品质优的青干草作为草块加工原料,杜绝发霉、变质干草进入加工程序。

7.2 草块加工设备

主要由喂料调质器、组合压模、偏心压盘、主轴、进料装置、出料装置、除铁装置、传动装置及机架等部分组成。

7.3 草块加工流程

7.3.1 原料初步粉碎

用锤片式粉碎机将原料简单粉碎成 7.5～12 厘米的碎草及草粉混合物,含水量 8%～12%。

7.3.2 混合物搅拌

混合物被螺旋输送到压制室过程中喷入适量水分,充分搅拌均匀。

7.3.3 草块成型

混合均匀的含水原料进入制块机挤压成型,碎散部分回笼再加工。

7.3.4 草块冷却

成型草块进入散热冷却装置,冷却后送入成品出口,含水量不超过 13%。

7.3.5 分装贮藏

草块成品在出口用不透水塑料编织袋包装,其重量偏差应不超过净重量的 0.5%,封口后送入仓库贮藏。在运输贮藏过程中应防雨、防潮、防火、防污染。

8 草捆加工

8.1 原料准备

选择颜色青绿或浅绿,具有草香味,品质优的青干草作为高密度草捆加工原料。

8.2 低密度草捆

将水分≤13的苜蓿原料送入机械式加压打捆机直接打成圆草捆(Φ60 厘

米)或方草捆(45 厘米×30 厘米×80 厘米)。

8.3　中密度草捆

将两个以上的低密度方草捆用机械式加压打捆机压成二次方草捆,规格为 45 厘米×60 厘米×80 厘米。

8.4　高密度草捆

将水分≤12%的苜蓿原料用锤片式粉碎机粉碎成 7.5～12 厘米的碎草及草粉混合物,再送入液压式加压打捆机打成规格为 70 厘米×80 厘米×(150～350)厘米(长度可调)的长方形草捆。

8.5　草捆贮存

苜蓿草捆贮存时不得直接着地,下面最好垫一层木架子,要求堆放整齐,每间隔 3 米要留通风道。堆放不宜过高,距棚顶距离不小于 50 厘米。露天存放要有防雨设施,晴朗天气要揭开防雨布晾晒。

《庆阳紫花苜蓿草产品生产加工技术规程》
地方标准编制说明

调整农业产业结构、加快产品开发，是发展无公害食品、绿色食品生产，提高畜牧业养殖效益的重要举措。在西部大开发，强化生态环境建设的大环境下，随着退耕还草、退牧还草、天然草原恢复与建设的推进，各地大力种草养畜，推动节粮型畜牧业的发展。近年来，庆阳市也把开发草畜产业列为调整农业产业结构的重点资源性优势产业，大力倡导，重点扶持。苜蓿作为优质豆科牧草，种植利用面积越来越大，苜蓿草产品业也随之发展壮大。

为推动庆阳苜蓿产业的发展，规范苜蓿草产品加工技术，实现草产品标准化生产，我们在庆阳市紫花苜蓿草产品加工生产实践和系列研究成果的基础上，广泛收集了国内外有关紫花苜蓿草产品加工生产的文献资料，参照同类产品生产加工的相关国家或行业标准，按照GB/T 1.1要求编写制定了此规程，并经多位专家修改完善。

本标准对庆阳紫花苜蓿草产品的加工、包装、运输、贮存等技术提出了标准和要求，对庆阳市紫花苜蓿草产品加工具有指导和规范作用，对提高紫花苜蓿草产品的质量，促进庆阳市紫花苜蓿产业化发展具有重要的实践价值。

附加说明：

本标准由陇东学院提出。

本标准起草单位：陇东学院农林科技学院、甘肃省庆阳绿鑫草畜产业开发有限责任公司

标准主管部门：甘肃省质量技术监督局。

本标准主要起草人：曹宏、刘运发、邓芸、马生发

庆阳市苜蓿青贮技术规程

1　范　围

本规范标准规定了苜蓿青贮有关术语和定义、生产环境条件、青贮方式、青贮技术、品质鉴定和饲喂注意事项。

本标准适用于庆阳市各类养殖户及各类饲料生产、加工企业。

2　规范性引用文件

下列文件中的条款通过本标准的引用而成为本标准的条款。凡是注日期的引用文件,其随后所有的修改单(不包括勘误的内容)或修订版均不适用于本标准,然而,鼓励根据本标准达成协议的各方研究是否可使用这些文件的最新版本。凡是不注日期的引用文件,其最新版本适用于本标准。

GB/T 10647　　饲料工业通用术语

GB 13078－2001　　饲料卫生标准

GB/T 14699.1－1993　　饲料采样方法

GB/T 16765－1997　　饲料通用技术条件

DB62/T 798－2002　　无公害农产品产地环境质量

DB62/T 799－2002　　无公害农产品生产技术规范

3　术语和定义

下列术语和定义适用于本规程。

3.1　青贮饲料

青贮饲料指以新鲜的、萎蔫的或者是半干的青绿饲草为原料,在密闭条件下利用乳酸菌的发酵作用,调制保存的青绿多汁饲料。

3.2　饲料添加剂

为满足特殊需要而加入饲料中的少量或微量物质。

3.3　袋装青贮

袋装青贮是用密封性能好的塑料袋或拉伸膜青贮袋灌装,然后密封贮存。

3.4 拉伸膜裹包青贮

拉伸膜裹包青贮是待青贮原料水分含量合适后,使用专业机械揉搓压制成高密度压捆,然后用青贮塑料拉伸膜裹包完全密封贮存。

3.5 半干青贮

在苜蓿刈割后,经迅速风干至水分含量达到45%～55%时的青贮。

3.6 添加剂青贮

在苜蓿青贮料中添加生物制剂、酸、盐类化学制剂。

3.7 混合青贮

苜蓿与禾本科牧草以适当比例混合后的青贮。

4 生产环境条件

原料生产产地环境质量和青贮制作水源、空气质量、生产技术应符合 DB 62/T 798 和 DB62/T 799 的要求。

5 苜蓿青贮的必备条件

5.1 刈割期

青贮苜蓿的最适刈割期为初花期,即苜蓿植株有20%开花的时期。

5.2 含水量

苜蓿青贮时的最高水分应控制在60%～70%(抓一把铡碎的原料在手中握紧约1分钟后将手松开,草团慢慢散开,无汁液渗出);半干青贮时水分含量以50%为宜(叶片卷成筒状,叶柄易折断,压迫茎秆能挤出水分时适宜半干青贮)。

5.3 原料长度

适宜长度为1～3厘米,采用铡刀或专用的青贮料切揉机切短。

5.4 装填紧实

要求装填快速、逐层装入、分层压实、防止污染、严密封窖、加盖塑料薄膜、防止漏水通气。

5.5 青贮管理

经常检查、发现问题、及时弥补;取用时以暴露面最小、尽量少翻动为原则,随取随密封。

6　半干袋装青贮

6.1　收割、风干

在苜蓿花蕾期进行,以保证原料的营养成分较高。收割后将原料在田间迅速风干至半干状态,含水率达到 45％～55％(叶片卷成筒状、叶柄易折断、压挤茎秆能出水时)。

6.2　切段、加入添加剂

把原料切成适宜长度,加入食盐 0.2％～0.3％、骨粉 0.2％～0.5％、玉米粉5％～6％,混合均匀。

6.3　选择包装袋

少量青贮时,选用厚度较大,密封良好的普通塑料袋即可。大量青贮时,应选择专用无毒聚乙烯青贮袋。该袋由双层塑料膜制成,外层为白色,内层为黑色,白色可反射阳光,黑色可抵抗紫外线对饲料的破坏作用。

6.4　装袋、密封、贮存

将切碎后的原料灌装入密封良好的塑料袋或青贮袋,扎紧袋口(有条件时最好抽气)、密封,然后整齐堆集。贮存在干燥通风处,最好放在室内或棚内,需露天存放时要用覆盖材料盖好,避免阳光暴晒和雨淋。

7　拉伸膜裹包青贮

7.1　设备、产品规格

必需机械包括压扁割草机、打捆机、裹包机。一般为圆捆,直径 60～120 厘米,在苜蓿含水量 55％时,每捆草重量约 75～500 千克。

7.2　刈割晾晒、捡拾压捆

在苜蓿初花至盛花期使用压扁割草机刈割。割后翻堆晾晒,使水分迅速下降至 45％～55％,集成草条,宽度应与压捆机捡拾器相符。用压捆机压捆,要求草捆表面平整均匀、牢固、结实。

7.3　加入添加剂

在压捆和裹包过程中,加入 0.5～1.0％的复合微生物制剂 EM、0.2％绿汁发酵液,或 0.25％的多菌素,添加量为原料重量的 0.1％～0.25％。也可在每吨原料中加入乳酸菌剂 450 克,阻止腐败细菌和酪酸菌的生长,提高青贮苜蓿质量。

7.4　拉伸膜裹包作业

使用白色聚乙烯拉伸缠绕膜包裹,该膜具有自黏性好、抗横向撕裂、抗穿刺、抗冲击等特点。打好的草捆应在当天迅速裹包,抑制酪酸菌的繁殖。

7.5 注意事项

在青贮过程中严防泥土、杂草等混入造成不良发酵。要及时打捆裹包,防止雨水淋湿。在裹包、搬运、保管过程中要防止拉伸膜损伤。饲喂时最好切碎。注意废旧拉伸膜的回收处理,防止白色污染。

8 混合青贮

8.1 原料及比例

除苜蓿外,有玉米秸秆、饲用高粱、高丹草等,以玉米秸秆为主。苜蓿和玉米秸秆等禾本科牧草以 1∶1～1∶3 的比例混合青贮效果为佳。

8.2 适时收割、晾晒

苜蓿在初花至盛花期刈割,玉米秸秆在果穗收获后及时收割,尽量保存较多绿叶。如果收割后的上述青贮原料水分含量较高,可在田间适当摊晒 2～6 小时,使苜蓿含水量达到 50%～55%、玉米秸秆含水量达到 60%～65%。

8.3 切短、混合装贮

收割后的青贮原料要及时运到青贮地点,减少养分损失。然后及时用铡草机切短,长度 1～3 厘米。将苜蓿与玉米秸秆按适当比例混合均匀,加入 1%EM制剂、0.2%～0.3%食盐,装入普通塑料袋或专用青贮袋,压实、密封、贮存。

9 品质鉴定

青贮饲料在饲喂前一定要进行品质鉴定,防止变质,影响家畜健康。

9.1 采样

从青贮容器中分不同层次、不同部位取样,每个样点取 10～20 立方厘米样块,采样后马上密封青贮容器。采集的样品若不立即进行质量评定,也可密闭塑料袋中,置于 4℃冰箱保存、待测。

9.2 鉴定

参照中国农业科学院畜牧业研究所提出的青贮饲料感官鉴定标准按见附录A 执行。

10 饲喂

10.1 饲喂对象

袋装苜蓿青贮饲料一般密封贮藏 30～40 天(温度高时需时短)后便可饲喂家畜,是乳牛、肉牛、犊牛及羊日粮中的优质饲料,亦可作为猪饲料。

10.2　饲喂用量

基本原则是小畜少喂、大畜多喂；与其他干草混合喂。奶牛每天 5～8 千克、肉牛 10～15 千克、成年羊 1～2 千克，补充 5％～10％干草。

10.3　注意事项

苜蓿青贮饲料应随用随取、防止结冰。发现畜禽有拉稀现象时应酌情减喂或停喂，待一切正常后再继续喂用。

11　建立技术档案

对苜蓿青贮方式、方法、时间、数量、饲喂效果等，应建立纪录档案。

附录 A
（资料性附录）
青贮苜蓿质量感官测定标准

鉴定指标	良好	中等	低劣
色	黄绿色,绿色	黄褐色,墨绿色	黑色,褐色
味	芳香味,曲香味	酸味中等或少	臭味
嗅	酸味很少	芳香稍有酒精或醋酸味	酸味较多
质地手感	柔软,稍湿润块	柔软稍干或水分稍多	干燥松散或粘结成块

《庆阳市苜蓿青贮技术规程》
地方标准编制说明

21世纪以来,庆阳市草畜产业如雨后春笋蓬勃壮大,苜蓿作为家畜家禽的主要饲料被广泛应用。由于苜蓿主要集中在边远山区种植,体积大、运输困难;加之第二茬、第三茬苜蓿刈割期正值雨季,难以进行优质干草的调制,造成苜蓿老化、霉变损失。同时庆阳还存在着夏、秋季饲料过剩,冬、春季不足的问题,严重影响了畜牧业的发展。

国外实践经验证明,苜蓿青贮是解决雨季贮存难、周年供应不平衡问题的有效途径;青贮苜蓿是鸡、奶牛、肉牛、羊等家畜的多汁饲料,可提高蛋、肉、奶的产量和品质。但由于苜蓿含有较低的可溶性碳水化合物和较高的粗蛋白质,在青贮过程中容易发生酪酸发酵,使青贮料腐败变臭。

为了有效解决庆阳市饲料季节供应不均、苜蓿营养损失严重、青贮苜蓿质量难以保证的问题,规范庆阳市苜蓿青贮技术,制定了本标准。

本标准主要依据《饲料卫生标准》《饲料采样方法》《饲料通用技术条件》等,同时参考国内外研究成果以及我们在当地的试验结果制定。

本标准对苜蓿青贮的术语和定义、苜蓿青贮的必备条件、生产环境条件做了明确规定,提出了苜蓿袋装半干青贮、拉伸膜裹包青贮、苜蓿与其他禾本科作物混合青贮、青贮产品品质检验标准。

本标准具有较强的科学性、实用性和操作性,有助于苜蓿青贮的规范化生产,对促进庆阳市畜牧业发展具有重要意义。

附加说明:

本标准的附录A为资料性附录。

本标准由陇东学院提出。

本标准起草单位:陇东学院农林科技学院、甘肃省庆阳绿鑫草畜产业开发有限责任公司。

标准主管部门:甘肃省质量技术监督局。

本标准主要起草人:马生发、曹宏、邓芸、韩霁光、陈红。

NY/T 1170—2006

苜蓿干草捆质量标准

1 范围

本规范标准规定了苜蓿干草为原料生产作为动物饲料的草捆质量检测方法、分级判别规则、标志、标签和包装。

本标准适用于以苜蓿为原料,经刈割、干燥和打捆后形成的捆形产品。

2 规范性引用文件

下列文件中的条款通过本标准的引用而成为本标准的条款。凡是注日期的引用文件,其随后所有的修改单(不包括勘误的内容)或修订版均不适用于本标准,然而,鼓励根据本标准达成协议的各方研究是否可使用这些文件的最新版本。凡是不注日期的引用文件,其最新版本适用于本标准。

GB/T 6432 饲料粗蛋白测定方法

GB/T 6435 饲料水分测定方法

GB/T 6438 饲料粗灰分测定方法

GB 8170 数值修约规则

GB/T 13084 饲料中氰化物的测定方法

GB 10648 饲料标签

GB/T 13085 饲料中亚硝酸盐的测定方法

GB/T 13091 饲料中沙门氏菌的检测方法

GB/T 13092 饲料中霉菌的检测方法

GB/T 13093 饲料中细菌总数的检测方法

GB/T 17480 饲料中黄曲霉毒素 B1 的测定酶联免疫吸附法

3 定义

下列定义适用于本标准

3.1 苜蓿干草捆(bale of alfalfa forage)

苜蓿草经刈割、干燥和打捆后形成的捆形产品。按草捆的紧实度可分为低密度草捆和高密度草捆两种,低密度草捆密度为 $100\sim200$ 千克/立方米。高密度草捆密度为 $240\sim500$ 千克/立方米。按草捆形状可分为方草捆和圆草捆等。

3.2 杂草类(weeds)

草捆中包含除苜蓿以外的其他植物。

3.3 添加物(additional material)

为保持或改善草捆质量而加入的干燥剂、防腐剂、维生素、氨基酸等物质。

3.4 异物(other material)

干草捆中存在的无益于保持或改善草捆质量,甚至对利用造成不利影响的物质,如铁块、石块、塑料、土块、纤维等。

4 技术要求

4.1 感官指标

产品的感官指标应符合表1的要求

表1 感官指标

项目	指标
气味	无异味或有干草芳香味
色泽	暗绿色、绿色或浅绿色
形态	干草形态基本一致,茎秆叶片均匀一致
草捆层面	无霉变,无结块

4.2 理化指标

苜蓿干草捆的理化指标应符合表2的规定

表2 苜蓿干草捆分级

质量标准	等级			
	特级	一级	二级	三级
粗蛋白质	≥22	≥20,<22	≥18,<20	≥16,<18
中性洗涤纤维	<34	≥34,<36	≥36,<40	≥40,<44
杂类草含量	<3	≥3,<5	≥5,<8	≥8,<12
粗灰分	<12.5			
水分	≤14			

4.3 添加物

应做相应说明,标明添加物名称、含量等。

5　检测方法

5.1　感官指标检测

5.1.1　气味　嗅觉进行辨别。

5.1.2　色泽、形态　将样品平铺在白色的平面上,用目测法观察评定。

5.1.3　草捆平面　将样捆解开后用金属工具撕开,目测样捆外层和内层是否有霉变和结块。

5.2　理化指标检测

5.2.1　抽样

①产品以同一生产单位、同一堆场、同次生产的同一规格的产品为一个检验批次。但是由于存放条件不同等原因导致具有明显差异的不同堆垛应单独划批。

②抽样时,用草钻在全批产品的不同部位抽样。低密度草捆万分之五取样,高密度草捆万分之二点五取样,不足 10 000 捆时按 10 000 捆计。

③从每捆取样 1.0 千克,测定初水分后磨碎,充分均匀,以四分法缩分至 1.0千克。装入清洁干燥的容器内备用,并标明生产日期、取样地点、抽样时间、抽样人姓名。

5.2.2　水分含量测定

按 GB/T 6435 的规定进行。

5.2.3　粗蛋白测定

按 GB/T 6432 的规定进行。

5.2.4　中性洗涤纤维测定

5.2.4.1　原理　用中性洗涤剂处理样品,使大部分细胞内容物溶解于洗涤剂中,其中,包括脂肪、糖、淀粉和蛋白质等,剩余的不溶解残渣主要是细胞壁组分,简称中性洗涤纤维。

5.2.4.2　仪器和试剂　恒温干燥箱、马弗炉、古氏坩埚、中性洗涤剂(将18.61 克乙二胺四乙酸二钠和 6.81 克硼砂放入烧杯,加水 500 毫升,加热使之溶解;在另一烧杯中放入 30g 十二烷基硫酸钠和 10 毫升乙二醇单乙醚溶液,用400 毫升水加热溶解。将溶液混合后,调节 pH 值 6.9～7.1,转入 1000 毫升容量瓶,加水定容)。

5.2.4.3　操作步骤　准确称取风干样品 1 克左右,倒入 250 毫升烧瓶底部,加入 100 毫升中性洗涤剂,2 毫升氢萘,0.5 克亚硝酸钠。在 5～10 分钟内煮沸,在微沸状态下回流 60 分钟。

在古氏坩埚中铺好酸洗石棉,置于 105℃烘箱中 3 小时,然后取出放入干燥器中冷却 30 分钟,称重,直至恒重。将回流完毕的溶液用已称至恒重的古氏坩埚过滤,用热蒸馏水洗涤 3～4 次,然后用丙酮洗 2 次,将古氏坩埚取下,置于 100℃烘箱中烘 8 小时,然后取出放入干燥器中冷却 30 分钟,称重,直至恒重。将古氏坩埚放入 550～600℃马弗炉中灼烧 3 h,稍冷却后放入干燥器中冷却 30 分钟,称重,直至恒重。

5.2.4.4　计算　按下式计算:

$$NDF(\%) = (W_2 - W_1)/W$$

式中:

W_1—坩埚重,单位为克(g);

W_2—空坩埚和中性洗涤纤维总重,单位为克(g);

W—样品重,单位为克(g)。

另外,对于自动或半自动测定仪器,可根据仪器使用说明进行测定。

5.2.5　粗灰分的测定

按 GB/T 6438 的规定执行

5.2.6　杂类草含量检验

从随机抽取的所有草捆中分别取样 1 千克,称重后将其中的杂类草检出并称重,计算平均百分含量。

5.2.7　卫生标准检测

按饲料中氰化物的测定方法、饲料中亚硝酸盐的测定方法、饲料中细菌总数的测定方法、饲料中霉菌的测定方法、饲料中沙门氏菌的测定方法、饲料中黄曲霉菌的测定,酶联免疫吸附法测定氰化物、亚硝酸盐、沙门氏菌、霉菌、细菌总数、黄曲霉菌素 B1。

6　分级判定规则

感官指标符合要求后,再根据理化指标定级。

除水分和粗灰分外,产品按单项指标最低值所在等级定级。

感官指标不符合要求或有霉变或明显异物(如铁块、石块、土块等)的为不合格产品。

7　标志、标签

7.1　标志

产品应当有标志,标志的内容包括产品名称、净质量、质量等级、生产日期、保质期和批次、执行标准、生产厂家、厂家地址。

7.2　标签

产品的标签应符合 GB 10648 的规定。

8 包装、规格

8.1 包装

产品用绳捆或绳捆后再用塑料编织袋包装。

8.2 产品规格

干草捆允许具有多种规格。

小方草捆截面长 30～43 厘米,宽 40～61 厘米,高 50～120 厘米。

大方草捆截面长、宽均为 110～150 厘米,高 200～280 厘米。

附加说明:

本标准由中华人民共和国农业部提出。

本标准由全国畜牧业标准化技术委员会归口。

本标准起草单位:全国畜牧兽医总站、农业部全国草业产品质量检测中心、甘肃农业大学。

本标准起草人:马金星、余鸣、汪玺、陈宝书、刘芳、李玉荣、尹晓飞、李存福、石守定。

附录7   DB62/T 1437-2006

饲料用苜蓿产品标准

1 范围

本规范标准规定了饲料用苜蓿产品的术语和定义、生产环境条件、产品分级、技术指标、试验方法、标志、包装、运输和储存。

本标准适用于甘肃省人工或机械收割后烘干、晒干、晾干、打捆苜蓿及粉碎、制粒、压块等加工苜蓿。

2 规范性引用文件

下列文件中的条款通过本标准的引用而成为本标准的条款。凡是注日期的引用文件,其随后所有的修改单(不包括勘误的内容)或修订版均不适用于本标准,然而,鼓励根据本标准达成协议的各方研究是否可使用这些文件的最新版本。凡是不注日期的引用文件,其最新版本适用于本标准。

GB/T 6432   饲料粗蛋白测定方法

GB/T 6435   饲料水分测定方法

GB/T 6438   饲料粗灰分测定方法

GB/T 10647   饲料工业通用术语

GB 10648   饲料标签

GB 10389   饲料用苜蓿草粉

GB 13078   饲料卫生标准

GB/T 6344   饲料中粗纤维测定方法

DB62/T 798   无公害农产品产地环境质量

DB62/T 799   无公害农产品生产技术规范

GB/T 14699.1   饲料采样方法

3 术语和定义

下列术语和定义适用于本标准

3.1 饲料

能够提供饲养动物所需养分,保证健康,促进生长和生产,且在合理使用下不发生有害作用的可饲物质。

3.2 水分

饲料在 100～105 烘干至恒重所失去的质量。

3.3 粗蛋白质

饲料中含氮量乘以 6.25。

3.4 粗纤维

饲料经稀酸、稀碱处理,脱脂后的有机质(纤维素、半纤维素、木质素)的总称。

3.5 粗灰分

饲料经灼烧 后的残渣。

3.6 抗氧化剂

为防止饲料中某些活性成分被氧化变质而掺入饲料的添加剂。

3.7 防霉剂

为防止饲料中霉菌繁殖而掺入饲料的添加剂。

3.8 着色剂

为改善动物产品或饲料色泽而掺入的添加剂。

3.9 感官指标

对饲料原料或成品的色泽、气味、外观形状等所做的规定。

3.10 颗粒饲料粉化率

颗粒饲料在特定的条件下产生的粉末重量占其总重量的百分比。

3.11 颗粒饲料硬度

颗粒饲料对外压力所引起变形的抵抗能力。

3.12 卫生标准

饲料中有毒、有害物质及病原微生物的规定安全量。

4 生产环境条件

4.1 水源、空气质量

水源、空气质量、生产技术应符合 DB62/T 797 和 DB62/T 799 的要求。

4.2 环境条件

原料生产产地环境和加工环境质量符合 GB62/T 798 要求。

5 产品分级

根据苜蓿所含粗蛋白质、粗纤维、粗灰分含量及外观分为一级、二级、三级。各项质量指标含量均以 87% 干物质为基础计算。

6 技术指标

6.1 苜蓿草粉质量指标及分级标准(见附录 A)。

6.2 苜蓿草颗粒(块)质量指标及分级标准(见附录 B)。

6.3 苜蓿草捆质量指标及分级标准(见附录 C)。

7 试验方法

7.1 抽样方法

执行 GB/T 14699.1 饲料采样方法。

7.2 感观指标测定

在自然光下目测。

7.3 粗蛋白质测定

按 GB/T 6432 测定。

7.4 粗纤维测定

按 GB/T 6434 测定。

7.5 水分测定

按 GB/T 6435 测定。

7.6 粗灰分测定

按 GB/T 6438 测定。

7.7 卫生指标

执行 GB 13078。

7.8 判定规则

根据测定结果对照所列标准确定。

7.8.1 产品按照本标准规定的技术指标进行检测。如有一项不合格,应加倍抽样复验,复验后仍不合格。则判定不合格。

7.8.2 级别判定以所测定的最低数值为依据确定。

7.8.3 一级饲料用苜蓿为优良,二级为中等质量标准,低于三级者为外品。

8　标志、包装、运输和储存

饲料用苜蓿产品包装材料应符合有关卫生规定,产品标志执行 GB 10648 饲料标签标准。包装、运输和储存必须保质保量,符合分级分类要求。产品运输、储存过程中不得与有毒、有害、有异味的物品混装、混运、混贮。储存仓库要保持干燥、通风、防潮湿,定期进行检查。

附录 A　饲料用苜蓿草粉质量指标及分级标准

项目	一级	二级	三级
感观指标	质地颜色为深绿色或绿色,无发酵、霉变、结块及异臭异味	质地颜色为绿色或黄绿色,无发酵、霉变、结块及异臭异味	质地颜色为黄绿色,无发酵、霉变、结块及异臭异味
粗蛋白质(%)	≥18.0	≥16.0	≥14.0
粗纤维(%)	<26.0	<28.0	<30.0
粗灰分(%)	<12.5	<12.5	<12.5
水分(%)	<13.0	<13.0	<13.0
卫生标准	执行 GB 13078 饲料卫生标准	执行 GB 13078 饲料卫生标准	执行 GB 13078 饲料卫生标准
夹杂物	不得掺入饲料用苜蓿以外的物质,如加入抗氧化剂、防霉剂、着色剂等添加剂时,应做相应的说明。	允许含有微量其他牧草饲料,如加入抗氧化剂、防霉剂、着色剂等添加剂时,应做相应的说明。	其他牧草饲料允许含量 3%以下,如加入抗氧化剂、防霉剂、着色剂等添加剂时,应做相应的说明。

附录 B　饲料用苜蓿草颗粒(块)质量指标及分级标准

项目	一级	二级	三级
感观指标	质地颜色为深绿色或绿色,无发酵、霉变、结块及异臭异味。外观质量要求表面光滑,色泽均匀,无明显裂纹,粉末少。	质地颜色为绿色或黄绿色,无发酵、霉变、结块及异臭异味。外观质量要求表面光滑,色泽均匀,无明显裂纹,粉末少。	质地颜色为黄绿色,无发酵、霉变、结块及异臭异味。外观质量要求表面光滑,色泽均匀,无明显裂纹,粉末少。
粗蛋白质(%)	≥18.0	≥16.0	≥14.0
粗纤维(%)	<26.0	<28.0	<30.0
粗灰分(%)	<12.5	<12.5	<12.5
水分(%)	<13.0	<13.0	<13.0

续表

项目	一级	二级	三级
卫生标准	执行 GB 13078 饲料卫生标准	执行 GB 13078 饲料卫生标准	执行 GB 13078 饲料卫生标准
颗粒型苜蓿规格	硬度 0.6～1.2 千克力/平方厘米；产品粉化率不超过 5%，颗粒直径常用规格 Ø5～8 毫米，长度为直径的 1.5～3 倍。	硬度 0.6～1.2 千克力/平方厘米；产品粉化率不超过 5%，颗粒直径常用规格 Ø5～8 毫米，长度为直径的 1.5～3 倍。	硬度 0.6～1.2 千克力/平方厘米；产品粉化率不超过 5%，颗粒直径常用规格 Ø5～8 毫米，长度为直径的 1.5～3 倍。
夹杂物	不得掺入饲料用苜蓿以外的物质，如加入抗氧化剂、防霉剂、着色剂等添加剂时，应做相应的说明。	允许含有微量其他牧草饲料，如加入抗氧化剂、防霉剂、着色剂等添加剂时，应做相应的说明。	其他牧草饲料允许含量 3% 以下，如加入抗氧化剂、防霉剂、着色剂等添加剂时，应做相应的说明。

附录 C 饲料用苜蓿草捆质量指标及分级标准

项目	一级	二级	三级
感观指标	质地颜色为深绿色或绿色，无发酵、霉变、结块及异臭异味	质地颜色为绿色或黄绿色，无发酵、霉变、结块及异臭异味	质地颜色为黄绿色，无发酵、霉变、结块及异臭异味
粗蛋白质(%)	≥18.0	≥16.0	≥14.0
粗纤维(%)	<26.0	<28.0	<30.0
粗灰分(%)	<12.5	<12.5	<12.5
水分(%)	<17.0	<17.0	<17.0
卫生标准	执行 GB 13078 饲料卫生标准	执行 GB 13078 饲料卫生标准	执行 GB 13078 饲料卫生标准
夹杂物	不得掺入饲料用苜蓿以外的物质，如加入抗氧化剂、防霉剂、着色剂等添加剂时，应做相应的说明。	允许含有微量其他牧草饲料，如加入抗氧化剂、防霉剂、着色剂等添加剂时，应做相应的说明。	其他牧草饲料允许含量 3% 以下，如加入抗氧化剂、防霉剂、着色剂等添加剂时，应做相应的说明。

附加说明：

本标准由甘肃省草原技术推广总站提出。

本标准主管部门：甘肃省质量技术监督局。

批准日期：2007－03－08；实施日期：2007－04－01。

　　　　　　　　　　　　　　　　　DB62/T 2957－2018

燕麦干草捆质量分级标准

1 范围

本标准规定了作为动物饲料的燕麦干草捆质量检测方法,分级判断规则、标志、标签和包装。

本标准适用于以燕麦为原料,经刈割、干燥和打捆后形成的捆形产品。

2 规范性引用文件

下列文件对于本文件的应用是必不可少的,凡是注日期的引用文件,仅注日期的版本适用于本文件。凡是不注日期的引用文件,其最新版本(包括所有的修改单)适用于本文件。

GB/T 6432　饲料中粗蛋白测定方法

GB/T 6435　饲料中水分的测定

GB/T 6438　饲料中粗灰分的测定

GB/10648　饲料标签

GB/T 13092　饲料中霉菌总数的测定

GB/T 20806　饲料中中性洗涤纤维(NDF)的测定

GB/T 30956　饲料中脱氧雪腐镰刀菌烯醇的测定　免疫亲和柱净化－高效液相色谱法

NY/T 1459　饲料中酸性洗涤纤维的测定

NY/T 2071　饲料中黄曲霉毒素、玉米赤霉烯酮和 T－2 毒素的测定　液相色谱－串联质谱法

NY/T 2129　饲草产品抽样技术规程

3 术语和定义

下列术语和定义适用于本文件。

3.1 燕麦干草 oat hay

田间种植的燕麦经过刈割、干燥,达到安全储存含水量的燕麦产品。

3.2　燕麦干草捆 oat hay bale

人工干燥或自然干燥,再经捡拾机打捆制成的燕麦产品。

4　技术要求

4.1　感官指标

应符合表1的要求。

表 1　感官指标

项目	指标
气味	有干草芳香味、无异味
色泽	绿色、浅绿色或黄绿色
形态	干草形态基本一致
草捆层面	无霉变、无结块

4.2　卫生指标

应符合表2规定。

表 2　燕麦干草捆卫生指标

项目	指标
黄曲霉毒素 B1,PPb ≤	30
呕吐毒素,毫克/千克 ≤	1
玉米赤霉烯酮,毫克/千克 ≤	1
霉菌,CFU/g <	4×10^4

4.3　理化指标

应符合表3规定。

表 3　理化指标

项目	等级			
	特级	一级	二级	三级
水分,% ≤	14			
粗蛋白,% ≥	10	8	7	6
酸性洗涤纤维,% <	30	33	36	39

续表

项目	等级			
	特级	一级	二级	三级
中性洗涤纤维,% <	50	53	56	60
水溶性碳水化合物,% ≥	24	21	18	15
粗灰分,% <	8	10	10	10

注:粗蛋白、中性洗涤纤维、酸性洗涤纤维、水溶性碳水化合物、粗灰分均为干物质基础。

5　检测方法

5.1　感官指标

5.1.1　气味
通过嗅觉进行鉴别。

5.1.2　色泽、形态
将样品平铺在白色平面上,在自然光下用目测法观察评定。

5.1.3　草捆层面
将样捆完全打开暴露,目测样捆内外层是否有霉变和结块。

5.2　卫生指标

5.2.1　黄曲高毒素 B1
按照 NY/T 207 规定执行。

5.2.2　呕吐毒素
按照 GB/T 13095 规定执行。

5.2.3　玉米赤烯酮
按照 NY/T 2091 规定执行。

5.2.4　霉菌
按照 GB/T 13092 规定执行。

5.3　理化指标

5.3.1　水分
按照 GB/T 6435 规定执行。

5.3.2　粗蛋白
按照 GB/T 6432 的规定执行。

5.3.3　酸性洗涤纤维
按照 NY/T 1459 的规定执行。

5.3.4 中性洗涤纤维

按照 GB/T 20806 的规定执行。

5.3.5 粗灰分

按照 GB/T 6438 的规定执行。

5.3.6 水溶性碳水化合物

按照附录 A 的规定执行。

6 检验规则

6.1 组批

以同一生产单位、同一堆场、同次生产的同一规格产品为一个检验批次。由于存放条件不同等原因导致具有明显差异的不同堆垛应单独划批。一个批次 60 吨，不足 60 吨按 60 吨计算。

6.2 抽样

按照 NY/T 2129 的规定执行。

6.3 检验分类

6.3.1 交收检验

每批产品交收前，生产单位都要进行交收检验。交收检验内容为感官指标，检验合格后并附合格证方可交收。

6.3.2 型式检验

型式检验为全项检验。同一类型产品每年至少进行一次型式检验。有下列情况之一亦应进行：

a)含水量变化较大时；

b)存放时间过长(超过 1 年)时；

c)前后两次抽样检验结果差异较大时；

d)客户提出进行型式检验的要求时。

6.4 判定规则

6.4.1 理化指标中除水分和粗灰分外，产品按单项指标最低值所在等级定级。

6.4.2 经检验如有不合格项，应在原批次产品中加倍抽样对不合格项进行复检(微生物指标除外)，以复检结果为准。

7 标签、标志

7.1 标签

产品的标签应符合 GB 10648 的规定。

7.2 标志

每一包装上应标明产品名称、商标、产地、规格、质量等级、生产日期、生产单位名称和详细地址。标志上的字迹应清晰、完整、准确。

8 包装、运输、贮藏

8.1 包装

产品用专用打捆绳捆或捆后再用编织袋包装。按照产品规格分别包装。

8.2 运输

运输过程中要注意通风,防潮、防雨。

8.3 贮藏

储草棚内贮藏,堆垛整齐,顶部收成宝塔形,保留通风道。不同级别的干草必须分级存放,入库后必须有含水量、入库日期、登记等的记录。库内做好防火、防水工作。

附录 A
（规范性附录）
蒽酮比色法测定饲料中可溶性碳水化合物含量

A.1　试剂

蒽酮试剂:取分析纯蒽酮 1 克,溶于 1000 毫升稀硫酸(将 760 毫升相对密度为 1.84 的浓硫酸用蒸馏水稀释成 1000 毫升)溶液中,贮于棕色瓶中,当日配置使用。

浓硫酸(比重 1.84)

蔗糖标准液:将分析纯糖在 80℃下供至恒重,精确称取 100 毫克,加少量水溶解,移入 1 升容量瓶中,加入 0.5 毫升浓硫酸,用蒸馏水定容至刻度,配成 100 毫克/升蔗糖贮备液。将上述贮备液稀释配制成 1.0 毫克/升、20 毫克/升、40 毫克/升、60 毫克/升、8 毫克/升、100 毫克/升六种不同浓度梯度的标准液。

A.2　仪器

分析天平、分光光度计、水溶锅、电炉、铝锅、20 毫升刻度试管、刻度吸管、记号笔、吸水纸适量。

A.3　测定程序

称取 0.20 克干粉样,入刻度试管中,加入 10 毫升蒸馏水,型料薄膜封口,于沸水中提取 30 分钟(提取 2 次),提取液过滤入 50 毫升容量瓶中,反复冲洗试管及残渣,定容至刻度,提取水溶性碳水化合物样品以备用。

向每支试管中加入 1 毫升经适当倍数稀释的样本液或标准液,空白为 1 毫升蒸水。

向每支试管中加入 5 毫升蒽酮试剂,塑料薄膜封口,充分振荡,立即将试管放入沸水溶中,在沸水浴中煮 10 分钟,取出用冷水冷却至室温,以空白作参比。

冷却后,630 毫米波长下分光光度计比色。

A.4　结果计算

根据标准液的浓度和吸光度,以吸光度值和标准液浓度分别作为横坐标制作标准曲线,拟合计算方程。将试样按照 A.3 测定的吸光度值带入计算方程,得出浸提液的浓度,再通过换算浸提液制备过程中对应的样品量,获得水溶性碳水化合物在样品中的比例。

饲草青贮技术规程—玉米

1　范围

本标准规定了玉米的贮前准备、原料、切碎、装填与压实、密封、贮后管理、取饲等技术要求。

本标准适用于全株玉米青贮饲料的生产。

2　规范性引用文件

下列文件对于本文件的应用是必不可少的。凡是注日期的引用文件,仅注日期的版本适用于本文件。凡是不注日期的引用文件,其最新版本(包括所有的修改单)适用于本文件。

GB/T 22141　饲料添加剂　复合酸化剂通用要求

GB/T 22142　饲料添加剂　有机酸通用要求

GB/T 22143　饲料添加剂　无机酸通用要求

GB/T 25882　青贮玉米品质分级

NY/T 144　微生物饲料添加剂技术通则

3　术语和定义

下列术语和定义适用于本文件。

3.1　饲草 forage

具有词用价值的草本植物及可用的半灌木和灌木。

3.2　青贮 ensiling

将青绿饲草置于密封的青贮设施设备中,在厌氧环境下进行的以乳酸菌为主导的发酵过程,导致酸度下降抑制微生物的存活,使青绿饲料得以长期保存的饲草加工方法。

3.3　青贮饲料 silage

经青贮加工后的饲草产品。

3.4　全株玉米 whole crop corn

包括果穗在内的地上部植株,作为青贮原料的玉米。

3.5　青贮设施 silo

饲草原料青贮时,为形成密封环境,有利于乳酸菌发酵,使用的各种设施设备。

3.6　青贮添加剂 silage additives

用于改善青贮饲料发酵品质,减少养分损失的添加剂。

3.7　开窖有氧变质 aerobic deterioration after opening silo

青贮饲料开窖取用过程中,暴露在空气中发生变质的现象。

4　贮前准备

4.1　宜选用青贮窖进行青贮。根据饲养规模确定青贮设施的容量。青贮前,清理青贮设施内的杂物,检查青贮设施的质量,如有损坏及时修复。

4.2　检修各类青贮用机械设备,使其运行良好。

4.3　准备青贮加工必需的材料。

5　原料

5.1　玉米原料的品质宜符合 GB/T 25882 的规定

5.2　适宜收获期为蜡熟期,原料收获作业不早于乳熟末期,不晚于蜡熟末期,适宜的含水量为 65%。

5.3　玉米收获时,留茬高度不低于 15 厘米,不得带入泥土等杂物。

6　切碎

6.1　收获的原料应及时切碎,从原料收获到入窖,时间不得超过 8 h。

6.2　切碎长度为 1～2 厘米,宜将玉米籽粒破碎。

6.3　切碎作业不得带入泥土等杂物。

7　装填与压实

7.1　原料装填时,要迅速、均一,与压实作业交替进行。

7.2　青贮原料由内到外呈楔形分段装填。原料每装填 1 层,压实 1 次,装填厚度不得超过 30 厘米,宜采用压窖机或其他大中型轮式机械压实。

7.3　原料压实后,体积缩小 50% 以上,密度达到 650 千克/平方米以上。

7.4　原料装填压实后,宜高出窖口 30 厘米。

7.5　装填压实作业中,不得带入外源性异物。

7.6 可以选择性使用抑制开窖有氧变质的添加剂,添加剂的使用符合 GB/T 22141、GB/T 22142、GB/T 22143、NY/T 1444 的规定。

8 密封

8.1 装填压实作业之后,立即密封。从原料装填至密封不应超过 3 天,或需采用分段密封的作业措施,每段密封时间不超过 3 天。

8.2 宜采用塑料薄膜覆盖,塑料薄膜应无毒无害,塑料薄膜外面放置重物镇压

9 贮后管理

经常检查青贮设施密封性,及时补漏。顶部出现积水及时排除。

10 取饲

10.1 青贮饲料密封贮成熟后,可开启取用,贮藏时间宜在 30 天以上。

10.2 根据饲喂量取用,保持取用面的平整。

10.3 每天取用厚度不能少于 30 厘米。

10.4 取料时防止暴晒、雨淋。

附录 10   T/CAAA 001—2018

苜蓿 干草质量分级

前 言

本标准按照 GB/T 1.1—2009 给出的规则起草。

本标准由中国畜牧业协会提出并归口。

本标准起草单位：中国农业大学、中国畜牧业协会草业分会。

本标准主要起草人：李志强、艾琳、张海南。

本标准为首次发布。

1 范围

本标准规定了苜蓿干草的质量标准、检测方法以及质量分级判定规则。

本标准适用于国产和进口苜蓿干草。

2 规范性引用文件

下列文件对于本文件的应用是必不可少的。凡是注日期的引用文件，仅注日期的版本适用于本文件。凡是不注日期的引用文件，其最新版本（包括所有的修改单）适用于本文件。

GB/T 6432 饲料中粗蛋白测定方法

GB/T 6435 饲料中水分和其他挥发性物质含量的测定

GB/T 6438 饲料粗灰分测定方法

GB/T 20806 饲料中中性洗涤纤维（NDF）的测定

NY/T 1459 饲料中酸性洗涤纤维的测定

NY/T 2129 饲草产品抽样技术规程

3 术语和定义

下列术语和定义适用于本标准。

3.1 苜蓿干草 alfalfa hay

以苜蓿草为原料，经刈割干燥和打捆后形成的捆形产品。

3.2 杂类草 weeds

干草中包含的除苜蓿以外的其他植物。

4 技术要求

4.1 感官要求

苜蓿干草要求表面绿色或浅绿色,因日晒、雨淋或贮藏等原因导致干草表面发黄或失

绿的,其内部应为绿色或浅绿色。无异味或有干草芳香味。无霉变。茎叶保存比较完整。

4.2 理化指标

苜蓿干草的理化指标应符合以下表1的要求。

表1 苜蓿干草质量分级

理化指标	等级				
	特级	优级	一级	二级	三级
粗蛋白质 CP,%	≥22.0	≥20.0,<22.0	≥18.0,<20.0	≥16.0,<18.0	<16.0
中性洗涤纤维 NDF,%	<34.0	≥34.0,<36.0	≥36.0,<40.0	≥40,<44.0	>44.0
酸性洗涤纤维 ADF,%	<27.0	≥27.0,<29.0	≥29.0,<32.0	≥32.0,<35.0	>35.0
相对饲用价值 RFV,%	>185.0	≥170.0,<185.0	≥150.0,<170.0	≥130.0,<150.0	<130.0
杂类草含量,%	<3.0	<3.0	≥3.0,<5.0	≥5.0,<8.0	≥8.0,<12.0
粗灰分,%	≤12.5				
水分,%	≤14.0				

注:$RFV = DMT(\%BW) \times DDM(\%DM)/1.29$

其中,干物质采食量 $DMI(\%BW) = 120/NDF(\%DM)$

干物质消化率 $DDM(\%BW) = 88.9 - 0.779ADF(\%DM)$

粗蛋白质、中性洗涤纤维、酸性洗涤纤维含量均为干物质基础。

5 检测方法

5.1 抽样

按 NY/T 2129 的规定执行。

5.2 粗蛋白含量

按 GB/T 6432 的规定执行。

5.3 中性洗涤纤维含量

按 GB/T 20806 的规定执行。

5.4 酸性洗涤纤维含量

按 NY/T 1459 的规定执行。

5.5 杂类草含量

从随机抽取的所有样品草捆中分别取样 1 千克,称量后将其中的杂类草检出并称量,计算

平均百分含量。

5.6 粗灰分含量

按 GB/T 6438 的规定执行。

5.7 水分含量

按 GB/T 6435 的规定执行。

6 质量分级规则

6.1 符合感官要求后,再根据理化指标定级。不符合感官要求的为不合格产品。

6.2 以 CP、RFV、杂类草含量三个指标确定等级。干草样品的三个指标各自找对应等级,最后等级以三者中最低等级为准。

燕麦 干草质量分级

前 言

本标准按照 GB/T 1.1－2009 给出的规则起草。

本标准由中国畜牧业协会提出并归口。

本标准起草单位:中国农业大学、中国畜牧业协会草业分会。

本标准主要起草人:李志强、艾琳、张海南。

本标准为首次发布。

1 范围

本标准规定了燕麦干草的质量标准、检测方法以及质量分级判定规则。

本标准适用于国产和进口燕麦干草。

2 规范性引用文件

下列文件对于本文件的应用是必不可少的。凡是注日期的引用文件,仅注日期的版本适用于本文件。凡是不注日期的引用文件,其最新版本(包括所有的修改单)适用于本文件。

GB/T 6432 饲料中粗蛋白测定方法

GB/T 6435 饲料中水分和其他挥发性物质含量的测定

GB/T 20806 饲料中中性洗涤纤维(NDF)的测定

NY/T 1459 饲料中酸性洗涤纤维的测定

NY/T 2129 饲草产品抽样技术规程

3 术语和定义

下列术语和定义适用于本文件。

3.1 燕麦干草 oat hay

以单播燕麦草(包括皮燕麦和裸燕麦)为原料,经刈割干燥和打捆后形成的捆形产品。

3.2　A 型燕麦干草 A type oat hay

一种燕麦干草产品类型。特点是含有 8% 以上的粗蛋白质（干物质基础），部分可达到 14% 以上。主要产自我国内蒙古阿鲁科尔沁旗、内蒙古通辽市、内蒙古乌兰察布、河北坝上地区、吉林省白城市、黑龙江省、甘肃省定西市等产区以及美国、加拿大等国（见表 1）。

表 1　A 型燕麦干草质量分级

化学指标	等级			
	特技特级	一级	二级	三级
中性洗涤纤维，%	<55.0	≥55.0，<59.0	≥59.0，≤62.0	≥62.0，≤65.0
酸性洗涤纤维，%	<33.0	≥33.0，<36.0	<36.0，≥38.0，	≥38.0，<40.0
粗蛋白质，%	≥14.0	≥12.0，<14.0	≥10.0，<12.0	≥8.0，<10.0
水分，%	≤14.0			

注：中性洗涤纤维、酸性洗涤纤维、粗蛋白质含量均为干物质基础指标。

3.3　B 型燕麦干草 B type oat hay

一种燕麦干草产品类型。特点是含有 15% 以上的水溶性碳水化合物（即 Water Soluble Carbohydrate WSC，干物质基础），部分可达到 30% 以上。主要产自我国甘肃省山丹县、青海省黄南州等产区以及澳大利亚等国（见表 2）。

表 2　B 型燕麦干草质量分级

化学指标	等级			
	特技特级	一级	二级	三级
中性洗涤纤维，%	<50.0	≥50.0，<54.0	≥59.0，≤62.0	≥62.0，≤65.0
酸性洗涤纤维，%	<30.0	≥30.0，<33.0	<36.0，≥38.0，	≥38.0，<40.0
粗蛋白质，%	≥30.0	≥25.0，<30.0	≥20.0，<25.0	≥15.0，<20.0
水分，%	≤14.0			

注：中性洗涤纤维、酸性洗涤纤维、粗蛋白质含量均为干物质基础指标。

4　技术要求

4.1　感官要求

燕麦干草要求表面绿色或浅绿色，因日晒、雨淋或贮藏等原因导致干草表面发黄或失绿的，其内部应为绿色或浅绿色。无异味或有干草芳香味。无霉变。

4.2 化学指标

A 型和 B 型燕麦干草化学指标应分别符合表 1 和表 2 的要求。

5 检测方法

5.1 抽样

按 NY/T 2129 的规定执行。

5.2 水分含量

按 GB/T 6435 的规定执行。

5.3 粗蛋白含量

按 GB/T 6432 的规定执行。

5.4 中性洗涤纤维含量

按 GB/T 20806 的规定执行。

5.5 酸性洗涤纤维含量

按 NY/T 1459 的规定执行。

5.6 水溶性碳水化合物含量

参考附录 A 执行。

6 质量分级判定规则

6.1 符合感官要求后,再根据化学指标定级。不符合感官要求的为不合格产品。

6.2 A 型燕麦干草以中性洗涤纤维、酸性洗涤纤维、粗蛋白质三个指标确定等级。三个指标分别找对应等级,样品等级以三者中较低等级为准。

6.3 B 型燕麦干草以中性洗涤纤维、酸性洗涤纤维、水溶性碳水化合物三个指标确定等级。三个指标分别找对应等级,样品等级以三者中较低等级为准。

青贮和半干青贮饲料 紫花苜蓿

前言

本标准按照 GB/T 1.1—2009 给出的规则起草。

本标准由中国畜牧业协会提出并归口。

本标准起草单位：中国农业大学、沈阳农业大学、中国畜牧业协会草业分会。

本标准主要起草人：玉柱、吴哲、白春生、张英俊、杨富裕、艾琳、张海南。

本标准为首次发布。

1 范围

本标准规定了紫花苜蓿青贮和半干青贮饲料的质量标准、检测方法以及质量分级判定规则。

本标准适用于以紫花苜蓿为原料调制的青贮饲料和半干青贮饲料。

2 规范性引用文件

下列文件对于本文件的应用是必不可少的。凡是注日期的引用文件，仅注日期的版本适用于本文件。凡是不注日期的引用文件，其最新版本（包括所有的修改单）适用于本文件。

GB/T 6432   饲料中粗蛋白测定方法

GB/T 6435   饲料中水分和其他挥发性物质含量的测定

GB/T 6438—2007   饲料中粗灰分的测定

GB/T 6682   分析实验室用水规格和试验方法

GB 10468   水果和蔬菜产品 pH 值的测定方法

GB/T 20195 动物饲料   试样的制备

GB/T 20806   饲料中中性洗涤纤维（NDF）的测定

NY/T 1459   饲料中酸性洗涤纤维的测定

NY/T 2129   饲草产品抽样技术规程

中华人民共和国农业部公告第 318 号   饲料添加剂品种目录

3　术语和定义

3.1　青贮饲料 silage

将饲草原料放置在密闭缺氧条件下贮藏,通过乳酸菌的发酵作用,抑制各种有害微生物的繁殖形成的饲草产品。

3.2　半干青贮饲料 haylage

通过将饲草水分降低到45%～55%,将饲草原料放置在密闭缺氧条件下贮藏,抑制各种有害微生物的繁殖形成的饲草产品。

3.3　干物质含量 dry matter content

鲜样60℃烘干处理48小时,再于103℃烘至恒重,称得质量占试样原质量的百分比。

3.4　pH 值

青贮饲料试样浸提液所含氢离子浓度的常用对数的负值,用于表示试样浸提液酸碱程度的数值。

3.5　氨态氮 ammonia nitrogen

青贮饲料中以游离铵离子形态存在的氮,以其占青贮饲料总氮的百分比表示,是衡量青贮过程中蛋白质降解程度的指标。

3.6　总氮 total nitrogen

青贮饲料中各种含氮物质的总称,包括真蛋白质和其他含氮物。

3.7　青贮添加剂 silage additives

用于改善青贮饲料发酵品质,减少养分损失的添加剂。

4　技术要求

4.1　感官要求

4.1.1　颜色为亮黄绿色、黄绿色或黄褐色,无褐色和黑色。

4.1.2　气味为酸香味或柔和酸味,无臭味、氨味和霉味。

4.1.3　质地干净清爽,茎叶结构完整,柔软物质不易脱落,无黏性或干硬,无霉斑。

4.2　发酵原料要求

紫花苜蓿青贮饲料原料干物质含量不低于30%。

紫花苜蓿半干青贮饲料原料干物质含量不低于45%。

4.3 苜蓿青贮及半干青贮质量分级

紫花苜蓿青贮饲料和半干青贮饲料的营养化学指标应符合表1、表2的要求。

表1 紫花苜蓿青贮饲料质量分级

指标	等级			
	一级	二级	三级	四级
pH	≤4.4	>4.4,≤4.6	>4.6,≤4.8	>4.8,≤5.2
氨态氮/总氮,%	≤10	>10,≤20	>20,≤25	>25,≤30
乙酸,%	≤20	>20,≤30	>30,≤40	>40,≤50
丁酸,%	0	≤5	>5,≤10	>10
粗蛋白,%	≥20	<20,≥18	<18,≥16	<16,≥15
中性洗涤纤维,%	≤36	>36,≤40	>40,≤44	>44,≤45
酸性洗涤纤维,%	≤30	>30,≤33	>33,≤36	>36,≤37
粗灰分,%	<12			

注:乙酸、丁酸以占总酸的质量比表示;粗蛋白、中性洗涤纤维、酸性洗涤纤维、粗灰分以占干物质的量表示。

表2 紫花苜蓿半干青贮饲料质量分级

指标	等级			
	一级	二级	三级	四级
pH	≤4.8	>4.8,≤5.1	>5.1,≤5.4	>5.4,≤5.7
氨态氮/总氮,%	≤10	>10,≤20	>20,≤25	>25,≤30
乙酸,%	≤20	>20,≤30	>30,≤40	>40,≤50
丁酸,%	0	≤5	>5,≤10	>10
粗蛋白,%	≥20	<20,≥18	<18,≥16	<16,≥15
中性洗涤纤维,%	≤36	>36,≤40	>40,≤44	>44,≤45
酸性洗涤纤维,%	≤30	>30,≤33	>33,≤36	>36,≤37
粗灰分,%	<12			

注:乙酸、丁酸以占总酸的质量比表示;粗蛋白、中性洗涤纤维、酸性洗涤纤维、粗灰分以占干物质的量表示。

4.4 青贮添加剂

对使用的青贮添加剂做相应说明。标明添加剂的名称、数量等。添加剂须符合中华人民共和国农业部公告第 318 号的有关规定。

5　检测方法

5.1　感官指标检测方法

5.1.1　颜色,在明亮的自然光条件下,肉眼目测。

5.1.2　气味,在青贮饲料常态下,贴近鼻尖嗅气味。

5.1.3　质地,用手指搓捻,感受青贮饲料的组织完整性以及是否发生霉变。

5.2　抽样

按 NY/T 2129 的规定执行。

5.3　试样制备

紫花苜蓿青贮、半干青贮饲料化学指标分析样品制备,按照 GB/T 20195 的规定执行。发酵品质指标分析样品的制备,分取紫花苜蓿青贮、半干青贮饲料试样 20 克,加入 180 毫升蒸馏水,搅拌 1 分钟,用粗纱布和滤纸过滤,得到试样浸提液。

5.4　pH 值检测步骤

将制备的紫花苜蓿青贮饲料试样浸提液,参照 GB 10468 规定执行。

5.5　有机酸

采用液相色谱法测定,参考附录 A。

5.6　氨态氮

采用比色法测定,参考附录 B。

5.7　干物质含量

参照 GB/T 6435 的规定执行。

5.8　粗蛋白含量

按照 GB/T 6432 的规定执行。

5.9　中性洗涤纤维含量

按照 GB/T 20806 的规定执行。

5.10　酸性洗涤纤维含量

按照 NY/T 1459 的规定执行。

5.11　粗灰分含量

按照 GB/T 6438－2007 的规定执行。

6　质量评价

6.1　经感官评定,颜色、气味和质地符合品质要求判定为合格产品,否则判定为不合格产品。

6.2　苜蓿青贮和半干青贮饲料的质量分级指标均同时符合某一等级时,则判定所代表的批次产品为该等级;当有任意一项指标低于该等级指标时,则按单项指标最低值所在条块等级定级。

附录 A

（资料性附录）

液相色谱法测定青贮饲料有机酸含量

A.1 试剂和材料

乳酸、乙酸、丙酸、丁酸标准品，超纯水，色谱纯高氯酸。

A.2 仪器

高效液相色谱仪配备紫外检测器和工作站。

A.3 测定程序

A.3.1 色谱条件

Shodex KC—811 色谱柱，3 毫摩尔/升高氯酸为流动相，流速 1 毫升/分钟，SPD 检测器波长 210 纳米，柱温 50℃，进样量 20 微升。

A.3.2 色谱测定

采用外标法，用乳酸、乙酸、丙酸、丁酸标准液制作标准工作曲线。根据试样浸提液中被测物含量情况，选定浓度相近的标准工作曲线，对标准工作溶液与试样浸提液等体积参插进样测定，标准工作溶液和试样浸提液乳酸、乙酸、丙酸、丁酸的响应值均应在仪器检测的线性范围内。按照色谱条件分析标准品，乳酸、乙酸、丙酸、丁酸的保留时间分别约为 8.1 分钟、9.6 分钟、11.2 分钟、13.8 分钟，标准品的液相色谱图见图 1。

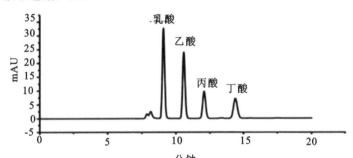

图 1 乳酸、乙酸、丙酸、丁酸混合标准品的液相色谱

图注：mAU,毫吸光度

A.3.3 空白试验

将制备的玉米青贮饲料试样浸提液，通过 0.22 微米微孔滤膜过滤后，采用高效液相色谱法测定乳酸、乙酸、丙酸和丁酸含量。

A.3.4 结果计算

用色谱工作站计算试样浸提液被测物的含量，计算中扣除空白值。再通过换算浸提液制备过程中对应的样品量，获得乳酸、乙酸、丙酸、丁酸在样品中的比例。

附录 B
（资料性附录）
氨态氮含量的测定

B.1 试剂

B.1.1 亚硝基铁氰化钠（$Na_2[Fe(CN)_5 \cdot NO]2H_2O$）。

B.1.2 结晶苯酚（C_6H_5O）

B.1.3 氢氧化钠（$NaOH$）

B.1.4 磷酸氢二钠（$Na_2HPO_6 \cdot 7H_2O$）

B.1.5 次氯酸钠（$NaClO$）：含活性氯 8.5%

B.1.6 硫酸铵[$(NH_4)_2SO_4$]

B.1.7 苯酚试剂

将 0.15 克亚硝基铁氰化钠溶解在 1.5 升蒸馏水中，再加入 29.7 克结晶苯酚，定容到 3 升后贮存在棕色玻璃试剂瓶中，低温保存。

B.1.8 次氯酸钠试剂

将 15 克氢氧化钠溶解在 2 升蒸馏水中，再加入 113.6 克磷酸氢二钠，中火加热并不断搅拌至完全溶解。冷却后加入 44.1 毫升含 8.5% 活性氯的次氯酸钠溶液并混匀，定容到 3 升，贮藏于棕色试剂瓶中，低温保存。

B.1.9 标准铵贮备液

称取 0.6607 克经 100℃ 烘干 24 小时的硫酸铵溶于蒸馏水中，并定容至 100 毫升，配制成 100 毫摩尔/升的标准铵贮备液。

B.2 仪器与设备

B.2.1 分光光度计：630 纳米，1 厘米玻璃比色皿；

B.2.2 水浴锅；

B.2.3 移液器：50 微升；

B.2.4 移液管：2 毫升，5 毫升；

B.2.5 玻璃器皿：试管，所需器皿用稀盐酸浸泡，依次用自来水、蒸馏水洗净。

B.3 测定步骤

B.3.1 标准曲线的建立

取标准铵贮备液稀释配制成 1.0、2.0、3.0、4.0、5.0 毫摩尔/升五种不同浓度梯度的标准液。向每支试管中加入 50 微升标准液，空白为 50 微升蒸馏水；向每支试管中加入 2.5 毫升的苯酚试剂，摇匀；再向每支试管中加入 2 毫升次氯酸钠试剂，并混匀；将混合液在 95℃ 水浴中加热显色反应 5 分钟；冷却后，630 纳米波长下比色。

以吸光度和标准液浓度为坐标轴建立标准曲线。

B.3.2 样品的检测

向每支试管中加入 50 微升正文中所述制备青贮浸出液,按正文中的检测步骤测定样本液的吸光度。

B.3.3 水分测定

按 GB/T 6435 的规定执行。

B.3.4 总氮的检测

按 GB/T 6432 的规定执行。

B.3.5 结果计算

氨态氮的含量按式(1)进行计算。

$$X = \frac{\rho \times D \times (180 + 20 \times M/100) \times 14}{20 \times N \times 10^2} \quad \cdots\cdots\cdots\cdots\cdots\cdots\cdots\cdots\cdots \quad (1)$$

式中:

X:氨态氮含量,单位为占总氮的质量百分比(%总氮)。

ρ:样液的浓度,单位为毫摩尔每升(毫摩尔/每升)。

D:样液的总稀释倍数。

M:样品的水分含量,单位为百分比(%)。

N:试样的总氮含量,单位为占鲜样的质量百分比(%鲜样)。

青贮饲料　燕麦

前言

本标准按照 GB/T 1.1－2009 给出的规则起草。

本标准由中国畜牧业协会提出并归口。

本标准起草单位：中国农业大学、中国畜牧业协会草业分会。

本标准主要起草人：玉柱、吴哲、张英俊、杨富裕、艾琳、张海南。

本标准为首次发布。

1　范围

本标准规定了燕麦青贮饲料的质量标准、检测方法以及质量分级判定规则。

本标准适用于以燕麦为原料调制的青贮饲料。

2　规范性引用文件

下列文件对于本文件的应用是必不可少的。凡是注日期的引用文件，仅注日期的版本适用于本文件。凡是不注日期的引用文件，其最新版本（包括所有的修改单）适用于本文件。

GB/T 6432　饲料中粗蛋白测定方法

GB/T 6435　饲料中水分和其他挥发性物质含量的测定

GB/T 6438－2007　饲料中粗灰分的测定

GB/T 6682　分析实验室用水规格和试验方法

GB 10468　水果和蔬菜产品 pH 值的测定方法

GB/T 20195　动物饲料试样的制备

GB/T 20806　饲料中中性洗涤纤维（NDF）的测定

NY/T 1459　饲料中酸性洗涤纤维的测定

NY/T 2129　饲草产品抽样技术规程

中华人民共和国农业部公告第 318 号　饲料添加剂品种目录

3 术语和定义

3.1 青贮饲料 silage

将饲草原料放置在密闭缺氧条件下贮藏,通过乳酸菌的发酵作用,抑制各种有害微生物的繁殖,形成的饲草产品。

3.2 干物质含量 dry matter content

鲜样 60℃烘干处理 48 小时,再于 103℃烘至恒重,称得质量占试样原质量的百分比。

3.3 pH 值

青贮饲料试样浸提液所含氢离子浓度的常用对数的负值,用于表示试样浸提液酸碱程度的数值。

3.4 氨态氮 ammonia nitrogen

青贮饲料中以游离铵离子形态存在的氮,以其占青贮饲料总氮的百分比表示,是衡量青贮过程中蛋白质降解程度的指标。

3.5 总氮 total nitrogen

青贮饲料中各种含氮物质的总称,包括真蛋白质和其他含氮物。

3.6 青贮添加剂 silage additives

用于改善青贮饲料发酵品质,减少养分损失的添加剂。

4 技术要求

4.1 感官要求

4.1.1 颜色为浅绿色、黄绿色或黄褐色,无褐色或黑褐色,无明显霉斑。

4.1.2 气味为酸香味或柔和酸味,无刺激的酸味、臭味、氨味和霉味。

4.1.3 质地疏松,柔软,不成团,无结块。

4.2 发酵干物质含量要求

燕麦青贮饲料干物质含量不低于30%。

4.3 质量分级

燕麦青贮饲料的质量分级指标应符合表1的要求。

4.4 青贮添加剂

对使用的青贮添加剂做相应说明。标明添加剂的名称、数量等。添加剂须符合中华人民共和国农业部公告第318号的有关规定。

表1　燕麦青贮饲料的营养化学指标及质量分级

指标	等级			
	一级	二级	三级	四级
pH	≤4.4	>4.4,≤4.6	>4.6,≤4.8	>4.8,≤5.2
氨态氮/总氮,%	≤10	>10,≤20	>20,≤25	>25,≤30
乙酸,%	≤10	>10,≤20	>20,≤30	>30,≤40
丁酸,%	0	≤5	>5,≤10	>10
粗蛋白,%	≥9	<9,≥8	<8,≥7	<7,≥6
中性洗涤纤维,%	≤55	>55,≤58	>58,≤61	>61,≤64
酸性洗涤纤维,%	≤34	>34,≤37	>37,≤40	>40,≤42
粗灰分,%	<10			

注:乙酸、丁酸以占总酸的质量比表示;粗蛋白、中性洗涤纤维、酸性洗涤纤维、粗灰分以占干物质的量表示。

5　检测方法

5.1　感官指标检测方法

5.1.1　颜色,在明亮的自然光条件下,肉眼目测。

5.1.2　气味,在青贮饲料常态下,贴近鼻尖嗅气味。

5.1.3　质地,用手指搓捻,感受青贮饲料的组织完整性以及是否发生霉变。

5.2　抽样

按 NY/T 2129 的规定执行。

5.3　试样制备

燕麦青贮饲料化学指标分析样品制备,按照 GB/T 20195 的规定执行。发酵品质指标分析样品的制备,分取燕麦青贮饲料试样 20 克,加入 180 毫升蒸馏水,搅拌 1 分钟,用粗纱布和滤纸过滤,得到试样浸提液。

5.3　pH 值检测步骤

将制备的紫花苜蓿青贮饲料试样浸提液,参照 GB 10468 规定执行。

5.4　丁酸

采用液相色谱法测定(推荐方法见附录12中附录A)。

5.5　氨态氮

采用比色法测定(推荐方法见附录12中附录B)。

...

5.6 干物质含量

参照 GB/T 6435 的规定执行。

5.7 粗蛋白含量

按照 GB/T 6432 的规定执行。

5.8 中性洗涤纤维含量

按照 GB/T 20806 的规定执行。

5.9 酸性洗涤纤维含量

按照 NY/T 1459 的规定执行。

5.10 粗灰分含量

按照 GB/T 6438—2007 的规定执行。

6 质量评价

6.1 经感官评定,颜色、气味和质地符合品质要求判定为合格产品,否则判定为不合格产品。

6.2 燕麦青贮饲料的质量分级指标均同时符合某一等级时,则判定所代表的批次产品为该等级;当有任意一项指标低于该等级指标时,则按单项指标最低值所在条块等级定级。

青贮饲料　全株玉米

前言

本标准按照 GB/T 1.1—2009 给出的规则起草。

本标准由中国畜牧业协会提出并归口。

本标准起草单位:中国农业大学、山西农业大学、中国畜牧业协会草业分会。

本标准主要起草人:玉柱、吴哲、许庆方、张英俊、杨富裕、艾琳、张海南。

本标准为首次发布。

1　范围

本标准规定了全株玉米青贮饲料质量指标、质量分级及质量指标测定方法。

本标准适用于全株玉米青贮饲料质量的评价与分级。

2　规范性引用文件

下列文件对于本文件的应用是必不可少的。凡是注日期的引用文件,仅注日期的版本适用于本文件。凡是不注日期的引用文件,其最新版本(包括所有的修改单)适用于本文件。

GB/T 6435　饲料中水分和其他挥发性物质含量的测定

GB 10468　水果和蔬菜产品 pH 值的测定方法

GB/T 20194　饲料中淀粉含量的测定旋光法

GB/T 20195　动物饲料试样的制备

GB/T 20806　饲料中中性洗涤纤维(NDF)的测定

NY/T 1459　饲料中酸性洗涤纤维的测定

NY/T 2129　饲草产品抽样技术规程

中华人民共和国农业部公告第 318 号饲料添加剂品种目录

3　术语和定义

3.1　全株玉米青贮饲料 whole crop corn silage

带穗玉米植株,收获调制后,在密闭条件下通过乳酸菌的发酵作用形成的饲草产品。

3.2　干物质含量 dry matter content

鲜样 60℃烘干处理 48h,再于 103℃烘至恒重,称得质量占试样原质量的百分比。

3.3　籽粒破碎率 grain broken rate

破碎的玉米籽粒占收获时玉米籽粒比例。

3.4　pH 值

青贮饲料试样浸提液所含氢离子浓度的常用对数的负值,用于表示试样浸提液酸碱程度的数值。

3.5　氨态氮 ammonia nitrogen

青贮饲料中以游离铵离子形态存在的氮,以其占青贮饲料总氮的百分比表示,是衡量青贮过程中蛋白质降解程度的指标。

3.6　总氮 total nitrogen

青贮饲料中各种含氮物质的总称,包括真蛋白质和其他含氮物。

3.7　青贮添加剂 silage additives

用于改善青贮饲料发酵品质,减少养分损失的添加剂。

4　技术要求

4.1　感官要求

4.1.1　颜色呈黄绿色,无黑褐色,无明显霉斑。

4.1.2　气味为醇香酸味,无刺激腐臭味。

4.1.3　茎叶结构清晰,质地疏松,无黏性不结块、无干硬。

4.2　发酵干物质含量要求

全株玉米青贮饲料干物质含量不低于 30%。

全株玉米青贮饲料籽粒破碎率达到 90% 以上。

4.3　质量分级

全株玉米青贮饲料质量分级应符合表 1 的规定。

4.4　青贮添加剂

对使用的青贮添加剂做相应说明。标明添加剂的名称、数量等。添加剂须符合中华人民共和国农业部公告第 318 号的有关规定。

表 1 全株玉米青贮饲料的营养化学指标及质量分级

指标	等级			
	一级	二级	三级	四级
pH	$\leqslant 4.2$	$>4.2,\leqslant 4.4$	$>4.4,\leqslant 4.6$	$>4.6,\leqslant 4.8$
氨态氮/总氮,N%	$\leqslant 10$	$>10,\leqslant 20$	$>20,\leqslant 25$	$>25,\leqslant 30$
乙酸,%	$\leqslant 15$	$>15,\leqslant 20$	$>20,\leqslant 30$	$>30,\leqslant 40$
丁酸,%	0	$\leqslant 5$	$>5,\leqslant 10$	>10
中性洗涤纤维,NDF%	$\leqslant 48$	$>48,\leqslant 53$	$>53,\leqslant 58$	$>58,\leqslant 63$
酸性洗涤纤维,ADF%	$\leqslant 27$	$>27,\leqslant 30$	$>30,\leqslant 33$	$>33,\leqslant 36$
淀粉,%	$\geqslant 28$	$\geqslant 23,<28$	$\geqslant 18,<23$	$\geqslant 13,<18$

注:乙酸、丁酸以占总酸的质量比表示;中性洗涤纤维、酸性洗涤纤维、淀粉以占干物质的量表示。

5 测定方法

5.1 取样方法

玉米青贮饲料分析样品的取样,按照 NY/T 2129 的规定执行。

5.2 试样制备

玉米青贮饲料化学指标分析样品制备,按照 GB/T 20195 的规定执行。发酵品质指标分析样品的制备,分取玉米青贮饲料试样 20 克,加入 180 毫升蒸馏水,搅拌 1 分钟,用粗纱布和滤纸过滤,得到试样浸提液。

5.3 pH 值

将制备的玉米青贮饲料试样浸提液,参照 GB 10468 规定执行。

5.4 氨态氮含量

苯酚—次氯酸钠比色法测定氨态氮含量,参见附录 12 中附录 B。

5.5 有机酸含量

液相色谱法测定青贮饲料有机酸含量,参见附录 12 中附录 A。

5.6 干物质含量

按照 GB/T 6435 的规定执行。

5.7 中性洗涤纤维含量

按照 GB/T 20806 的规定执行。

5.8　酸性洗涤纤维含量

按照 NY/T 1459 的规定执行。

5.9　淀粉含量

按照 GB/T 20194 的规定执行。

6　品质判定

玉米青贮饲料样品的质量分级指标均同时符合某一等级时,则判定所代表的该批次产品为该等级;当有任意一项指标低于该等级指标时,则按单项指标最低值所在等级定级。

附录 15   DB62/T 1531—2007

农区牧草生产机械化技术操作规范

1　范围

本标准规定了农区牧草生产机械化技术的术语利定义、技术内容、技术要求、技术模式、机组操作规程和作业质量验收标准。

本标准主要适用于河西内陆灌溉区农田、垦荒地和中东部黄土高原的塬区、梯田,以紫花首蓿为主的豆科或禾本科牧草的机械化、规模化、商品化生产作业,其他地区也可参照执行。

2　规范性引用文件

下列文件中的条款通过本标准的引用而成为本标准的条款。凡是注日期的引用文件,其随后所有的修改版(不包括勘误的内容)或修订版均不适用于本标准,然而,鼓励根据本标准达成协议的各方研究是否可使用这些文件的最新版本。凡是不注日期的引用文件,其最新版本适用于本标准。

GB/T 2930.1~11—2001　牧草种子质量检验规则

GB 6141~6143—85　豆科主要栽培牧草种子质量分级　禾本科主要栽培牧草种子质量分级

GB/T 14225.2—93　铧式犁　技术条件

JB/T 6279.2—92　圆盘耙　技术条件

JB 5159—91　牧草播种机　技术条件

JB/T 7284—2005　动力喷雾机

JB/T 7723.1—2005　背负式喷雾喷粉机

JB/T 8573—2005　踏板式喷雾机

GB/T 15373—94　往复式割草机

DB 62/T 1135—2004　旋转式割草机　技术条件

JB/T 7766.1—1999　指轮式搂草机　技术条件

JB/T 9701.2—1999　机引横向搂草机　技术条件

JB/T 5156—91　方捆压捆机　技术条件

JB/T 7145—93　圆捆压捆机　技术条件

DB62/00B 92.1—86　大中型拖拉机配套铧式犁操作规程及质量验收标准

DB62/T458—1996　小四轮拖拉机配套旋耕机操作规程及作业质量验收标准

DD62/T 299—1998　圆盘耙技术操作规程及作业质量验收标准

DB62/00B 92.5—86　谷物播种机操作规程作业质量验收标准

GB/T 17997—1999　农药喷雾机(器)田间操作规程及喷洒质量评价

DB/6200B 91.3—90　旋转式割草机操作规程及作业质量验收标准

GB 10395.1—2001　农林拖拉机和机械安全技术要求

GB 16151.6～9—1996　农业机械运行安全技术条件　铧式犁、旋耕机、圆盘耙、播种机

GB 10395.6—1999　农林拖拉机和机械安全技术要求　植物保护机械

JB 8520—1997　旋转式割草机　安全要求

JB 8836—2004　往复式割草机　安全技术要求

3　术语和定义

农区牧草生产机械化技术是借鉴和采用草原牧草生产机械化技术与机械设备,在适宜农田实行以种植、植保、收获及其贮存为主要生产机械化技术措施的、规模化、商品化牧草(以豆科苜蓿为主或禾本科牧草)生产,并以减轻劳动强度、降低生产成本、提高生产效率和牧草质量、品质为目的的农区牧草生产机械化综合技术。

4　主要技术内容

4.1　牧草机械化种植技术

4.2　牧草机械化植保技术

4.3　牧草机械化收获技术

4.4　牧草机械化贮存技术

5　技术要求

5.1　牧草机械化种植技术

5.1.1　整地机械化技术要求

5.1.1.1　耕翻、旋耕　使用铧式犁或旋耕机,在最佳农时和适耕期内完成耕翻或旋耕,要将残株、杂草、害虫、肥料、农药以及表土翻到耕层下部并覆盖严密,耕深一般为18～24厘米,旋耕深度一般为14～18厘米,偏差值均不超过±1.5厘米。

5.1.1.2 耙地、耱地（耢地） 在耕翻过的土地上使用钉齿耙或圆盘耙进行耙地,耙地深浅一致,偏差值一般不超过±1.5厘米。可根据土地具体条件选择顺耙、横耙或对角耙方式,几种方式也可结合使用,一般情况下,在耕翻之后,耙、耱可同时进行。

5.1.1.3 镇压 在耕翻过或旋耕过的土地上,采用V形镇压器、网型镇压器、圆筒形镇压器进行镇压。如果要立即种植,必须进行镇压。可根据土壤湿度和地表碎土情况,镇压一至三次。

5.1.2 播种机械化技术要求

5.1.2.1 种子及品种选择 根据种植地区自然气候条件、土地条件、牧草应用的目的及品种适应性等进行选择。引进的种子要严格检验、清除杂质、消毒处理,以防止杂草和病虫害蔓延。种子质量检验应符合《GB 2930.1~11 牧草种子质量检验规则》要求,其质量不低于 GB 6141~6143－85 规定的三级。

5.1.2.2 夏播或秋播 灌区宜采用早春播,旱塬地区宜采用春、秋两季与覆盖作物一同播种。适宜豆科苜蓿和禾本科牧草种子发芽和幼苗生长的土壤温度为 10~25℃、田间持水量为 75%~80%。

5.1.2.3 播种方法 选用牧草精量播种机、机动离心式撒播机和手摇撒播机,根据实际条件进行条播或撒播。在大面积牧草商品生产时,应首选采用条播（带肥播种、单播）。豆科牧草行距较宽,一般行距为 15~30 厘米,以收获种子为目的时,适宜的行距为 45~60 厘米。禾本科牧草行距较窄,一般行距为 6~15 厘米。

5.1.2.4 播种量 根据牧草品种的生物特性、种子大小、品质、土壤肥力、播种方法、种植密度、播种时期的气候条件及整地质量、种子纯净度和发芽率即种子用价的高低等因素来确定。苜蓿豆科类一般实际用量应为 12.94~17.25 千克/公顷（种子用价为 0.85 时）。禾本科牧草实际用量应根据实际种植条件及要求确定。

5.1.2.5 播种深度 确定播种深度的主要因素是土壤水分和土壤类型,一般疏松土壤稍深,紧实土壤稍浅;干燥土壤稍深,显润土壤稍浅;气候寒暑剧变处宜深。豆科牧草较深,一般播深为 2~4 厘米;禾本科牧草较浅,一般播深为 1~3 厘米。

5.2 牧草机械化植保技术

5.2.1 杂草防治技术要求 以高效、低毒、低残留的锄草剂防治为原则。使用机动或人力喷雾、喷粉机具,根据当地杂草生长状况适时进行防治,并辅以人工防治。应通过试验选用最有效果的除草药剂,严格按照要求进行配制。

5.2.2 病虫害防治技术要求 种子应拌药处理,并根据当地病虫害发生类别及规律选择农药、用量和确定喷药时间、间隔时间及次数。对常见枯萎病、霜霉病、白粉病等病害和各种虫害,应按照当地具体要求配制药剂。

5.3　牧草机械化收获技术

5.3.1　机械化切割、压扁技术要求

5.3.1.1　利用年限　农区(灌区、塬区及梯田)种植豆科牧草的丰产期一般是在第 2～4 年,收获利用年限一般为 4～5 年;而多年生禾本科牧草的丰产期一般是在第 2～3 年,收获利用年限一般为 3～4 年。垦荒地可酌情延长。

5.3.1.2　收割期　豆科牧草的适宜收割期为现蕾期至初花期。禾本科牧草的适宜收割期为抽穗期。最后一次(茬)收割应在冬前 3～4 周进行。

5.3.1.3　收割次数　农田种植豆科牧草的适宜收割次数一般为 2～3 次;禾本科牧草的适宜收割次数为 1～2 次。

5.3.1.4　留茬高度　一般豆科牧草的留茬高度应保持在 3～4 厘米;禾本科牧草的留茬高度应保持在 5～7 厘米(上繁禾本科牧草)和 4～5 厘米(下繁禾本科牧草)。

5.3.1.5　切割要求　各种形式割草机的损失率均应≤3%。漏割损失率应≤2%,重割率应≤2%;旋转式割草机的碎草率应≤3%,往复式割草机的碎草率应≤2%。

5.3.1.6　压扁要求　压扁器压辊的圆周速度应高于割草压扁机的最大作业速度的 3 倍以上,保证切割后的牧草顺利通过压辊而不致堵塞和堆积。压扁强度的调节应适度,牧草的茎秆应最大限度地碾裂并折弯以增大茎秆的暴露表面积,而豆科牧草的叶片不能过度挤压或被碾碎。

5.3.1.7　割幅宽度　应相应满足田间翻晒、搂集铺条和捡拾压捆(打捆)后续作业宽度尺寸的要求。

5.3.1.8　铺条宽幅及厚度　应适宜田间自然干燥晾晒条件,并符合配套使用的翻晒、搂集铺条和捡拾压捆(打捆)机的田间作业要求的草条宽度及厚度尺寸范围。

5.3.2　机械化翻晒、铺条技术要求

5.3.2.1　采用机械或人工翻晒、搂集铺条作业均应在晴天进行。搂集要干净,损失率<5%,搂集后牧草清洁,不带陈草、泥土等,弄脏的草条<3%,而且草条连续、松散、每米重量应均匀一致。

5.3.2.2　豆科牧草不宜进行多次翻晒作业和长时间田间晾晒。禾本科牧草可根据含水率酌情确定翻晒次数和晾晒时间。

5.3.2.3　搂集草条的宽度和厚度尺寸应满足配套使用的田间捡拾压捆(打捆)机的作业要求宽度尺寸的范围。

5.3.3　机械化捡拾打捆技术要求

5.3.3.1　牧草的最佳压缩打捆湿度范围是 30%～50%。豆科牧草苜蓿田间捡拾压捆或打捆(干草小方捆和干草小圆捆)作业时,要求含水率较高,一般为20%～25%,以减少叶片大量脱落。禾本科牧草含水率一般为17%～23%。而待包膜保鲜青贮(称为低水分或半干青贮)的小圆捆田间捡拾打捆时,要求含水率一般为45%～50%。

5.3.3.2　干草小方捆　苜蓿等豆科类牧草捡拾压捆作业时实际含水率较高,草捆密度应控制在120～130千克/立方米为宜,长度一般为600～700毫米,重量为15～17千克。而禾本科牧草草捆密度应控制在130～150千克/立方米,长度一般为650～750毫米,重量约16～18千克。

5.3.3.3　干草小圆捆　圆草捆密度应≥115千克/立方米,直径为500～600毫米,长度一般为500～700毫米,重量应控制在25～35千克为宜。

5.3.3.4　青贮小圆捆　包膜保鲜青贮的小圆捆田间捡拾打捆时,牧草含水率一般为45%～50%,草捆密度应<115千克/立方米,直径一般为500毫米,长度为500毫米或700毫米,重量控制在25～30千克为宜。打捆后应及时转运妥善存放,防止日晒、雨淋。

5.3.3.5　作业速度及喂入量　小型方草捆捡拾压捆机和小型圆草捆捡拾打捆机的田间作业速度一般为4～5千米/小时,捡拾喂入量一般控制在2～2.5千克/次。

5.3.3.6　成捆率　小方捆成捆率应≥95%,抗摔率≥90%:小圆捆成捆率应≥99%,抗摔率≥90%。

5.3.3.7　损失率　小方捆捡拾压捆作业,牧草总损失率豆科应≤3%,禾本科牧草则≤2%;小圆捆捡拾打捆作业,牧草总损失率豆科为≤4%,禾本科牧草则≤2%。

5.4　机械化种子收获技术要求

5.4.1　牧草种子成熟达60%～70%时,应及时采用机械或人工收获、晾晒及加工。

5.4.2　采用专用牧草种子收获机和经改装的谷物联合收割机进行联合收获作业或分段收获作业。

5.4.3　采用人工牧草种子收获时,将切割后未经压扁处理和田间晾晒的牧草及时运到场地,经晾晒后适时进行脱粒及加工。

5.5　牧草机械化贮存技术

5.5.1　机械化包膜保鲜贮存技术要求　包膜保鲜作业应在9月下旬至10月上旬期间进行为宜。包膜层数要根据当地气候、贮存条件和准备贮存时间的长短酌情确定。并采用专用保鲜膜,包膜层数一般为2～4层,包膜后应及时放置在通风、避光、阴凉的棚(室)内贮藏。冬季贮藏温度不低于零下5℃为宜。

5.5.2 干草捆贮存技术要求 干草小方捆和小圆捆长时间码垛贮存时,层数不宜过多,底层应做防潮处理,草垛较大时,在其纵横方向(长度和宽度)均应等间距预留通风道。并注意避免日晒、雨淋和鸟、虫、鼠害。

6 技术工艺体系

6.1 河西内陆灌溉区农田

主要采用牧草生产为主的草田轮作方式,并使用紫花苜蓿为主的豆科牧草与春小麦套种生产连作技术体系:

伏耕→冬灌越冬→春播整地(耕旋、耙耱、镇压)→播种(牧草和春小麦套种、施肥、条播或撒播牧草、镇压)→全生育期田间管理(施肥、灌水、除草、防病虫害)→夏季小麦收获(收获后,进入牧草全生育期田间管理)→秋季牧草收割(仅收割1次)→牧草冬灌越冬→次年春季(全生育期田间管理)→丰产期(2~4年、年收割2~3次、每次收割后全生育期田间管理)→牧草冬灌越冬→牧草利用年限(4~5年)→耕翻(牧草收割后,伏耕或秋翻)→冬灌休闲越冬→春播整地→种植春小麦或玉米。

6.2 中东部黄土高原塬区、梯田

主要采用牧草生产为主的草田轮作方式,并使用紫花苜蓿为主的豆科牧草与复种农作物套种生产连作技术体系:

夏收整地(耕、耙耱、镇压)→复种(牧草和糜子、谷子套种,施肥,撒播牧草,镇压)→全生育期田间管理(除草、追肥、防病虫害)→秋季糜、谷收获→秋末冬初牧草收割(仅收割1次)→牧草越冬→次年春季(除草、追肥、防病虫害)→丰产期(3~5年、年收割2~3次、每次收割后除草、追肥、防病虫害)→牧草越冬→牧草利用年限(5~6年)→耕翻(牧草收割后伏耕或秋翻)→休闲越冬→春播整地→种植小麦、玉米或马铃薯。

7 主要机具及性能要求

7.1 主要机具

主要机具有铧式犁、旋耕机、圆盘耙、牧草播种机、机动离心式撒播机、动力喷雾机、踏板式喷雾机、背负式喷雾喷粉机、往复式割草机、旋转式割草机、割草压扁机、指轮式搂集机、机引横向搂集机、小方草捆捡拾压捆机、小圆草捆打捆机、小圆草捆包膜机等。

7.2 性能要求

7.2.1 铧式犁技术性能要求 应符合 GB/T 14225.2—93《铧式犁技术条件》的规定。

7.2.2　旋耕机技术性能要求　应符合 GB 16151.7－1996《农业机械运行安全技术条件旋耕机》的规定。

7.2.3　圆盘耙技术性能要求　应符合 JB/T 6279.2－92《圆盘耙技术条件》的规定。

7.2.4　牧草播种机技术性能要求　应符合 JD 5159－1991《牧草播种机技术条件》的规定。

7.2.5　动力喷雾机技术性能要求　应符合 JB/T 7284－2005《动力喷雾机技术条件》的规定。

7.2.6　背负式喷雾喷粉机技术性能要求　应符合 JB/T 7723.1－2005《背负式喷雾喷粉机第 1 部分技术条件》的规定。

7.2.7　踏板式喷雾机技术性能要求　应符合 JB/T 8573－2005《踏板式喷雾机技术条件》的规定。

7.2.8　往复式割草机技术性能要求　应符合 GB/T 15373－94《往复式割草机技术条件》的规定。

7.2.9　旋转式割草机技术性能要求　应符合 DB62/T1135－2004《旋转式割草机技术条件》的规定。

7.2.10　割草压扁机技术性能要求　应符合 GB/T 15373－94《往复式割草机技术条件》的规定。压扁器压辊设计圆周线速度应高于割草压扁机最大作业速度 3 倍以上,确保切割后的牧草顺利通过压辊而不致堵塞和堆积。压扁强度应能在设计指标范围内调节,使牧草茎秆最大限度地碾裂和折弯,增大茎秆的暴露表面积,而豆科牧草的叶片不应过度挤压或被碾碎。经压扁牧草的风干速度应明显高于未压扁牧草。

7.2.11　指轮式搂集机技术性能要求　应符合 JB/T 7766.1－1999《指轮式搂草机技术条件》的规定。

7.2.12　机引横向搂集机技术性能要求　应符合 JB/T 9701.2－1999《机引横向搂草机技术条件》的规定。

7.2.13　小方草捆捡拾压捆机技术性能要求　应符合 JB/T 5156－91《方捆压捆机技术条件》的规定。

7.2.14　小圆草捆打捆机技术性能要求　应符合 JB/T 7145－93《圆捆打捆机技术条件》的规定。

7.2.15　小圆草捆包膜机技术性能要求。

7.2.15.1　圆草捆包膜机是用于牧草(秸秆)包膜保鲜、厌氧发酵的综合利用机具,应具有与拖拉机配套和电动机传动固定作业多种功能,以适合农村和牧区使用。

7.2.15.2　圆草捆包膜机应能与专用圆草捆打捆机配套使用,对打捆成型的圆草捆进行机械缠膜裹包,并能较长时期的贮存(3～5个月)。

7.2.15.3　缠绕膜应有效地阻隔裹包材料与外界空气的接触,阻碍腐败细菌的繁殖。保持草料的新鲜,使草料中各种营养成分不受损失。

7.2.15.4　机具应可置于裹包场地,由电动机传动进行包膜,也可由拖拉机牵引,直接作业于农田或牧场。

7.2.15.5　新鲜牧草草捆经裹包密封后,应能使草料各种有效营养成分最大限度的保存。

7.2.15.6　目前生产使用的机具外形尺寸应控制为长 1400～1500 毫米、宽 850～900 毫米、高 900～1000 毫米,机具重量为 140～150 千克,输入转速为 300～500 转/分钟,包膜尺寸直径为 500 毫米、长度为 700 毫米。

7.2.15.7　应采用专用保鲜膜,包膜层数要根据当地气候、贮存条件和准备贮存时间的长短酌情确定。包膜层数一般为 2～4 层,可调整。

7.2.15.8　包膜保鲜作业,应在 9 月下旬至 10 月上旬期间进行为宜。包膜后应及时放置在通风、避光、阴凉的棚(室)内贮藏。冬季贮藏温度不低于零下 5℃为宜。

8　主要机具操作规程

8.1　铧式犁、旋耕机、圆盘耙操作规程

参照 DB/6200B 92.1－86《大中型拖拉机配套铧式犁操作规程及质量验收标准》、DB62/T 458－1996《小四轮拖拉机配套旋耕机操作规程及作业质量验收标准》、DB62/T 299－1998《圆盘耙技术操作规程及作业质量验收标准》的规定执行。

8.2　牧草播种机、机动离心式撒播机操作规程

参照 DB/6200B 92.5－86《谷物播种机操作规程作业质量验收标准》的规定执行。

8.3　动力喷雾机、踏板式喷雾机、背负式喷雾喷粉机操作规程

参照 GB/T 17997－1999《农药喷雾机(器)田间操作规程及喷洒质量评定》的规定执行。

8.4　往复式割草机、旋转式割草机、割草压扁机操作规程

8.4.1　往复式割草机操作规程

8.4.1.1　机手应对拖拉机和机具操作熟练,新机手应对其培训后方可进行操作。

8.4.1.2　在田间转移和道路运输时,应将割草机的切割器总成向左垂直方向折叠,用提升机构将割草机提升到运输位置。

8.4.1.3　根据地势、地貌的不同,调整中央拉杆和左右调节拉杆的长度,以保证适宜的割茬高度。

8.4.1.4　作业中应匀速前进,中途避免停车。作业过程中不要随意转弯,保持直线行驶,应尽力保证机具满幅宽作业,以提高机具效率。

8.4.1.5　作业时遇到直径大于50毫米的石块或其他杂物时,应立即停车清理,并检查切割器是否受损。

8.4.1.6　非驾驶人员应远离机组,在割草机作业时,禁止用手清除割台上的牧草或其他缠绕物,以免造成人员伤残。

8.4.1.7　机手应随时注意观察机组的工作状况,适时检查紧固件和连接件,以防止松脱,发现异常现象应立即停车检查和排除。

8.4.1.8　作业结束后,应对整机进行清洁保养,并做防锈处理。护刃器梁与刀杆应拆下,竖直悬挂存放,以防止变形。

8.4.2　旋转式割草机操作规程　应参照 DB/6200B 913－90《旋转式割草机操作规程及作业质量验收标准》的规定执行。

8.4.3　割草压扁机操作规程　应参照8.4.1条款和 DB/6200B 913－90《旋转式割草机操作规程及作业质量验收标准》的规定中的相关条款执行。

8.5　小方草捆捡拾压捆机操作规程

8.5.1　机具使用前,应按使用说明书进行技术保养,检查各零、部件状态是否良好,各部分的调整是否准确可靠,排除可能引起发生故障或事故的一切因素。

8.5.2　作业前要观测地形,草条宽度、草条容量(每米草条重量)等作业条件,以便确定捡拾器弹齿离地间隙和机组最佳作业速度。在地面平整,草条整齐、均匀的条件下(草条重量一般为2～2.5千克/米),作业速度一般不大于5千米/小时,也可适当提高机组工作速度以弥补喂入量不足。

8.5.3　作业前要观测牧草湿度,适时进行打捆作业。豆科牧草打捆(压捆)要求含水率一般为 20%～25%,禾本科牧草打捆(压捆)要求含水率一般为 17%～25%。湿度超过 25%,草捆容易霉烂,湿度低于 17%,压缩过程中容易掉叶,损失增加,影响牧草质量。捡拾器离地间隙一般为 20 毫米,根据草条和地面情况可适当调整,以保证捡拾干净。

8.5.4　启动机具前,先空转飞轮,检查机具打捆针与其他零件有无碰撞或摩擦现象。如有这些现象必须排除。选择合格的打捆绳,作业前把绳头从绳箱引出,穿过导绳器和打捆针孔,然后系在压捆室后端的一个固定地方。

8.5.5　牵引杆应放在工作位置,并将支架升高。将机具传动轴花键套与拖拉机动力输出轴联结,并用锁销固定。打开打捆机构锁闩,将草捆拖架放在工作位置,并根据地形调至一定的角度。

8.5.6　作业前首先将机具停车距草条 5 米处进行空运转,待机器运转正常后再开始工作。作业中驾驶员要经常观察草条和地形变化状况,以便采用适当的行驶速度和活塞往复次数。若发生故障或有不正常的响声时,应立即停车进行检查,排除故障后再进行作业。在作业过程中如发现捆绳折断,要停车接好,不允许在行进中接绳。

8.5.7　压捆的牧草湿度和密度较低时,应加鱼鳞状阻草板,反之不必加鱼鳞状阻草板。机组在捡拾压捆作业时,不要轻易把动力输出轴脱开,以免造成方捆机启动困难。如需停车,先将活塞空转几次,然后再停车。

8.5.8　方捆机在进行固定作业时,喂入量要均匀连续,防止将工具及其他硬物喂入机内。每班工作结束后,认真按规定做好班次技术保养。

8.5.9　作业季节结束后,修理和更换损坏和丢失的零件,并将传动箱内的润滑油放出,用煤油或柴油清洗干净。清除打捆机构上的碎草、绳头和其他附着物。打结钳、夹绳器、割绳刀和压捆室的切草刀、活塞上的动刀片涂上防锈油。

8.5.10　如要长期存放,应放置在库房内,要用垫木将机器垫起,轮胎不要压在油污的地面上。

8.6　小圆草捆打捆机操作规程

8.6.1　圆草捆机只能与轮式拖拉机的牵引(悬挂)装置连接,最好配置两组液压输出管路。首次连接压力表时,一定将高压软管内的生气排净。连接万向传动轴时,拖拉机的动力输出轴应处于空挡位置,拖拉机的动力输出轴转速为 540 转/分钟。检查行走轮的螺栓是否松动,轮胎气压是否充足。

8.6.2　正确安装电器控制盒及电源。电源接通后,参照使用说明书逐项检查控制系统工作是否正常。液压系统接通后,使后压缩室开启、闭合 3～5 次,检查系统:工作是否正常,有无漏油现象,液控单向阀是否保压(液压表指针应在 5～10 兆帕之间,保持 4～6 分钟)。

8.6.3　检查各部连接是否可靠,齿轮箱润滑油量是否充足,链传动润滑是否良好,各张紧轮的张紧力是否正常,各润滑点是否按要求加注。检查完毕后,机具空转 8～10 分钟,同时使布绳器与割绳器动作 2～4 次,检查两根捆绳是否已正确分别穿过左、右布绳杆,观察其工作是否正常。当捡拾机构运转时,旁观者必须远离机器。

8.6.4　检查待捆草条的宽度不得超过捡拾器的工作幅宽,且厚度适宜、连续均匀。应根据不同牧草及其湿度等打捆条件,调整动力输出转速。机组正常工作速度是 3～5 千米/小时,也可根据田间作业条件,适当调整工作速度。打捆牧草在标准湿度时,动力输出轴转速为 540 转/分钟;湿度较小时,动力输出轴转速为 510～640 转/分钟;湿度较大时,动力输出轴转速为 540～766 转/分钟。

8.6.5　开始作业时,首先打开蜂鸣器开关,结合动力输出轴,再开动拖拉机。作业中清除捡拾机构和滚筒堵塞牧草时,拖拉机应熄火。机具过田埂、沟渠时应减速,随时观察捡拾器的工作状态是否正常,若有异常或有磕碰声响时,应立即停车检查。

8.6.6　机具正对一个草捆打捆时,不要中途停止(切断)动力输出轴。应随时观察指示器,了解打捆腔中牧草数量的多少。一个草捆行将完成时,动力输出轴仍在运转时,拉动动力箱控制绳,打开后机架抛出草捆。在草捆抛出后,应还原动力箱控制杆,然后机组重新开始工作。打开后机架卸放草捆时,应使旁观者远离机器,不允许在倾斜的地面上抛出草捆。

8.6.7　捡拾打捆作业中,应直线行驶。需要转弯捡拾时,回转直径应大于机组最小回转直径,否则会导致万向传动轴变形或损坏。因地况特殊,需转急弯时应暂时分离拖拉机的动力输出轴,待圆草捆机的万向传动轴停止转动后,机组转弯,再结合拖拉机动力输出轴。

8.6.8　捡拾草条较窄时,应采用左右交替使用捡拾器工作面的方法,直到草捆密度达到9～12兆帕时,再采用捡拾器中间工作面捡入牧草的方法,直到布绳器开始工作为止。

8.6.9　作业时遇到大面积的草条干而且又短时,应安装挡草板,并可将自动布绳按钮反复按下,以增加捆草绳的密度。

8.6.10　在捡拾干而短的牧草或遇到短又湿的牧草时,会出现有较多碎草沫从捡拾器与喂入器连接的缝隙和压缩室护罩板内漏到地面上;或者可能滞留在连接处的缝隙中与护罩板内的现象,应随时观察联接处和敲打护罩板,及时排除滞留物,否则会影响齿杆轴的使用寿命和使辊筒转动阻力增大。

8.7　小圆草捆包膜机操作规程

8.7.1　田间工作前首先应检查确认三点连接部位是否可靠。在场地固定作业时要确认撑杆卡销定位是否牢固,包膜架固定和缠绕膜方向是否正确。

8.7.2　检查电气控制(操作)器连线和电源指示是否正确,旋转件有无妨碍。电动机转向是否正确,接地是否牢靠。配置电动机转速应为1400转/分钟。拖拉机动力输出轴速度为300～540转/分钟,怠速即能工作。

8.7.3　按要求向包膜同转器、伞齿轮、计数丝杆、V型架链条、蜗轮减速箱、万向联轴节和其他轴及活动部位加注润滑油。

8.7.4　包膜时牧草水分应控制在45%～50%,包膜后的草捆应放置阴凉通风处,长期保存应避免阳光直射,贮藏所应避免鸟、虫危害。包膜后若有破损,应及时用粘胶纸封堵破口。

8.7.5　作业前拉开膜架上的压板,将卷膜筒装入卷膜筒支架上,穿入膜卷,卡入固定销。向卷膜筒上引入薄膜,沿橡胶辊的一侧拉出膜片,用手试拉膜片应有明显的拉伸。注意卷膜放入的方向是否正确。

8.7.6 包膜层数可随草料贮存要求调整,若要较长时间的保存,可包膜 4 层(20 圈),一般要求包 2 层(10 圈),可通过计数限位销设定包膜的层数。

8.7.7 作业前机具应先空运转后,再设定包膜层数,然后将草捆移到机旁,放至 V 型托架上,按下操作手柄,开始包膜并计数。

8.7.8 当包膜结束,V 型托架停止转动,用刀片割断薄膜,用手将草捆上裹包膜的末端塞入包膜层中,防止漏气。卸捆后重复装捆和包膜动作。

8.7.9 机具短距离转移动时,应先提起机具,并将拖拉机的悬挂臂与机器连接锁定,在越过田垄、水沟、软土时,为防止打滑或翻倒,拖拉机应低速运行。长距离搬运时,不允许拖拉机牵引状态在道路上行驶。应装在卡车上固定运输。

8.7.10 作业后应清除粘在机器放膜架橡胶滚筒上的牧草、秸秆、泥土等杂物。检查传动机构和连接件,紧固松动的螺栓,更换损坏的零件,根据润滑表给所有需要润滑的部位加油润滑。保养机器时一定要切断电源或使拖拉机熄火。

8.7.11 需要长时间停机库存,应进行季节性保养,清洗各部分零件,检查传动部分和连接件,更换损坏或磨损的零件,对所有润滑部位加注润滑油,包括各传动件,万向联轴节,锁定销等部位。并对所有损坏的表面补漆,表面涂防锈油。机器应存放在平坦、干燥、通风良好的库内。户外存放用防水布遮盖。

9 主要作业质量验收标准

9.1 播前整地

种植豆科苜蓿,耕深一般为 18～24 厘米。种植禾本科牧草,耕深一般为 15～21 厘米,要将残株、杂草、害虫、肥料、农药以及表土翻到耕层下部并覆盖严密,耕深偏差值±1.5 厘米。耙地深度 8～12 厘米,耙糖深浅一致,偏差值±1.5 厘米。镇压适度,地表平整。

9.2 播种行距和深度

豆科牧草行距一般为 15～30 厘米,以收获种子为目的时,适宜行距一般为 45～60 厘米。禾本科牧草行距一般为 6～15 厘米。偏差±0.5 厘米。豆科牧草播深一般为 2～4 厘米,禾本科牧草播深一般为 1～3 厘米。

9.3 杂草和病虫害防治

应符合 GB/T 17997—1999《农药喷雾机(器)田间操作规程及喷洒质量评定》的规定,确保无杂草和病虫害大面积发生。

9.4 留茬、切割和压扁

豆科牧草的留茬高度一般为 3～4 厘米,禾本科牧草留茬高度一般为 5～7 厘米(上繁禾本科牧草)和 4～5 厘米(下繁禾本科牧草),偏差值±0.5 厘米。各种形式割草机的损失率均应≤3%,漏割损失率应≤2%,重割率应≤2%。旋转式割草机的碎草率应≤3％,往复式割草机的碎草率应≤2％。割幅宽度应满足田间翻晒、搂集铺条及捡拾压捆(打捆)后续作业宽度尺寸的要求。压扁器压扁强度的调节应适度,牧草的茎秆应最大限度地碾裂并折弯,而豆科牧草的叶片不能过度挤压或被碾碎。

9.5 铺条宽幅及厚度

应适宜田间自然干燥晾晒条件,并符合配套使用的翻晒、搂集铺条和捡拾压捆(打捆)机的田间作业要求的草条宽度及厚度尺寸范围。

9.6 翻晒铺条

翻晒、搂集铺条作业均应在晴天进行,损失率应<5％,搂集后牧草应保持清洁,不带陈草、泥土等,弄脏的草条应<3％,而且草条连续、松散、每米重量应均匀一致。搂集草条的宽度和厚度尺寸应满足配套使用的田间捡拾压捆(打捆)机的作业要求的宽度尺寸范围。

9.7 捡拾打捆

苜蓿等豆科牧草田间捡拾压捆或打捆(干草小方捆和干草小圆捆)作业时,含水率为20％～25％。禾本科牧草含水率为17％～25％。待包膜保鲜青贮的小圆捆田间捡拾打捆作业时,含水率一般为45％～50％。

9.8 干草小方捆

苜蓿等豆科牧草草捆密度一般应控制在120～130千克/立方米,长度600～700毫米,重量15～17千克。禾本科牧草草捆密度一般应控制在130～150千克/立方米,长度650～750毫米,重量约16～18千克。

9.9 干草小圆捆

圆草捆密度应≥115千克/立方米,直径500～600毫米,长度500～700毫米,重量25～35千克为宜。

9.10 青贮小圆捆

待包膜青贮的苜蓿等豆科牧草小圆捆,草捆密度一般应<115千克/立方米,直径500毫米,长度500毫米或700毫米,重量25～30千克。

9.11 成捆率和损失率

小方捆成捆率应≥95％,抗摔率≥90％。小圆捆成捆率应≥99％,抗摔率≥90％。小方捆捡拾压捆作业,牧草总损失率豆科应≤3％,禾本科牧草则≤2％。小圆捆捡拾打捆作业,牧草总损失率豆科为≤4％,禾本科牧草则≤2％。

10 主要作业安全技术要求

10.1 铧式犁、旋耕机、圆盘耙、播种机与拖拉机配套作业

应符合 GB 10395.1－2001《农林拖拉机和机械安全技术要求》和 GB 16151.6～9－1996《农业机械运行安全技术条件铧式犁、旋耕机、圆盘耙、播种机》的规定。

10.2 动力喷雾机、踏板式喷雾机、背负式喷雾喷粉机作业

应符合 GB 10395.6－1999《农林拖拉机和机械安全技术要求植物保护机械》的规定。

10.3 往复式割草机、旋转式割草机与拖拉机配套作业

应符合 JB 8836－2004《往复式割草机安全技术要求》和 JB 8520－1997《旋转式割草机安全要求》的规定。

10.4 割草压扁机与拖拉机配套作业安全技术要求

应参照 JB 8836－2004《往复式割草机要求》和 JB 8520－1997《旋转式割草机安全要求》的规定中相关条款执行。

10.5 小方草捆捡拾压捆机、小圆草捆捡拾打捆机、小圆草捆包膜机作业安全技术要求

10.5.1 操作者应对产品警告标识仔细辨认,并完全掌握机具使用方法、安全操作注意事项和确认无故障后方可进行操作。

10.5.2 操作者必须穿着紧身工作服,以防止卷入机具旋转工作部件。机具作业或空转时不允许接触捡拾机构和滚筒等旋转工作部件。

10.5.3 牵引机构联结应可靠,液压悬挂提升降落应自如。保护装置及罩壳应保持完整无缺。

10.5.4 配置传动轴时,重叠长度不应小于其总长度的二分之一,锁定销要卡入轴颈凹槽内,以防脱落伤人。传动轴旋转时,不允许接触,以防不测。

10.5.5 定期对机具进行检查、维护保养。检查维护时应停放在空旷、平坦的场地,防止机具溜车,并切断动力输出,关闭发动机,锁定刹车或使用车辆固定设施。

10.5.6 机具工作时,不允许用手触动机器的运行零件和进行各种检查、调整和排除故障,如检查捡拾器、喂入拨叉、压缩室、打结器、草料腔、后机架(盖)、回转器、更换保险螺钉和清除堵塞时,必须切断动力输出轴、关闭截止阀、发动机熄火(或切断电源),机器完全停止运转后方可进行。

10.5.7 作业或转移时,闲人或动物不允许靠近机具,禁止超速和超车。地块和道路转移时应将捡拾机构操纵杆放在运输位置,以防损坏。

10.5.8　机组人员在作业时,要随时沟通信息,确认安全后方可进行作业。机组起步前,必须发出警示信号。机具处于工作状态时,不允许驾驶员离开驾驶室和作业现场,闲人不得进入驾驶室和靠近或操作机具。

10.5.9　禁止机具作业时后退。回转和在起伏不平的田间作业时应降低速度。卸放草捆时应注意机具后方,确认无人和障碍物时,才能开启后机架(盖)放出草捆。

10.5.10　作业时注意不要将金属、木块、石头等硬物喂入压捆室内。捡拾器上要清洁,不得放任何物品,以免被喂入机器发生危险。

附加说明:

本标准由甘肃省农业机械管理局提出。

本标准起草单位:甘肃省农业机械化技术推广总站。

标准主管部门:甘肃省质量技术监督局。